progresser en mathématiques

Les exercices qu'il est **indispensable** de faire.

Pour vous aider, des exercices qui vous permettront de contrôler si vous avez acquis les connaissances du chapitre. Ils sont **corrigés** à la fin du livre.

Tous les exercices et activités sont classés selon les mêmes rubriques dans les parties *Franchir les obstacles,* « Exercices fondamentaux » et « Exercices complémentaires ».

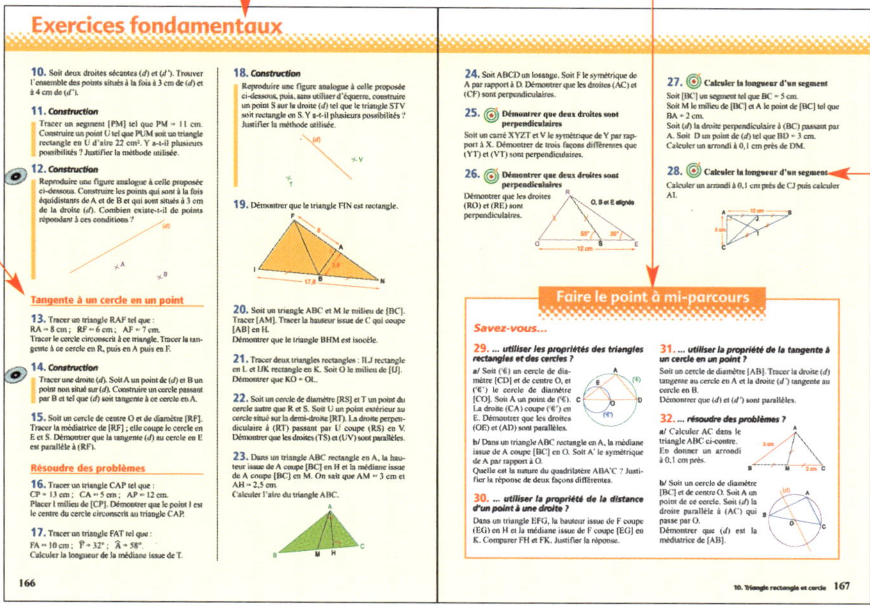

Des **problèmes cibles** en géométrie. Attention ! leur résolution ne fait pas toujours appel aux méthodes du chapitre.

Des exercices pour **consolider** vos connaissances. Vous pouvez travailler seul les exercices corrigés.

Des exercices pour **approfondir** vos connaissances. Vous pouvez travailler seul les exercices corrigés.

Des exercices pour **réactiver** vos connaissances de 5e.

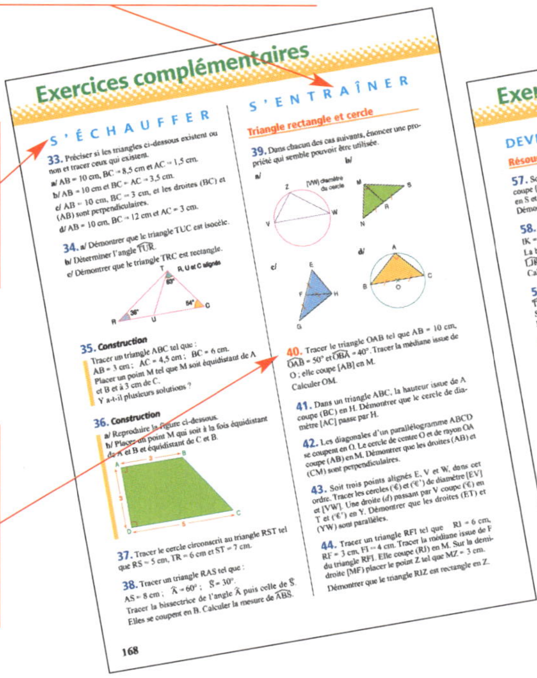

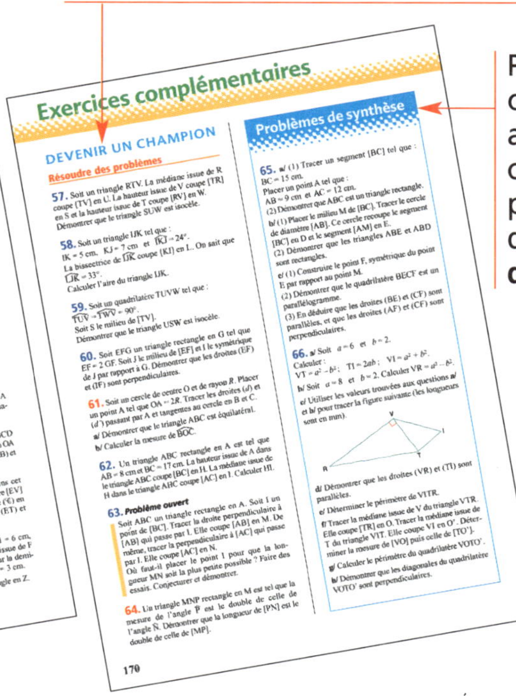

Pour ne pas oublier les acquis des chapitres précédents, des **problèmes de synthèse** se trouvent à la fin de chaque chapitre.

Pour vous aider, des exercices **corrigés.** Ils sont numérotés en rouge.

Collection TRIANGLE

MATHÉMATIQUES 4e

DEUXIÈME ÉDITION

Gisèle CHAPIRON
Professeur au collège Honoré de Balzac, Vénissieux

Michel MANTE
Professeur à l'IUFM de l'académie de Lyon
et au collège Clément Marot, Lyon

René MULET-MARQUIS
Professeur au collège René Cassin, Corbas

Catherine PÉROTIN

HATIER

Les auteurs remercient, pour sa précieuse collaboration, Marie-Noëlle Riou, professeur au collège La Coutancière, La-Chapelle-sur-Erdre.

CONCEPTION GRAPHIQUE : Graphismes
SUIVI ET MISE EN PAGE : Fiat Lux
ILLUSTRATIONS : Stéphane Kiehl et Robert Scouvart
SCHÉMAS : Thomas Winock
ICONOGRAPHIE : Hatier Illustration avec la collaboration de Pierre Philippon

TABLE D'ILLUSTRATION

5	ph ©	Berlin, Sig. Archiv f. Junst & Geschichte. / AKG, Paris
21	ph ©	Erich Lessing / AKG Paris
67	ph ©	Monnaie de Paris
219	ph ©	Zefa / Hoa Qui
237		M. C. Escher (1898-1972), *Symmetry drawing E35* © 2002 Cordon Art B. V. - Baarn - Holland. Tous droits réservés.

ISBN 2-218-**73790**-6

Sommaire

1. Dans ce chapitre ainsi que dans les chapitres 6, 7, 8, 9 et 12, vous trouverez une proposition de partage du chapitre en deux parties, ce qui permet d'intercaler le chapitre suivant.

Programme

A. Travaux géométriques

CONTENUS	COMPÉTENCES EXIGIBLES
1. Triangles	
Milieux et parallèles.	Connaître et utiliser les théorèmes suivants relatifs aux milieux de deux côtés d'un triangle. • Dans un triangle, si une droite passe par les milieux de deux côtés, elle est parallèle au troisième. • Dans un triangle, si une droite passe par le milieu d'un côté et est parallèle à un second côté, elle coupe le troisième en son milieu. • Dans un triangle, la longueur du segment joignant les milieux de deux côtés est égale à la moitié de celle du troisième côté.
Triangles déterminés par deux droites parallèles coupant deux sécantes.	Connaître et utiliser la proportionnalité des longueurs pour les côtés des deux triangles déterminés par deux droites parallèles coupant deux sécantes. Dans un triangle ABC, si M est un point du côté [AB], N un point du côté [AC] et si [MN] est parallèle à [BC], alors : $\frac{AM}{AB} = \frac{AN}{AC} = \frac{MN}{BC}$
Droites remarquables d'un triangle.	Construire les bissectrices, les hauteurs, les médianes, les médiatrices d'un triangle ; en connaître une définition et savoir qu'elles sont concourantes.
2. Triangle rectangle et cercle	
Cercle circonscrit, théorème de Pythagore et sa réciproque.	Caractériser le triangle rectangle : – par son inscription dans un demi-cercle, – par la propriété de Pythagore et sa réciproque. Calculer la longueur d'un côté d'un triangle rectangle à partir de celles des deux autres. En donner, s'il y a lieu, une valeur approchée, en faisant éventuellement usage de la touche $\sqrt{\ }$ d'une calculatrice. Caractériser les points d'un cercle de diamètre donné par la propriété de l'angle droit.
Tangente, distance d'un point à une droite.	Construire la tangente à un cercle en l'un de ses points. Savoir que le point d'une droite la plus proche d'un point donné est le pied de la perpendiculaire menée du point à la droite.
Cosinus d'un angle.	Utiliser, pour un triangle rectangle, la relation entre le cosinus d'un angle aigu et les longueurs des deux côtés adjacents. Utiliser la calculatrice pour déterminer une valeur approchée : – du cosinus d'un angle aigu donné, – de l'angle aigu dont on donne le cosinus.
3. Translation	Étant donnés deux points A et B, sachant qu'une translation transforme A en B, construire : – l'image d'un point, appartenant ou non à la droite AB, – l'image d'un segment, d'une droite, d'une demi-droite, d'un cercle.
4. Pyramide et cône de révolution	Calculer le volume d'une pyramide et d'un cône de révolution à l'aide de la formule $V = \frac{Bh}{3}$.

B. Travaux numériques

CONTENUS	COMPÉTENCES EXIGIBLES
1. Nombres et calcul numérique	
Opérations (+, –, ×, ÷) sur les nombres relatifs en écriture décimale ou fractionnaire (non nécessairement simplifiée).	Calculer le produit de nombres relatifs simples dans les différents cas de signe qui peuvent se présenter. Savoir que $\frac{a}{b} = a \times \frac{1}{b}$. Déterminer une valeur approchée du quotient de deux nombres décimaux (positifs ou négatifs). Utiliser sur des exemples numériques les égalités : $\frac{ac}{bc} = \frac{a}{b}$; $\frac{a}{b} \times \frac{c}{d} = \frac{ac}{bd}$; $\frac{a}{b} \div \frac{c}{d} = \frac{a}{b} \times \frac{d}{c}$ où a, b, c et d sont des nombres décimaux relatifs. Calculer la somme de nombres relatifs en écriture fractionnaire.
Puissances d'exposant entier relatif.	Utiliser sur des exemples numériques, avec ou sans calculatrice scientifique, les égalités : $10^m \times 10^n = 10^{m+n}$; $\frac{1}{10^n} = 10^{-n}$; $(10^m)^n = 10^{mn}$ où m et n sont des entiers relatifs.
Notation scientifique des nombres décimaux. Ordre de grandeur d'un résultat.	Sur des exemples numériques, écrire un nombre décimal sous différentes formes faisant intervenir des puissances de 10. Utiliser la notation scientifique pour obtenir un encadrement ou un ordre de grandeur. Utiliser sur des exemples numériques, pour des exposants très simples, des égalités telles que : $a^2 \times a^3 = a^5$; $\frac{a^2}{a^5} = a^{-3}$; $(ab)^2 = a^2b^2$ où a et b sont des nombres relatifs non nuls. Sur des exemples numériques, écrire en utilisant correctement des parenthèses, des programmes de calcul portant sur des sommes ou des produits de nombres relatifs. Organiser et effectuer à la main ou à la calculatrice les séquences de calcul correspondantes.
Touche $\sqrt{\ }$ de la calculatrice.	Trouver à l'aide de la calculatrice une valeur approchée de la racine carrée d'un nombre positif.
2. Calcul littéral	
Développement.	Réduire une expression littérale à une variable, du type : $3x - (4x - 2)$; $2x^2 - 3x + x^2$… Sur des exemples numériques ou littéraux, développer une expression du type $(a + b)(c + d)$. Calculer la valeur d'une expression littérale en donnant aux variables des valeurs numériques.
Effet de l'addition et de la multiplication sur l'ordre. Applications.	Comparer deux nombres relatifs simples en écriture décimale ou fractionnaire. Utiliser le fait que des nombres relatifs de la forme $a + b$ et $a + c$ sont rangés dans le même ordre que b et c. Utiliser le fait que des nombres relatifs de la forme ab et ac sont rangés dans le même ordre que b et c si a est strictement positif. Écrire des encadrements résultant de la troncature ou de l'arrondi à un rang donné d'un nombre positif en écriture décimale ou provenant de l'affichage d'un résultat sur une calculatrice (quotient, racine carrée…).
Résolution de problèmes conduisant à des équations du premier degré à une inconnue.	Mettre en équation et résoudre un problème conduisant à une équation du premier degré à une inconnue.

C. Gestion des données, fonctions

CONTENUS	COMPÉTENCES EXIGIBLES
1. Représentations graphiques. Proportionnalité	Utiliser, dans le plan muni d'un repère, la caractérisation de la proportionnalité sous la forme d'alignement de points avec l'origine.
2. Application de la proportionnalité	
Vitesse moyenne.	Utiliser l'égalité $d = vt$ pour des calculs de distance parcourue, de vitesse et de temps.
Grandeurs quotients courantes.	Changer d'unités de vitesse (mètre par seconde et kilomètre par heure).
Calculs faisant intervenir des pourcentages.	Mettre en œuvre la proportionnalité dans des situations simples utilisant à la fois des pourcentages et des quantités ou des effectifs.
3. Statistiques	
Effectifs cumulés, fréquences cumulées.	Calculer des effectifs cumulés, des fréquences cumulées.
Moyennes pondérées.	Calculer la moyenne d'une série statistique.
Initiation à l'utilisation de tableurs-grapheurs.	Calculer une valeur approchée de la moyenne d'une série statistique regroupée en classes d'intervalles.

1

Multiplication et division des nombres relatifs

« Ôter quelque chose de rien est une opération impossible [...] une multitude d'absurdités en résulteraient [...] par exemple – 3 serait moindre que 2 cependant que $(-3)^2$ serait plus grand que 2^2. »
Que penser de ce raisonnement tenu par le mathématicien Carnot dans son ouvrage La Géométrie de position ?

Test

Repérer les obstacles

1. Vocabulaire

a/ Recopier les phrases ci-dessous et les compléter avec : « une somme », « un produit », « un terme », « un facteur », « la distance à zéro ».
(1) Quand on ajoute deux nombres, chaque nombre est ...... de la somme.
(2) Le résultat d'une multiplication est ....
(3) Quand on multiplie deux nombres, chaque nombre est ...... du produit.
(4) Le résultat d'une addition est ....
(5) 4 est ...... de – 4 ; 7 est ...... de + 7.

b/ Quelle est la distance à zéro de – 3 ? de + 7 ? de – 9 ? de 4 ?

2. Priorité

➢ *exercices 33 et 34 p. 17*

a/ Les calculs suivants sont-ils des sommes ou des produits ?
(1) $(7 + 9) \times 4$; (2) $8 \times 3 + 6$; (3) $3 \times 4 + 5 \times 2$.

b/ Effectuer les calculs.
(1) $6 + 3 \times 5$; (2) $7 \times 8 - 3 \times 5$; (3) $4 \times 8 + 12$;
(4) $9 + 6 \div 3$; (5) $5 \times (3 + 9)$; (6) $5 + (3 + 4 \times 5)$.

3. Addition et soustraction

➢ *exercice 35 p. 17*

Effectuer les calculs.

a/ $A = (+6) + (-8)$; $B = (+12) + (-5)$; $C = (-7) + (-6)$;
$D = (-7) + (+3)$; $E = (-6) + (+10)$; $F = (+5) + (+7)$.

b/ $G = (-7) - (-9)$; $H = (-6) - (-2)$; $I = (+5) - (+8)$;
$J = (+14) - (+8)$; $K = (-8) - (+15)$; $L = (+7) - (+3)$.

c/ $M = (-5) + (+4) - (-8)$; $N = (-6) - (-10) + (-4)$.

4. Écriture simplifiée

➢ *exercices 36 et 37 p. 17*

Effectuer les calculs.

a/ $A = -5 - 3$; $B = -6 + 10$; $C = +8 - 12$;
$D = +9 - 3$; $E = -6 - 8$; $F = -9 + 3$.

b/ $G = 5 - 8 + 2$; $H = -9 - 14 - 8$; $I = -2 + 10 - 5$.

5. Calculs et parenthèses

➢ *exercice 38 p. 17*

Effectuer les calculs suivants.
$X = -7 + (-6 + 10)$; $Y = (9 - 6) - (-8 - 6)$; $Z = -4 + (7 - 13) - 6$.

Franchir les obstacles

Multiplication et division des nombres relatifs

1. La table de multiplication

➢ exercices 1 à 4 p. 14

a/ On a commencé une liste de nombres qui sont des multiples de 7 écrits dans l'ordre croissant. Recopier et compléter cette liste jusqu'à ce qu'elle comporte une dizaine de nombres.

7 ; 14 ; 21 ; …… .

Sylvain a prolongé la liste jusqu'à 147. Quel est le nombre suivant ? Quel est le nombre précédent ?

b/ On a commencé une liste de nombres qui sont des multiples de 3 écrits dans l'ordre décroissant. Recopier et compléter cette liste jusqu'à ce qu'elle comporte une dizaine de nombres.

12 ; 9 ; 6 ; …… .

Claude a prolongé la liste jusqu'à – 81. Quel est le nombre suivant ? Quel est le nombre précédent ?

c/ Voici une partie d'une table de multiplication des nombres relatifs.
Remplir la ligne bleu foncé des multiples de 3. Compléter ensuite le cadre bleu clair.

4					0	4	8	12	16
3					0	3	6	9	12
2					0	2	4	6	8
1					0	1	2	3	4
0	0	0	0	0	0	0	0	0	0
– 1					0				
– 2					0				
– 3					0				
– 4					0				
×	**– 4**	**– 3**	**– 2**	**– 1**	**0**	**1**	**2**	**3**	**4**

d/ Remplir la colonne vert foncé des multiples de 4. Compléter ensuite le cadre vert clair.

e/ Compléter le reste de la table de multiplication.

f/ Observer la table de multiplication terminée pour répondre aux deux questions :
- Comment trouve-t-on la distance à zéro du produit de deux nombres ?
- Comment trouve-t-on le signe du produit de deux nombres ?

g/ Effectuer les multiplications suivantes.

$A = (-6) \times (-3)$; $B = (+7) \times (-3)$; $C = (-6) \times (+5)$; $D = (+3) \times (+10)$.

2. Multiplication et addition

➤ exercices 5 à 9 p. 14

Effectuer les opérations suivantes.

$A = (-5) \times (-2)$; $B = (-5) + (-2)$; $C = (+6) \times (-4)$; $D = (+6) + (-4)$;
$E = (-3) \times (+7)$; $F = (-3) + (+7)$; $G = (+6) \times (+2)$; $H = (+6) + (+2)$.

3. Produit de plusieurs nombres relatifs

➤ exercices 10 à 12 p. 14

a/ Sur cette copie où l'élève a effacé des nombres et oublié de les réécrire, trouver, si possible, le signe du résultat de chaque calcul.

A=(-4)×(-5)×(+)	B=(+6)×(-)×(+8)
C=(-5)×(-)×(-9)	D=(5)×(+)×(-2)
E=(-)×(+)×(-8)×(-5)	F=(-)×(-4)×(-)×(-7)
G=6×(+)×(-)×(+10)	H=-4×(-3)×(+4)×(+)

b/ Répondre aux questions suivantes.

• Une multiplication de sept facteurs autres que zéro a un résultat négatif. Combien peut-elle comporter de facteurs négatifs ?

• Une multiplication de 126 facteurs autres que zéro comporte 123 facteurs négatifs. Quel est le signe du résultat ?

• Une multiplication de 136 facteurs autres que zéro comporte 132 facteurs négatifs. Quel est le signe du résultat ?

c/ Effectuer les calculs suivants.

$A = (-3) \times (-4) \times (+5) \times (+2)$; $B = (-10) \times (-2) \times (-4) \times (+3)$;
$C = -3 \times 2 \times (-4) \times 10$; $D = -5 \times (-4) \times (-3) \times (-2)$;
$E = -4 \times (-25) \times 2 \times (-3)$; $F = (-5) \times 2 \times (-3) \times (-6)$.

4. Division de deux nombres négatifs

➤ exercices 13 à 15 p. 15

a/ Voici un devoir corrigé par un professeur. Après avoir étudié les résultats et l'appréciation du professeur, énoncer une méthode expliquant comment diviser deux nombres relatifs.

(− 6) ÷ (− 2) = ~~(− 3)~~	faux	(− 8) ÷ (+ 4) = (− 2)	juste
(+ 12) ÷ (+ 2) = (+ 6)	juste	(− 15) ÷ (− 3) = (+ 5)	juste
(− 2) ÷ (+ 4) = (~~+ 0~~,5)	faux	(+ 2) ÷ (− 10) = (~~+ 0~~,2)	faux
(+ 10) ÷ (− 5) = (− 2)	juste	(+ 10) ÷ (+ 2) = ~~(− 5)~~	faux

b/ Effectuer les calculs suivants.

$(-9) \div (-3)$; $(-12) \div (+6)$; $(+24) \div (+6)$; $(+36) \div (-9)$.

Conduire un calcul

5. Respecter les priorités

➤ *exercice 16 p. 15*

Effectuer les calculs suivants.

$A = (-5) + (-2) \times (-3)$;
$B = (-3) \times (+8) + (14)$;
$C = (+16) \div (-8) + (-8)$;
$D = (+24) \div (-6) - (-7)$;
$E = -6 + 3 \times (-9)$;
$F = -9 - 5 \times (-3)$;
$G = 9 - (-7 - 4)$;
$H = -10 - (5 - 8)$.

6. De plus en plus fort

➤ *exercice 17 p. 15*

Effectuer les calculs suivants.

$A = -7 - 5 \times (-2) + 4$;
$B = -5 + 8 \times (2 - 7)$;
$C = 25 + (18 - 2 \times 6)$;
$D = 45 - (4 - 3 \times 5)$.

7. Avec la calculatrice

➤ *exercice 18 p. 15*

a/ Sans utiliser la calculatrice, trouver le signe du résultat de chacun des calculs.

$A = (-85) \times (-28)$;
$B = (-32) \times (+3\,125)$;
$C = (-128) + (+625) \times (-16)$;
$D = (+40) \times (-35 + 215)$.

b/ Avec la calculatrice, effectuer les calculs ci-dessus.

Calculs et expressions littérales

8. Lettres et opérations

➤ *exercice 19 p. 15*

a/ Calculer les expressions $a + b$; $a - b$; $a \times b$; $a \div b$; pour $a = 8$ et $b = -2$.

b/ Calculer les expressions $a - b + c$; $a - b - c$; $a + b - c$; pour $a = 7$; $b = -15$; $c = 5$.

9. Conventions

➤ *exercice 20 p. 15*

Lire le paragraphe 5 des « Connaissances », page 12, puis répondre aux questions suivantes.

a/ Simplifier les expressions suivantes.

$9 \times a$; $a \times 3$; $a \times b$; $a + 2 \times 3$; $3 \times (a + b)$; $(a \times b + c) \times (e + f)$.

b/ Recopier les expressions suivantes en écrivant tous les signes « × » sous-entendus.

cd ; $4a$; $ab + c$; $a + 53$; $5(a + b)$; $(a + b)(cd + e)$.

c/ Effectuer les calculs ci-dessous.

- Calculer l'expression $7b$ pour $b = -3$.
- Calculer l'expression ab pour $a = -2$ et $b = -6$.
- Calculer l'expression $3(a + b)$ pour $a = 4$ et $b = -7$.
- Calculer l'expression $a(b + c)$ pour $a = -2$, $b = -4$ et $c = 9$.
- Calculer l'expression $(a + b)(c + d)$ pour $a = 4$, $b = -2$, $c = -3$ et $d = 5$.

10. Avec des carrés

➤ exercices 21 et 22 p. 15

On calcule le **carré** d'un nombre en le multipliant par lui-même :
$x^2 = x \times x$.

a/ Calculer 5^2 ; $(-3)^2$; $(-2)^2$; 0^2 ; 1^2 ; $(-1)^2$.

b/ Calculer 2×3^2 ; $2^2 \times 3^2$; -4^2 ; $(-4)^2$.

c/ • Calculer l'expression $a^2 - 2a + 3$ pour $a = 5$ puis pour $a = -3$.
• Calculer l'expression $-2c^2 - 4c + 5$ pour $c = 4$ puis pour $c = -5$.

Résoudre des problèmes

11. Autant de plus que de moins

Sur chaque paquet du sapin de Noël ci-contre, on marque le nombre (+ 1) ou le nombre (– 1). Le nombre situé au-dessus de deux autres est égal à leur produit. Par exemple :

Choisir les nombres de la ligne du bas de telle sorte qu'il y ait sur l'arbre autant de (– 1) que de (+ 1).

12. Facteurs communs

Placer dans les carrés les nombres de – 1 à – 9, sans les répéter, de telle sorte que le produit de deux nombres situés dans deux carrés côte à côte soit égal au nombre écrit dans le triangle qui les touche.

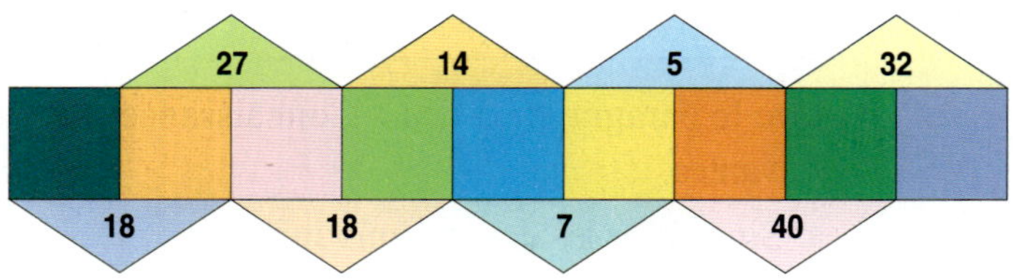

13. Températures

➤ exercice 23 à 28 p. 15

Les Anglo-Saxons utilisent le degré Fahrenheit comme unité de température. Nous utilisons le degré Celsius. La température T en degrés Fahrenheit, se calcule en fonction de la température t en degrés Celsius par la formule : $T = 1{,}8\,t + 32$.

a/ L'eau bout à 100 degrés Celsius. Quelle est la température correspondante en degrés Fahrenheit ?

b/ Convertir en degrés Fahrenheit les températures ci-dessous, données en degrés Celsius : – 10 ; + 20 ; 0 ; – 40 ; + 37.

Connaissances

1 Multiplication de deux nombres relatifs

Pour multiplier deux nombres relatifs
- On détermine le signe du produit :
– si les deux nombres sont de même signe, le produit est positif ;
– si les deux nombres sont de signes différents, le produit est négatif.
- On multiplie leurs distances à zéro.

Exemples

- $(-3) \times (-8) = (+24)$
  $(+6) \times (+2) = (+12)$
  Les produits sont **positifs** car les deux nombres à multiplier sont de même signe.
- $(-5) \times (+8) = (-40)$
  $(+6) \times (-4) = (-24)$
  Les produits sont **négatifs** car les deux nombres à multiplier sont de signes différents.

! Attention, la multiplication et l'addition ont des règles des signes différentes.

- $(-5) \times (-2) = +10$
- $(-5) + (-2) = -7$.

2 Multiplication de plusieurs nombres relatifs

Pour multiplier plusieurs nombres relatifs
- On compte le nombre de facteurs négatifs :
– si ce nombre est pair, le produit est positif ;
– si ce nombre est impair, le produit est négatif.
- On multiplie les distances à zéro.

Exemples

- $(-2) \times (-3) \times (+2) \times (-5) \times (+2) \times (-1) = (+120)$ Il y a **quatre** facteurs négatifs ; donc le produit est **positif**.
- $(-5) \times (+2) \times (-8) \times (+2) \times (-5) \times (+2) = (-1\,600)$ Il y a **trois** facteurs négatifs ; donc le produit est **négatif**.

Remarque. Multiplier plusieurs facteurs peut se faire dans n'importe quel ordre.

Exemple : $(-25) \times (-32) \times (-4) = (-3\,200)$.
On peut effectuer mentalement ce produit en commençant par $(-25) \times (-4)$.

3 Division de deux nombres relatifs

Pour diviser deux nombres relatifs (le diviseur n'étant pas nul)
- On détermine le signe du quotient en appliquant la règle des signes de la multiplication.
- On divise leurs distances à zéro.

Exemples

- $(-8) \div (-2) = (+4)$
- $(+15) \div (-3) = (-5)$.

4 Priorités

Si un calcul comporte des opérations entre parenthèses, on effectue **d'abord** ces opérations.

Exemples

- $A = (-6) - ((-5) + (-2))$
  $A = (-6) - (-7)$
  $A = (+1)$.
- $B = (-2{,}5) \times (-3{,}7 + 8{,}7)$
  $B = (-2{,}5) \times (+5)$
  $B = (-12{,}5)$.

Si un calcul ne comporte pas d'opération entre parenthèses, on effectue les carrés puis les multiplications et les divisions **en priorité** sur les additions et les soustractions.

Exemples

- $C = (-3) + (-4) \times (+2)$
  $C = (-3) + (-8)$
  $C = (-11)$.
- $D = 2 \times 5^2 - 3 \times 2 + 4$
  $D = 2 \times 25 - 3 \times 2 + 4$
  $D = 50 - 6 + 4$ soit $D = 48$.

! Attention, $7 - 5 \times (-3) = 7 + 15$.

5 Conventions d'écriture

On peut supprimer le signe « × » entre :
- un nombre et une lettre ;
- deux lettres ;
- un nombre et une parenthèse ;
- une lettre et une parenthèse ;
- deux parenthèses.

Exemples

- $5 \times a = 5a$
- $a \times b = ab$
- $7 \times (a + b) = 7(a + b)$
- $a \times (b + c) = a(b + c)$
- $(a + b) \times (c + d) = (a + b)(c + d)$.

1. Conduire un calcul

Exemple. Calculer $A = -36 - (18 - 4 \times 6) \div (-3)$.

Recherche

Y a-t-il des parenthèses encadrant un calcul ? → **OUI**

A l'intérieur des parenthèses, j'effectue le calcul prioritaire : -4×6
Je termine le calcul entre parenthèses.

Y a-t-il à nouveau des multiplications ou des divisions ? → **OUI**

J'effectue l'opération prioritaire $(-6) \div (-3)$ et je termine le calcul

Calcul

$A = -36 - (18 - 4 \times 6) \div (-3)$

$A = -36 - (18 - 24) \div (-3)$

$A = -36 - (-6) \div (-3)$

$A = -36 - 2$

$A = -38$

2. Calculer la valeur d'une expression littérale

Méthode ▶▶ **Remplacer et calculer**

Exemple. Calculer $A = 2x^2 - 6x + 10$ pour $x = -5$.

On remplace x par la valeur donnée en rétablissant les signes « × » sous-entendus. $A = 2 \times (-5)^2 - 6 \times (-5) + 10$

On applique ensuite les règles de priorité :

– on calcule les carrés ; $A = 2 \times 25 - 6 \times (-5) + 10$

– on effectue les multiplications ; $A = 50 + 30 + 10$

– on effectue les additions. $A = 90$.

Exercices fondamentaux

Multiplication et division des nombres relatifs

1. *Maîtriser le vocabulaire*

Recopier et compléter par les mots « positif » ou « négatif ».

a/ $(-4) \times (-2)$ est une multiplication de deux nombres .... Leur produit est ....

b/ $(-6) \times (+2)$ est une multiplication d'un nombre ...... et d'un nombre .... Leur produit est ....

2. Recopier et compléter le tableau suivant.

×	– 5	– 3	+ 6	+ 8
– 2				
+ 4				
– 7				
+ 9				

3. Effectuer les calculs suivants.

a/ $A = (-1) \times (+8)$; $B = (-1) \times (-6)$;
$C = (-4) \times (+1)$; $D = (+7) \times (+1)$;
$E = (+1) \times (-3)$; $F = (-1) \times (-2)$.

b/ $G = (-7) \times (+100)$; $H = (+12) \times (-100)$;
$I = (+10) \times (-5)$ $J = (-10) \times (-8)$;
$K = (+1\,000) \times (+4)$ $L = (-1\,000) \times (-5)$.

c/ $M = (-3) \times (-6)$; $N = (+2) \times (-8)$;
$O = (-7) \times (+3)$; $P = (+2) \times (0)$;
$Q = (+8) \times (-4)$; $R = (-3) \times (+9)$.

4. Effectuer les calculs suivants.

a/ $A = -5 \times 3$ $B = 7 \times (-2)$;
$C = -2 \times (-6)$; $D = 8 \times 2$;
$E = 3 \times (-5)$; $F = -6 \times (-3)$.

b/ $G = -4 \times (-2{,}5)$; $H = 0{,}8 \times (-5)$;
$I = 8 \times 2{,}5$; $J = -0{,}2 \times 5$;
$K = -2{,}5 \times (-20)$; $L = 0{,}5 \times (-4)$.

5. Effectuer les calculs suivants.

a/ $A = (-7) + (-8)$; $B = (-5) \times (-4)$;
$C = (-4) + (+7)$; $D = (+8) \times (-3)$.

b/ $E = (-8) \times (+2)$; $F = (-4) + (+12)$;
$G = (-5) \times (+7)$; $H = (-4) + (+9)$.

c/ $I = (-2) \times (-4)$; $J = (-6) + (-4)$;
$K = (-8) + (+2)$; $L = (-6) \times (+3)$.

6. Les distances à zéro ont été cachées. Trouver dans chaque cas, si possible, s'il s'agit d'une addition ou d'une multiplication.

a/ (– ■) ... (– ■) = (+ ■) ;

b/ (– ■) ... (– ■) = (– ■) ;

c/ (+ ■) ... (+ ■) = (+ ■) ;

d/ (+ ■) ... (– ■) = (+ ■) ;

e/ (– ■) ... (+ ■) = (– ■) ;

7. Sur les quilles ci-dessous, trouver :
– deux nombres dont le produit est – 18 ;
– deux nombres dont la somme est + 7 ;
– deux nombres dont le produit est + 20 ;
– deux nombres dont la somme est – 5.
Il reste un seul nombre, lequel ?

8. Effectuer les calculs suivants.

a/ $A = -6 \times (-4)$; $B = -8 - (-6)$;
$C = -5 \times 3$; $D = 9 - (+2)$.

b/ $E = -4 - (+8)$; $F = (+7) \times 0$;
$G = 2 - (+8)$; $H = -6 \times 7$.

c/ $I = 2 \times (-6{,}5)$; $J = 9 - (+12)$;
$K = -7 - (-3)$; $L = -8 \times 2{,}5$.

9. Effectuer les calculs suivants.

a/ $A = -6 \times (-8)$; $B = 3 + (-7)$;
$C = -9 - (-3)$; $D = 0 - 3$.

b/ $E = 6 - (+9)$; $F = 0 \times (-3)$;
$G = 8 + (-5)$; $H = -50 \times 1{,}2$.

c/ $I = 6 \times (-4{,}5)$; $J = -8 - 6$;
$K = -10 \times 0{,}6$; $L = -8 - (+5)$.

10. Effectuer les calculs suivants.

$A = (-2) \times (+5) \times (-3)$; $B = (-4) \times (-2) \times (-3)$;
$C = (+5) \times (-1) \times (+3)$; $D = (+4) \times (+2) \times (+7)$.

11. Effectuer les calculs suivants.

$A = (-3) \times (-2) \times (-10) \times (+2)$;
$B = (-3) + (-2) + (-10) + (+2)$;

$C = (-4) \times (+2) \times (-1) \times (+3)$;
$D = (-4) + (+2) + (-1) + (+3)$;
$E = (-3) \times (-2) \times (-2) \times (+5) \times (+3)$;
$F = (-3) + (-2) + (-2) + (+5) + (+3)$.

12. ***À faire de tête***

$A = -4 \times 0{,}36 \times (-25)$;
$B = -40 \times 50 \times (-0{,}25) \times (-20)$;
$C = -0{,}25 \times (-5) \times (-4) \times (-1{,}2) \times (-2)$;
$D = -34 \times 214 \times (-79) \times 0 \times (-15)$.

13. Effectuer les calculs suivants.

a/ $(-12) \div (+3)$; $(+15) \div (-3)$; $(-45) \div (-9)$.
b/ $(-50) \div (-10)$; $(+18) \div (+3)$; $(-16) \div (+4)$.
c/ $1{,}8 \div (-10)$; $10 \div 4$; $-15 \div (-5)$.
d/ $-3{,}5 \div 7$; $-40 \div (-0{,}8)$; $15 \div 5$.

14. Trouver le nombre manquant dans les calculs suivants.

$(-5) \times (\square) = +35$; $(\square) \times (+7) = -42$;
$(-3{,}8) \times (\square) = -19$; $(\square) \times 6{,}4 = -33{,}28$.

15. Effectuer les calculs suivants.

a/ $(-12) - (-4)$; $(-12) + (-4)$; $(-12) \div (-4)$.
b/ $(-6) - (+10)$; $(-6) \times (+10)$; $(-6) \div (+10)$.
c/ $-12 - 3$; $(-9) \div (-3)$; $8 \times (-5)$.

Conduire un calcul

16. Effectuer les calculs suivants.

$A = -8 - (-4) \times 7$; $B = -5 \times 3 + 7$;
$C = (-7) \times 2 + (-8)$; $D = 8 - 6 \times (-5)$;
$E = 12 - (-3) \times 7$; $F = -6 - 8 \div (-2)$;
$G = -35 \div (-7) + 3 \times 8$;
$H = -5 \times 6 - 8 \div (-2)$;
$I = -2 \times (-5) \times 3 + (-2) \times (-4)$;
$J = 12 - (-3 + 8) + 5$.

17. Effectuer les calculs suivants.

a/ $A = 5 + 8 \times (-2) + 6$; $B = 4 - 7 \times (-3 + 8)$;
$C = (3 - 7) \times (5 + 2)$; $D = (-3 - 6) \times (6 - 8)$;
$E = 5 - (2 \times 7 - 13)$; $F = 30 - (7 - 2 \times 8)$;
$G = (6 \times 5 - 3) \times (7 - 2 \times 6)$;
$H = (9 \div 3 + 5) \times (7 \times (-4) + 2)$.
b/ $I = 40 - [28 - (3 \times 2 + 4)]$;
$J = [30 - (2 + 8 \times 3)] - [50 - (12 - 2 \times 5)]$.

18. Effectuer les calculs suivants avec la calculatrice.

a/ $(-124) \times (+6{,}5)$; **b/** $(-64) \times (-125)$;
c/ $(+36) \times (-75)$; **d/** $-0{,}025 \times 6\,000$;
e/ $(-24) \div (-0{,}125)$; **f/** $(-36) \div (+0{,}625)$;
g/ $-60 \times (28 - 140)$; **h/** $(36 - 144) \times (-92 + 163)$;
i/ $[128 - (6 \times 35 - 25)] - [136 + (-36 + 6 \times 5)]$.

Calculs et expressions littérales

19. Calculer $a \times b$; $a + b$; $a \div b$; $a - b$ dans chacun des cas suivants.

a/ $a = -12$ et $b = +3$; **b/** $a = -10$ et $b = -2$;
c/ $a = 15$ et $b = -5$; **d/** $a = 6$ et $b = 3$.

20. Pour $a = -4$, $b = 5$, $c = -2$, $d = -6$, calculer :

a/ $-3a$; $2b$; $4c$. **b/** ab ; ac ; bc.
c/ $ab + c$; $a + bc$. **d/** $7(a + b)$; $-3(b - c)$.
e/ $a(b + c)$; $b(c - d)$. **f/** $(a + b)(c + d)$.

21. **a/** Calculer 4^2 ; $(-5)^2$; $(+6)^2$; $(-7)^2$.
b/ Calculer 2×5^2 ; -3×2^2 ; -6^2 ; $(-6)^2$.
c/ Pour $a = -3$ puis $a = 4$, calculer a^2 ; $-a^2$; $2a^2$; $-3a^2$.

22. **a/** Pour $a = 2$, calculer $3a^2 + 5a + 4$.
b/ Pour $b = -3$, calculer $4b^2 - 2b + 5$.
c/ Pour $c = -5$, calculer $-2c^2 + 3c - 4$.

Résoudre des problèmes

23. Écrire de toutes les façons possibles + 15 sous forme d'un produit de deux nombres entiers relatifs. Faire de même avec – 8, puis avec – 12.

24. ***Calcul littéral***

Les phrases suivantes sont-elles vraies quel que soit le nombre x différent de zéro ?
a/ Le produit $-3 \times x$ est toujours négatif.
b/ Le produit $-3 \times x \times (-3)$ est toujours du signe x.
c/ x^2 est toujours du signe de x.
d/ x^2 est toujours positif.

25. Recopier et compléter, si possible, le nombre ou l'opération manquant(e).

a/ (-4) ... $(-2) = 8$; **b/** $(-4) \times (...) = 12$;

c/ $(-3) \ldots (+4) = -7$; d/ $(\ldots) \times (-5) = -20$;
e/ $(+4) \ldots (-2) = +8$; f/ $(\ldots) \times (+6) = 18$;
g/ $(-15) \ldots (+3) = (-5)$; h/ $(+2) \ldots (-2) = 4$.

26. Effectuer :

a/ le produit de 1 999 par – 1 ;

b/ le produit de 1 999 facteurs tous égaux à – 1 ;

c/ le produit de 2 000 facteurs tous égaux à – 1 ;

d/ la somme de 1 999 termes tous égaux à – 1 ;

e/ la somme de 2 000 termes tous égaux à – 1.

27. Effectuer chaque calcul et ranger les résultats par ordre croissant. Recopier les lettres correspondant à ces nombres dans le même ordre.

$(-200 \div 2) \div 5$	→	P
$-5 \times 36 \times 0$	→	E
$-3 + 3 \times 8$	→	I
$-7 \times 7 + 149$	→	E
$4 + 3 \times (-3) + 8$	→	L
$-24 + 4 \times 3$	→	A
$4 \times 5 + 9 \times (-3)$	→	A
$-4 - 4 \times 0{,}5$	→	L
$10 \times (4 - 3)$	→	P
$(3 - 12) \times (-5)$	→	E
$5 - 10 \div 10$	→	E
$3 \times (-5) + 11$	→	L
$-5 \times (3 - 1{,}4)$	→	R
$-200 \div 4 + 100$	→	D
$(40 - 8) \times 0{,}5 + 20$	→	P

28. Quand souffle un vent froid, nous nous refroidissons rapidement. Par exemple si la température est de dix degrés Celsius et que le vent souffle, on peut se refroidir comme s'il faisait zéro. On dit alors que dix degrés est la température réelle et zéro la température apparente. Pour un vent de 40 km/h, la température apparente T est donnée en fonction de la température réelle t par la formule : $T = 1{,}5t - 16$.
Calculer la température apparente pour $t = 20$ °C ; $t = 10$ °C ; $t = -10$ °C ; $t = -20$ °C ; $t = -30$ °C.

Faire le point à mi-parcours

Savez-vous...

29. ... effectuer une opération avec des nombres relatifs ?

$A = (-8) \times (-3)$; $B = (-8) + (-3)$;
$C = (-6) \times (+10)$; $D = (-6) + (+10)$;
$E = (-9) \div (+3)$; $F = (-9) - (-3)$;
$G = (-2) \times (-5) \times (-4)$; $H = (-2) + (-5) + (-4)$.

30. ... conduire un calcul ?

$A = -8 - 3 \times (+4)$; $B = 6 \times (-4) + 9$;
$C = -6 \div 2 - 8 \times (-5)$; $D = -5 \times (-4 + 7)$.

31. ... calculer une expression littérale ?

a/ Calculer $a + bc$; $ab - c$; $a(b + c)$ pour $a = -3$; $b = 5$; $c = -2$.

b/ Calculer $x^2 - 2x + 3$ pour $x = -4$.

c/ Calculer $-3x^2 + 4x - 5$ pour $x = 3$.

32. ... résoudre des problèmes ?

a/ Recopier et compléter les calculs suivants.

$(-6) \times (\ldots\ldots) = -24$; $\ldots\ldots \times (+3) = -15$;
$(\ldots\ldots) \times (-4) = -32$; $(+7) \times \ldots\ldots = +35$.

b/ Dans un collège imaginaire, le professeur de français, René Gatif, note les dictées sur 20 et enlève deux points par faute. Un élève qui a onze fautes a donc – 2. L'élève Beppo Sitif a eu trois fautes, douze fautes, quinze fautes, huit fautes aux quatre dictées du trimestre. Écrire en une expression le calcul nécessaire pour trouver chacune des quatre notes. Quelle est la moyenne de Beppo ?

c/ Entre le moment où un automobiliste voit un obstacle et le moment où sa voiture s'arrête, il parcourt une certaine distance : c'est la distance d'arrêt.
On peut calculer une valeur approximative de la distance d'arrêt sur une route sèche par la formule :

$$D = 0{,}006\,4\, v^2 + 0{,}5v$$

où D est la distance d'arrêt en m ;
v est la vitesse en km/h.

Calculer la distance d'arrêt à 50 km/h, 90 km/h, 130 km/h.

Exercices complémentaires

S'ÉCHAUFFER

33. Recopier les expressions suivantes et dire si ce sont des sommes ou des produits. Entourer :

– en rouge chacun des deux termes lorsqu'il s'agit d'une somme ;

– en vert chacun des deux facteurs lorsqu'il s'agit d'un produit.

a/ 7×6 ; **b/** $9 + 3$; **c/** $7 \times 6 + 2$;
d/ $8 + 6 \times 4$; **e/** $(5 + 4) \times 9$; **f/** $(3 + 9) \times (7 + 2)$.

34. Effectuer les calculs suivants.

a/ $9 + 3 \times 12$; **b/** $5 \times (6 + 8)$;
c/ $(9 + 3 \times 6) \div 9$; **d/** $9 \times 2 + 18 \div 6$;
e/ $36 - (12 \times 2 + 5)$; **f/** $(6 \times 2 + 5) \times (15 - 5 \times 2)$.

35. Effectuer les calculs suivants.

a/ $(-8) + (+6)$; $(-6) + (-3)$; $(+12) + (-5)$.
b/ $(-6) - (-9)$; $(+15) - (+4)$; $(-5) - (+11)$.
c/ $(+4) + (-9)$; $(-8) - (+6)$; $(-2) + (-7)$; $(-3) - (+8)$; $(-7) + (+3)$; $(+5) - (-12)$.

36. **a/** Le calcul $(+4) + (-2) - (-8)$ peut s'écrire $+4 - 2 + 8$ ou $4 - 2 + 8$. Écrire sans parenthèses les calculs suivants puis les effectuer.

$A = (-6) - (+6) + (-5)$; $B = (+8) + (+7) - (-3)$;
$C = (-5) - (-4) - (+9)$; $D = (+4) + (-6) - (-2)$;
$E = (-8) + (+4) - (-13)$; $F = (-9) - (-3) - (+14)$.

b/ Effectuer : $A = -5 - 12$; $B = -7 + 15$;
$C = 8 - 13$; $D = 5 - 7 + 3$;
$E = -6 + 8 - 3 + 7$; $F = 12 - 9 + 16 + 9 - 7$.

37. Aller du départ à l'arrivée sans avancer en diagonale ni passer deux fois par la même case. Trouver un chemin tel que la somme des cases traversées soit égale à -26.

Départ	– 7	– 9	13
– 3	– 5	– 7	15
16	4	7	– 11
5	– 1	3	Arrivée

38. Effectuer les calculs suivants.

$A = -6 - (8 - 2)$; $B = (13 + 3) - (13 - 3)$;
$C = (-7 + 18) + (8 - 15)$; $D = -8 - (-6 + 8) - 5$;
$E = 12 + (4 - 13) - (-4 - 6)$.

S'ENTRAÎNER

Multiplication et division des nombres relatifs

39. ***Maîtriser le vocabulaire***

Effectuer :

a/ le produit de neuf par moins cinq ;

b/ la somme de moins sept et de dix ;

c/ le produit de moins six par moins huit ;

d/ la somme de moins quatre et moins sept.

40. ***Maîtriser le vocabulaire***

Effectuer chacun des calculs suivants, puis les traduire par une phrase.

a/ $-5 \times (-2)$; **b/** $-7 + (-3)$;
c/ $8 \times (-10)$; **d/** $-9 + 6$;
e/ $+6 \times (-4)$; **f/** $+15 + (-3)$.

41. ***Vrai ou faux ?***

a/ Le produit de 9 par – 7 est – 63.

b/ La somme de – 3 et – 8 est – 11.

c/ Le produit de – 8 par – 6 est 48.

d/ La somme de – 9 et de + 12 est – 3.

e/ Le produit de – 10 par + 12 est – 120.

42. Dans chacun des cas ci-dessous, un des calculs donne un résultat différent des deux autres. Lequel ?

a/ $-3 \times (-2)$; -3×2 ; $3 \times (-2)$.
b/ 7×2 ; $-7 \times (-2)$; $7 \times (-2)$.
c/ $-5 \times 4 \times 2$; $-5 \times (-4) \times 2$; $5 \times (-4) \times 2$.
d/ $6 \times (-3) \times (-2)$; $-6 \times 3 \times 2$; $-6 \times (-3) \times 2$.

43. Recopier et compléter le tableau suivant.

×	– 6	– 3	– 4	6	8	– 10
– 5						
2						
6						

44. Compléter le tableau de proportionnalité :

– 4	– 2		+ 5	
+ 12		– 9		+ 21

× …

Exercices complémentaires

45. Le professeur, Monsieur Joublitout, a oublié de préciser les distances à zéro de chaque nombre. Trouver, si possible le signe du résultat.

a/ $(-\ ...) \times (+\ ...)$; **b/** $(+\ ...) \div (-\ ...)$;
c/ $(+\ ...) \times (+\ ...)$; **d/** $(-\ ...) \times (-\ ...)$;
e/ $(+\ ...) \div (+\ ...)$; **f/** $(-\ ...) \div (+\ ...)$;
g/ $(+\ ...) \times (-\ ...)$; **h/** $(-\ ...) \div (-\ ...)$.

46. Retrouver les opérations ou les signes manquants.

a/ $(-6) \times (...\ 5) = (+30)$;
b/ $(...\ 8) - (+6) = (-14)$;
c/ $(-8) + (...\ 6) = (-2)$;
d/ $(...\ 4) + (+10) = (+6)$;
e/ $(...\ 7) - (-3) = (+10)$;
f/ $(+8) \div (...\ 2) = (+4)$.
g/ $(...\ 6) \div (+3) = (-2)$;
h/ $(+9) \times (...\ 3) = (-27)$;
i/ $(-2)\ ...\ (-2) = -4$;
j/ $(+2)\ ...\ (-2) = -4$;
k/ $(-2)\ ...\ (+2) = -4$.

47. Est-ce possible ?

a/ Écrire 18 sous forme d'un produit de deux nombres négatifs.

b/ Écrire 12 sous forme d'un produit de deux nombres de signes opposés.

c/ Écrire – 24 sous forme d'un produit de deux nombres négatifs.

d/ Écrire – 15 sous forme d'un produit de deux nombres de signes opposés.

48. Effectuer les produits des quatre nombres situés en face de chacune des lettres *A, B, C, D, E* et *F*. Quel est le plus grand ? Quel est le plus petit ?

49. Remplir le carré magique de façon à ce que le produit des nombres écrits sur chaque ligne, sur chaque colonne, et sur chaque diagonale soit toujours le même.

5		– 8
	4	
		3,2

Conduire un calcul

50. Effectuer les calculs suivants.

$A = -8 + (-6) \times (-3)$;
$B = -6 \div (-3) + (-4) \times (-2)$;
$C = -5 + 6 \times (-4)$;
$D = 4 - 3 \times (-6)$;
$E = -9 \times (-6 - 8)$;
$F = 7 + (-6 + 15) \times (-6)$.

51. Voici la copie de Mélanie. Indiquer les réponses justes. Chaque réponse juste vaut un point ; chaque réponse fausse vaut zéro. Quelle est la note obtenue par Mélanie ?

a/ $-9 \times (-5) = -45$; **b/** $-9 + (-5) = -14$;
c/ $24 \div (-6) = -4$; **d/** $-12 \div (-6) = +2$;
e/ $12 - (-8) = -4$; **f/** $8 + 12 \times (-5) = -100$;
g/ $6 \times (-5) + 10 = -20$; **h/** $15 \div (-3) + 10 = 5$;
i/ $9 + 6 \div (-3) = -5$;
j/ $4 \times (-5) + 6 \times (-5) = -50$.

52. ***À faire de tête***

Voici un énoncé :

Soit un nombre x. Le multiplier par (– 3) puis ajouter 4 au résultat.

Exécuter mentalement ce programme pour :
$x = 5$; $x = -6$; $x = -10$; $x = 8$.

Calculs et expressions littérales

53. Recopier et compléter :

a	b	c	$a + b + c$	$a - b - c$	$a + b - c$
– 1	3	– 4			
5	– 7	– 4			
– 8	6	– 9			
7	– 10	8			
– 3	– 8	– 6			

54. Recopier et compléter :

a	b	$a + b$	$a - b$	$a \times b$	$a \div b$
9	– 3				
– 6	– 2				
10	2				
– 18	6				

55. Calculer $5a - 2b + 4c$ dans chacun des cas ci-dessous.

a/ $a = -2$; $b = +4$; $c = -3$.

b/ $a = +8$; $b = +7$; $c = -9$.

c/ $a = -6$; $b = -6$; $c = +3$.

d/ $a = +5$; $b = -8$; $c = -10$.

56. Pour $a = -3$, $b = +5$, $c = -2$, calculer chacune des expressions ci-dessous :

$ab + c$; $a + bc$;

$a(b + c)$;

$(a + b)c$;

$ab + ac$; $ab - ac$.

57. Calculer.

a/ 7^2 ; $(-10)^2$; 3^2 ; $(-8)^2$.

b/ -5^2 ; -7^2 ; 4×3^2 ; -2×5^2.

58. Pour $x = -4$ puis pour $x = 5$, calculer :

x^2 ; $-x^2$; $(-x)^2$; $3x^2$; $-2x^2$.

59. **a/** Prouver que pour $a = -2$, on a A égale B.

$A = a^2 - 3a + 4$; $B = -a^2 + 2a + 22$.

b/ Prouver que pour $x = 3$, on a C égale D.

$C = 4x^2 - 3x + 5$; $D = -3x^2 + 8x + 35$.

c/ A-t-on A égale B quelle que soit la valeur de a ?

d/ A-t-on C égale D quelle que soit la valeur de x ?

DEVENIR UN CHAMPION

Conduire un calcul

60. Effectuer les calculs suivants.

$A = [141 - (2 \times 5^2 - 3^2)] - [300 - (47 - 3 \times 7^2)]$;

$B = [-10^2 - 4 \times (5 - 5^2)] - [8^2 - (5^2 + 3^2)]$.

Calculs et expressions littérales

61. **a/** Pour $x = 3$, $x = -5$, $x = 0$, calculer A puis B.

$A = (2x + 5)^2$; $B = 4x^2 + 20x + 25$.

b/ Pour $x = -2$, $x = 4$, $x = -5$, calculer C puis D.

$C = (3x + 2)^2$; $D = 9x^2 + 12x + 4$.

c/ Trouver une expression littérale sans parenthèses qui donne le même résultat que :

$E = (4x + 3)^2$

pour $x = 2$; $x = 3$; $x = 5$.

Résoudre des problèmes

62. Calculer tous les produits de trois facteurs distincts choisis parmi les nombres ci-dessous. Quel est le plus grand ? Quel est le plus petit ?

(-8) ; (-6) ; $(+3)$; $(+5)$.

63. Trouver le signe du résultat de chacun des calculs suivants.

a/ $(-61) \times (-24) \times 58 \div (-45)$;

b/ $125 \times (-26) \times (-25) \times 34 \div (-38)$;

c/ $(-360 - 520)(480 - 230)(720 + 650)$;

d/ $(12 - 6 \times 8)(-5 \times 7 + 8)(-4 \times 3 - 8)$.

64. Les distances à zéro ont été effacées. Trouver, si possible, le signe du résultat.

a/ (– ■) × (– ■) + (+ ■) ;

b/ (+ ■) + (– ■) × (+ ■) ;

c/ (+ ■) × (+ ■) × (– ■) ;

d/ (– ■) – (+ ■) × (– ■).

65. a et b sont deux nombres différents de zéro. Trouver leur signe dans chacun des cas suivants.

a/ Le produit de a et b est positif, et leur somme est négative.

b/ Le produit de a et b est positif, et leur somme est positive.

c/ Le produit de a et b est négatif, et a est supérieur à b.

d/ La somme de a et b est nulle, et b est supérieur à a.

66. ***Vrai ou faux ?***

x et y sont différents de zéro. Quels que soient les nombres x et y, les phrases suivantes sont-elles vraies ou fausses ?

a/ La somme $x + x$ est toujours du signe de x.

b/ Le produit $-x \times x$ est toujours négatif.

c/ Le produit $x \times y \times x \times y$ est toujours positif.

d/ Si $x \times y$ est positif, $x + y$ l'est aussi.

67. Voici un énoncé :

Soit un nombre x. Le multiplier par (-5) puis ajouter 10 au résultat.

a/ Écrire la formule associée à ce programme.

b/ Exécuter le programme pour $x = 3$ et $x = -4$.

c/ Stéphanie a exécuté le programme ci-dessus. Elle a trouvé : + 10 ; 45 ; 7,5 et – 2,5. Pour quelles valeurs de x a-t-elle effectué le calcul ?

68. Quelle formule a été utilisée pour calculer les nombres y de la deuxième ligne en fonction des nombres x de la première ligne ?

x	– 4	– 1	0	2	5
y	– 7	2	5	11	20

69. ***Problème ouvert***

On peut écrire 5^2 sous la forme d'une somme de deux carrés : $5^2 = 4^2 + 3^2$.

a/ Écrire 7^2 sous la forme d'une somme de trois carrés.

b/ Faire de même pour 9^2.

c/ De plus en plus fort : écrire 9^2 sous forme d'une somme de quatre carrés.

70. ***Problème ouvert***

Un million c'est $1\,000 \times 1\,000$ soit $1\,000^2$.

Un million c'est aussi $100 \times 100 \times 100$ que l'on note 100^3.

On dit que un million est à la fois un carré ($1\,000^2$) et un cube (100^3).

Trouver d'autres nombres qui sont à la fois un carré et un cube.

Problèmes de synthèse

71. **a/** Placer dans un repère les points A(1 ; 1), B (2 ; 3), C(3 ; 2) et D(3 ; 1).

b/ Multiplier par – 2 les coordonnées des points A, B, C. On trouve les points A', B', C'. Placer ces points dans le repère.

c/ Expliquer comment passer des points A, B, C aux points A', B', C' par un tracé. Sans faire de calcul placer D'.

d/ Multiplier par 3 les coordonnées des points A, B, C. On trouve les points A", B", C". Placer ces points dans le repère.

e/ Expliquer comment passer des points A, B, C aux points A", B", C" par un tracé. Sans faire de calcul placer D".

72. Le produit de trois nombres consécutifs écrits sur la roue de la loterie vaut toujours – 24. Compléter la roue pour trouver le nombre gagnant (celui qui est en face de la flèche).

73. Le professeur Matheux a lancé un défi à ses élèves de quatrième.

Pour aller du départ à l'arrivée, on se déplace uniquement vers une case qui a un côté commun avec celle sur laquelle on se trouve (on peut aller par exemple de la case départ à la case – 2, mais pas à la case – 5). De plus on ne passe jamais deux fois par la même case. On multiplie tous les nombres rencontrés pendant un trajet. L'élève qui trouve le plus grand nombre de résultats différents a gagné.

Départ	– 2	+ 4
+ 3	– 5	+ 7
– 1	+ 6	Arrivée

Laureen, la meilleure élève de la classe, a trouvé 10 résultats différents. Relever le défi.

2

Écritures fractionnaires

Osiris est représentée sur la peinture murale ci-dessus. On reconnaît de part et d'autre de cette déesse égyptienne les yeux de son fils Horus.

Les Égyptiens avaient attribué des valeurs à chaque partie de l'œil d'Horus.

La cornée valait $\frac{1}{2}$, l'iris $\frac{1}{4}$, le sourcil $\frac{1}{8}$, la partie gauche de la cornée $\frac{1}{16}$, la partie oblique $\frac{1}{32}$ et la partie verticale $\frac{1}{64}$. Calculer la somme de ces fractions.

Repérer les obstacles

1. Comparer les fractions

exercices 47 à 49 p. 34

a/ Compléter avec < ou >.

$\frac{5}{9} \dots \frac{8}{9}$; $\frac{13}{12} \dots \frac{13}{15}$; $\frac{4}{5} \dots \frac{7}{12}$; $\frac{1}{3} \dots \frac{1}{4}$; $\frac{4}{5} \dots \frac{5}{6}$.

b/ Compléter par un nombre.

$\frac{3}{4} = \frac{\square}{8}$; $\frac{12}{15} = \frac{\square}{5}$; $\frac{2}{4} = \frac{1}{\square}$; $\frac{5}{15} = \frac{\square}{3}$.

2. Calculs sur les fractions

exercices 50 à 52 p. 34

a/ $\frac{2}{3} \times \frac{4}{3}$; $\frac{2}{5} \times \frac{3}{7}$; $\frac{5}{8} \times \frac{11}{5}$; $7 \times \frac{4}{3}$.

b/ $\frac{5}{7} + \frac{3}{7}$; $\frac{4}{5} + \frac{1}{5}$; $\frac{3}{4} + \frac{5}{8}$; $2 + \frac{1}{5}$.

c/ $\frac{2}{3} + \frac{1}{3} \times 4$. **d/** $\frac{2}{5} \times \left(\frac{5}{4} + \frac{1}{2}\right)$. **e/** $\frac{3}{5} \times \frac{7}{2} + \frac{11}{10}$.

3. Divisions

exercices 53 et 54 p. 34

a/ Effectuer mentalement les divisions suivantes.

$\frac{32}{0{,}1}$; $\frac{45}{100}$; $\frac{0{,}45}{5}$.

b/ Donner l'écriture décimale de $67{,}2 \div 12$.

c/ Donner une troncature à l'unité de $\frac{23}{7}$.

4. Quelques problèmes

exercices 55 à 57 p. 34

a/ Robin prend les $\frac{3}{4}$ d'un paquet de 52 cartes. Il donne les $\frac{2}{3}$ de ce qu'il a pris à sa sœur Charlotte. Combien Charlotte a-t-elle de cartes ? Résoudre ce problème de deux manières différentes.

b/ Une chaîne câblée diffuse des reportages pendant $\frac{5}{7}$ de son temps d'antenne. Des variétés occupent le reste du temps. Quelle fraction d'antenne est consacrée aux variétés ?

c/ Pierre s'engage sur une piste de ski de fond. La première heure il parcourt $\frac{1}{4}$ de la piste ; la deuxième il parcourt $\frac{1}{8}$ de la piste. Quelle fraction de la piste a-t-il parcouru au bout de deux heures ?

Franchir les obstacles

Quotient de deux nombres décimaux

1. Valeurs approchées

➤ exercices 1 et 2 p. 30

a/ La division de 11 par 7 se termine-t-elle ?

b/ On effectue cette division avec une calculatrice ; elle affiche ce résultat : 1,571428571 . On peut déterminer des valeurs approchées de ce quotient, par exemple, en donnant des troncatures ou des arrondis.

	Troncature de $\frac{11}{7}$	Arrondi de $\frac{11}{7}$	Encadrement de $\frac{11}{7}$
À l'unité	1	2	$1 < \frac{11}{7} < 2$
Au dixième	1,5	1,6	$1{,}5 < \frac{11}{7} < 1{,}6$
Au centième	1,57	1,57	$1{,}57 < \frac{11}{7} < 1{,}58$
Au millième	1,571	1,571	$1{,}571 < \frac{11}{7} < 1{,}572$

Faire un tableau analogue pour $\frac{27}{47}$.

c/ Quelle semble être la méthode pour trouver une troncature ou un arrondi d'un nombre ?

Comparer et simplifier

2. Questions de signes

➤ exercices 3 et 4 p. 30

a/ Donner l'écriture fractionnaire puis, si possible, l'écriture décimale des quotients suivants :

- le quotient de (– 8) par (– 4) ;
- le quotient de 0,3 par 7 ;
- le quotient de (– 5) par (– 4) ;
- le quotient de (– 2) par 10 ;
- le quotient de 6 par (– 5) ;
- le quotient de (– 0,2) par 0,5.

b/ Donner, si possible, l'écriture décimale des nombres suivants.

$\frac{-2}{-8}$; $\frac{7}{2}$; $\frac{0}{4}$; $\frac{-6}{9}$; $-\frac{11}{2}$; $\frac{-14}{6}$.

c/ Quel est le plus grand des trois nombres suivants ?

$\frac{-3}{5}$; $-\frac{3}{5}$; $\frac{3}{-5}$.

d/ Ranger par ordre croissant les nombres suivants.

$\frac{5}{16}$; $\frac{-3}{20}$; $\frac{-13}{20}$; $\frac{0}{10}$; $\frac{6}{20}$; $\frac{-2{,}3}{10}$.

3. Simplifier

➤ exercices 5 à 7 p. 30

a/ Simplifier le plus possible les fractions suivantes.

$\frac{-12}{-24}$; $\frac{2}{-4}$; $\frac{-27}{27}$; $\frac{-10}{-8}$; $\frac{-15}{5}$; $-\frac{21}{56}$.

b/ Vérifier les résultats en utilisant une calculatrice.

c/ Parmi les nombres ci-dessous, quels sont les nombres égaux ?

$\frac{6}{7}$; $\frac{6\times(-4)}{(-7)\times 4}$; $\frac{2\times(-3)\times 5}{-2\times 3\times 5\times 7}$; $\frac{4+6}{4+7}$; 7 ; $\frac{0}{7}$; $\frac{1}{7}$.

4. Produit « en croix »

➤ exercices 8 et 9 p. 30

a/ Trouver deux nombres a et b tels que $\frac{a}{b} = \frac{6}{7}$.

Calculer $a \times 7$ et $b \times 6$.

Refaire le même travail avec deux autres nombres a et b.

b/ Quelle propriété semble être vérifiée ?

Si $\frac{a}{b} = \frac{c}{d}$ $(b \neq 0$ et $d \neq 0)$ alors ……

c/ Énoncer la réciproque de cette propriété et la tester sur quelques exemples.

d/ Sans utiliser de calculatrice, dire si les nombres suivants sont égaux.

$\frac{4}{7}$ et $\frac{5}{8}$; $\frac{32}{4}$ et $\frac{16}{2}$; $\frac{1\,567}{8\,842}$ et $\frac{3\,428}{19\,343}$.

e/ Dans chacun des cas, trouver le nombre x non nul qui convient.

$\frac{4}{x} = \frac{1}{7}$; $\frac{9}{7} = \frac{108}{x}$; $\frac{x}{6} = 5$; $\frac{x}{84} = \frac{5}{12}$.

Additionner et soustraire

5. Somme et différence de fractions

➤ exercices 10 à 16 p. 30

a/ Effectuer les calculs suivants. Donner une écriture fractionnaire du résultat.

$A = \frac{6}{5} + \frac{3}{4}$; $B = \frac{18}{25} + \frac{9}{10}$; $C = \frac{1}{24} + \frac{-7}{30}$.

b/ Vérifier les résultats du **a/** en utilisant une calculatrice.

c/ Effectuer les calculs suivants. Donner une écriture fractionnaire du résultat.

$D = -\frac{7}{5} + \frac{9}{5}$; $E = \frac{-13}{14} + \frac{-4}{7}$; $F = \frac{5}{6} + \frac{-1}{2}$;

$G = \frac{1}{10} - \frac{3}{10}$; $H = \frac{4}{7} - \left(-\frac{1}{7}\right)$; $I = \frac{-1}{12} - \frac{4}{3}$.

d/ Vérifier les résultats du **c/** en utilisant une calculatrice.

Multiplier et diviser

6. Produit de fractions

➤ *exercices 17 à 19 p. 31*

a/ Sans utiliser de calculatrice, donner les résultats des calculs suivants sous forme de fractions simplifiées le plus possible.

$A = \frac{3}{5} \times \frac{2}{3} \times \frac{5}{7}$; $\quad B = \frac{40}{77} \times \frac{21}{16}$.

b/ Effectuer les produits suivants. Donner les résultats sous forme de fractions simplifiées le plus possible.

$C = \frac{-5}{10} \times \frac{3}{10}$; $\quad D = \frac{3}{-4} \times \frac{-12}{5}$; $\quad E = \frac{11}{5} \times \left(-\frac{5}{2}\right)$;

$F = (-12) \times \frac{4}{5}$; $\quad G = \frac{-3}{4} \times \frac{-2}{5} \times \left(-\frac{1}{3}\right)$.

c/ Énoncer une méthode qui semble permettre de trouver le signe d'un produit de plusieurs fractions.

7. Nombres inverses

➤ *exercice 20 p. 31*

> *a* désigne un nombre non nul.
> L'inverse de *a* est le nombre qui multiplié par *a* donne 1.

Exemple. L'inverse de 0,2 est 5 car $0{,}2 \times 5 = 1$.

Quels sont les inverses des nombres suivants ?

5 ; $\quad$ 2 ; $\quad \frac{2}{5}$; $\quad \frac{1}{3}$; $\quad -5$; $\quad \frac{a}{b}$ (a et b étant deux nombres différents de zéro).

Remarque. Selon les calculatrices, la touche « inverse » peut être $\boxed{x^{-1}}$, $\boxed{\frac{1}{x}}$…

8. Quotient de quotients

➤ *exercices 21 à 26 p. 31*

a/ Compléter puis effectuer les calculs suivants.

(1) $5 \div 8 = \frac{5}{8} = 5 \times \frac{\square}{\square}$; $\quad$ (2) $7 \div 4 = 7 \times \frac{\square}{\square}$; $\quad$ (3) $5 \div 2 = \square \times \frac{\square}{\square}$;

(4) $\frac{3}{5} \div 2 = \frac{3}{5} \times \frac{\square}{\square}$; $\quad$ (5) $\frac{7}{5} \div 2 = \frac{\square}{\square} \times \frac{\square}{\square}$; $\quad$ (6) $\frac{5}{4} \div \frac{2}{5} = \frac{\square}{\square} \times \frac{\square}{\square}$.

b/ Énoncer une méthode qui semble permettre de calculer $\frac{a}{b} \div \frac{c}{d}$.

c/ Effectuer les calculs suivants. Donner les résultats sous forme de fractions simplifiées le plus possible. Vérifier les réponses avec la calculatrice.

$A = \frac{5}{4} \div \frac{1}{2}$; $\quad B = \frac{6}{15} \div \frac{4}{5}$; $\quad C = 15 \div \frac{3}{2}$;

$D = \frac{-1}{4} \div \frac{3}{2}$; $\quad E = \frac{11}{10} \div \left(-\frac{5}{8}\right)$; $\quad F = \frac{-7}{10} \div \frac{-3}{6}$;

$G = \dfrac{\frac{1}{2}}{\frac{4}{3}}$; $\quad H = \dfrac{3}{\frac{4}{5}}$; $\quad I = \dfrac{\frac{3}{4}}{5}$.

Conduire un calcul

9. À qui la priorité ?

➤ exercices 27 à 30 p. 31

Effectuer les calculs suivants sans calculatrice. Donner les résultats sous forme de fractions simplifiées le plus possible. Vérifier les réponses avec une calculatrice.

$A = \frac{1}{2} + \frac{5}{2} \times \frac{1}{4}$; $B = \left(-\frac{3}{4} + \frac{7}{8}\right) \times \left(\frac{2}{15} - \frac{1}{5}\right)$; $C = \dfrac{2 + \frac{4}{5}}{2 - \frac{11}{4}}$;

$D = \frac{1}{2} + \left(\frac{3}{4}\right)^2$; $E = \left(-\frac{2}{3}\right)^2 - \frac{5^2}{18}$.

10. Calcul littéral et fractions

➤ exercices 31 et 32 p. 32

a/ Calculer $A = \frac{2}{5} \times \left(x + \frac{5}{6}\right)$ pour $x = \frac{1}{9}$ puis pour $x = -\frac{1}{3}$.

b/ Sur chacune des lignes suivantes, un seul nombre n'est pas égal aux autres. Trouver lequel.

- $\frac{4}{3} \times x$; $\frac{4x}{3x}$; $\frac{4x}{3}$; $\frac{4}{3}x$.
- $\frac{2}{3}x + \frac{5}{3}x$; $\frac{7x}{6}$; $\left(\frac{2}{3} + \frac{5}{3}\right)x$; $\frac{7}{3}x$; $\frac{7x}{3}$.
- $\frac{4x}{3} \times \frac{2}{5}x$; $\frac{4x \times 2x}{15}$; $\frac{8}{15}x^2$; $\frac{8x^2}{15}$; $\frac{8x}{15}$.

Résoudre des problèmes

11. Faire le plein

➤ exercices 33 à 40 p. 32

a/ Un réservoir de 180 L est rempli aux $\frac{3}{4}$. Quelle quantité d'eau contient-il ?

b/ Un réservoir, rempli aux $\frac{3}{4}$, contient alors 180 L d'eau. Quelle quantité d'eau contient-il lorsqu'il est plein ?

12. Programmes de télévision

a/ On partage les 36 heures d'une série télévisée en épisodes de $\frac{2}{3}$ h. Combien d'épisodes comporte cette série ?

b/ Une émission de $\frac{3}{4}$ d'heure est composée uniquement de reportages de $\frac{1}{12}$ d'heure. Combien y a-t-il de reportages dans cette émission ?

c/ Sur une journée, les $\frac{2}{5}$ des programmes d'une chaîne câblée sont consacrés à des émissions de variétés et le $\frac{1}{4}$ de ce qui reste à des informations. Quelle fraction des programmes représentent les informations ?

1 Valeurs approchées d'un quotient

Lorsque la division de deux nombres a et b ($b \neq 0$) se termine, le quotient $\frac{a}{b}$ est un **nombre décimal**. On peut donner sa valeur **exacte**. Lorsque la division ne se termine pas, on peut donner des valeurs décimales **approchées** de $\frac{a}{b}$.

Exemples : • $\frac{5}{8} = 0{,}625$; $\frac{6}{-2} = -3$.

• Pour $\frac{57}{13}$, la division ne se termine pas. La calculatrice affiche : 4,384615385 .

Pour donner une valeur approchée d'un nombre, on peut tronquer ou arrondir.

Tronquer	Encadrement	Arrondir
• 4 est la troncature à l'unité de $\frac{57}{13}$ car on « coupe » l'écriture du nombre après le chiffre des unités.	• à l'unité : $4 < \frac{57}{13} < 5$	• 4 est l'arrondi à l'unité de $\frac{57}{13}$ car 4,3 est plus proche de 4 que de 5.
• 4,3 est la troncature au dixième de $\frac{57}{13}$ car on « coupe » l'écriture du nombre après le chiffre des dixièmes.	• au dixième : $4{,}3 < \frac{57}{13} < 4{,}4$	• 4,4 est l'arrondi au dixième de $\frac{57}{13}$ car 4,38 est plus proche de 4,4 que de 4,3.
• 4,38 est la troncature au centième de $\frac{57}{13}$.	• au centième : $4{,}38 < \frac{57}{13} < 4{,}39$	• 4,38 est l'arrondi au centième de $\frac{57}{13}$. *Convention.* L'arrondi au centième de 5,275 est 5,28.

2 Quotients égaux

On ne change pas un quotient en multipliant ou en divisant par un même nombre non nul le numérateur et le dénominateur de son écriture fractionnaire :

- **pour $k \neq 0$ et $b \neq 0$, $\frac{k \times a}{k \times b} = \frac{a}{b}$;**
- **pour $b \neq 0$, $\frac{-a}{-b} = \frac{a}{b}$ et $\frac{a}{-b} = \frac{-a}{b} = -\frac{a}{b}$.**

Exemple : $\frac{12}{-15} = -\frac{3 \times 4}{3 \times 5} = -\frac{4}{5}$.

Pour tous les nombres a, b, c et d (avec $a \neq 0$, $b \neq 0$ et $d \neq 0$) :

- **si $\frac{a}{b} = \frac{c}{d}$ alors $a \times d = b \times c$;**
- **si $a \times d = b \times c$ alors $\frac{a}{b} = \frac{c}{d}$ et $\frac{d}{b} = \frac{c}{a}$.**

Cette propriété, admise, sert, en particulier, à résoudre des équations.

Exemple. Voir l'activité 4 de *Franchir les obstacles*, p. 24.

3 Somme et différence de nombres en écriture fractionnaire

Pour calculer la somme ou la différence de deux nombres en écriture fractionnaire, on les réduit au même dénominateur puis on additionne ou on soustrait les numérateurs et on garde le dénominateur commun.

Si a, b, c désignent des nombres ($c \neq 0$), alors :

$$\frac{a}{c} + \frac{b}{c} = \frac{a+b}{c} \quad \text{et} \quad \frac{a}{c} - \frac{b}{c} = \frac{a-b}{c}.$$

Exemple. Voir le paragraphe 1 des « Méthodes » à la page suivante.

4 Produit de nombres en écriture fractionnaire

Pour calculer le produit de deux nombres en écriture fractionnaire, on multiplie les numérateurs entre eux et les dénominateurs entre eux, en respectant la règle des signes du produit.

Si a, b, c, d désignent des nombres ($b \neq 0$ et $d \neq 0$), alors :

$$\frac{a}{b} \times \frac{c}{d} = \frac{a \times c}{b \times d}.$$

Exemple : $\frac{7}{4} \times \left(\frac{-8}{3}\right) = -\frac{7 \times 8}{4 \times 3} = -\frac{7 \times \cancel{4} \times 2}{\cancel{4} \times 3} = -\frac{14}{3}$.

Penser à simplifier avant d'effectuer les produits.

5 Quotient de nombres en écriture fractionnaire

L'inverse d'un nombre a non nul est le nombre qui multiplié par a donne 1.

On le note $\frac{1}{a}$.

En particulier, l'inverse de $\frac{a}{b}$ est $\frac{b}{a}$.

Exemples

- L'inverse de 2 est $\frac{1}{2}$ car $2 \times \frac{1}{2} = 1$.
- L'inverse de $-\frac{4}{5}$ est $-\frac{5}{4}$ car $-\frac{4}{5} \times \left(-\frac{5}{4}\right) = 1$.

Diviser par un nombre non nul c'est multiplier par l'inverse.

Si a, b, c, d désignent des nombres avec b, c, d différents de zéro, alors :

$$\frac{a}{b} \div \frac{c}{d} = \frac{a}{b} \times \frac{d}{c}.$$

Exemples

- $\frac{5}{3} \div \frac{7}{2} = \frac{5}{3} \times \frac{2}{7} = \frac{5 \times 2}{3 \times 7} = \frac{10}{21}$; • $\frac{2}{5} \div \left(-\frac{7}{3}\right) = \frac{2}{5} \times \left(-\frac{3}{7}\right) = -\frac{6}{35}$.

1. Additionner ou soustraire deux fractions

Exemple. Calculer $A = \frac{8}{25} + \frac{-4}{15}$.

Méthode

• **On réduit les fractions au même dénominateur**, c'est-à-dire que l'on écrit des fractions de même dénominateur égales aux fractions données.
Pour cela, on cherche un multiple commun aux deux dénominateurs.

• On achève le calcul.

Calcul

$A = \frac{8}{25} + \frac{-4}{15}$.

Multiples de 25 : 25 ; 50 ; **75** ; 100.
Multiples de 15 : 15 ; 30 ; 45 ; 60 ; **75**.

• $\frac{8}{25} = \frac{8 \times 3}{25 \times 3} = \frac{24}{75}$

• $\frac{-4}{15} = \frac{(-4) \times 5}{15 \times 5} = \frac{-20}{75}$

$A = \frac{24}{75} - \frac{20}{75}$

$A = \frac{24 - 20}{75}$

$\mathbf{A = \frac{4}{75}}$.

2. Conduire un calcul

Exemple. Calculer $B = \frac{5}{4} - \left(\frac{1}{8} + \frac{3}{8} \times 2\right) \div \frac{1}{2}$.

Recherche

Y a-t-il des parenthèses ? → OUI

J'effectue dans les parenthèses le calcul prioritaire puis j'enlève ces parenthèses.

Y a-t-il à nouveau des multiplications ou des divisions ? → OUI

J'effectue l'opération prioritaire et je termine les calculs en simplifiant, si possible, le résultat.

Calcul

$B = \frac{5}{4} - \left(\frac{1}{8} + \frac{3}{8} \times 2\right) \div \frac{1}{2}$

$B = \frac{5}{4} - \left(\frac{1}{8} + \frac{6}{8}\right) \div \frac{1}{2}$

$B = \frac{5}{4} - \frac{7}{8} \div \frac{1}{2}$

$B = \frac{5}{4} - \frac{7}{4}$

$B = -\frac{2}{4}$ soit $\mathbf{B = -\frac{1}{2}}$.

Exercices fondamentaux

Quotient de deux nombres décimaux

1. Donner un arrondi et une troncature au millième des nombres a, b et c suivants.

$a = \dfrac{1,51}{1,2}$; $b = \dfrac{42}{3,6}$; $c = \dfrac{563}{27}$.

2. Écrire un encadrement à l'unité des nombres suivants.

$\dfrac{677}{52}$; $\dfrac{-56}{3}$; $\dfrac{-65}{-7}$.

Comparer et simplifier

3. Comparer les nombres suivants.

$0,4$ et $\dfrac{3}{7}$; $\dfrac{-4}{25}$ et $-0,1$; $\dfrac{-2}{10}$ et $0,2$;

$\dfrac{-3}{5}$ et $-\dfrac{4}{5}$; $\dfrac{-7}{10}$ et $\dfrac{8}{-10}$; $\dfrac{4}{25}$ et $\dfrac{17}{100}$.

4. Dans chacun des cas suivants, ranger les nombres du plus petit au plus grand.

a/ $\dfrac{17}{15}$; $\dfrac{-11}{15}$; $\dfrac{13}{-15}$.

b/ $\dfrac{-11}{5}$; $\dfrac{11}{-7}$; $-\dfrac{11}{8}$.

c/ $\dfrac{-17}{5}$; 1 ; $\dfrac{5}{21}$; $\dfrac{23}{2}$.

5. Simplifier le plus possible.

$\dfrac{14}{-22}$; $\dfrac{-3}{-36}$; $-\dfrac{10}{96}$; $\dfrac{-150}{350}$.

6. Écrire, si possible, les nombres suivants sous la forme $\dfrac{a}{60}$ où a est un nombre entier.

$\dfrac{7}{-15}$; $\dfrac{-5}{12}$; $\dfrac{115}{420}$; $\dfrac{7}{3}$; $\dfrac{8}{-5}$; $\dfrac{-3}{-24}$.

7. Simplifier, si possible, les expressions suivantes.

$A = \dfrac{-5 \times 8}{10 \times 3}$; $B = \dfrac{2 \times (-5) \times (-3)}{(-10) \times 7}$;

$C = \dfrac{-3 + 7}{2 + 7}$; $D = \dfrac{5 \times (-12)}{(-10) \times 7}$;

$E = \dfrac{3 \times 4}{3 \times 4 \times 5}$; $F = \dfrac{2 \times (-11) \times 7}{2 \times 7}$.

8. Les nombres suivants sont-ils égaux ?

a/ $\dfrac{15}{17}$ et $\dfrac{5}{7}$; **b/** $\dfrac{-14}{19}$ et $\dfrac{-2}{7}$;

c/ $\dfrac{2}{3}$ et $\dfrac{4}{9}$; **d/** $\dfrac{1\,428}{597}$ et $\dfrac{304}{127}$.

9. Trouver le nombre x qui convient.

a/ $\dfrac{x}{15} = \dfrac{4}{5}$; **b/** $\dfrac{x}{15} = \dfrac{14}{25}$;

c/ $\dfrac{34}{x} = -\dfrac{17}{3}$; **d/** $-\dfrac{5}{6} = \dfrac{-4}{x}$;

e/ $\dfrac{4,5}{8} = \dfrac{x}{7,2}$; **f/** $\dfrac{-7}{x} = \dfrac{1}{2}$.

Additionner et soustraire

10. Calculer et donner les résultats sous forme de fractions simplifiées le plus possible.

a/ $\dfrac{1}{3} + \dfrac{5}{6}$; **b/** $\dfrac{7}{10} - \dfrac{11}{10}$; **c/** $4 - \dfrac{22}{3}$;

d/ $\dfrac{-1}{12} + \dfrac{7}{4}$; **e/** $\dfrac{-2}{11} + \dfrac{-5}{33}$; **f/** $\dfrac{14}{25} - \left(\dfrac{-3}{5}\right)$.

11. Calculer et donner les résultats sous forme de fractions simplifiées le plus possible.

a/ $\dfrac{3}{5} + \dfrac{2}{11}$; **b/** $\dfrac{8}{55} + \dfrac{7}{44}$; **c/** $\dfrac{5}{12} + \dfrac{3}{8}$;

d/ $\dfrac{7}{25} + \dfrac{11}{15}$; **e/** $\dfrac{1}{10} + \dfrac{1}{8}$; **f/** $\dfrac{4}{7} + \dfrac{3}{4}$;

g/ $\dfrac{5}{16} + \dfrac{3}{4} + \dfrac{7}{12}$; **h/** $3 + \dfrac{7}{20} + \dfrac{11}{12}$.

12. Calculer et donner les résultats sous forme de fractions simplifiées le plus possible.

a/ $\dfrac{2}{5} - \dfrac{7}{5}$; **b/** $-\dfrac{3}{10} - \dfrac{5}{10}$; **c/** $\dfrac{1}{4} - \dfrac{5}{8}$;

d/ $-\dfrac{3}{2} - \left(\dfrac{-12}{5}\right)$; **e/** $\dfrac{1}{12} - \dfrac{1}{15}$; **f/** $6 - \dfrac{4}{5}$.

13. Calculer et donner les résultats sous forme de fractions simplifiées le plus possible.

a/ $\dfrac{1}{8} + \dfrac{7}{12}$; **b/** $\dfrac{85}{4} - \dfrac{35}{5}$; **c/** $\dfrac{-9}{16} + \dfrac{7}{18}$;

d/ $\dfrac{8}{24} + \left(\dfrac{-7}{3}\right)$; **e/** $\dfrac{3}{4} - \dfrac{7}{9}$; **f/** $\dfrac{42}{75} - \dfrac{(-22)}{30}$;

g/ $\dfrac{1}{2} - \dfrac{1}{3} + \dfrac{1}{4}$; **h/** $\dfrac{-31}{45} + \dfrac{3}{10} - \dfrac{9}{15}$.

14. Calculer mentalement.

a/ $-\dfrac{1}{2} + \dfrac{1}{4}$; **b/** $-1 - \dfrac{1}{3}$; **c/** $-\dfrac{2}{3} - \dfrac{5}{6}$;

d/ $1 - \dfrac{3}{4}$; **e/** $\dfrac{1}{7} - 1$; **f/** $\dfrac{5}{10} - \dfrac{1}{2}$;

g/ $-\dfrac{5}{10} - \dfrac{1}{2}$; **h/** $\dfrac{3}{5} + \dfrac{1}{2}$; **i/** $\dfrac{7}{2} - \dfrac{4}{3}$.

15. Avec une calculatrice, calculer et donner les résultats sous forme de fractions simplifiées le plus possible.

$A = -\frac{42}{75} - \frac{17}{60}$; $B = \frac{58}{168} - \frac{27}{147}$;

$C = -\frac{28}{32} - \left(\frac{-62}{48}\right)$.

16. Calculer $x + y$ et $x - y$ pour les valeurs de x et y suivantes.

a/ $x = \frac{7}{15}$ et $y = \frac{3}{10}$; **b/** $x = -\frac{8}{7}$ et $y = \frac{7}{8}$.

c/ $x = \frac{14}{33}$ et $y = \frac{-21}{44}$; **d/** $x = \frac{-5}{27}$ et $y = -\frac{7}{18}$.

Multiplier et diviser

17. Calculer et donner les résultats sous forme de fractions simplifiées le plus possible.

a/ $\frac{1}{2} \times \left(-\frac{2}{3}\right)$; **b/** $\frac{-2}{6} \times \frac{21}{5}$; **c/** $\frac{-4}{5} \times \left(-\frac{7}{2}\right)$;

d/ $(-7) \times \left(\frac{-9}{56}\right)$; **e/** $\frac{3}{14} \times \left(-\frac{7}{3}\right)$; **f/** $\left(\frac{-7}{11}\right) \times \left(-\frac{3}{5}\right)$;

g/ $\frac{8}{5} \times \frac{-5}{3} \times \left(-\frac{9}{16}\right)$; **h/** $\frac{-11}{3} \times \left(-\frac{2}{7}\right) \times \left(\frac{3}{2}\right)$.

18. Calculer et donner les résultats sous forme de fractions simplifiées le plus possible.

$A = \frac{30}{21} \times \frac{7}{15}$; $B = \frac{25}{12} \times \frac{16}{35}$;

$C = \frac{-3}{10} \times \left(-\frac{5}{18}\right)$; $D = \frac{28}{5} \times \frac{15}{30} \times \frac{10}{7}$.

19. Calculer avec une calculatrice et donner les résultats sous forme de fractions simplifiées le plus possible.

$A = \frac{21}{32} \times \frac{54}{49}$; $B = \frac{-42}{25} \times (-45)$;

$C = \frac{28}{48} \times \left(-\frac{62}{32}\right)$; $D = \frac{14}{9} \times \frac{-49}{7} \times \left(-\frac{18}{343}\right)$.

20. Écrire les inverses de chacun des nombres suivants.

$\frac{3}{2}$; $\frac{-2}{5}$; $\frac{1}{4}$; $-\frac{1}{4}$; 4 ; 1 ; -1.

21. Calculer et donner les résultats sous forme de fractions simplifiées le plus possible.

a/ $\frac{4}{5} \div \frac{3}{5}$; **b/** $\frac{7}{10} \div \frac{4}{15}$; **c/** $-\frac{13}{30} \div \left(-\frac{1}{10}\right)$;

d/ $\frac{-4}{45} \div \frac{16}{15}$; **e/** $8 \div \frac{4}{5}$; **f/** $12 \div \frac{3}{4}$.

22. Calculer et donner le résultat sous forme de fractions simplifiées le plus possible.

$A = \frac{\frac{3}{4}}{\frac{7}{4}}$; $B = \frac{\frac{25}{100}}{2}$; $C = \frac{5}{\frac{4}{3}}$.

23. Calculer $r \times t$ et $\frac{r}{t}$ pour les valeurs de r et t suivantes.

a/ $r = -4$ et $t = -\frac{1}{4}$; **b/** $r = \frac{7}{6}$ et $t = \frac{-3}{4}$;

c/ $r = \frac{-11}{4}$ et $t = 8$; **d/** $r = \frac{4}{5}$ et $t = 0{,}25$.

24. Compléter les calculs suivants.

a/ $\frac{4}{7} + \frac{\square}{\square} = 1$; **b/** $\frac{3}{5} \times \frac{\square}{\square} = 1$;

c/ $\frac{\square}{\square} - \frac{7}{3} = 1$; **d/** $\frac{\square}{\square} \div \frac{5}{2} = 1$.

25. ***À faire de tête***

Calculer :

a/ les $\frac{3}{4}$ de 440 ;

b/ la moitié de $\frac{-6}{7}$;

c/ le double de $\frac{5}{8}$;

d/ les $\frac{5}{6}$ de $\frac{6}{7}$.

26. Calculer :

a/ la somme des $\frac{5}{2}$ de 120 et des $\frac{3}{4}$ de 128 ;

b/ les $\frac{2}{3}$ de la différence entre 120 et la moitié de 18.

Conduire un calcul

27. Calculer. Donner les résultats sous forme de fractions simplifiées le plus possible.

$A = \left(\frac{1}{7} - \frac{3}{14}\right) \times \left(5 - \frac{1}{2}\right)$; $B = \frac{1}{15} + \frac{2}{15} \times 3$;

$C = \left(\frac{1}{6} + \frac{11}{15}\right) \div 5$; $D = -3 + 5 \times \frac{-6}{7}$;

$E = \frac{3}{10} - \left(\frac{4}{5} + \frac{7}{2}\right)$; $F = 8 + 2 \div \left(-\frac{12}{5}\right)$.

28. Calculer de deux manières différentes $A = \frac{3}{4}\left(\frac{1}{2} - \frac{4}{5}\right)$ et $B = \frac{1}{2} \times \frac{3}{8} + \frac{1}{2} \times \frac{5}{6}$.

29. Calculer. Donner les résultats sous forme de fractions simplifiées le plus possible.

$A = \dfrac{\frac{1}{2}+\frac{2}{3}}{\frac{3}{4}-\frac{1}{6}}$; $B = \dfrac{3}{1+\frac{7}{5}}$; $C = \dfrac{\frac{4}{5}-\frac{3}{5}}{4}$.

30. ***Au brevet***

Calculer. Écrire les étapes et donner les résultats sous forme de fractions simplifiées le plus possible.

$A = \left(-4 + 3 \times \frac{2}{7}\right) \div \left(\frac{3}{14}\right)$; $B = \dfrac{4-(2-5)^2}{4+5}$;

$C = 9 \times \frac{3}{2} - 10$; $D = \left(\frac{3}{2}\right)^2 - \frac{1}{3} \times \left(-\frac{5}{2}\right)$;

$E = \frac{7}{3} - \frac{4}{3} \div \frac{2}{5}$; $F = \frac{4}{3} + \frac{5}{2} \times \frac{7}{15}$.

(Juin 2001.)

31. ***Calcul littéral***

Simplifier si possible les écritures suivantes.

$A = \frac{2}{5}x + \frac{7}{5}x$; $B = \frac{12}{7}y - \frac{4}{7}y$;

$C = -\frac{2}{3}t - \frac{5}{3}t$; $D = x + \frac{1}{2}x$;

$E = y - \frac{3}{2}y$; $F = 2t - \frac{1}{3}t$;

$G = \frac{1}{4}x + \frac{1}{8}x$; $H = 2 + \frac{1}{2}x$;

$I = \frac{3}{4}x \times \frac{1}{5}$; $J = \frac{2}{5}x \times 3x$;

$K = \frac{1}{2}y \times \frac{1}{3}y$; $L = -\frac{3}{2}\left(-\frac{1}{2}x\right)$.

32. ***Calcul littéral***

a/ Développer et réduire.

$A = \frac{1}{2}\left(x + \frac{2}{3}\right)$; $B = \frac{2}{5}\left(x - \frac{1}{2}\right)$;

$C = x\left(\frac{3}{4} + x\right)$; $D = -\frac{1}{3}(x+2)$.

b/ Calculer A, B, C et D pour $x = \frac{2}{3}$.

Résoudre des problèmes

33. Une salle de cinéma est remplie aux $\frac{2}{3}$. Elle contient alors 142 personnes. Quelles est sa contenance totale ?

34. Quinze mille litres d'eau s'échappent en quelques secondes du geyser « Old Faithfull » du parc américain de Yellowstone. Combien de bouteilles de $\frac{3}{2}$ L pourrait-on remplir avec cette quantité d'eau ?

35. Dans un sondage, $\frac{9}{10}$ des personnes interrogées disent qu'elles ont des amis et $\frac{2}{3}$ d'entre elles affirment qu'elles en ont plus de 4. Quelle fraction des personnes interrogées disent avoir plus de 4 amis ?

36. Patrick fait des achats. Il dépense le tiers de son argent de poche dans une librairie et le quart dans un magasin de sport. Il lui reste alors 30 €.

a/ Quelle fraction de son argent a-t-il dépensé ?

b/ Quelle fraction de son argent lui reste-t-il ?

c/ Quelle somme avait-il avant de faire ses achats ?

37. Lors d'une randonnée pédestre de trois jours, Laura et Louis ont parcouru $\frac{2}{5}$ du trajet le premier jour, et $\frac{1}{6}$ le dernier jour. Quelle fraction du trajet ont-ils parcouru le deuxième jour ?

38. ABC est un triangle dont les dimensions (en dm) sont :

AB = 1 ; BC = $\frac{4}{3}$; AC = $\frac{5}{3}$.

Le triangle ABC est-il rectangle ?

39. Calculer l'aire et le périmètre du triangle ABC tel que AB = $\frac{21}{10}$; BC = $\frac{14}{5}$; AC = $\frac{7}{2}$. (Toutes les dimensions sont données en cm.)

40. ***Calcul littéral***

Un libraire réalise une pile de x livres de la dernière aventure du célèbre Henri Peter. Chacun de ces livres a une épaisseur de 3,5 cm et coûte 19 €. À la fin de la journée, il reste $\frac{1}{5}$ des livres de la pile.

Exprimer en fonction de x :

a/ la hauteur de la pile de livres avant la vente ;

b/ la hauteur de la pile de livres après la vente ;

c/ le nombre de livres vendus ;

d/ le montant de la vente.

Faire le point à mi-parcours

Savez-vous...

41. ... trouver une valeur approchée d'un quotient ?

a/ Donner l'arrondi au dixième de $\frac{45}{77}$.

b/ Donner la troncature au centième de l'inverse de 13.

42. ... écrire des fractions égales entre elles ?

a/ Simplifier, si possible, les expressions suivantes.

$\frac{-56}{35}$; $\frac{12}{-8}$; $\frac{-121}{-12}$; $\frac{6\times(-4)\times 7}{(-7)\times 8\times 5}$.

b/ Trouver le nombre x non nul tel que $\frac{27}{x}=-\frac{3}{7}$.

43. ... comparer des nombres ?

a/ Ranger par ordre croissant les nombres suivants.

$\frac{-6}{7}$; $\frac{4}{3,5}$; $-0,85$; $\frac{-13}{14}$; $\frac{9}{7}$; $1,14$.

b/ Les nombres suivants sont-ils égaux ?

$\frac{456}{67}$ et $\frac{34}{5}$; $\frac{-4,5}{7,8}$ et $\frac{15}{-26}$.

44. ... effectuer des opérations avec des fractions ?

Calculer et donner les résultats sous forme de fractions simplifiées le plus possible.

$A=\frac{2}{3}+-\frac{5}{6}$; $B=-\frac{5}{8}-\frac{7}{12}$;

$C=\frac{5}{14}\times\frac{-7}{15}$; $D=\frac{1}{2}\div\frac{1}{4}$;

$E=\frac{3}{20}+\frac{5}{12}$; $F=\frac{-7}{13}\div\frac{2}{3}$;

$G=\dfrac{\frac{-72}{15}}{-\frac{4}{3}}$; $H=\dfrac{\frac{-3}{15}}{5}$;

$I=\frac{3}{4}\times\frac{-6}{9}\times\frac{27}{6}$.

45. ... conduire un calcul ?

Calculer et donner les résultats sous forme de fractions simplifiées le plus possible.

$A=\frac{8}{5}-\frac{5}{3}\times(-2)$; $B=\frac{1}{2}-\frac{6}{10}\times\frac{3}{2}+\frac{-1}{7}$;

$C=\frac{4}{25}-\left(\frac{12}{30}+\frac{1}{5}\right)$; $D=\dfrac{2-\frac{7}{6}}{3-\frac{7}{6}}$.

46. ... résoudre des problèmes ?

a/ Sur le parking d'un stade, $\frac{1}{3}$ des voitures sont rouges et $\frac{1}{4}$ sont blanches. Quelle est la fraction des voitures de ce parking qui ne sont ni rouges, ni blanches ?

b/ Marie s'est connectée sur Internet. Elle a consacré les $\frac{4}{5}$ du temps de connexion à une recherche sur les peintres français dont les $\frac{3}{4}$ de ce temps sur les impressionnistes. Quelle fraction du temps de connexion Marie a-t-elle consacré à sa recherche sur les impressionnistes ?

c/ Un rectangle a une aire de $\frac{153}{4}$ cm^2. Sa longueur est $\frac{27}{4}$ cm. Quelle est sa largeur ?

Exercices complémentaires

S'ÉCHAUFFER

47. Compléter avec < ou >.

a/ $\frac{4}{9} \dots \frac{9}{7}$; $\frac{5,6}{11} \dots \frac{5,06}{11}$; $\frac{8}{0,7} \dots \frac{5}{0,7}$.

b/ $\frac{1}{4} \dots \frac{1}{8}$; $\frac{3}{5} \dots \frac{7}{15}$; $\frac{12}{17} \dots \frac{12}{19}$.

48. Ranger par ordre croissant.

$\frac{4}{5}$; 0,25 ; $\frac{7}{10}$; $\frac{5}{2}$.

49. ***Vrai ou faux ?***

a/ $\frac{4}{8} = 2$; **b/** $\frac{12}{10} = \frac{6}{5}$; **c/** $\frac{3}{4} = \frac{9}{16}$;

d/ $\frac{1}{3} = \frac{2}{6}$; **e/** $\frac{10}{2} = 5$; **f/** $4 = \frac{16}{4}$.

50. Calculer et donner les résultats sous forme fractionnaire.

a/ $\frac{1}{2} \times \frac{1}{3}$; **b/** $\frac{7}{2} \times \frac{5}{3} \times \frac{1}{4}$; **c/** $5 \times \frac{3}{4}$;

d/ $\frac{4}{5} + \frac{7}{5}$; **e/** $\frac{11}{6} + \frac{7}{12}$; **f/** $\frac{11}{5} - \frac{7}{5}$;

g/ $1 + \frac{4}{5}$; **h/** $\frac{17}{8} - 1$; **i/** $\frac{2}{7} \times \frac{7}{2}$.

51. Compléter le tableau suivant.

	$a + b$	$a - b$	$a \times b$
$a = \frac{7}{4}$; $b = \frac{3}{4}$			
$a = \frac{11}{10}$; $b = \frac{2}{5}$			
$a = 3$; $b = \frac{1}{6}$			

52. Calculer et donner les résultats sous forme de fractions simplifiées le plus possible.

a/ $\frac{4}{10} + \frac{1}{5} \times \frac{1}{2}$; **b/** $\frac{3}{4} \times \left(\frac{1}{6} + \frac{5}{12}\right)$;

c/ $\frac{23}{8} - \frac{1}{2} + \frac{5}{4}$; **d/** $2 \times \frac{5}{7} \times \frac{3}{6}$.

53. Effectuer mentalement les calculs suivants.

a/ $\frac{45}{0,1}$; **b/** $\frac{34,5}{0,01}$; **c/** $\frac{12}{100}$.

54. Effectuer les divisions suivantes.

a/ 124 ÷ 0,25 ; **b/** 1 024 ÷ 3,2 ;
c/ 88,32 ÷ 2,3 ; **d/** 243,75 ÷ 7,5.

55. Jeanne mange les $\frac{2}{5}$ d'un paquet de gâteaux et Élodie mange le reste.
Quelle fraction du paquet Élodie a-t-elle mangé ?

56. Les $\frac{2}{3}$ des élèves de la classe ont des yeux marron et $\frac{4}{5}$ d'entre eux ont des lunettes. Quelle fraction des élèves de cette classe ont des yeux marron et des lunettes ?

57. Calculer AB (les distances sont données en cm).

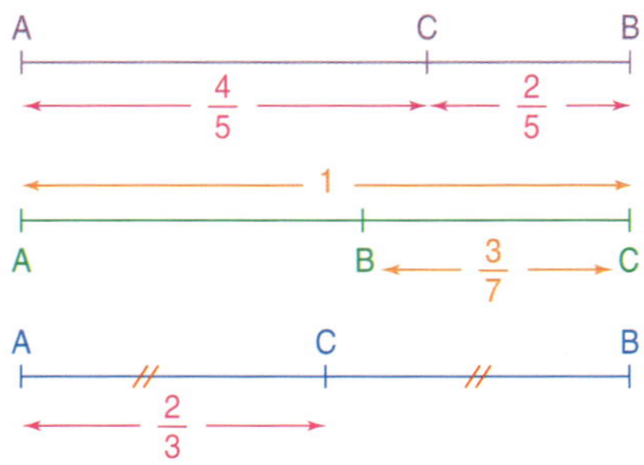

S'ENTRAÎNER

Quotient de deux nombres décimaux

58. Donner la troncature au dixième et un arrondi au centième de chacun des nombres suivants.

$\frac{53}{11}$; $\frac{101}{13}$; $\frac{52}{89}$.

Comparer et simplifier

59. Simplifier le plus possible.

a/ $\frac{34}{12}$; $-\frac{55}{33}$; $-\frac{16}{20}$; $\frac{9}{18}$; $\frac{-56}{-8}$.

b/ $\frac{3 \times 5}{4 \times 5}$; $\frac{3 \times (-7)}{5 \times 3}$; $\frac{-3 \times 4 \times 2}{3 \times (-8) \times (-5)}$.

60. Compléter avec < ou >.

$\frac{3}{20} \dots \frac{7}{40}$; $-\frac{1}{4} \dots -\frac{1}{2}$; $-2 \dots -\frac{13}{7}$.

61. Compléter avec = ou ≠.

$\frac{45}{27} \dots \frac{5}{3}$; $\frac{17}{56} \dots \frac{3}{10}$; $\frac{2\,345}{1\,456} \dots \frac{1\,611}{1\,000}$.

62. **a/** Vérifier que $12 \times 35 = 21 \times 20$.

b/ En utilisant l'égalité du **a/**, écrire une fraction égale à $\frac{12}{21}$ et une fraction égale à $\frac{35}{21}$.

63. Ranger par ordre croissant.

a/ $-\frac{3}{5}$; $\frac{-7}{5}$; $\frac{2{,}12}{5}$; $\frac{2{,}1}{5}$.

b/ $\frac{-7}{5}$; $\frac{7}{0{,}1}$; $-\frac{7}{3}$; $-\frac{7}{7}$.

Additionner et soustraire

64. Dans chacun des cas suivants, réduire les fractions au même dénominateur.

a/ $\frac{5}{3}$ et $\frac{7}{6}$; **b/** $\frac{5}{14}$ et $\frac{3}{35}$; **c/** 3 et $\frac{5}{7}$;

d/ $\frac{7}{18}$ et $\frac{11}{27}$; **e/** $\frac{1}{3}$ et $-\frac{1}{6}$ et $\frac{5}{12}$.

65. Calculer et donner les résultats sous forme de fractions simplifiées le plus possible.

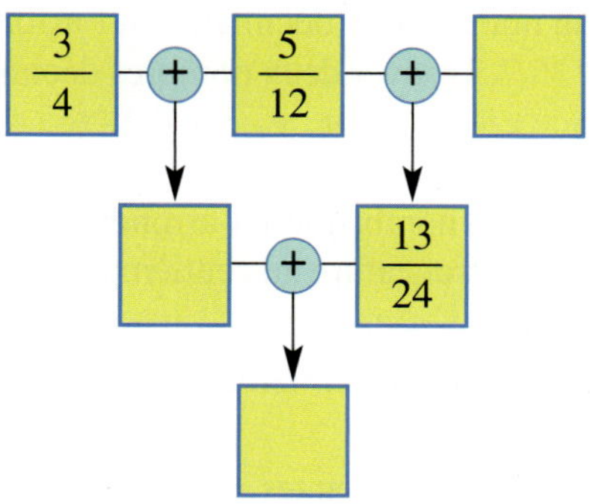

66. Calculer mentalement.

a/ $\frac{1}{2} + \frac{1}{8}$; **b/** $-\frac{1}{4} - \frac{5}{4}$; **c/** $-\frac{7}{3} + \frac{10}{6}$;

d/ $\frac{4}{5} - \frac{7}{15}$; **e/** $1 + \frac{-3}{5}$; **f/** $5 - \frac{1}{3}$.

67. Recopier et compléter le tableau ci-dessous.

a	$\frac{-2}{3}$	$\frac{5}{12}$	$\frac{7}{8}$	$\frac{-5}{16}$	-5
b	$\frac{2}{3}$	$-\frac{18}{24}$	$\frac{1}{4}$	$-\frac{3}{12}$	$\frac{7}{3}$
$a+b$					
$a-b$					

68. Compléter par un nombre en écriture fractionnaire.

$\frac{2}{3} + \square = 0$; $\frac{-5}{6} + \square = 0$; $\frac{-0{,}3}{4} + \square = 0$;

$\left(-\frac{5}{7}\right) + \square = 0$; $\frac{5}{4} + \square = 0$; $\frac{0}{2} + \square = 0$.

Multiplier et diviser

69. Compléter, si possible, par un nombre en écriture fractionnaire.

$\frac{2}{3} \times \square = 1$; $\frac{-5}{6} \times \square = 1$; $\frac{0{,}3}{-4} \times \square = 1$;

$\left(-\frac{5}{7}\right) \times \square = 1$; $\frac{-5}{-4} \times \square = 1$; $\frac{0}{2} \times \square = 1$.

70. **a/** Calculer la moitié de $\frac{6}{7}$.

b/ Calculer les trois quarts de $-\frac{5}{6}$.

c/ Calculer le quart de $\frac{28}{7}$.

71. Calculer et donner les résultats sous forme de fractions simplifiées le plus possible.

a/ $3 \times \left(-\frac{4}{5}\right)$; **b/** $\frac{-2}{3} \times \frac{9}{4}$; **c/** $\frac{7}{8} \times 12$.

72. Compléter par un nombre en écriture fractionnaire.

$1 \div \frac{5}{4} = \square$; $1 \div \frac{-2}{5} = \square$; $1 \div 7 = \square$;

$1 \div \frac{1}{7} = \square$; $\frac{1}{\frac{5}{4}} = \square$; $\frac{1}{\frac{6}{5}} = \square$.

73. Calculer mentalement et donner les résultats sous forme de fractions.

a/ $5 \div \frac{1}{2}$; **b/** $3 \div \frac{-3}{5}$; **c/** $\frac{10}{7} \div \frac{5}{7}$;

d/ $0 \div \frac{1}{4}$; **e/** $1 \div \frac{1}{3}$; **f/** $-\frac{3}{2} \div \frac{3}{4}$;

g/ $\frac{-3}{12} \div (-1)$; **h/** $\frac{1}{4} \div 25$; **i/** $-12 \div \left(-\frac{1}{2}\right)$.

74. On sait que $a = \frac{5}{6}$ et $b = -\frac{4}{5}$. Donner la troncature et l'arrondi au centième de $a + b$; $a - b$; $(-a)b$; $a \div (-b)$; $\frac{1}{a} - \frac{1}{b}$.

Exercices complémentaires

Conduire un calcul

75. Calculer et donner les résultats sous forme de fractions simplifiées le plus possible.

$A = \frac{4}{5} + \frac{3}{5} \times \frac{1}{2}$; $B = \frac{15}{4} - \frac{8}{4} \times 2$;

$C = \left(\frac{4}{5} + \frac{3}{5}\right) \times \frac{1}{2}$; $D = \left(\frac{15}{4} - \frac{8}{4}\right) \times 2$;

$E = \left(\frac{1}{4} + \frac{1}{2}\right) \times \left(-\frac{1}{2}\right)$; $F = \frac{1}{4} + \frac{1}{2} \times \left(-\frac{1}{2}\right)$;

$G = 1 - \frac{1}{3} - 2$; $H = 1 - \left(\frac{1}{3} - 2\right)$.

76. On donne $a = \frac{1}{3}$; $b = \frac{5}{18}$ et $c = -\frac{7}{12}$.
Calculer M, N, R, S (avec une calculatrice) et donner les résultats sous forme de fractions simplifiées le plus possible.

$M = a \times (b + c)$; $N = \frac{a}{b} + \frac{c}{b}$;

$R = a^2 + b$; $S = \frac{1}{b} + \frac{1}{c}$.

Résoudre des problèmes

77. Nolwenn a 24 L de jus de pomme avec lesquels elle veut remplir des bouteilles de $\frac{3}{4}$ L.

a/ Aura-t-elle assez de 24 bouteilles ?

b/ Parmi les calculs suivants, quels sont ceux qui permettent de trouver le nombre de bouteilles remplies ?

(1) $24 \times \frac{3}{4}$; (2) $24 \div \frac{3}{4}$; (3) $\frac{24}{\frac{3}{4}}$; (4) $24 \times \frac{4}{3}$.

78. Les trois quarts d'un terrain rectangulaire sont partagés en 5 parties de même aire. Quelle fraction de l'aire du terrain représente l'aire de chaque partie ?

79. Zahia donne les $\frac{2}{3}$ de sa collection de cartes de téléphone à son cousin et le quart à sa sœur.
Quelle fraction de sa collection lui reste-t-il ?

80. Barbara a 30 euros. Elle dépense le tiers pour l'achat d'un disque puis $\frac{3}{4}$ de ce qu'il lui reste pour l'achat d'un roman policier.

À quelles questions les calculs suivants permettent-ils de répondre ?

a/ $\frac{1}{3} \times 30$; **b/** $1 - \frac{1}{3}$; **c/** $\frac{2}{3} \times 30$;

d/ $\frac{3}{4} \times \left(1 - \frac{1}{3}\right)$; **f/** $\frac{1}{4} \times \frac{2}{3}$.

81. Calculer l'aire des triangles ABC et EDG.

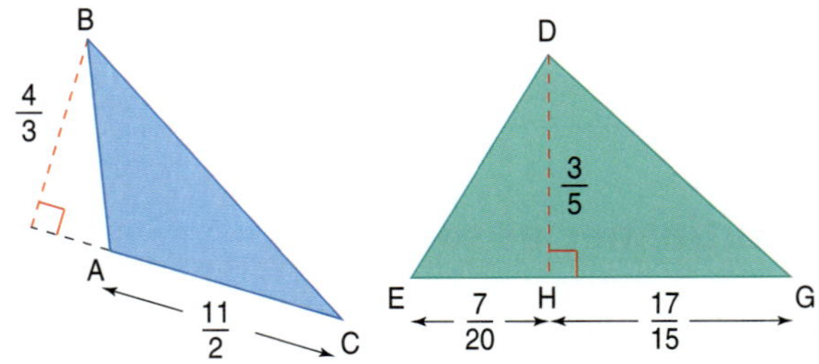

(Les dimensions sont données en cm.)

DEVENIR UN CHAMPION

Quotient de deux nombres décimaux

82. a est un nombre non décimal dont l'arrondi au dixième est 15,7. Trouver deux nombres décimaux x et y tels que $x < a < y$ et $y - x = 0{,}1$.

83. **a/** Trouver un nombre dont l'arrondi au dixième est supérieur à la troncature au centième.

b/ Trouver un nombre dont l'arrondi au dixième est supérieur à l'arrondi au centième.

84. **a/** Les inégalités suivantes sont-elles vraies quel que soit le nombre $\frac{a}{b}$ non décimal dont la troncature au dixième est 1,2 ?

(1) $1{,}2 < \frac{a}{b}$; (2) $1{,}2 < \frac{a}{b} < 1{,}3$;

(3) $1{,}2 < \frac{a}{b} < 1{,}25$.

b/ Les inégalités suivantes sont-elles vraies quel que soit le nombre $\frac{c}{d}$ non décimal dont l'arrondi au centième est 3,27 ?

(1) $3{,}27 < \frac{c}{d}$; (2) $3{,}264 < \frac{c}{d} < 3{,}275$;

(3) $3{,}27 < \frac{c}{d} < 3{,}28$.

Comparer et simplifier

85. a est un nombre positif et b est un nombre négatif. Les nombres suivants sont-ils positifs ou négatifs ?
$\frac{a}{-5}$; $\frac{-b}{3}$; $\frac{-a}{0{,}5}$; $\frac{-b}{-7}$; $\frac{b}{-5}$; $\frac{-a}{-8}$.

86. Ranger les nombres suivants par ordre croissant : $\frac{17}{12}$; $\frac{24}{17}$; $\frac{816}{577}$.

87. Comparer le tiers du produit de 4,5 par la somme de 34 et du double de – 5 avec la somme de 18 et du triple de la moitié de 10.

88. Simplifier le plus possible.

a/ $\frac{100}{120}$; $\frac{150}{375}$; $\frac{34}{136}$.

b/ $\frac{-75}{120}$; $\frac{-96}{-224}$; $\frac{125}{-325}$.

c/ $\frac{1\,280}{6\,400}$; $\frac{5\,040}{20\,160}$.

89. Soit x un nombre positif et a, b, c, d, des nombres non nuls. On sait que $\frac{x}{a}=0{,}35$, $\frac{x}{b}=0{,}3$, $\frac{x}{c}=2$ et $\frac{x}{d}=1{,}5$.
Ranger les nombres a, b, c et d par ordre croissant.

Conduire un calcul

90. Calculer :

a/ la somme de $\frac{2}{3}$ et de l'inverse de – 5 ;

b/ le quotient de $\frac{4}{5}$ par l'inverse de – 5.

91. Calculer et donner les résultats sous forme de fractions simplifiées le plus possible.

$A=\left(\frac{3}{8}+\frac{1}{4}\right)\div\left(\frac{4}{3}-\frac{1}{6}\right)$; $B=\frac{3}{8}+\frac{1}{4}\div\frac{4}{3}-\frac{1}{6}$;

$C=\left(3+\frac{3}{5}-\frac{7}{12}\right)\times\left(\frac{1}{4}-\frac{2}{5}\right)$;

$D=\dfrac{\frac{1}{2}+\frac{2}{3}}{\frac{3}{4}-\frac{1}{12}+\frac{1}{3}}$;

$E=-\frac{4}{31}\times\left[\left(\frac{2}{3}+\frac{11}{6}\right)-\left(\frac{3}{12}-\frac{1}{3}\right)\right]$.

92. Calculer et donner les résultats sous forme de fractions simplifiées le plus possible.

$$A=\frac{\left(\frac{3}{16}-\frac{7}{12}+\frac{1}{4}\right)\times\left(\frac{1}{24}-\frac{1}{24}\right)}{\left(\frac{15}{8}-\frac{1}{4}\right)\times\left(\frac{3}{4}+\frac{15}{12}\right)}\ ;$$

$$B=\frac{\left(1+\frac{1}{3}-\frac{1}{2}\right)\times\left(-\frac{5}{6}\right)}{\left(-\frac{3}{4}\right)\times\left(1+\frac{1}{3}-\frac{1}{2}\right)}.$$

93. a/ Trouver le résultat des calculs suivants sous forme fractionnaire.

$A=3+\frac{1}{7}$; $B=3+\dfrac{1}{7+\frac{1}{15}}$;

$C=3+\dfrac{1}{7+\dfrac{1}{15+\frac{1}{1}}}$ $D=3+\dfrac{1}{7+\dfrac{1}{15+\dfrac{1}{1+\frac{1}{292}}}}$

b/ De quel nombre bien connu, A, B, C et D sont-ils proches ?

Résoudre des problèmes

94. On sait que $\frac{b}{a}=0{,}5$ et que $\frac{a}{c}=-0{,}25$.

Calculer $\frac{a}{b}$; $\frac{c}{a}$ et $\frac{b}{c}$.

95. Compléter les calculs suivants.

a/ $\frac{2}{3}+\frac{\square}{6}=\frac{1}{6}$; **b/** $-\frac{1}{2}+\frac{1}{\square}=-\frac{3}{4}$;

c/ $\frac{1}{15}+\frac{1}{\square}=\frac{3}{20}$; **d/** $\frac{3}{5}\times\frac{70}{\square}=-\frac{7}{3}$.

96. Trouver le nombre x tel que :

a/ $-\frac{3}{5}\times x=-\frac{6}{7}$; **b/** $\frac{6}{8}+x=-\frac{5}{7}$;

c/ $x-\frac{3}{4}=-\frac{11}{6}$; **d/** $x\div\frac{5}{4}=-\frac{5}{8}$.

97. ***Problème ouvert***

a/ Vérifier les égalités suivantes.

$\frac{1}{1}-\frac{1}{2}=\frac{1}{2}$; $\frac{1}{1}-\frac{1}{2}+\frac{1}{3}-\frac{1}{4}=\frac{1}{3}+\frac{1}{4}$;

$\frac{1}{1} - \frac{1}{2} + \frac{1}{3} - \frac{1}{4} + \frac{1}{5} - \frac{1}{6} = \frac{1}{4} + \frac{1}{5} + \frac{1}{6}.$

b/ Trouver quatre nombres fractionnaires dont la somme est égale à :

$\frac{1}{1} - \frac{1}{2} + \frac{1}{3} - \frac{1}{4} + \frac{1}{5} - \frac{1}{6} + \frac{1}{7} - \frac{1}{8}.$

98. ***Problème ouvert***

a/ Calculer $A = \frac{1}{n} - \frac{1}{n+1}$ pour $n = 1$; $n = 2$; $n = 3$; $n = 4$; $n = 5$.

b/ Calculer A pour $n = 9\,999$.

99. Un épicier vend chaque jour, en moyenne, 7 bouteilles de $\frac{2}{3}$ L de jus de pomme. Le quart de cette vente se fait auprès des jeunes lycéens.
Combien de litres de jus de pomme cet épicier, qui est ouvert 348 jours par an, vend-il en une année aux lycéens ?

100. Les scientifiques pensent que les journées s'allongent d'environ $\frac{2{,}1}{1\,000}$ seconde par siècle.
Quelle sera la durée d'une journée dans un milliard d'années ?

101. Par quel nombre faut-il multiplier un nombre :

a/ pour l'augmenter de son quart ?

b/ pour l'augmenter de ses trois cinquièmes ?

c/ pour le diminuer de ses trois quarts ?

102. Par quelle fraction est multipliée ou divisée l'aire d'un rectangle :

a/ lorsque l'on augmente sa longueur de son cinquième et sa largeur de sa moitié ?

b/ lorsque l'on diminue sa longueur de son quart et sa largeur de son tiers ?

c/ lorsque l'on augmente sa longueur de son quart et lorsque l'on diminue sa largeur de 25 % ?

103. Un jardinier cueille des pêches et des abricots. Il cueille en tout 80 kg de fruits. Le nombre de kilos de pêches est le quart du nombre de kilos d'abricots. Combien de kilos de pêches a-t-il cueilli ?

Problèmes de synthèse

104. ABCD est un losange de centre O tel que :
$AO = \frac{7}{15}$ cm et $OB = \frac{8}{5}$ cm.

a/ Démontrer que le triangle AOB est rectangle en O.

b/ Calculer AB (on donnera sa valeur exacte).

c/ Calculer le périmètre du losange ABCD (on donnera sa valeur exacte et une valeur approchée au dixième).

d/ Calculer l'aire du triangle AOB (on donnera sa valeur exacte).

e/ La perpendiculaire à (AB) passant par O coupe (AB) en H. Calculer OH (on donnera sa valeur exacte).

105.

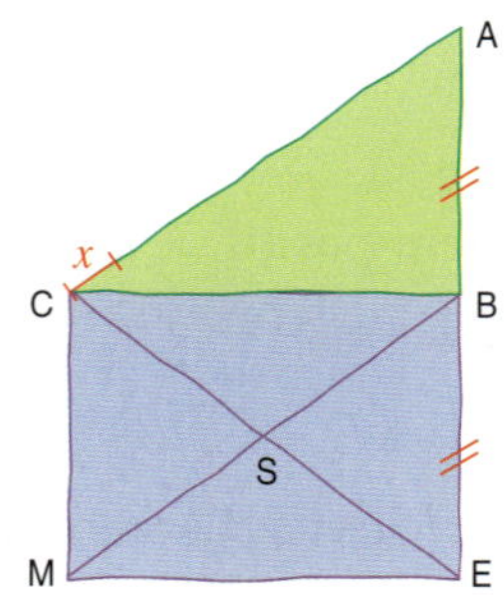

Sur la figure ci-dessus :
$AB = \frac{24}{5}x$; $BC = \frac{32}{5}x$; $AC = 8x$.
CBEM est un parallélogramme. (Toutes les mesures sont données en cm.)

a/ Réaliser cette figure en prenant $x = 1$.

b/ Quelle est la nature du triangle ABC :
- pour $x = 1$? • pour $x = \frac{5}{2}$?
- quelle que soit la valeur de x ?

c/ Quelle est la nature du triangle ACE ?

d/ Déterminer en fonction de x le périmètre du triangle ACE.

e/ Quelle est la nature du quadrilatère CBEM ? Démontrer la réponse.

f/ Déterminer, en fonction de x, SB et SE.

g/ Déterminer, en fonction de x, le périmètre du triangle SBE et vérifier qu'il est égal à la moitié du périmètre du triangle ACE.

3

Proportionnalité

Galilée (au XVIIᵉ siècle) lâche en même temps, du haut de la tour de Pise, en Italie, une boule de fer de 100 livres et un boule de fer de 1 livre. Galilée affirme que les deux boules arrivent ensemble.
Faites le même genre d'expérience en vous plaçant au sommet d'un escabeau et en lâchant en même temps deux objets de poids différents.
Que constatez-vous ?

Repérer les obstacles

1. Proportionnel ou non ?

exercices 28 et 29 p. 52

a/ Voici le coût de l'affranchissement d'une lettre en fonction de son poids :

Poids de la lettre (en g)	20	40	60	120
Prix du timbre (en €)	0,46	0,69	1,02	1,75

D'après les données du tableau, le prix du timbre est-il proportionnel au poids de la lettre ? Justifier la réponse.

b/ Le tableau ci-dessous donne le prix de l'essence payé à la même pompe par plusieurs automobilistes.
(1) Compléter ce tableau.

Quantité (en L)	10	7	17	5			
Prix payé (en €)	10,50	7,35			42	84	57,75

(2) Y a-t-il plusieurs méthodes pour compléter ce tableau ? Si oui, lesquelles ?

c/ Trois kilogrammes de poires coûtent 4,35 €. Combien coûteront cinq kilogrammes de ces mêmes poires ?

2. Pourcentages

exercices 30 à 35 p. 52

a/ Dans une classe de 30 élèves, 20 % sont demi-pensionnaires. Combien y a-t-il de demi-pensionnaires dans cette classe ?

b/ Une paire de chaussures de sport coûte 70 €. Son prix augmente de 3 %. Quel est son nouveau prix ?

c/ Dans une classe de 30 élèves, il y a 18 filles.
Quel est le pourcentage de filles dans cette classe ?

d/ Un CD coûtait 16 € en juin ; il coûte 18 € en septembre.
De quel pourcentage le prix a-t-il augmenté entre juin et septembre ?

3. Calculs de durées

exercice 36 p. 52

a/ Convertir 3,5 h et 2,4 h en heures et minutes. Convertir 3 h 12 min en heures.

b/ Dans un garage, la main-d'œuvre est facturée 34 € de l'heure.
Monsieur Durand paie 42,50 € de main-d'œuvre.

Combien de temps en heures et minutes a duré la réparation ?

Franchir les obstacles

Proportionnalité et représentation graphique

1. Proportionnel ou non ?

➢ exercices 1 à 3 p. 49

a/ Compléter les trois tableaux suivants.

(1) Périmètre d'un carré

Côté x d'un carré (en cm)	2	3	4	5	6
Périmètre y du carré (en cm)					

(2) Aire d'un carré

Côté x d'un carré (en cm)	2	3	4	5	6
Aire y du carré (en cm²)					

(3) Prix de la course de taxi

Un chauffeur de taxi fait payer une prise en charge de 6 € plus 1,50 € par kilomètre.

Distance x (en km)	2	3	4	5	6
Prix payé y (en €)					

b/ Dans chacune des situations, y a-t-il proportionnalité entre les deux grandeurs ?

c/ Représenter graphiquement ces trois situations dans trois repères différents.

d/ Comment semble être caractérisée la représentation graphique d'une situation de proportionnalité ?

e/ Écrire, dans chacune des situations (1), (2) et (3), y en fonction de x.

2. Euh...

➢ exercice 4 p. 49

Dans un texte écrit en français, le nombre d'apparitions de la lettre « e » est approximativement proportionnel au nombre de lettres du texte : dans un texte de 700 lettres, il y a environ 120 « e ».

a/ Représenter graphiquement le nombre de « e » en fonction du nombre de lettres d'un texte (en abscisse le nombre de lettres, et en ordonnée le nombre de « e »).

b/ Lire sur le graphique le nombre approximatif de « e » dans un texte de 350 lettres, puis de 500 lettres.

c/ Calculer ensuite le nombre de « e » dans un texte de 350 lettres, puis de 500 lettres.

d/ Sur les 100 premières lettres de l'énoncé de cette activité 2 commençant par « Dans », compter le nombre de « e ». La proportion donnée dans l'énoncé correspond-elle à la réponse trouvée ?

3. Lecture de graphiques

➤ exercice 5 p. 49

Pour s'abonner au téléphone, on a deux possibilités :
– l'abonnement A : 24 € pour deux mois plus 0,12 € l'unité ;
– l'abonnement B : 12 € pour deux mois plus 0,24 € l'unité.

a/ Arnaud consomme en moyenne 50 unités de téléphone en deux mois ; Pierre, lui, consomme 120 unités.
Quel abonnement chacun choisira-t-il ? Justifier la réponse.

b/ À quelle droite correspond chaque abonnement ?

c/ Répondre aux questions suivantes à partir du graphique.

(1) Approximativement quel est le prix payé pour 150 unités avec l'abonnement A ?

(2) À combien d'unités environ correspond une dépense de 30 € avec l'abonnement B ?

(3) Pour quel nombre d'unités, le prix payé est-il identique pour les deux abonnements ?

d/ Répondre aux questions (1), (2) et (3) du **c/** par des calculs.

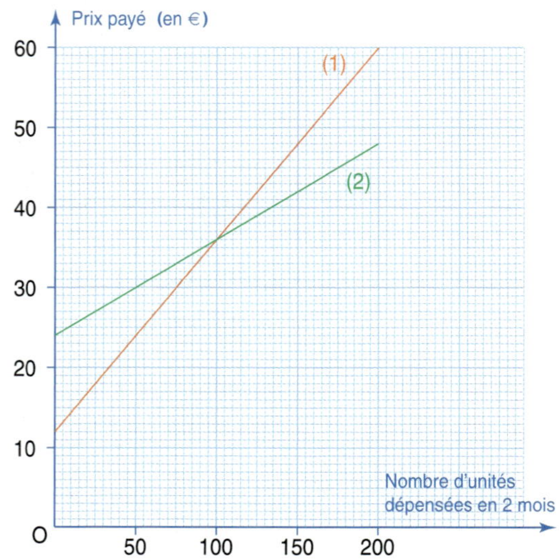

4. À la bibliothèque

Voici un texte de problème proposé à des élèves.

> Dans une bibliothèque, l'inscription annuelle est de 10 €. On paie en plus 0,50 € par livre emprunté.
> Représenter graphiquement la dépense annuelle en fonction du nombre de livres empruntés puis préciser à l'aide du graphique s'il y a proportionnalité entre le nombre de livres empruntés et le prix payé.

Voici les graphiques de Joëlle et de Leslie. Joëlle conclut qu'il y a proportionnalité. Leslie conclut qu'il n'y a pas proportionnalité. Qui a raison ? Qui a tort ? Pourquoi ?

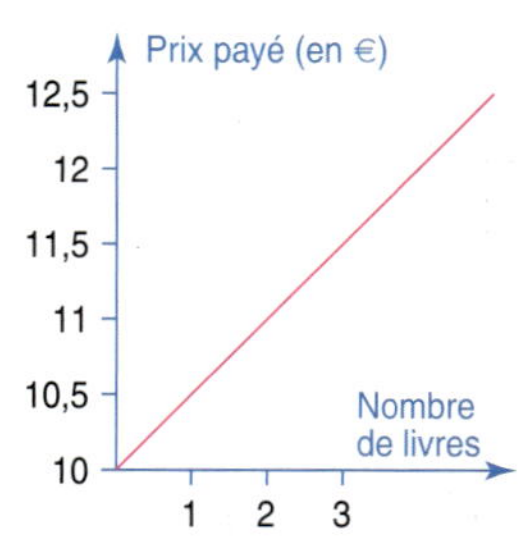

Graphique de Joëlle

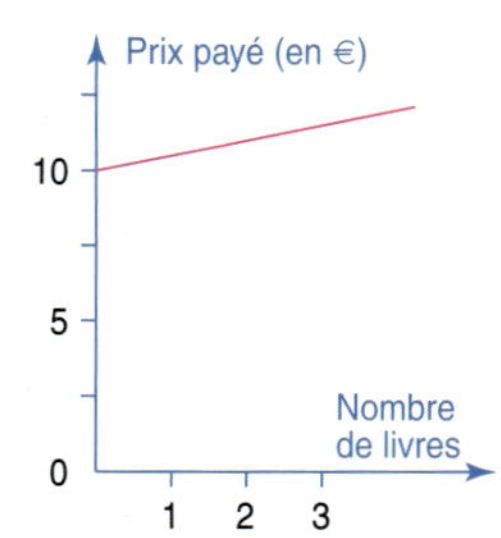

Graphique de Leslie

Vitesse

5. Sur les routes

➤ exercices 6 à 8 p. 49

Un automobiliste roule à vitesse constante sur une autoroute.

a/ La distance parcourue est-elle proportionnelle à la durée du parcours ?

b/ Compléter le tableau suivant.

Durée *t* du parcours (en h)	1	1,5		2,8
Distance *d* parcourue (en km)	110		242	

c/ Écrire d (en km) en fonction de t (en h).

d/ Utiliser la formule trouvée au **c/** pour calculer la distance parcourue d si la durée t est égale à 4 h ; 5,5 h et 2 h 15 min. (On exprimera d en km.)

e/ Utiliser la formule trouvée au **c/** pour calculer la durée t si la distance parcourue d est égale à 341 km, 66 km et 473 km. (On exprimera t en h.)

6. Paris-Avignon par le train

➤ exercices 9 et 10 p. 50

Un train part de Paris à 6 h 20 et arrive à Avignon à 8 h 56.
La distance parcourue est d'environ 689 km.
Quelle est sa vitesse moyenne durant le trajet ?

7. Qui est le plus rapide ?

➤ exercice 11 p. 50

Un rhinocéros court à une vitesse de 15 m/s, un chat à une vitesse de 48 km/h.
Quel est le plus rapide de ces deux animaux ? Faire un pronostic et le vérifier ensuite par un calcul.

Pourcentage

8. Pourcentage d'augmentation

➤ exercices 12 à 14 p. 50

Un libraire augmente tous ses prix de 15 %.

a/ Quel est le nouveau prix d'un livre de 16 € ? de 20 € ? de 22 € ?

b/ Par quel nombre décimal faut-il multiplier 16 pour trouver le nouveau prix ? Même question pour 20 et 22.

c/ Si x est l'ancien prix et y le nouveau prix, exprimer y en fonction de x.

9. Achat trop tardif

➤ exercices 15 et 16 p. 50

Le prix d'un jeu de société a augmenté de 20 % le 2 décembre.
Luc le paie 96 € le 3 décembre.

a/ Combien l'aurait-il payé s'il l'avait acheté le 1er décembre ?

b/ Anaïs trouve 76,80 €.
Contrôler le résultat d'Anaïs en appliquant une augmentation de 20 % sur son résultat.

Résoudre des problèmes

10. Vitesse moyenne

➤ *exercices 17 et 18 p. 50*

Un cycliste part du village de Montcarré pour aller au village de Montrond situé à une distance de 20 km. La route monte pour aller à Montrond. Le cycliste roule à l'aller à une vitesse moyenne de 10 km/h. Le retour par la même route se fait à la vitesse moyenne de 40 km/h.

a/ Calculer la vitesse moyenne de ce cycliste sur la totalité du parcours.

b/ Si vous ne l'avez pas déjà fait au **a/**, calculez le temps mis pour l'aller, puis pour le retour. En déduire la vitesse moyenne sur la totalité du parcours.

11. Fraction et pourcentage

➤ *exercices 19 et 20 p. 50*

a/ Il y a 45 professeurs dans un collège. Les quatre cinquièmes de ces professeurs sont contents de rentrer au collège en septembre.
Quel est le pourcentage de professeurs contents de rentrer ?

b/ Dans un autre collège, un cinquième des élèves sont impatients de rentrer.
Quel est le pourcentage d'élèves de ce collège qui sont impatients de rentrer ?

12. Réunion de classes

➤ *exercice 21 p. 51*

a/ Dans une classe de 20 élèves, il y a 15 % de filles. Dans une autre classe de 30 élèves, il y a 20 % de filles. On réunit les deux classes.

(1) Quel est le pourcentage de filles dans le groupe formé par les deux classes ?

(2) Si vous ne l'avez pas déjà fait au (1), calculez le nombre de filles dans la première classe, puis dans la deuxième classe. En déduire le pourcentage de filles dans le groupe.

b/ Dans un groupe de 25 jeunes il y a 80 % de garçons. Dans un autre groupe de 40 jeunes il y a 60 % de garçons.

(1) Quel est le pourcentage de garçons dans les deux groupes réunis ?

(2) Si vous ne l'avez pas déjà fait au (1), calculez le nombre de garçons dans le premier groupe, puis dans le deuxième groupe. En déduire le pourcentage de garçons dans les deux groupes réunis.

13. Prix cadeau

➤ *exercice 22 p. 51*

Une souris d'ordinateur coûte initialement 20 euros. Son prix baisse de 10 %. Puis une promotion fait baisser son nouveau prix de 20 %.

a/ De quel pourcentage le prix initial a-t-il baissé ?

b/ Si vous ne l'avez pas déjà fait au **a/**, calculez le prix après la baisse de 10 %, puis le prix après la baisse de 20 %. Calculez la baisse totale en euros. En déduire le pourcentage de baisse.

1 Proportionnalité et représentation graphique

a/ Coefficient de proportionnalité

Deux grandeurs sont proportionnelles si l'on peut calculer la valeur de l'une en multipliant la valeur de l'autre par un nombre, toujours le même, appelé coefficient de proportionnalité.

Exemple. Voici un tableau de proportionnalité concernant le prix du raisin.

Poids x (en kg)	1	3	4	5
Prix y (en €)	3,50	10,50	14	17,50

× 3,5

Le coefficient de proportionnalité est 3,5.
Les deux grandeurs (prix et poids) sont proportionnelles.

Si x et y sont les valeurs de deux grandeurs proportionnelles alors il existe un nombre a tel que $y = ax$.
(a est le coefficient de proportionnalité.)

Exemple. Reprenons l'exemple ci-dessus.

Si on appelle y le prix en euros et x le poids en kilogrammes, on a $y = 3{,}5x$.

Donc il existe a tel que $y = ax$ (ici $a = 3{,}5$).

On dit que l'on a exprimé le prix y **en fonction** du poids x en écrivant $y = 3{,}5x$.

b/ Représentation graphique

Une situation de proportionnalité est représentée graphiquement par des points alignés sur une droite passant par l'origine des axes.

Exemple. Reprenons l'exemple ci-dessus.

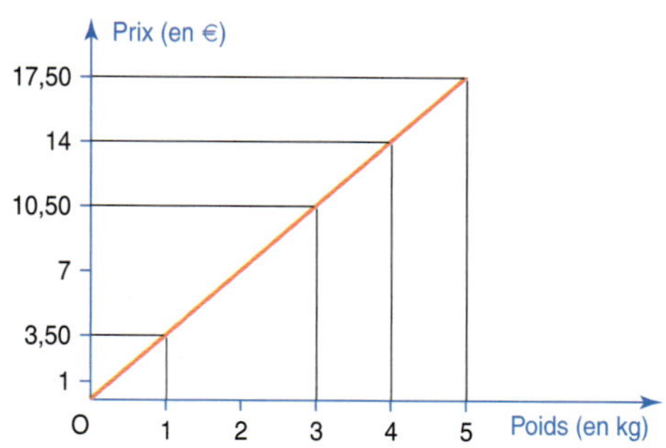

Les points sont alignés et la droite passe par l'origine des axes.

! Attention. La lecture d'un graphique ne donne qu'un ordre de grandeur. Seul un calcul donne avec certitude la valeur exacte.

2 Vitesse

La vitesse d'une voiture, par exemple, n'est pas toujours la même tout au long d'un trajet. Mais si cette voiture parcourt 240 km en 3 h, elle parcourt en moyenne 80 km durant chaque heure $\left(\frac{240}{3} = 80\right)$

On dit que sa **vitesse moyenne** est 80 km/h.

La vitesse moyenne v s'obtient en faisant le quotient de la distance d par la durée t, donc :

$$v = \frac{d}{t}.$$

Conséquences : $d = vt$ et $t = \frac{d}{v}$.

Cette vitesse s'exprime généralement en kilomètres par heure que l'on note km/h (km.h^{-1}) ou en mètres par seconde que l'on note m/s (ou m.s^{-1}).

En pratique, dans les problèmes où intervient une vitesse moyenne, on raisonne comme si le mouvement était uniforme donc il y a proportionnalité entre la distance et la durée.

Exemple

t (en h)	1	1,5	2
d (en km)	90	135	180

$\times 90$

Vitesse : 90 km/h ou 90 km.h^{-1}.

! Attention aux unités. Si d est exprimé en kilomètres et t en heures, alors v s'exprime en kilomètres par heure.

3 Pourcentage

Pour augmenter un nombre de x %, on le multiplie par $1 + \frac{x}{100}$.

Exemple. Un article coûte 20 € ; son prix augmente de 3 %. Quel est son nouveau prix ?

$$20 \times \left(1 + \frac{3}{100}\right) = 20 \times 1{,}03 = 20{,}6$$

Le nouveau prix est de 20,60 €.

Pour diminuer un nombre de x %, on le multiplie par $1 - \frac{x}{100}$.

Exemple. Un article coûte 15 € ; son prix diminue de 5 %. Quel est son nouveau prix ?

$$15 \times \left(1 - \frac{5}{100}\right) = 15 \times 0{,}95 = 14{,}25.$$

Le nouveau prix est de 14,25 €.

1. Calculer une vitesse, une distance ou une durée

Méthode 1 ▸▸ **Utiliser la formule $v = \frac{d}{t}$**

- On écrit la formule à utiliser : $v = \frac{d}{t}$.
- On remplace dans cette formule les lettres par les valeurs connues (attention aux unités).
- On résoud l'équation pour trouver la valeur de la lettre inconnue.

a/ Pour calculer une vitesse

Exemple. Un train parcourt 270 km en 1 h 17 min.
Quelle est sa vitesse moyenne ?

Rédaction

On a $v = \frac{d}{t}$. On sait que $d = 270$ km et $t = 1$ h 17 min, soit $t = 77$ min.

Donc $v = \frac{270}{77}$ soit $v \approx 3{,}5$.

La vitesse moyenne du train est d'environ 3,5 km/min, c'est-à-dire **210 km/h** ($3{,}5 \times 60$).

b/ Pour calculer une distance

Exemple. Un chauffeur routier roule à la vitesse moyenne de 80 km/h pendant 1 h 30 min. Quelle distance a-t-il parcouru ?

Rédaction

On a $v = \frac{d}{t}$. On sait que $v = 80$ km/h et $t = 1$ h 30 min, soit $t = 1{,}5$ h.

Donc $80 = \frac{d}{1{,}5}$ d'où $d = 80 \times 1{,}5$ soit $d = 120$.

La distance parcourue est de **120 km**.

c/ Pour calculer une durée

Exemple. Un cycliste parcourt 62,5 km à la vitesse moyenne de 25 km/h.
Pendant combien de temps a-t-il roulé ?

Rédaction

On a $v = \frac{d}{t}$. On sait que $v = 25$ km/h et $d = 62{,}5$ km.

Donc $25 = \frac{62{,}5}{t}$ soit $25t = 62{,}5$ d'où $t = \frac{62{,}5}{25}$ donc $t = 2{,}5$.

La durée du parcours est de 2,5 h, soit **2 h 30 min**.

Méthode 2 ▸▸ **Utiliser un tableau de proportionnalité**

Exemple. Un chauffeur routier roule à la vitesse moyenne de 80 km/h.

a/ Il roule pendant 1 h 30 min. Quelle distance a-t-il parcouru ?

b/ Il parcourt 200 km. Quelle est la durée de son trajet ?

Rédaction

On a 1 h 30 min = 90 min.

Durée (en min)	60	90	**150**
Distance (en km)	80	**120**	200

La distance parcourue en 1 h 30 min est **120 km**. La durée du trajet pour 200 km est 150 min soit **2 h 30 min**.

2. Convertir les unités de vitesse

Méthode ▸▸ **Effectuer les conversions en deux étapes**

Exemple. Un chauffeur routier roule à la vitesse moyenne de 72 km/h. Convertir sa vitesse en m/s.

Méthode	Calcul
• On convertit les unités de longueur	72 km = 72 000 m
• On convertit les unités de temps	1 h = 3 600 s
• On calcule la vitesse : $v = \frac{d}{t}$	$\frac{72\,000}{3\,600} = 20.$

• Donc 72 km/h = 20 m/s.

Proportionnalité et représentation graphique

1. Quel(s) graphique(s) représente(nt) une situation de proportionnalité ? Justifier la réponse.

a/ **b/** **c/**

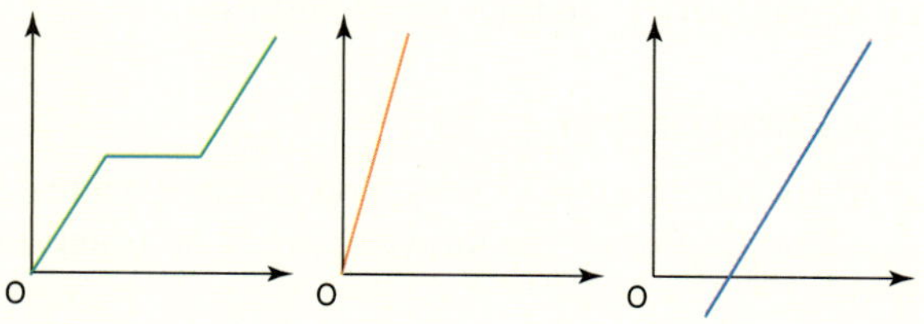

2. Voici un graphique représentant la consommation moyenne en essence d'une voiture en fonction du nombre de kilomètres parcourus.

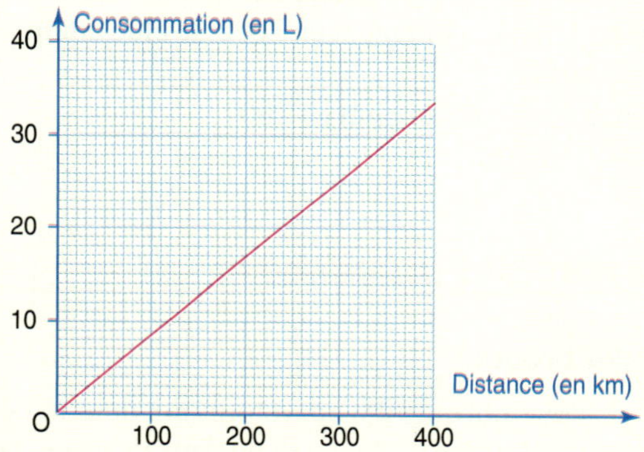

a/ En utilisant le graphique, dire s'il y a proportionnalité entre ces deux grandeurs.

b/ En utilisant le graphique, trouver la consommation approximative de cette voiture pour 100 km.

c/ Il reste entre 15 L et 20 L dans le réservoir. En utilisant le graphique, trouver un encadrement de la distance que cette voiture peut parcourir sans tomber en panne sèche.

3. Quinze kilos de pommes coûtent 12 €. Sachant que le prix y des pommes (en €) est proportionnel à leur poids x (en kg), exprimer y en fonction de x.

4. Éva empile des pièces de 2 euros qui ont toutes la même épaisseur. Elle trouve une hauteur de 31,5 mm pour 15 pièces.

a/ Représenter graphiquement la hauteur d'une pile en fonction du nombre de pièces de 2 €. Mettre en abscisse le nombre de pièces et en ordonnée la hauteur (en mm).

b/ Lire sur le graphique la hauteur d'une pile de 10 pièces de 2 euros, puis celle de 18 pièces.

c/ Si on appelle n le nombre de pièces d'une pile et h sa hauteur, écrire h en fonction de n.

d/ En utilisant la formule du **c/**, calculer la hauteur d'une pile de 10 pièces, puis de 18 pièces.

5. Un centre culturel présente 20 spectacles dans l'année et propose trois tarifs : T_1, T_2, T_3.

- T_1 correspond à un abonnement annuel de 60 € plus un prix d'entrée de 8 € par spectacle.
- T_2 correspond à un abonnement annuel de 110 € plus un prix d'entrée de 3 € par spectacle.
- T_3 ne propose pas d'abonnement mais un prix d'entrée de 16 € par spectacle.

Chaque tarif est représenté par une droite.

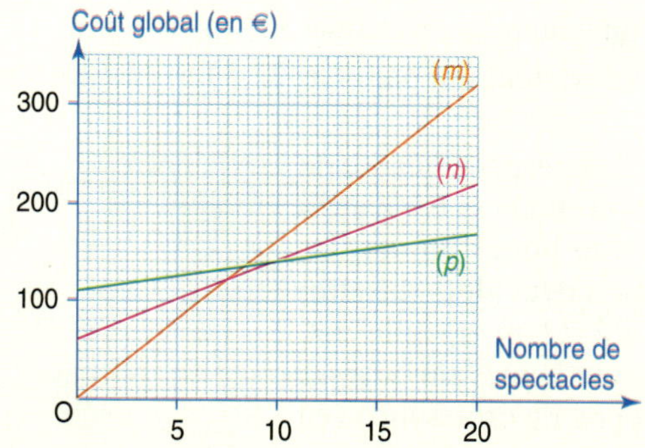

a/ À quels tarifs correspondent les droites (m), (n) et (p) ? Comment les reconnaître ?

b/ En utilisant le graphique, dire dans chacun des cas s'il y a proportionnalité entre le prix et le nombre de spectacles. Justifier la réponse.

c/ Pour 15 spectacles, quel est le tarif le plus intéressant ? Combien paie-t-on alors ?

d/ Pour chaque tarif, exprimer la dépense y en fonction du nombre x de spectacles.

e/ Calculer pour combien de spectacles les tarifs T_2 et T_1 sont identiques.

f/ Contrôler la vraisemblance du résultat du **e/** sur le graphique.

Vitesse

6. Une voiture roule sur autoroute à la vitesse moyenne de 120 km/h.

a/ Quelle distance fera-t-elle en 2 h 30 min ?

b/ Combien de temps mettra-t-elle pour parcourir 90 km ?

Exercices fondamentaux

7. Michel part à 7 h 35 min en courant à 8 km/h vers la gare distante de 2 km. Arrivera-t-il à la gare avant le départ du train de 7 h 48 ?

8. ***À faire de tête***

a/ Un piéton marche à la vitesse constante de 5 km/h. Quelle distance parcourt-il en 12 min, puis en 1 h 12 min ?

b/ Calculer la vitesse d'un piéton qui parcourt 9,6 km en 2 h.

9. Calculer la vitesse moyenne en km/h :

a/ d'un marcheur qui parcourt 4,2 km en 45 min ;

b/ d'un cycliste qui parcourt 54 km en 1 h 30 min ;

c/ d'un cavalier qui parcourt 6,5 km en 20 min ;

d/ d'un nageur qui parcourt 300 m en 4 min ;

e/ d'un coureur qui parcourt 22,5 km en 1 h 15 min.

10. Une espèce géante de bambou atteint sa taille définitive au bout d'un an. Ce bambou peut alors mesurer jusqu'à 22 m. Quelle est, dans ce cas, sa vitesse moyenne de croissance (en centimètres par jour) ?

11. Ranger ces animaux du plus rapide au plus lent.
La girafe : 51 km/h. L'élan : 20 m/s.
L'éléphant : 12,5 m/s. Le zèbre : 1,07 km/min.

Pourcentage

12. ***Maîtriser le vocabulaire***

Compléter les phrases par le nombre qui convient ou par les mots « diminue » ou « augmente ».

a/ Un article diminue de 10 %. Pour calculer son nouveau prix, il faut multiplier l'ancien prix par ....

b/ Un article .... de .... %. Pour calculer son nouveau prix, il faut multiplier l'ancien prix par 0,80.

c/ Un article .... de .... %. Pour calculer son nouveau prix, il faut multiplier l'ancien prix par 1,04.

d/ Un article augmente de 9 %. Pour calculer son nouveau prix, il faut multiplier l'ancien prix par ....

13. Un village compte 550 habitants en 2001. Sa population augmente de 12 % en 2002. Combien y a-t-il d'habitants en 2002 ?

14. 5 % des 1 000 hectares d'une forêt ont été détruits par un incendie.
Quelle superficie de forêt intacte reste-t-il ?

15. ***Calcul littéral***

a/ Un article coûte y euros. Son prix augmente de 13 %. Exprimer son nouveau prix z en fonction de y.

b/ Un article après augmentation de 13 % coûte 339 €. Quel était son prix avant l'augmentation ?

16. De 2001 à 2002, l'effectif d'un club sportif a baissé de 4 %. Actuellement en 2002, le club compte 144 adhérents.
Quel était l'effectif du club en 2001 ?

Résoudre des problèmes

17. ***Au brevet***

Le 7 novembre 1998 au retour du deuxième voyage historique de John Glenn dans l'espace, la navette spatiale Discovery avait parcouru 5,8 millions de kilomètres. Cette mission ayant duré 8 jours et 22 heures, calculer la vitesse moyenne (en km/h) de la navette. On donnera le résultat en écriture décimale arrondie au km/h.

(Rennes, juin 1999.)

18. Sur un parcours de VTT de 25 km, Éric accomplit les 20 premiers kilomètres à la vitesse moyenne de 20 km/h. Éric affirme pouvoir rouler suffisamment vite sur les 5 derniers kilomètres pour avoir une moyenne de 25 km/h sur l'ensemble du circuit. Est-ce possible ?

19. Arnaud a compté qu'il avait fait 420 exercices de mathématiques cette année alors que l'année précédente il en avait fait 380.

a/ Quel est le pourcentage d'augmentation ?

b/ Basile a trouvé, lui, qu'il avait fait $\frac{2}{25}$ d'exercices en plus cette année. Quel est celui qui a le plus important pourcentage d'augmentation ?

20. Une entreprise comptait 130 employés en 1990. En 2000, elle compte 104 employés.

a/ Quel est le pourcentage de baisse entre 1990 et 2000 ?

b/ Une entreprise voisine a perdu un quart de ses employés entre 1990 et 2000.

Quelle est l'entreprise qui a le plus faible pourcentage de baisse ?

21. Un rectangle a une longueur de 6 cm et une largeur de 4 cm. On augmente de 10 % sa longueur et de 10 % sa largeur. De quel pourcentage augmente son périmètre ? son aire ?

22. La ville d'Accordéon a une population de 10 000 habitants en 2001. En 2002, elle augmente de 10 %. En 2003, elle diminue de 10 %. En 2004, elle augmente de 10 %… et ainsi de suite.
Quel sera approximativement le nombre d'habitants en l'an 2006 ?

Faire le point à mi-parcours

Savez-vous…

23. … reconnaître une situation de proportionnalité ?

a/ Les cartouches d'encre pour une imprimante laser sont en vente sous la forme de deux modèles : 76 € pour 2 500 pages ; 30 € pour 1 000 pages.

Y a-t-il proportionnalité entre le prix et le nombre de pages ? Justifier la réponse.

b/ Un réservoir recueille de l'eau. Avant la pluie, il y a déjà 10 000 L d'eau dans le réservoir. Quand il pleut, le volume augmente.

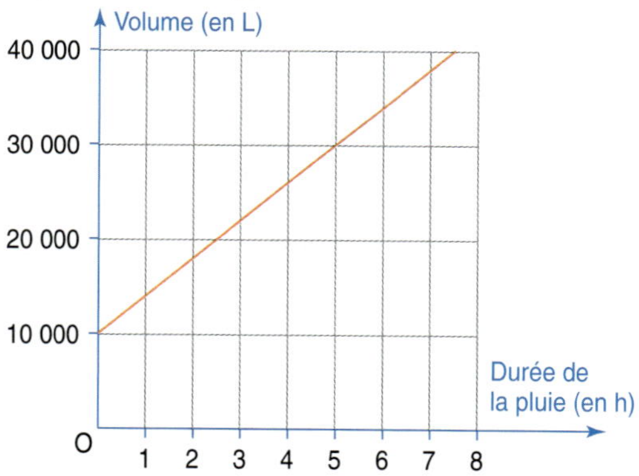

(1) Y a-t-il proportionnalité entre le volume d'eau et le temps écoulé ?

(2) En utilisant le graphique, donner le volume approximatif d'eau après 3 h de pluie.

(3) En utilisant le graphique, trouver au bout de combien de temps le bassin contient 30 000 L.

24. … convertir des unités de vitesse ?

À vélo, je fais du 18 km/h. Quelle est ma vitesse en m/s ?

25. … utiliser la formule $v = \frac{d}{t}$

a/ Lors d'une sortie en mer, un bateau parcourt 12 km en 26 min.

Quelle est sa vitesse en km/h ?

b/ Un lièvre court à la vitesse de 62 km/h pendant 4 min 30 s.

Quelle distance (en km) a-t-il parcouru ?

c/ Un piéton marche à la vitesse de 4 km/h.

Combien de minutes met-il pour parcourir 1,6 km ?

26. … utiliser un pourcentage ?

Le prix d'un livre est passé de 20 € à 16,50 €. Quel est le pourcentage de baisse ?

27. … résoudre un problème où interviennent vitesses ou pourcentages ?

a/ Un automobiliste parcourt 80 km à la vitesse de 70 km/h. Puis arrivé en ville, il met 20 minutes pour faire 15 kilomètres.

Quelle est sa vitesse moyenne sur la totalité de son trajet ?

b/ Le prix d'un lecteur de CD est de 200 €. Il est soldé à 150 €.

(1) Quel est le pourcentage de baisse ?

(2) Un client désire acheter cet appareil et avec sa carte fidélité il bénéficie d'une remise supplémentaire de 5 % à la caisse.

Combien paiera-t-il ce lecteur de CD ?

Exercices complémentaires

S'ÉCHAUFFER

28. Ces grandeurs sont-elles proportionnelles ?

a/ Le poids d'une personne et son âge.

b/ Le périmètre d'un octogone régulier et la mesure d'un côté.

c/ La taille d'une personne et son poids.

d/ L'aire d'un disque et la mesure de son rayon.

e/ Le prix d'un croissant et le nombre de croissants.

29. Compléter ces tableaux de proportionnalité.

a/

25	40	65	100	120			
30	48				15	45	6

b/

10,5	
15	20

2,7	36
	41

30. Dans un club sportif, 24 % des 350 adhérents font du tennis.

Quel est le nombre de personnes pratiquant le tennis dans ce club ?

31. Le cerveau humain ne représente que 2 % de la masse du corps humain. Quelle est la masse du cerveau d'une personne pesant 53 kg ?

32. Dans une classe de 30 élèves, 3 élèves sont nés en 1988, 18 en 1989, et 9 en 1990.
Quels sont les pourcentages de chaque catégorie d'âge ?

33. Parmi les nombres entiers de 0 à 99, quel pourcentage des nombres représentent les multiples de 5 ? les carrés ? les nombres impairs ? les cubes ?

34. **a/** Le prix du chocolat est passé de 12 € le kg à 13,50 € le kg.
De quel pourcentage son prix a-t-il augmenté ?

b/ Le prix d'un jeu vidéo est passé de 35 € à 34,30 €.
De quel pourcentage a-t-il baissé ?

35. Dans un musée du cinéma, un robot représentant XT, l'extraterrestre, a un cou de 60 cm de long. Lorsqu'un visiteur s'approche, le cou de XT s'allonge jusqu'à 75 cm.
De quel pourcentage la longueur du cou augmente-t-elle ?

36. **a/** Transformer en heures et minutes : 3,7 h ; 0,8 h ; 2,25 h ; 4,3 h ; 1,2 h.

b/ Transformer en heures : 2 h 30 min ; 3 h 36 min ; 1 h 45 min ; 24 min ; 4 h 6 min.

S'ENTRAÎNER

Proportionnalité et représentation graphique

37. Le négatif d'une photo est un rectangle de largeur 2,4 cm et de longueur 3,6 cm. La photo une fois tirée sur papier a pour longueur 15 cm.
Quelle est sa largeur ?

38. Pour réaliser une maquette de bateau, on a mesuré plusieurs dimensions.

a/ Compléter le tableau.

Dimensions mesurées sur le bateau (en cm)	140	220	250	320
Dimensions mesurées sur la maquette (en cm)	7			

b/ Quelle est l'échelle de cette maquette ?

c/ Si on appelle b les dimensions du bateau et m les dimensions de la maquette, exprimer m en fonction de b, puis b en fonction de m.

39. Un triangle a un côté mesurant 8 cm. La hauteur correspondante à ce côté mesure h (en cm).

a/ Quelle est l'aire A de ce triangle si $h = 5$ cm ? si $h = 3$ cm ? si $h = 7$ cm ?

b/ Écrire A en fonction de h. Y a-t-il proportionnalité entre l'aire A du triangle et la hauteur h ?

c/ Faire une représentation graphique de A en fonction de h. (Mettre la hauteur en abscisse et l'aire en ordonnée.)

d/ En lisant le graphique, répondre aux questions ci-dessous :

(1) Quelle est l'aire du triangle de hauteur 10 cm ?

(2) Quelle est la hauteur du triangle d'aire 6 cm^2 ?

(3) Quelle est la hauteur du triangle d'aire 38 cm^2 ?

e/ Vérifier les résultats du **d/** par le calcul.

Vitesse

40. Dans les parcs d'attractions, les montagnes russes sont souvent impressionnantes. « Tower of terror », une attraction proposée dans un parc en Australie en 2002, atteint une vitesse de pointe de 160 km/h.
À cette vitesse, combien met-on de temps pour effectuer un parcours de 1 400 m ?

41. La vitesse maximale des sondes spatiales est en 2002 de 60 000 km/h. À cette vitesse, il faudrait 40 jours pour aller sur Mars et 6 h pour aller sur la Lune.
Quelle est la distance qui nous sépare de Mars ? de la Lune ?

42. Vers la fin des années 1930, les avions volaient à environ 250 km/h. Vers 1950, les avions avaient une vitesse moyenne de 600 km/h. Un Airbus vole à environ 970 km/h et un Concorde à 2 350 km/h.
Quel serait le temps mis par chaque type d'avion pour effectuer le trajet de 5 800 km entre Paris et New York ?

43. Qui a la plus grande vitesse moyenne :
- Florian qui parcourt 1,6 km en 20 min ?
- Fabrice qui parcourt 250 m en 3 min ?
- Damien qui met 5 min pour parcourir 450 m ?

Pourcentage

44. Deux footballeurs sont distants de 10 m. Ils se passent le ballon qui met 0,7 s pour passer de l'un à l'autre.
Quelle est la vitesse du ballon en m/s ? puis en km/h ?

45. **a/** Trouver un nombre qui, augmenté de 15 %, donne 464,6.

b/ Trouver un nombre qui, diminué de 25 %, donne 15.

46. Un rectangle a une longueur de 6 cm et une largeur de 4 cm. On augmente de 20 % sa longueur et on diminue de 20 % sa largeur.

a/ Calculer la nouvelle longueur, la nouvelle largeur, la nouvelle aire.

b/ De quel pourcentage est modifiée son aire ?

DEVENIR UN CHAMPION

Proportionnalité et représentation graphique

47. Trois associées investissent respectivement 25 000 €, 15 000 € et 10 000 € pour monter une entreprise. Après un an, elles décident de partager le bénéfice de 20 000 € proportionnellement à la part du capital qu'elles ont investi.
Quelle somme recevra chacune des trois associées ?

48. Si 9 sportifs boivent 12 caisses de bouteilles d'eau en 8 jours, combien 24 sportifs boiront-ils de caisses d'eau en 30 jours ?

49. Dans une mine de sel, un ascenseur permet aux ouvriers de remonter rapidement en cas de nécessité. Voici le temps t nécessaire pour remonter en fonction de la profondeur p où se trouvent les mineurs.

p (en m)	0	– 15	– 24	– 52	– 75	– 110
t (en s)	0	6	9,6	20,8	30	44

a/ Représenter graphiquement cette situation.

b/ Y a-t-il proportionnalité entre la profondeur et le temps nécessaire à l'évacuation ? Exprimer p en fonction de t.

50. ***Concours et rallyes***

800 grosses valent 100 ducats, 100 grosses valent 250 tolars. Combien aura-t-on de ducats en échange de 100 tolars ?

A : 2 B : 5 C : 10 D : 25 E : 50.

(Kangourou, 2000.)

Vitesse

51. Je pars à 8 h. Une voiture deux fois plus rapide que la mienne me rattrape à mi-parcours et arrive 1 h 30 avant moi. À quelle heure est-elle partie ?

A : 8 h B : 8 h 30 C : 9 h D : 9 h 30 E : 10 h.

52. Le 26 novembre 1996, au Mexique, le Cubain Pigin plongeait en apnée à 133 m de profondeur. Pour pouvoir remonter, il gonfle un ballon qui l'entraîne aussitôt vers la surface à 3,70 m/s. C'est vertigineux ! Combien de temps met-il pour remonter à la surface ?

Exercices complémentaires

Pourcentage

53. *Concours et rallyes*

La population d'une ruche, à la suite d'une grave épidémie, a diminué l'an dernier de 20 %. De quel pourcentage la population doit-elle, cette année, augmenter pour retrouver les effectifs de l'an dernier ?

A : 15 % B : 20 % C : 25 % D : 120 % E : 40 %

(Kangourou cadets, 1992.)

54. De quel pourcentage faut-il augmenter les dimensions d'un rectangle pour que son aire augmente de 69 % ?

Résoudre des problèmes

55. *Au brevet*

Madame Schmitt vend son appartement 70 000 €.
Elle utilise cette somme de la façon suivante :
– elle donne les 2/7 de cette somme à sa fille ;
– elle s'achète une voiture ;
– elle place le reste à 4,5 % d'intérêts par an.
Au bout d'un an, elle perçoit 1 575 € d'intérêts.

a/ Combien d'argent a-t-elle donné à sa fille ?

b/ Quelle somme a-t-elle placé ?

c/ Quelle était le prix de la voiture ?

(Besançon, 1996.)

56. Un train fait 125 m de long. Il roule à une vitesse moyenne de 136 km/h. Depuis le moment où il pénètre dans un tunnel jusqu'au moment où il l'a quitté complètement, il s'écoule 27 s.
Quelle est la longueur du tunnel ?

57. *Concours et rallyes*

Comme chacun le sait, la course du kangourou se fait en sautant. Un kangourou effectue 2 sauts en 1,5 seconde. Il court à une même vitesse de 12 km/h. Peut-on trouver le nombre de sauts qu'il fait pour parcourir 100 m ?

(D'après Kangourou, 1996.)

Problèmes de synthèse

58. Un parc forestier compte 14 400 arbres. Le diagramme circulaire indique la répartition des sept variétés d'arbres plantés dans ce parc.

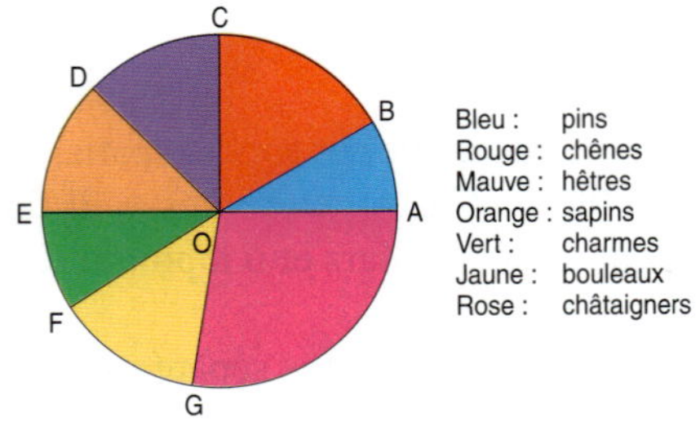

Dans ce diagramme : [AE] et [BF] sont deux diamètres ; (CO) ⊥ (AE) ; $\widehat{AOB} = 30°$; (OD) est la bissectrice de $\widehat{COE}$; $\widehat{FOG} = \widehat{GOA}/2$.

a/ Calculer $\widehat{BOC}$, $\widehat{COD}$, $\widehat{DOE}$, $\widehat{EOF}$, $\widehat{FOG}$ et $\widehat{GOA}$.

b/ En déduire le nombre d'arbres de chaque variété plantés dans le parc forestier.

59. Un club multisport propose à sa clientèle de choisir entre les trois formules suivantes :
A : 12 € par séance ;
B : un forfait annuel de 150 € et une participation de 4 € par séance ;
C : un forfait annuel de 500 € permettant un accès illimité aux séances.

a/ Kévin décide de suivre une séance par mois toute l'année, Nadia une séance par semaine toute l'année, Perrine deux séances par semaine pendant toute l'année (= 52 semaines).
(1) Calculer le prix à payer par chacun par an.
(2) Quelle est la formule la plus avantageuse pour chacun ?

b/ On appelle x le nombre de séances suivies par une personne pendant une année. Soit P_A le prix à payer (en €) pour une année avec la formule A et P_B avec la formule B.
Exprimer P_A et P_B en fonction de x.

c/ Calculer x lorsque $P_A = P_B$.

d/ Calculer le prix à payer pour 10, 20, 30, 40, 50 séances avec le tarif A puis avec le tarif B.
Représenter sur un même graphique les deux tarifs P_A et P_B (abscisse : nombre de séances).
Lire sur le graphique la valeur de x demandée au **c/**.

4

Puissances

Trouver si possible trois nombres entiers non nuls a, b, c tels que :

$$a^2 + b^2 = c^2.$$

On s'est demandé de même s'il était possible de trouver trois nombres entiers non nuls a, b, c tels que :

$$a^3 + b^3 = c^3.$$

Le grand mathématicien Fermat (1601-1665) a conjecturé que c'était impossible. Après de nombreuses tentatives, cette conjecture a été démontrée tout récemment par Andrew J. Wiles.

Test

Repérer les obstacles

1. Effectuer de tête

exercices 45 et 46 p. 68

Effectuer, sans les poser, les opérations suivantes.

a/ $37{,}3 \times 100$; **b/** $2{,}6 \div 100$; **c/** $3{,}15 \times 1\,000$;

d/ $52{,}3 \div 1\,000$; **e/** $\dfrac{72}{1\,000}$; **f/** $\dfrac{3\,654}{100}$;

g/ $634 \times 0{,}01$; **h/** $23{,}5 \times 0{,}1$; **i/** $37 \times 0{,}001$;

j/ $25 \div 0{,}1$; **k/** $4{,}28 \div 0{,}01$; **l/** $52{,}3 \div 0{,}001$;

m/ $1\,000 \div 10\,000$; **n/** $0{,}01 \times 10\,000$; **p/** $0{,}000\,1 \div 1\,000$;

q/ $0{,}01 \div 0{,}000\,001$; **r/** $\dfrac{10}{1\,000}$; **s/** $\dfrac{10\,000}{100}$.

2. Opérations « à trous »

exercice 47 p. 68

Recopier puis compléter les égalités suivantes.

a/ $4\,850 = 4{,}85 \times \square$; **b/** $65\,420 = 6{,}542 \times \square$;

c/ $0{,}0754 = 7{,}54 \times \square$; **d/** $0{,}000\,038 = 3{,}8 \times \square$;

e/ $1\,000 \times \square = 10\,000\,000$; **f/** $100 \times \square = 10$;

g/ $10\,000\,000 \times \square = 10\,000$; **h/** $0{,}000\,1 \times \square = 0{,}01$.

3. Calculer

exercice 48 p. 68

Effectuer les calculs suivants.

a/ $3 + 3 \times 3$; **b/** $5 \times (5 + 5 \times 5)$;

c/ $2 \times (2 + 2 \times 2)$; **d/** $2 \times 2 \times 2 \times 2$;

e/ $3 \times 3 \times 3$; **f/** $10 \times 10 \times 10 \times 10$;

g/ $2 \times 2 + 3 \times 3 \times 3$; **h/** $3 \times 3 + 3 \times 3 \times 3$;

i/ $3 \times 3 \times 3 \times 3 + 3$; **j/** $5 \times 5 + 5 \times 5$.

Franchir les obstacles

Puissances d'exposant positif

1. Diffuser sur le réseau

Monsieur Triumph a détecté un virus informatique. Le premier avril, il envoie un mail à trois amis pour les informer. Le 2 avril, chacune des trois personnes envoie un mail à trois nouvelles personnes. La diffusion de l'information se poursuit de la même manière : dès qu'une personne est informée, elle l'apprend à trois autres dès le lendemain.

a/ Combien de personnes apprennent l'information le 2 avril ? le 3 avril ? le 4 avril ?

b/ Écrire le calcul permettant de trouver le nombre de personnes apprenant l'information le 15 avril.

c/ Proposer un codage pour écrire le calcul ci-dessus de manière condensée.

2. Utiliser la nouvelle notation

➤ exercices 1 à 6 p. 65

a/ Compléter si possible par l'entier qui convient.

$2 \times 2 \times 2 \times 2 = 2^{\square}$; $5 \times 5 \times 5 \times 5 \times 5 \times 5 = 5^{\square}$; $2 \times 2 + 2 \times 2 \times 2 = 2^{\square}$;

$5 + 5 + 5 = 5^{\square}$; $8 = 2^{\square}$; $10\,000 = 10^{\square}$.

b/ Calculer.

5^2 ; 2^5 ; $(-2)^3$; $(-2)^4$; 10^3 ; $(-10)^3$; $\left(\frac{3}{4}\right)^2$; $\left(\frac{2}{3}\right)^3$.

c/ Vérifier les calculs de Lucie sans calculatrice.

(1) $5^2 = 25$; (2) $5^3 = 15$; (3) $2^3 = 8$;

(4) $1^4 = 4$; (5) $1^5 = 1$; (6) $2{,}3^2 = 4{,}9$;

(7) $2{,}25^2 = 5{,}062\,4$; (8) $(-2)^3 = -8$; (9) $(-2)^4 = -16$.

d/ Repérer la touche puissance de votre calculatrice (y^x ou ^ ou ↑, etc.) puis effectuer les calculs suivants.

4^9 ; 9^4 ; 8^5 ; $(-4)^5$; $(-4)^6$.

3. Produit de deux puissances d'un même nombre

➤ exercice 7 p. 65

a/ Compléter.

$2^2 \times 2^4 = 2^{\square}$; $5^2 \times 5^3 = 5^{\square}$; $3^4 \times 3 = 3^{\square}$.

b/ Compléter.

$2^{13} \times 2^{12} = 2^{\square}$; $3^{26} \times 3^{13} = 3^{\square}$; $7^{32} \times 7 = 7^{\square}$;

$3^4 \times 3^{\square} = 3^7$; $5^4 \times 5^{\square} = 5^5$; $6^8 \times 6^{\square} = 6^{11}$.

4. Quotient de deux puissances d'un même nombre ➤ exercice 8 p. 65

a/ Compléter.

$\dfrac{2^5}{2^2} = 2^{\square}$; $\dfrac{3^4}{3^2} = 3^{\square}$; $\dfrac{5^6}{5} = 5^{\square}$; $\dfrac{7^3}{7^3} = 7^{\square}$.

b/ Compléter.

$\dfrac{2^{18}}{2^{12}} = 2^{\square}$; $\dfrac{5^{23}}{5^{14}} = 5^{\square}$; $\dfrac{7^{24}}{7} = 7^{\square}$.

5. Produit de deux puissances de même exposant ➤ exercices 9 à 11 p. 65

a/ $A = 4^3 \times 5^3$; $B = 2^4 \times 5^4$.

On a demandé à trois élèves d'écrire des expressions égales à A et B. Voici leurs propositions. Sont-elles justes ou fausses ? Justifier.

Roméo : $A = 20^9$; $B = 10^{16}$. **Paul** : $A = 20^3$; $B = 10^4$. **Tristan** : $A = 20^6$; $B = 10^8$.

b/ Écrire sous forme d'une puissance.

$C = 7^5 \times 2^5$; $D = 5^6 \times 2^6$; $E = 9^3 \times 4^3$; $F = 2^5 \times 4^5 \times 3^5$.

c/ Calculer astucieusement.

$G = 2^3 \times 3{,}82 \times 5^3$; $H = 4^2 \times 9{,}3 \times 25^2$.

d/ Parmi les expressions A à F ci-dessous, lesquelles peuvent être simplifiées en utilisant les formules suivantes ? Les simplifier.

$a^m \times a^n = a^{m+n}$; $\dfrac{a^m}{a^n} = a^{m-n}$; $a^m b^m = (ab)^m$.

$A = 4^2 \times 7^2$; $B = 3^2 \times 5^4$; $C = 2^4 \times 2^3$; $D = 2^3 + 2^2$; $E = \dfrac{5^8}{5^2}$; $F = \dfrac{9^5}{7^5}$.

Règles de priorité

- En l'absence de parenthèses, on calcule les puissances avant d'effectuer les autres opérations (+, –, ×, ÷).
- En présence de parenthèses, on effectue d'abord les calculs entre parenthèses.

6. Puissances et opérations ➤ exercices 12 et 13 p. 65

a/ Effectuer les calculs suivants.

(1) $A = 5 + 3^2$; $B = 7 - 2^2$; $C = -2^2 + 7$; $D = -3^2 - 4^2$;
$E = 4 + (-3)^2$; $F = (-2)^3 + 3^2$; $G = (-3)^2 - 3^2$; $H = -2^3 - (-3)^2$.

(2) $I = (3 + 5)^2$; $J = (9 - 6)^2$; $K = (5 - 7)^2$; $L = (4 + 2 \times 3)^2$.

(3) $M = 3 \times 5^2$; $N = (3 \times 5)^2$; $O = (-4)^2 \times 5^2$; $P = 5^3 \times 2^3$.

(4) $Q = 3(2 + 4)^2$; $R = 2(3 + 2^2)^2$; $S = 15 - 5 \times 2^2$; $T = -3^2 + 3 \times 4$.

b/ (1) Les nombres u et v sont-ils plus grands ou plus petits que 1 ?

$u = \dfrac{5^2}{2^3 \times 1\,000}$; $v = \dfrac{5 + 2^4}{4}$.

(2) Calculer u et v avec la calculatrice.

7. Calcul littéral

➤ exercice 14 p. 65

Calculer $A = x^3$; $B = 2x^3 - 3x^2 + 5$ pour $x = 4$, puis pour $x = -2$ et enfin pour $x = \dfrac{5}{2}$.

Puissances d'exposant négatif

8. Extension des règles

➤ exercices 15 et 16 p. 65

a/ Compléter si possible.

$\dfrac{5^7}{5^3} = 5^{\square}$; $\dfrac{5^6}{5^4} = 5^{\square}$; $\dfrac{5^4}{5^4} = 5^{\square}$; $\dfrac{5^4}{5^6} = 5^{\square}$.

b/ Donner l'écriture décimale de 5^{-2}. Faire de même pour 2^{-2} et 2^{-3}.

c/ Refaire les calculs du **b/** à la calculatrice.

d/ Écrire les fractions ci-dessous sous la forme a^b (a et b entiers).

$A = \dfrac{7^6}{7^{10}}$; $B = \dfrac{3^8}{3^5}$; $C = \dfrac{9^{13}}{9^{20}}$; $D = \dfrac{12^{15}}{12^{19}}$.

e/ Stéphanie dit : « 2^{-3} est l'inverse de 2^3. » Margaux répond : « Non, 2^{-3} est l'opposé de 2^3. » Qu'en pensez-vous ?

9. Quel signe ?

➤ exercice 17 p. 66

Les nombres suivants sont-ils positifs ou négatifs ?

$A = 2^{-3}$; $B = -2^3$; $C = (-2)^3$; $D = 2^{-4}$; $E = -2^4$; $F = (-2)^4$.

Puissances de dix

10. Calcul d'une puissance de dix

➤ exercice 18 p. 66

a/ Calculer 10^2 ; 10^4 ; 10^7 ; 10^{-2} ; 10^{-4} ; 10^{-7}.

b/ Compléter les phrases suivantes :

- Pour écrire 10^8, je peux écrire un 1 suivi de … zéros.
- Pour écrire 10^{-8}, je peux écrire un 1 précédé de … zéros (sans oublier de placer la virgule).

11. Produit par une puissance de dix

➤ exercices 19 et 20 p. 66

a/ Calculer.

$3{,}5 \times 10^3$; $42{,}53 \times 10^4$; $5{,}7 \times 10^{-2}$; $185{,}3 \times 10^{-4}$.

b/ Énoncer les règles permettant de multiplier un nombre décimal par une puissance de dix.

c/ Calculer, en utilisant les règles énoncées ci-dessus.

$75{,}2 \times 10^6$; $0{,}078 \times 10^8$; $0{,}028 \times 10^{-4}$; $0{,}032 \times 10^{-7}$.

d/ Écrire les nombres suivants sous la forme du produit d'un nombre par une puissance de dix : 28 000 ; 35 000 000 ; 0,047 ; 0,000 012.

e/ Compléter.

$3\,700 = 3{,}7 \times 10^{\square}$; $583\,000\,000 = 5{,}83 \times 10^{\square}$;

$0{,}036 = 3{,}6 \times 10^{\square}$; $0{,}000\,068 = 6{,}8 \times 10^{\square}$.

12. Calculs et puissances de dix

➢ *exercices 21 et 22 p. 66*

Écrire sous la forme 10^n.

a/ $A = 10^2 \times 10^5$; $B = 10^3 \times 10^{-5}$; $C = 10^{-2} \times 10^8$; $D = 10^{-3} \times 10^{-4}$.

b/ $E = \dfrac{10^6}{10^2}$; $F = \dfrac{10^6}{10^{-2}}$; $G = \dfrac{10^{-6}}{10^2}$; $H = \dfrac{10^{-6}}{10^{-2}}$; $I = \dfrac{10^{-2}}{10^{-6}}$.

13. Puissances de puissances !

➢ *exercice 23 p. 66*

a/ Compléter $(10^2)^3 = 10^{\square}$.

b/ Compléter.

$(10^4)^5 = 10^{\square}$; $(10^2)^{-3} = 10^{\square}$; $(10^{-3})^4 = 10^{\square}$; $(10^{-2})^{-7} = 10^{\square}$.

14. Une graduation curieuse

➢ *exercices 24 à 27 p. 66*

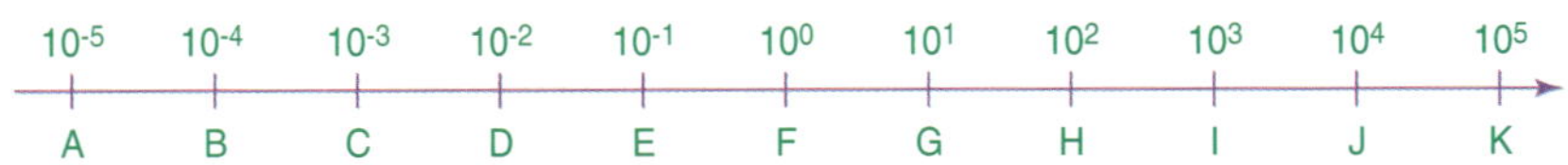

a/ Quelles sont les écritures décimales des abscisses des points A, D, F, G, K ?

b/ Reproduire la droite ci-dessus et placer approximativement les points suivants.

M($5{,}24 \times 10^2$) ; N(450×10^2) ; P($0{,}28 \times 10^3$) ;

Q($2{,}73 \times 10^{-3}$) ; R($9{,}41 \times 10^4$) ; S($8{,}6 \times 10^{-1}$).

c/ Parmi les points ci-dessus, quatre d'entre eux peuvent être placés approximativement sans faire aucun calcul. Lesquels ? Quelles sont les particularités des écritures de leur abscisse ?

d/ Ranger les nombres suivants par ordre croissant.

$5{,}2 \times 10^3$; $3{,}685 \times 10^{-2}$; $9\,440$; $0{,}75 \times 10^{-3}$; $3{,}25 \times 10^{-2}$; $22\,700 \times 10^{-2}$.

15. Avec une calculatrice

➢ *exercice 28 p. 67*

a/ Exécuter le calcul suivant à la calculatrice : $A = 7\,000\,000 \times 5\,000\,000$.
Que signifie le résultat affiché ?

b/ Même question pour $B = 0{,}000\,004 \times 0{,}000\,006$.

c/ Même question pour $C = 623\,452 \times 786\,549$.

16. Calculer avec des puissances de dix

➢ exercices 29 et 30 p. 66

a/ Effectuer, sans calculatrice, les calculs suivants, puis donner l'écriture scientifique du résultat.

$A = 5 \times (10^2)^3 \times 8 \times 10^5$; $\qquad B = \dfrac{12 \times 10^2}{5 \times 10^{12}}$.

b/ Vérifier les résultats à la calculatrice.

Résoudre des problèmes

17. Histoire de globules

Il y a environ $2{,}025 \times 10^{13}$ globules rouges dans 4,5 litres de sang du corps humain. Combien de globules y a-t-il dans trois litres de sang ?

18. Le problème du typographe

Le point Didot est une unité de mesure utilisée par les typographes. Ce point Didot vaut $3{,}760\,65 \times 10^{-4}$ m. Écrire, dans un traitement de texte, en caractères 12 signifie que les lettres vont être imprimées avec une hauteur de 12 points Didot.

a/ Quelle est la hauteur d'une lettre écrite en caractères 10 ? en caractères 16 ?

b/ La hauteur de la page de ce livre fait-elle plus ou moins de mille points Didot ?

c/ Quelle est la mesure approximative de la largeur de cette page en points Didot ?

19. Coffre… fort ?

➢ exercices 31 à 40 p. 66

Jo Laflèche jubile ! Il a en face de lui un coffre-fort d'un vieux modèle : il n'y a que quatre chiffres sur chacun des huit boutons.

a/ Combien de combinaisons différentes peuvent être affichées sur ce coffre ?

b/ Jo met dix secondes pour afficher une combinaison. Combien de temps lui faut-il pour les essayer toutes ? Le pourra-t-il en une nuit de huit heures ?

1 Puissances

a/ De nouvelles notations

Quel que soit le nombre relatif a et quel que soit l'entier positif n supérieur à 1 :

$$a^n = \underbrace{a \times a \times \ldots \times a}_{n \text{ facteurs}} \quad \text{et} \quad a^{-n} = \frac{1}{a^n} \quad (a \neq 0).$$

De plus : $a^1 = a$; $a^0 = 1$ $(a \neq 0)$; $a^{-1} = \frac{1}{a}$ $(a \neq 0)$ a^{-1} est l'**inverse** de a.

a^n se lit « a exposant n ».

a^2 se lit également « a au carré ».

a^3 se lit également « a au cube ».

Exemples

- $2^5 = 2 \times 2 \times 2 \times 2 \times 2 = 32$
- $2^{-3} = \frac{1}{2^3} = \frac{1}{8} = 0{,}125$
- $2\,000^1 = 2\,000$
- $1\,999^0 = 1$
- $2^{-1} = \frac{1}{2} = 0{,}5$.

b/ Produits et quotients de puissance

Quels que soient les nombres relatifs a et b et quels que soient les nombres entiers positifs m et n :

$a^m \times a^n = a^{m+n}$; (même nombre)

$\frac{a^m}{a^n} = a^{m-n}$; (même nombre)

$a^m \times b^m = (ab)^m$. (même exposant)

Exemples

- $3^2 \times 3^5 = 3^{2+5} = 3^7$
  Même nombre : 3.
  Donc on calcule 2 + 5 = 7.
- $\frac{3^5}{3^9} = 3^{5-9} = 3^{-4}$;
  Même nombre : 3.
  Donc on calcule 5 – 9 = – 4.
- $5^4 \times 2^4 = (5 \times 2)^4 = 10^4$.
  Même exposant : 4.
  Donc on calcule 5 × 2 = 10.

c/ Règles de priorité

- En l'absence de parenthèses, on calcule les puissances avant d'effectuer les autres opérations (+, –, ×, ÷).
- En présence de parenthèses, on effectue d'abord les calculs entre parenthèses.

Exemples : • $5 \times 3^2 = 5 \times 9 = 45$; • $(5 + 3)^2 = 8^2 = 64$.

2 Cas particulier : les puissances de dix

a/ Calcul d'une puissance de dix

Quel que soit l'entier positif n :

$$10^n = 1\underbrace{0 \ldots\ldots 0}_{n \text{ zéros}} \quad \text{et} \quad 10^{-n} = \underbrace{0{,}0 \ldots\ldots 0}_{n \text{ zéros}}1.$$

Exemples

- $10^5 = 100\,000$ — 1 suivi de cinq zéros
- $10^{-5} = 0{,}000\,01$ — cinq zéros précédant 1 (sans oublier la virgule)

b/ Puissance de puissance de dix

Quels que soient les entiers m et n :

$$(10^n)^m = 10^{n \times m}.$$

Exemple : $(10^3)^5 = 10^{3 \times 5} = 10^{15}$.

c/ Produit par une puissance de dix

Exemples

- $25{,}1 \times 10^5 = 2\,510\,000$ la virgule est décalée de 5 rangs vers la droite.
- $25{,}1 \times 10^{-5} = 0{,}000\,251$ la virgule est décalée de 5 rangs vers la gauche.

d/ Notation scientifique

Un nombre positif est écrit en notation scientifique quand il est écrit sous la forme $a \times 10^n$ où :

- **a est un nombre décimal tel que $1 \leq a < 10$ (c'est-à-dire que a s'écrit avec un seul chiffre autre que zéro avant la virgule) ;**
- **n est un nombre entier relatif.**

Exemples

- $G = 7{,}45 \times 10^3$ G est écrit en notation scientifique.
- $H = 0{,}38 \times 10^4$ H n'est pas écrit en notation scientifique car le chiffre avant la virgule est zéro.
- $I = 8{,}257 \times 5^2$ I n'est pas écrit en notation scientifique car le deuxième facteur n'est pas une puissance de dix.

Remarque. On peut donner un ordre de grandeur en écrivant un encadrement entre deux puissances de dix d'un nombre écrit en notation scientifique.

Exemples : • $10^4 < 6{,}28 \times 10^4 < 10^5$; • $10^{-4} < 3{,}25 \times 10^{-4} < 10^{-3}$.

Méthodes

1. Ranger des nombres

Exemple. Ranger par ordre croissant les nombres :

$A = 2{,}8 \times 10^2$; $B = 0{,}38 \times 10^{-1}$; $C = 7{,}5 \times 10^{-1}$; $D = 57{,}5 \times 10^3$; $E = 350$.

Méthode 1 ▶▶ **En comparant leur écriture décimale**

$A = 280$; $B = 0{,}038$; $C = 0{,}75$; $D = 57\,500$; $E = 350$.

Donc $B < C < A < E < D$.

Méthode 2 ▶▶ **En comparant leur notation scientifique**

$A = 2{,}8 \times 10^2$; $B = 3{,}8 \times 10^{-2}$; $C = 7{,}5 \times 10^{-1}$; $D = 5{,}75 \times 10^4$; $E = 3{,}5 \times 10^2$.

On range les nombres écrits en notation scientifique dans l'ordre de leur exposant. Pour A et E qui ont le même exposant, on compare alors le nombre qui multiplie la puissance de 10. A est plus petit que E car 2,8 est plus petit que 3,5.

Donc $B < C < A < E < D$.

2. Conduire un calcul

Exemples

Calculer $A = 5^2 + 2 \times 3^3 - 24 \div 2^2$; $B = (14 + 4 \times 3^2) \times (7^2 - 2 \times 8 - 3)$;

$C = \dfrac{42 \times 10^{12} \times 10^{-7}}{14 \times 10^3}$.

Méthode

• En l'absence de parenthèses

On calcule les puissances.
On effectue les multiplications et les divisions.
On achève le calcul.

• En présence de parenthèses

On effectue les calculs entre parenthèses, en commençant par les puissances.
On effectue les opérations prioritaires dans les parenthèses.
On achève les calculs entre parenthèses.
On achève le calcul.

• Avec des puissances de dix

Lorsqu'il n'y a que des produits ou des quotients, dans lesquels figurent des puissances de dix, on commence en général par regrouper les puissances de dix.

Calcul

$A = 5^2 + 2 \times 3^3 - 24 \div 2^2$

$A = 25 + 2 \times 27 - 24 \div 4$

$A = 25 + 54 - 6$

$A = 79 - 6$ donc **$A = 73$**.

$B = (14 + 4 \times 3^2) \times (7^2 - 2 \times 8 - 3)$

$B = (14 + 4 \times 9) \times (49 - 2 \times 8 - 3)$

$B = (14 + 36) \times (49 - 16 - 3)$

$B = 50 \times 30$ donc **$B = 1\,500$**.

$C = \dfrac{42 \times 10^{12} \times 10^{-7}}{14 \times 10^3}$

$C = \dfrac{42}{14} \times \dfrac{10^5}{10^3}$

$C = 3 \times 10^{5-3}$

$C = 3 \times 10^2$ donc **$C = 300$**.

Exercices fondamentaux

Puissances d'exposant positif

1. Remplacer si possible dans chaque cas la lettre n par le nombre entier qui convient.

$3 \times 3 \times 3 \times 3 = 3^n$; $6 + 6 + 6 + 6 = 6^n$;

$2{,}3 \times 2{,}3 \times 2{,}3 \times 2{,}3 \times 2{,}3 \times 2{,}3 = 2{,}3^n$;

$27 = 3^n$; $81 = 3^n$; $125 = n^3$; $81 = n^2$.

2. Calculer.

a/ 2^3 ; 2×3. **b/** 5^2 ; 5×2.

c/ 3^3 ; 3×3. **d/** 2^5 ; 2×5.

e/ 4^2 ; 4×2. **f/** 3^4 ; 3×4.

g/ 1^5 ; 1×5. **h/** 0^3 ; 0×3.

3. Calculer.

a/ $0{,}2^2$; $0{,}2 \times 2$; $0{,}4^2$; $0{,}4 \times 2$.

b/ $1{,}2^2$; $1{,}3^2$; $1{,}4^2$; $1{,}5^2$.

4. Calculer.

a/ $\left(\frac{2}{5}\right)^2$; $\frac{2^2}{5}$; $\frac{2}{5^2}$.

b/ $\left(\frac{3}{4}\right)^3$; $\frac{3^3}{4}$; $\frac{3}{4^3}$.

5. Calculer.

a/ $(-2)^2$; $(-2)^3$; $(-2)^4$; $(-2)^5$.

b/ $(-3)^2$; $(-3)^3$; $(-3)^4$; $(-3)^5$.

c/ $(-10)^2$; $(-10)^3$; $(-10)^4$; $(-10)^5$.

6. Utiliser la calculatrice pour effectuer les calculs suivants : 28^3 ; 5^9 ; 12^6 ; $0{,}4^3$.

7. a/ Écrire sous la forme a^n.

$6^2 \times 6^3$; $7^2 \times 7^4$; $4^3 \times 4^8$; $5^0 \times 5^3$; 6×6^3.

b/ Trouver le nombre manquant.

$3^2 \times 3^{\square} = 3^6$; $2^5 \times 2^{\square} = 2^6$;

$5^{\square} \times 5^4 = 5^7$; $6^2 \times 6^{\square} = 6^{10}$.

8. a/ Écrire sous la forme a^n.

$\frac{5^7}{5^4}$; $\frac{6^8}{6^3}$; $\frac{4^6}{4^5}$; $\frac{3^4}{3}$; $\frac{5^2}{5^0}$.

b/ Trouver le nombre manquant.

$\frac{5^8}{5^{\square}} = 5^6$; $\frac{5^{\square}}{5^4} = 5^{10}$; $\frac{5^7}{5^{\square}} = 5^6$.

9. Écrire sous la forme a^n.

a/ $2^3 \times 5^3$; $4^5 \times 5^5$; $3^2 \times 7^2$.

b/ 25×4^2 ; $2^3 \times 27$; $4^3 \times 125$.

10. Écrire sous la forme a^n.

a/ $9^3 \times 9^5$; $5^3 \times 7^3$; $\frac{5^6}{5^2}$.

b/ 4×2^5 ; $\frac{5^6 \times 5^4}{5^7}$; $2^3 \times 7^5 \times 2^2$.

11. Calculer astucieusement.

$A = 25^2 \times 1{,}45 \times 4^2$; $B = 0{,}4^3 \times 2{,}5^3 \times 1\,999$;

$C = 2^7 \times 11 \times 5^7$; $D = 5^4 \times 2^6$;

$E = 2^3 \times 2\,453^0 \times 5^2$; $F = 9^3 \times 9^5 \times 0^2 \times 4^3$;

$G = 2^3 \times 5^2 \times 2^2 \times 5^7 \times 2^2$.

Règles de priorité

12. Effectuer les calculs suivants.

a/ $7 + 3^2$; $-5^2 + 15$; $8 - 3^2$.

b/ $2 \times 5^2 + 4$; $-3 \times 4^2 + 5$; $-2 - 8 \times 2^2$.

c/ $5^2 + 3 \times 5$; $-4^2 + 2 \times 5$; $-3 \times 5 + 5^2$.

d/ $5^2 - 3 \times 5 + 4$; $-6^2 + 2 \times 3 + 4$;

$7 + 2 \times 3 + 3 \times 3^2$; $5 + 2 \times 3 - 4 \times 3^2$;

$2 \times (-3)^2 + 2 \times (-3) + 5$; $3 + 4 \times (-2) - 3 \times (-2)^2$.

e/ $2(6 + 2)^2$; $(19 - 3^2) \times 4{,}2$; $2^2(2 + 4 \times 2)^2$.

13. Effectuer avec la calculatrice les calculs suivants.

$A = 7 \times 5^6 + 25 \times 5^2$; $B = 2 \times 4^5 - 3 \times 4^3$;

$C = -3 \times 7^3 + 2 \times 7^2$; $D = \frac{2\,060}{9^3 + 11^3}$.

14. ***Calcul littéral***

Calculer A puis B pour :

$x = 2$; $x = -2$; $x = 3$; $x = -3$.

$A = 2x^3 + 3x^2 + 4x + 5$;

$B = -3x^3 + 2x^2 - 5x + 3$.

Puissances d'exposant négatif

15. Calculer.

2^{-1} ; 5^{-1} ; 4^{-1} ; 10^{-2} ; 10^{-4}.

16. Calculer à l'aide de la calculatrice.

20^{-3} ; 8^{-2} ; 5^{-5}, -2^{-4} ; $(-2)^{-4}$.

17. Quel est le signe des nombres suivants ? (On ne demande pas de faire le calcul.)

a/ -2^{-5} ; -2^6 ; $(-3)^2$; $(-3)^5$; 10^{-2} ; -2^{-3}.

b/ $3 \times (-5)^3$; -3×2^{-2} ; $10^{-3} \times 10^{-2}$.

Puissances de dix

18. **a/** Calculer.

10^3 ; 10^1 ; 10^6 ; 10^0 ; 10^{-2} ; 10^{-4} ; 10^{-1} ; 10^{-6}.

b/ Écrire sous forme d'une puissance de 10.

100 ; 0,001 ; $\dfrac{1}{100\,000}$; $\dfrac{1}{0{,}01}$; un million ; un milliard ; un millième ; un millionième.

19. Calculer.

a/ $4{,}5 \times 10^2$; 27×10^4 ; $0{,}072 \times 10^5$.

b/ 350×10^{-2} ; 12×10^{-4} ; $0{,}045 \times 10^{-2}$.

20. Compléter.

a/ $87\,000 = 8{,}7 \times 10^{\square}$; $1\,540 = 1{,}54 \times 10^{\square}$;

$670\,000 = 6{,}7 \times 10^{\square}$; $92\,000\,000 = 9{,}2 \times 10^{\square}$.

b/ $0{,}038 = 3{,}8 \times 10^{\square}$; $0{,}001\,59 = 1{,}59 \times 10^{\square}$;

$0{,}000\,035 = 3{,}5 \times 10^{\square}$; $0{,}000\,432 = 4{,}32 \times 10^{\square}$.

c/ $52 \times 10^3 = 5{,}2 \times 10^{\square}$; $0{,}036 \times 10^6 = 3{,}6 \times 10^{\square}$.

21. Écrire sous la forme 10^n.

a/ $10^2 \times 10^5$; $10^4 \times 10^{-8}$; $10^{-3} \times 10^{-7}$; $10^2 \times 10$.

b/ $\dfrac{10^6}{10^2}$; $\dfrac{10^5}{10^8}$; $\dfrac{10^{-2}}{10^5}$; $\dfrac{10^{-3}}{10^{-7}}$; $\dfrac{10^4}{10^{-4}}$.

c/ $10^3 \times 10^5 \times 10^{-2}$; $10^{-4} \times 10^6 \times 10^{-3}$.

d/ $\dfrac{10^3 \times 10^4}{10^2}$; $\dfrac{10^5 \times 10^3}{10^{-2}}$; $\dfrac{10^2 \times 10^{-6}}{10^3 \times 10^{-5}}$.

22. ***Au brevet***

Quelle est la réponse exacte ?

	Réponse 1	Réponse 2	Réponse 3
$\dfrac{10^{-2} + 10^2}{100}$	0,1	1,000 1	0,01

(Orléans-Tours, 1997.)

23. Écrire sous la forme 10^n.

a/ $(10^2)^4$; $(10^3)^2$; $(10^4)^5$; $(10^3)^{-2}$.

b/ $10^5 \times (10^2)^3$; $10^{-8} \times (10^3)^2$.

24. Parmi les nombres suivants, lesquels sont écrits en notation scientifique ?

$A = 3{,}8 \times 10^5$; $B = 0{,}54 \times 10^6$;

$C = 5{,}9 \times 4^{10}$; $D = 6{,}92 \times 10^{-7}$.

25. Écrire les nombres suivants en notation scientifique.

$A = 45\,000$; $B = 654\,000\,000$;

$C = 0{,}000\,073$; $D = 0{,}000\,000\,745$.

26. Ranger par ordre croissant.

a/ $2{,}54 \times 10^{-3}$; $1{,}2 \times 10^5$; $6{,}7 \times 10^5$; $7{,}38 \times 10^2$; $5{,}6 \times 10^{-1}$.

b/ $6\,400 \times 10^{-4}$; $4{,}3 \times 10^1$; 560 ; $7{,}1 \times 10^{-3}$.

27. Écrire en notation scientifique.

$A = 47\,000 \times 10^3$; $B = 0{,}052 \times 10^{-4}$;

$C = 64\,000\,000 \times 10^{-3}$; $D = 0{,}000\,073 \times 10^8$;

$E = 38\,000\,000 \times 10^5 \times 1\,000$;

$F = 0{,}000\,007\,328 \times 10\,000$.

28. Utiliser la calculatrice pour donner un ordre de grandeur, en notation scientifique, des nombres suivants.

$A = 1\,425^5$; $B = 1\,032^7$; $C = 0{,}035\,4^8$; $D = 0{,}058^{12}$.

29. ***Au brevet***

Donner l'écriture scientifique du nombre :

$$F = \frac{3 \times 10^2 \times 1{,}2 \times 10^{-5}}{15 \times 10^2}$$

(Centres étrangers, juin 2001.)

30. ***Au brevet***

Donner l'écriture scientifique de :

$B = (-2)^4 \times 5^3$ puis celle de $C = B + 1$.

(Asie du Sud-Est, juin 2001.)

Résoudre des problèmes

31. Pour un sondage on utilise un questionnaire comportant dix questions. À chaque question, on peut répondre par « oui », « non » ou « sans opinion ».

a/ Combien y a-t-il de façons différentes de répondre à ce questionnaire ?

b/ Même question pour un sondage avec n questions. (Donner la réponse en fonction de n.)

32. J'ai 5 chemises et 3 pantalons. De combien de façons différentes puis-je m'habiller ?

33. Un cube est formé de petits cubes de 1 centimètre d'arête. Quel est le plus grand cube que l'on peut former si l'on dispose de 80 petits cubes ? de 150 petits cubes ? de 8 000 petits cubes ?

34. **a/** Calculer les sommes suivantes.

$A = 1 + 3$; $B = 1 + 3 + 5$;

$C = 1 + 3 + 5 + 7$; $D = 1 + 3 + 5 + 7 + 9$.

b/ Si on prolonge la liste ci-dessus, quel résultat devrait-on obtenir pour E ? Le vérifier.

35. Peut-on trouver un nombre entier n compris entre deux et dix tel que $n^3 - n$ ne soit pas un multiple de 6 ?

36. Un carré a pour côté 2^4 cm. Exprimer sous la forme 2^n son périmètre puis son aire.

37. Dans chacun des cas suivants, dire si le triangle ABC est rectangle (longueurs en cm).

a/ $AB = 2^5$; $AC = 2^5$; $BC^2 = 2^{11}$.

b/ $AB = 2^3$; $AC = 2^3$; $BC^2 = 2^8$.

c/ $AB = 2^4$; $AC = 2^4$; $BC^2 = 2^9$.

38. **a/** Calculer $\frac{10^1 - 1}{9}$; $\frac{10^2 - 1}{9}$; $\frac{10^3 - 1}{9}$.

b/ Si n est un entier positif, comment semble devoir s'écrire $\frac{10^n - 1}{9}$?

39. La matière est formée d'atomes très petits. En chimie, pour simplifier les calculs, on les groupe souvent par paquets de $6,022 \times 10^{23}$ atomes : les chimistes appellent cela une mole.
Sachant qu'un atome de carbone a une masse d'environ $1,99 \times 10^{-23}$ grammes, quelle est la masse d'une mole de carbone ?

40. La lumière parcourt environ 3×10^5 kilomètres par seconde. La distance du Soleil à la Terre est d'environ $1,5 \times 10^8$ kilomètres. Combien de temps la lumière met-elle pour parcourir la distance du Soleil à la Terre ?

Faire le point à mi-parcours

Savez-vous...

41. *... effectuer des calculs avec des puissances ?*

a/ Calculer.

3^2 ; 5^3 ; $1\,789^1$; $1\,515^0$; 5^{-2} ; 8^{-1}.

b/ Écrire sous la forme a^n.

$5^2 \times 5^4$; $5^3 \times 4^3$; $3^4 \times 3$; $\frac{7^2}{7^2}$; $\frac{5^8}{5^3}$; $\frac{3^5}{3^9}$.

c/ Calculer astucieusement.

$A = 4^5 \times 3,14 \times 2,5^5$.

42. *... utiliser les règles de priorité ?*

Calculer.

$A = 6 + 4 \times 2^2$; $B = -3^2 - 4^2$; $C = \frac{10^4 - 10}{9}$.

43. *... utiliser des puissances de dix ?*

a/ Calculer.

10^4 ; 10^{-3} ; $5,32 \times 10^3$; $42,5 \times 10^{-3}$.

b/ Écrire en notation scientifique.

$53\,000$; $0,000\,45$; 360×10^4 ; $0,073 \times 10^6$.

44. *... résoudre des problèmes ?*

a/ Le son se propage à environ $3,4 \times 10^4$ centimètres par seconde, dans l'air. Quelle distance parcourt-il en une minute et quarante secondes ?

b/ On dispose de trois pièces de monnaie identiques. On les aligne soit côté pile, soit côté face. Par exemple :

(1) De combien de façons différentes peut-on les disposer ?

(2) Même question avec cinq pièces.

(3) Même question avec n pièces. (Donner la réponse en fonction de n.)

Exercices complémentaires

S'ÉCHAUFFER

45. Dans chacun des cas compléter la phrase suivante : « Pour transformer le nombre A en B, il faut déplacer la virgule de ... rangs vers la .... »

a/ $A = 5{,}36$; $B = 5\,360$.

b/ $A = 0{,}048$; $B = 4\,800$.

c/ $A = 350{,}06$; $B = 0{,}035\,006$.

d/ $A = 0{,}35$; $B = 0{,}003\,5$.

46. Effectuer les opérations suivantes.

a/ $18 \div 1\,000$; **b/** $5{,}32 \times 1\,000$;
c/ $0{,}38 \div 100$; **d/** $0{,}045 \times 100$;
e/ $36 \times 0{,}1$; **f/** $4{,}72 \times 0{,}1$;
g/ $35{,}2 \div 0{,}01$; **h/** $62 \div 0{,}001$.

47. Compléter.

a/ $360 = 3{,}6 \times \square$; $0{,}047\,5 = 4{,}75 \div \square$.
b/ $2{,}500 = 2{,}5 \times \square$; $35\,000 = 3{,}5 \div \square$.
c/ $543{,}7 = 5{,}437 \div \square$; $0{,}007\,2 = 7{,}2 \times \square$.

48. Effectuer les calculs suivants.

a/ $15 + 5 \times 5$; **b/** $9 \times 9 + 9$;
c/ $5 \times (5 + 5)$; **d/** $3 + 3 \times 3 - 3$;
e/ $16 - 4 - 4 + 4$; **f/** $2 \times (2 + 2 \times 2)$;
g/ $5 \times 5 \times 5$; **h/** 5×3 ;
i/ $2 \times 2 \times 2 \times 2 \times 2$; **j/** 2×5.

S'ENTRAÎNER

Puissances d'exposant positif

49. Ranger les nombres suivants par ordre croissant.

3^4 ; 2^7 ; 10^2 ; 3^2 ; 2^5 ; 10^3.

50. a/ Voici une liste de nombres. Entourer tous ceux qui sont des carrés de nombres entiers.

7 ; 9 ; 25 ; 99 ; 0 ; 12 ; 1 ; 2 ; 16.

b/ Voici une liste de nombres. Entourer tous ceux qui sont des cubes de nombres entiers.

6 ; 8 ; 18 ; 27 ; 0 ; 60 ; 1 000 ; 1.

51. Écrire les expressions suivantes sous la forme a^n.

a/ $5^2 \times 5^3$; $3^2 \times 3^8$; $4^3 \times 4$; $2^4 \times 2^8$.

b/ $\frac{6^8}{6^3}$; $\frac{5^3}{5}$; $\frac{9^7}{9^3}$; $\frac{4^6}{4^2}$.

c/ $3^3 \times 5^3$; $5^5 \times 3^5$; $6^2 \times 7^2$.

52. Calculer astucieusement.

$A = 2^3 \times 7 \times 5^3$; $B = 2^4 \times 5^5 \times 20$;
$C = 4^2 \times 25^2 \times 7{,}18$; $D = 50^2 \times 2^2 \times 3{,}14$;
$E = 2^7 \times 2\,002^0 \times 0{,}5^7$; $F = 5^3 \times 2^5 \times 25$.

53. Un carré est magique pour la multiplication si en faisant le produit des nombres de chaque ligne, de chaque colonne ou de chaque diagonale, on trouve toujours le même résultat. Les carrés suivants sont-ils magiques pour la multiplication ?

a/

2^8	2^3	2^4
2^1	2^5	2^9
2^6	2^7	2^2

b/

2^5	2^1	2^9
2^3	2^8	2^4
2^7	2^6	2^2

54. Un rectangle a pour aire 5^8 cm² et pour longueur 5^6 cm. Quelle est sa largeur ?

55. Un triangle équilatéral a pour côté 3 cm. Écrire son périmètre sous la forme 3^n.

Règles de priorité

56. Calculer.

$A = 7 + 3 \times 2^3$; $B = (25 - 3^2) \times 2$;
$C = 5 \times 2^2 - 3 \times 2^2$; $D = 5 \times (4^2 + 4) \times 2$;
$E = (3 \times 2 + 4) \times (10^2 - 5^2)$.

57. a/ Calculer $A_1 = 1^2 - 0^2$; $A_2 = 2^2 - 1^2$; $A_3 = 3^2 - 2^2$; $A_4 = 4^2 - 3^2$.

b/ Si on prolonge la liste de calculs ci-dessus, quels vont être les calculs A_5 et A_6 ? D'après les calculs effectués au **a/**, prévoir les résultats de A_5 et A_6. Vérifier les résultats par le calcul.

58. a/ Calculer $n^2 + n$ pour trois valeurs de n de votre choix.

b/ Calculer $n \times (n + 1)$ pour les trois mêmes valeurs.

c/ Que constate-t-on ? Est-ce vrai pour n'importe quelle valeur de n ?

Puissances d'exposant négatif

59. Calculer 4^{-1} ; 10^{-2} ; 5^{-1} ; 8^{-2}.

60. Écrire sous la forme a^n.

a/ $\frac{4^5}{4^8}$; $\frac{7}{7^6}$; $\frac{5^6}{5^4}$; $\frac{3^4}{3^9}$.

b/ $\frac{4^2 \times 4^6}{4^{10}}$; $\frac{2^7 \times 5^7}{10^9}$; $\frac{3^6 \times 3^4}{3^6 \times 3^{10}}$.

Puissances de dix

61. Écrire sous la forme de 10^n.

a/ $10^6 \times 10^{-4}$; $10^{-8} \times 10^2$; 10×10^5.

b/ $\frac{10^5}{10^3}$; $\frac{10^5}{10^7}$; $\frac{10^3}{10}$; $\frac{10^3}{10^8}$.

c/ $(10^3)^4$; $(10^5)^6$; $(10^2)^{10}$.

d/ 100×10^3 ; $10^3 \times (10^2)^5$; $10\,000 \times 10^{-3}$.

62. Simplifier les fractions.

$A = \frac{10^2 - 1}{33}$; $B = \frac{10^3 - 1}{666}$; $C = \frac{10^4 - 1}{5\,555}$.

63. ***Au brevet***

a/ Effectuer en faisant apparaître les étapes intermédiaires.

$A = 7{,}5 \times 10^3 + 35 \times 10^{-2}$.

(Série technologique, 1997.)

b/ Calculer et donner le résultat sous forme d'une fraction la plus simple possible en précisant les calculs intermédiaires.

$B = \frac{10^{-8} \times 0{,}7 \times 10^{12}}{21 \times 10^3}$.

(Lyon, 1996.)

64. a/ Parmi les nombres suivants, quels sont ceux qui sont écrits en notation scientifique ?

$A = 0{,}35 \times 10^3$; $B = 4{,}28 \times 10^6$;
$C = 45 \times 10^{-5}$; $D = 3{,}987 \times 10^{-8}$.

b/ Écrire chacun des nombres suivants en notation scientifique.

$A = 36\,000$; $B = 0{,}000\,25$; $C = 0{,}000\,005\,2$;
$D = 135 \times 10^3$; $E = 0{,}36 \times 10^4$; $F = 10^3 \times 2{,}5 \times 10^{-7}$.

65. Écrire le texte ci-après en donnant l'écriture décimale de chaque nombre.

Dans la Haute-Vienne, il y a $1{,}6 \times 10^8$ années, une météorite de 10^9 tonnes a percuté la Terre à la vitesse de $3{,}6 \times 10^7$ mètres par seconde. Le cratère formé par l'impact de cette météorite mesurait 2×10^4 m de diamètre.

Résoudre des problèmes

66. Donner les réponses aux questions ci-dessous sous la forme a^n.

a/ Quelle est la moitié de 2^4 ? Quel est son double ?

b/ Quel est le triple de 3^3 ? Quel est son tiers ?

67. Alexandre a fait un rêve étrange. Il se trouvait chez le boucher et a entendu ce dialogue.

– Madame Puissance :
Bonjour, je voudrais $0{,}87 \times 10^{-3}$ tonne de viande.
– Monsieur Exposant :
Elle vous coûtera $16\,000\,000 \times 10^{-6}$ euros le kilo.
– Madame Puissance :
Donnez-moi aussi $70\,000 \times 10^{-4}$ saucisses.
– Monsieur Exposant :
Elles valent 6 000 euros les 10^4.

Combien Madame Puissance va-t-elle payer ?

68. a/ On découpe une plaque de carton carrée de 1 mètre sur 1 mètre en carrés de 1 décimètre de côté. On met bout à bout tous les carrés obtenus. Exprimer à l'aide d'une puissance de dix la longueur en centimètres du ruban obtenu.

b/ Même question, mais en découpant en carrés de 1 centimètre de côté.

DEVENIR UN CHAMPION

Résoudre des problèmes

69. Le carré d'un nombre entier se termine toujours par l'un de ces chiffres :

0 ; 1 ; 4 ; 5 ; 6 ; 9.

Est-ce vrai ou faux ? Justifier.

70. ***Problème ouvert***

a/ L'an 2000 est la somme de deux cubes. Lesquels ?

b/ Quelle est la première année suivant l'an 2000 qui sera aussi une somme de deux cubes ?

Exercices complémentaires

71. **a/** Combien y a-t-il de nombres entiers positifs dont le carré est inférieur à cent ?

b/ Combien y a-t-il de nombres entiers positifs dont le carré est inférieur à mille ?

c/ Combien y a-t-il de nombres entiers positifs dont le carré est inférieur à un million ?

72. Je suis un nombre différent de zéro. Je suis le carré d'un nombre entier. Mon double est le cube d'un nombre entier. Qui suis-je ?

73. La Terre met environ $3{,}147\ 12 \times 10^7$ secondes pour faire un tour autour du Soleil.
Combien de jours cela fait-il ?

74. Combien de termes égaux à 10^{-2} faut-il ajouter pour que leur somme soit égale à 10^2 ?

75. **a/** Les égalités ci-dessous sont-elles vraies ?
$2^2 + 2^2 = 2^3$; $3^2 + 3^2 + 3^2 = 3^3$;
$4^2 + 4^2 + 4^2 + 4^2 = 4^3$.

b/ Si on prolonge la liste ci-dessus, quelle égalité va-t-on écrire ? Cette égalité sera-t-elle vraie ? Justifier la réponse sans calculer les deux membres de l'égalité.

76. **a/** On met bout à bout tous les cubes de 1 millimètre de côté contenus dans 1 mètre cube. Exprimer à l'aide d'une puissance de dix la longueur du ruban obtenu.

b/ Peut-on traverser la France avec ce ruban ?

77. L'aire totale du globe terrestre est d'environ 5×10^8 km². L'aire des océans est d'environ 150×10^6 km². L'aire des terres émergées est d'environ $3\ 500 \times 10^5$ km². Quel pourcentage de l'aire du globe représentent les océans ? les terres émergées ?

78. ***Problème ouvert***

Par quel chiffre se termine 2^{50} ?

79. Pour écrire tous les chiffres des nombres de 1 à 19, je dois appuyer vingt-neuf fois sur le clavier de mon ordinateur (neuf fois pour aller de 1 à 9 puis vingt fois pour les nombres de 10 à 19). Pour écrire tous les nombres de 1 à n (où n est un nombre de c chiffres), il faut taper $c(n + 1) - (10^c - 1) \div 9$ fois sur le clavier.

a/ Vérifier que la formule ci-dessus donne le résultat attendu pour l'écriture des nombres de 1 à 19.

b/ Pour écrire tous les numéros des pages de ce livre combien de fois doit-on appuyer sur le clavier en supposant qu'elles sont numérotées de 1 à 272 ?

c/ Même question pour écrire tous les nombres de 1 à 9 999.

80. Le son se propage à environ $1{,}5 \times 10^3$ mètres par seconde, dans l'eau. Le sondeur d'un navire envoie une onde sonore. Il reçoit son écho 0,4 s plus tard. (C'est le temps nécessaire à l'onde pour aller se réfléchir sur le fond de la mer et revenir au navire.) Quelle est la profondeur de l'eau sous le navire ?

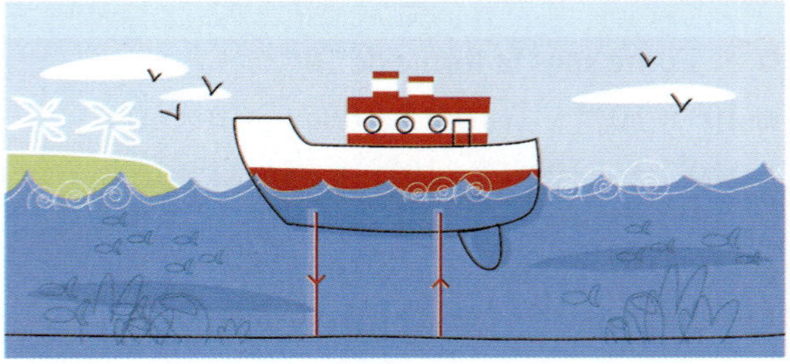

Problème de synthèse

81. Une bille métallique tombant en chute libre parcourt pendant le temps t (exprimé en secondes) la distance d (exprimée en mètres) telle que :

$$d = \frac{9{,}81 \times t^2}{2}.$$

a/ Quelle distance parcourt la bille en une seconde ? deux secondes ? trois, quatre, cinq, six secondes ?

b/ Tracer la courbe représentant la distance en fonction du temps (en abscisse deux centimètres représentent une seconde ; en ordonnée un centimètre représente dix mètres).

c/ La distance est-elle proportionnelle au temps ? Justifier la réponse.

d/ Utiliser le graphique pour répondre à la question suivante : combien de temps met approximativement une bille métallique pour tomber du sommet de la tour de la Part-Dieu (hauteur 165 m) ?

e/ Calculer le temps mis par une bille métallique pour tomber du sommet de la tour Eiffel (hauteur 320 m).

5

Statistiques

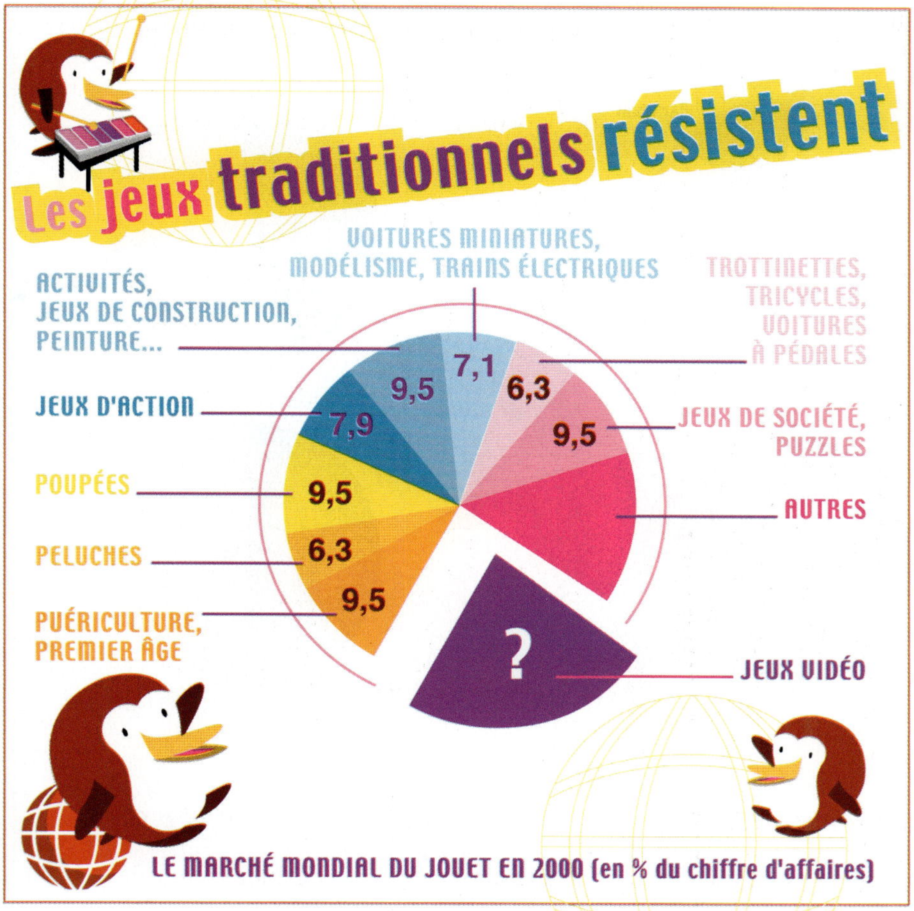

« Les jeux traditionnels résistent. » Pourquoi ce titre ? En prenant les mesures nécessaires sur le graphique, retrouver le pourcentage représenté par les jeux vidéos.

Test

Repérer les obstacles

1. Cercle sportif

➢ *exercice 21 p. 82*

Dans un club sportif, sur 300 adhérents, 150 font du football, 50 du handball et 100 du basket.
Quel(s) diagramme(s) représente(nt) correctement cette situation ?

a/

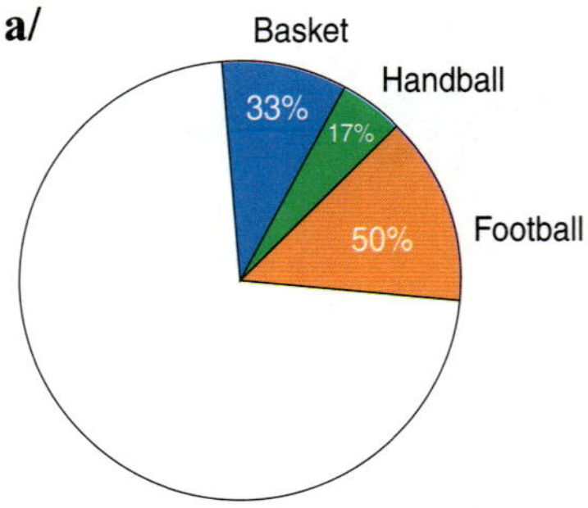

b/

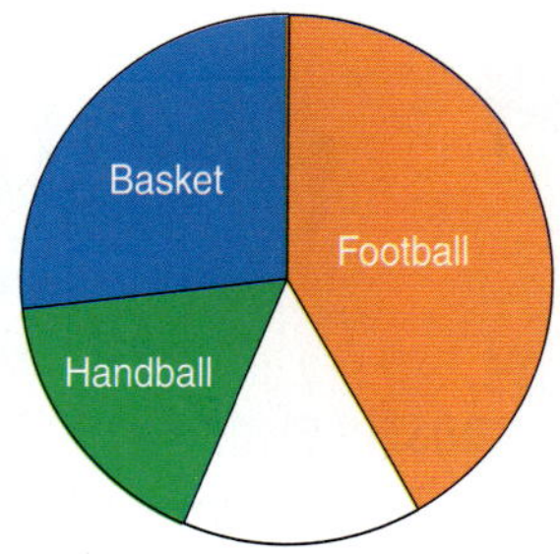

c/

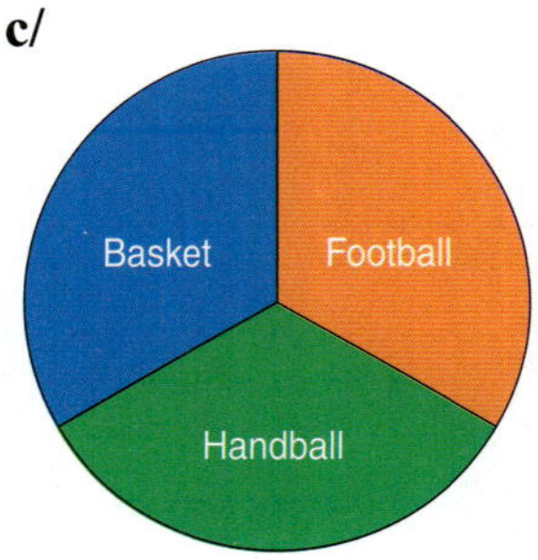

d/

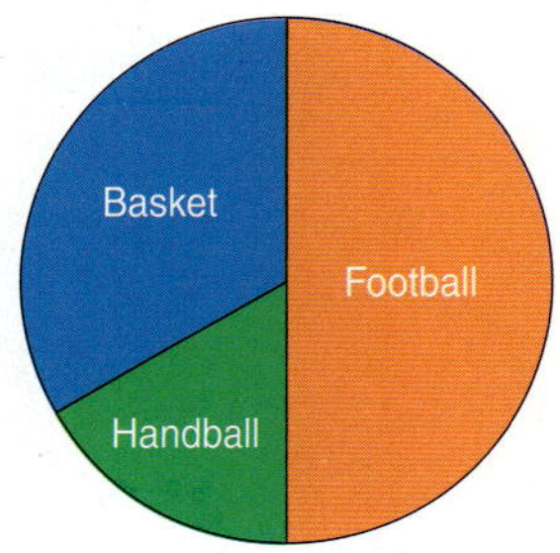

2. Fréquences

➢ *exercices 22 et 23 p. 82*

Voici les notes de 25 élèves d'une classe de 4e au dernier devoir de mathématiques :
10,5 ; 14 ; 11 ; 9 ; 7 ; 18 ; 11 ; 8 ; 10,5 ; 6 ; 11 ; 13 ; 12,5 ; 14 ; 13 ; 11 ; 3 ; 10,5 ; 7 ; 17 ; 11 ; 12 ; 9 ; 11 ; 16,5.

a/ Quelle est la fréquence d'apparition de la note 11 en pourcentage ?

b/ Faire un tableau des effectifs en regroupant les notes par classes d'amplitude 5 : [0 ; 5[, [5 ; 10[, [10 ; 15[et [15 ; 20].

c/ Calculer les fréquences en pourcentage de chaque classe.

d/ Représenter les fréquences sur un histogramme.

Franchir les obstacles

Interprétation de graphiques

1. Que choisir ?

➤ exercice 1 p. 79

Un directeur d'entreprise veut convaincre un commerçant que son nouveau jus d'orange se vend bien.

Voici le tableau donnant les bénéfices réalisés par l'entreprise au cours de chacun des six premiers mois de production de ce jus de fruit :

Mois n°	1	2	3	4	5	6
Bénéfice (en €)	1 000	2 000	3 500	5 000	5 500	6 000

a/ Les deux graphiques ci-dessous représentent-ils les données du tableau ?

b/ Par quel graphique le commerçant se laisserait-il convaincre ? Justifier le choix.

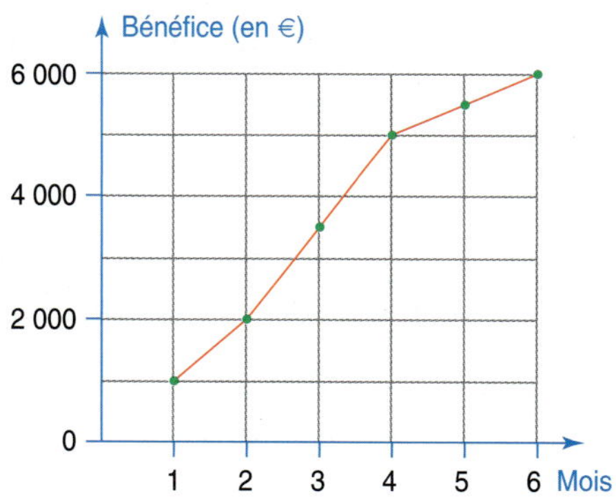

graphique 1

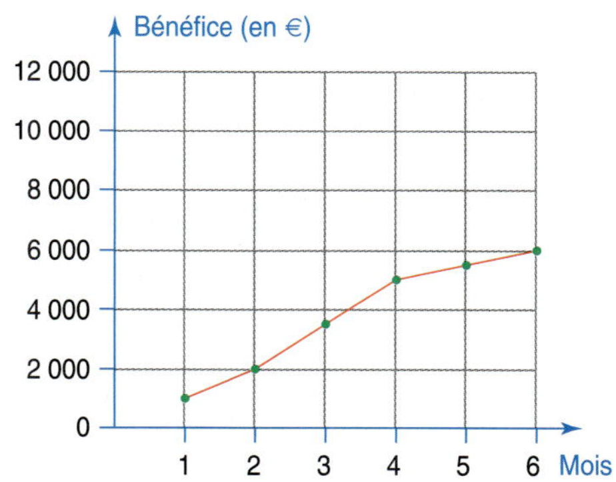

graphique 2

Effectif et fréquence cumulés

2. Quel âge en quatrième ?

➤ exercices 2 et 3 p. 79

a/ Le tableau ci-dessous représente la répartition par âge des élèves des classes de quatrième au collège Triangle.

Combien d'élèves de quatrième ont :

- 13 ans ou moins de 13 ans ?
- 14 ans ou moins de 14 ans ?
- 15 ans ou moins de 15 ans ?

Âge	12 ans	13 ans	14 ans	15 ans
Effectif	4	166	68	15
Effectif cumulé croissant				253
Effectif cumulé décroissant	253			

b/ Les réponses à la question **a/** sont appelées « effectifs cumulés croissants ». Compléter la ligne des effectifs cumulés croissants dans le tableau.

c/ Combien d'élèves de quatrième ont :

- 12 ans ou plus de 12 ans ?
- 13 ans ou plus de 13 ans ?
- 14 ans ou plus de 14 ans ?

d/ Les réponses à la question **c/** sont appelées « effectifs cumulés décroissants ». Compléter la ligne des effectifs cumulés décroissants dans le tableau.

3. Lecture de tableau

➢ *exercice 4 p. 79*

Voici des notes relevées par un professeur et les effectifs cumulés croissants correspondants :

Note	4	7	9	10	11	12	13	15	17
Effectif cumulé croissant	2	3	8	15	21	26	28	30	31

a/ Combien d'élèves ont :

- 11 ou moins de 11 ?
- 10 ou moins de 10 ?
- 13 ou moins de 13 ?

b/ Calculer les effectifs correspondants à chacune des notes :
4 ; 7 ; 9 ; 10 ; 11 ; 12 ; 13 ; 15 ; 17.

4. Salaires mensuels

➢ *exercice 5 p. 80*

Voici la répartition des salaires mensuels des employés d'une entreprise :

Salaire (en €)	1 000	1 300	2 000	2 500
Effectif	13	24	9	2

a/ Quel est le nombre d'employés qui touchent 2 000 € ou moins de 2 000 € ?

b/ Quel est le pourcentage de personnes de l'entreprise qui touchent :

- 1 000 € ou moins de 1 000 € ?
- 1 300 € ou moins de 1 300 € ?
- 2 000 € ou moins de 2 000 € ?
- 2 500 € ou moins de 2 500 € ?

Ces pourcentages sont des fréquences cumulées croissantes.

Moyenne

5. Moyenne de l'année

➢ *exercice 6 p. 80*

Voici les notes de Luc en mathématiques durant l'année scolaire :

- premier trimestre : 12 ; 10 ; 8 ; 11 ; 9 ; 10.
- deuxième trimestre : 7 ; 9 ; 11 ; 9.
- troisième trimestre : 7 ; 10 ; 7.

Luc a fait sa moyenne pour chacun des trimestres, puis la moyenne des trois notes obtenues. Sa mère a fait la moyenne des 13 notes.

a/ Ont-ils obtenu la même moyenne ? Faire un pronostic et le vérifier par le calcul.

b/ Sur le bulletin, est écrite la moyenne de l'année. Habituellement, est-ce la moyenne calculée par Luc ou celle calculée par sa mère ?

6. Calculatrice

La plupart des calculatrices possèdent des touches statistiques qui permettent d'obtenir très rapidement la moyenne. Trouver ces touches et les utiliser pour refaire les calculs de moyennes de l'activité 5.

7. Histoires de moyennes

➤ *exercices 7 à 12 p. 80*

a/ Pierre a fait la moyenne des cinq premières notes qu'il a obtenues ce trimestre. Il a trouvé 11. Il obtient deux nouvelles notes : 9 et 16,5.
Quelle est sa nouvelle moyenne ?

b/ Aude a 9,5 de moyenne sur les sept premiers devoirs. Quelle note doit-elle avoir au huitième devoir pour que sa nouvelle moyenne soit 10 ?

8. Interprétation d'une moyenne

➤ *exercice 13 p. 80*

Deux classes A et B de 4e ont le même nombre d'élèves. La moyenne d'âge dans la classe A est de 13,2 ans et dans la classe B de 13,6 ans.

a/ Répondre, si possible, aux questions suivantes.

- Dans quelle classe y a-t-il le plus d'élèves qui ont moins de 13 ans ?
- Dans quelle classe se trouve l'élève le plus âgé ?

b/ Le tableau donne la répartition des élèves des deux classes. Calculer la moyenne des âges dans chaque classe, puis vérifier les réponses de la question **a/**.

Âge (en années)	12	13	14	15
Effectif dans la classe A	2	17	5	1
Effectif dans la classe B	3	4	18	0

c/ Finalement, peut-on répondre aux questions du **a/** de façon certaine ?

9. Moyenne pondérée

➤ *exercices 14 et 15 p. 80*

À un examen, Gustave a obtenu 8 en français, 13 en mathématiques et 9 en anglais. Les candidats doivent obtenir au moins 10 pour être reçus.

a/ Gustave pense être reçu à son examen. A-t-il raison ?

b/ Gustave n'avait pas lu les consignes de l'examen correctement. Les notes sont affectées de coefficients : 5 pour le français, 3 pour les mathématiques et 2 pour l'anglais. Avec ces coefficients, Gustave est-il reçu à son examen ?

10. Tableur-grapheur

Monsieur Octet, professeur de mathématiques, a rempli un tableau de notes sur son ordinateur. Le tableau, à la page suivante, reprend le début de sa feuille de calcul.

	A	B	C	D	E	F
1	Nom	Devoir classe	Devoir maison	Test	Devoir classe	Moyenne
2	Adrien	11	15	12	9	
3	Barbara	10	14	9	11	
4	Camille	9	11	12	8	
5	Dimitri	14	15	8	10	
6	Émilie	7	9	11	6	
7	Farid	13	10	14	7	

Les devoirs en classe ont un coefficient 4, les devoirs à la maison un coefficient 2, et les tests un coefficient 1.

a/ Quelle formule, en fonction des cases B3, C3, D3 et E3, doit entrer M. Octet dans la case F3 pour obtenir la moyenne de Barbara ?

b/ Quelle instruction du tableur permet d'obtenir directement la moyenne d'Adrien et des autres élèves à partir de la formule du **a/** ?

c/ Faire une courbe des moyennes de ces élèves en utilisant l'ordinateur.

Moyenne et classes

11. Intervalles

Un nombre n fait partie de l'intervalle [0 ; 5[si $0 \leq n < 5$. Par exemple, les nombres 0 et 4 appartiennent à cet intervalle, mais les nombres 5 et 6 n'appartiennent pas à cet intervalle.

a/ 8 fait-il partie de l'intervalle [2 ; 10[? **b/** 2 fait-il partie de l'intervalle [2 ; 10[?

c/ 2 fait-il partie de l'intervalle [0,5 ; 2[? **d/** 12 fait-il partie de l'intervalle [10 ; 12[?

12. Poids moyen

➤ *exercice 16 p. 81*

Voici les poids en kilogrammes de 28 enfants :

40 ; 41 ; 43 ; 49 ; 50 ; 43 ; 55 ; 51 ; 48 ; 47 ; 52 ; 43 ; 54 ; 43 ;
54 ; 53 ; 53 ; 41 ; 36 ; 38 ; 53 ; 45 ; 47 ; 43 ; 44 ; 43 ; 54 ; 58.

a/ Calculer le poids moyen.

b/ Ranger les résultats obtenus par classe de 5 kg et compléter le tableau suivant.

Poids (en kg)	[35 ; 40[	[40 ; 45[	[45 ; 50[	[50 ; 55[	[55 ; 60[	Total
Centre de la classe	$\frac{35 + 40}{2} = 37{,}5$	42,5				
Effectif	2					28
Produit [1]	$37{,}5 \times 2 = 75$					

1. Le produit s'obtient en multipliant le centre de la classe par l'effectif

c/ Calculer une valeur approchée de la moyenne en utilisant le tableau.

d/ Comparer les moyennes obtenues aux questions **a/** et **c/**. Justifier la différence des résultats.

1 Effectif cumulé

Dans un tableau statistique dont les valeurs sont rangées par ordre croissant, l'effectif cumulé croissant d'une valeur s'obtient en ajoutant à l'effectif de cette valeur les effectifs des valeurs qui la précèdent.

Exemple. Un professeur a corrigé 24 devoirs. Voici ses notes :

13 ; 12 ; 10 ; 9 ; 6 ; 14 ; 12 ; 15 ; 6 ; 7 ; 18 ; 17 ;
12 ; 10 ; 9 ; 4 ; 12 ; 11 ; 13 ; 8 ; 9 ; 6 ; 14 ; 12.

On fait un tableau avec les effectifs et les effectifs cumulés croissants :

Note	4	5	6	7	8	9	10	11	12	13	14	15	16	17	18
Effectif	1 +	0 +	3 +	1	1	3	2	1	5	2	2	1	0	1	1
Effectif cumulé croissant	1	1	4	**5**	6	9	11	12	17	**19**	21	22	22	23	**24**

5 élèves ont 7 ou moins de 7

effectif total

Pour faire ce tableau :

- On a d'abord rangé les notes de la moins bonne à la meilleure.
- Puis, on a calculé l'effectif total : **24**.
- Enfin, on a complété le tableau :

– l'effectif cumulé croissant **5**, correspondant au nombre d'élèves ayant une note inférieure ou égale à 7, s'obtient en additionnant les effectifs attribués aux notes 4, 5, 6 et 7 ;
– l'effectif cumulé croissant **19** signifie qu'il y a 19 notes inférieures ou égales à 13.

Remarque. On peut également calculer les effectifs cumulés décroissants (voir l'activité 2 de *Franchir les obstacles*, p. 73-74).

2 Fréquence cumulée

La fréquence cumulée s'obtient en divisant l'effectif cumulé par l'effectif total.

Exemple. Dans l'exemple du paragraphe précédent, quelle est la fréquence cumulée croissante de la note 13 ?

Il y a 19 élèves sur 24 qui ont des notes inférieures ou égales à 13, soit 79 % : $\frac{19}{24} \approx 0{,}79$.

La fréquence cumulée croissante de la note 13 en pourcentage est de 79 %.

Remarque. On peut également calculer la fréquence cumulée croissante en calculant les fréquences puis en cumulant ces fréquences.

Méthodes

1. Calculer une moyenne

Pour calculer la moyenne d'une série de valeurs, il faut :
– effectuer la somme de toutes les valeurs ;
– puis diviser par le nombre total de ces valeurs.

Exemple. Charles a eu les notes suivantes : 7 ; 4 ; 12 ; 17 ; 15 ; 8.
Quelle est sa moyenne ?

MéthodE	CalcuL
• On effectue la somme des notes.	$7 + 4 + 12 + 17 + 15 + 8 = 63$
• On détermine le nombre de notes.	6
• On fait le quotient de la somme par le nombre total de notes.	$\frac{63}{6} = 10{,}5.$
• La moyenne de Charles est de 10,5.	

2. Calculer une moyenne pondérée

Pour calculer la moyenne pondérée d'une série de valeurs, il faut :
– calculer les produits de chaque valeur par leur coefficient ;
– calculer la somme de ces produits ;
– puis diviser le résultat par la somme des coefficients.

Exemple. À un concours, les mathématiques ont un coefficient 5, la physique, un coefficient 3, et la géologie, un coefficient 2. Carine a eu 11 en mathématiques, 9 en physique et 12 en géologie. Quelle est sa moyenne pondérée ?

MéthodE	CalcuL
• On calcule la somme des produits.	$11 \times 5 + 9 \times 3 + 12 \times 2 = 106$
• On calcule la somme des coefficients.	$5 + 3 + 2 = 10$
• On fait le quotient de la somme des produits par la somme des coefficients.	$\frac{106}{10} = 10{,}6.$
• La moyenne pondérée de Carine est de 10,6.	

3. Calculer une moyenne approchée d'une série regroupée en classes

Pour calculer une valeur approchée de la moyenne d'une série de valeurs regroupées en classes, il faut :
– calculer le centre de chaque classe ;
– effectuer le produit de ce centre par l'effectif correspondant ;
– effectuer la somme de ces produits ;
– puis diviser cette somme par l'effectif total.

Exemple. Voir l'activité 12 de *Franchir les obstacles,* p. 76.

Interprétation des graphiques

1. Voici l'évolution de la population d'un village entre 1967 et 1997.

a/ Quelle était la population de ce village en 1977 ?

b/ Quelle était la population en 1987 ?

c/ En utilisant le graphique, le maire pense que la population du village en 2007 sera d'environ 400 habitants. Comment a-t-il procédé ? Qu'en pensez-vous ?

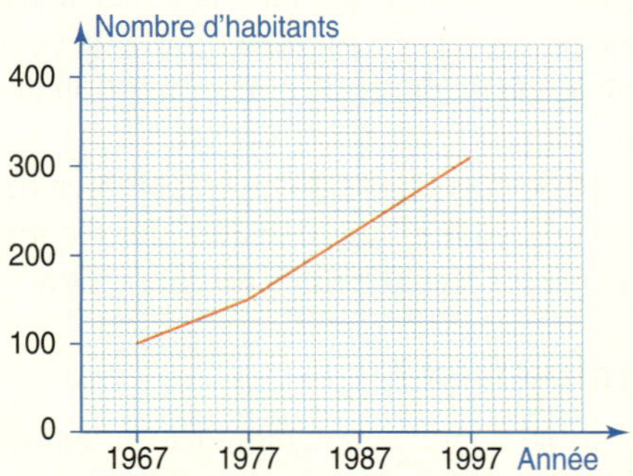

Effectif et fréquence cumulés

2. Voici la répartition du nombre d'enfants dans 25 familles :

Nombre d'enfants	Effectif	Effectif cumulé croissant	Effectif cumulé décroissant
0	5		
1	6		
2	8		
3	3		
4	2		
5	1		

a/ Que représente 5 dans la colonne « Effectif » ?

b/ Représenter les données du tableau sous forme d'un diagramme circulaire.

c/ Compléter le tableau.

d/ Combien de familles ont trois enfants ou moins de trois enfants ?

e/ Combien de familles ont trois enfants ou plus de trois enfants ?

f/ Quel est le pourcentage des familles qui ont trois enfants ou moins de trois enfants ?

g/ Quel est le pourcentage des familles qui ont trois enfants ou plus de trois enfants ?

3. ***Au brevet***

Pour être vendues, les pommes doivent être calibrées : elles sont réparties en caisses suivant leur diamètre. Dans un lot de pommes, un producteur a évalué le nombre de pommes pour chacun des six calibres rencontrés dans le lot. On a pu ainsi construire l'histogramme ci-dessous.

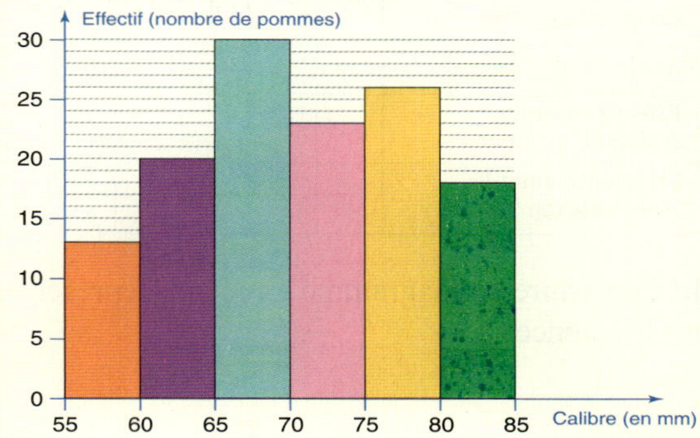

a/ Compléter le tableau des effectifs :

Calibre (en mm)	[55 ; 60[	[; [	[. [	[; [	[; [	[; [
Effectif (nombre de pommes)						

b/ Calculer l'effectif total de ce lot.

c/ Combien de pommes ont un diamètre de moins de 70 mm ?

d/ Combien de pommes ont un diamètre d'au moins 75 mm ?

e/ Calculer, par rapport à l'effectif total, le pourcentage de pommes dont le diamètre d est tel que $70 \leq d < 80$. (On arrondira le résultat à 10^{-1} près.)

(Poitiers, 1998.)

4. Un garagiste a noté les effectifs cumulés croissants de ses ventes de voitures au cours de l'année :

Mois de l'année	J	F	M	A	M	J	J	A	S	O	N	D
Effectif cumulé croissant de voitures	9	24	45	90	120	195	216	231	255	285	294	300

a/ Quel est le nombre total de voitures vendues dans l'année ?

b/ Trouver les effectifs pour chaque mois.

c/ Calculer les fréquences de vente pour chaque mois, en pourcentage.

d/ Représenter les fréquences de ventes en fonction du mois sur un diagramme en bâtons.

Exercices fondamentaux

5. Un commerçant a noté pendant une semaine la fréquentation de son magasin. Il calcule les fréquences et désire faire un diagramme circulaire.

a/ Compléter le tableau.

Jour	L	Ma	Me	J	V	S	Total
Effectif	5		30				250
Fréquence (en %)				8	28		
Angle (en degrés)		36				144	
Effectif cumulé croissant							
Fréquence cumulée croissante (en %)							

b/ Construire un diagramme circulaire représentant les fréquences.

Moyenne

6. Chloé a noté le nombre de fois où elle a été au cinéma chaque mois :

Janvier : 2	Avril : 10
Février : 7	Mai : 3
Mars : 6	Juin : 2

Combien de fois en moyenne a-t-elle été au cinéma par mois ?

7. ***Calcul littéral***

La série de notes suivante a pour moyenne 11. Quelle est la valeur de x ?

12 ; 13 ; 8 ; 15 ; 6 ; x.

8. ***Calcul littéral***

Soit la série de notes :

x ; 4 ; 7 ; 9 ; 10 ; 12 ; 13 ; $x + 13$.

On sait que la moyenne des notes est 9. Déterminer les deux notes qui manquent : x et $x + 13$.

9. Tracer au moins quatre triangles dont la moyenne des trois côtés est 5 cm.

10. ***Contrôler***

Voici cinq notes : 9,5 ; 9 ; 12,5 ; 10 ; 8,5. Max trouve 8,5 comme moyenne.
Sans calcul, dire si cette moyenne est exacte ou fausse. Pourquoi ?

11. ***Calcul littéral***

Clara pose un problème à une amie :
« J'ai eu 3 notes en français. J'ai 2 points de plus à la deuxième note qu'à la première et 4 points de plus à la troisième qu'à la première. »

a/ Si on note x la première note, écrire la moyenne de Clara en fonction de x.

b/ Quelles sont ses 3 notes si sa moyenne est 13 ?

12. Firmin a choisi un abonnement mensuel de 20 h sur Internet. Sur les 20 premiers jours de ce mois, il a une moyenne de durée de consommation de 0,75 h par jour.
Pour les 10 derniers jours du mois, combien de temps peut-il, en moyenne, se connecter chaque jour pour ne pas dépasser les 20 heures de connexion ?

13. ***Vrai ou faux ?***

« Si j'ai 10 de moyenne, alors j'ai autant de notes au-dessus de 10 qu'en dessous de 10. »

a/ Cette phrase est-elle vraie ou fausse ? Justifier la réponse.

b/ Écrire la réciproque de cette phrase. La réciproque est-elle vraie ou fausse ? Justifier la réponse.

14. Le professeur de mathématiques compte le premier devoir coefficient 1, et le second coefficient 2.

a/ Alain a eu 15 au premier devoir et 9 au second. Quelle est sa moyenne ?

b/ Boris a eu 8 au premier devoir, et sa moyenne est 12. Quelle note a-t-il eu au second devoir ?

c/ Agnès a eu 9 au premier devoir. Elle souhaite avoir au moins 11 de moyenne pour les deux devoirs. Quelle note minimale doit-elle avoir au 2e devoir ?

15. À un concours, le coefficient de français est 3, le coefficient de mathématiques est 4. Quatre candidats ont exactement 12 de moyenne à ce concours.

a/ Émile a 15 en français. Quelle est sa note de mathématiques ?

b/ Anne a 15 en mathématiques. Quelle sa note en français ?

c/ Aline a les deux mêmes notes. Quelles sont ses notes ?

d/ Gaël a 7 points de moins en mathématiques qu'en français. Quelles sont ses deux notes ?

Moyenne et classes

16. Dans un chenil on a pesé 40 chiots à leur naissance. Voici les résultats en kilogrammes :

1,2	1,3	1	1,4	1,5	1,1	1,6	1,1	1,2	0,9
1	1,3	1,3	1,1	0,8	1,4	1,2	1	1,2	1,6
1,2	1,7	1,2	1	0,9	1	1,5	1,6	1,8	1,4
0,8	1,6	1,4	1,5	1,4	1,3	1	0,7	1	1,1

a/ Calculer la moyenne de cette série.

b/ Regrouper les données de cette série par classes d'amplitude 0,3 kg en commençant par la classe [0,6 ; 0,9[. Déterminer les effectifs de chaque classe.

c/ En utilisant les valeurs centrales des classes, calculer la moyenne de cette nouvelle série.

d/ Comparer les résultats obtenus au **a/** et au **c/**. Expliquer pourquoi ils sont différents.

Faire le point à mi-parcours

Savez-vous...

17. ... *interpréter un graphique ?*

Deux entreprises A et B concurrentes présentent leur bilan sous forme de graphiques. Quels commentaires suscitent ces deux représentations ?

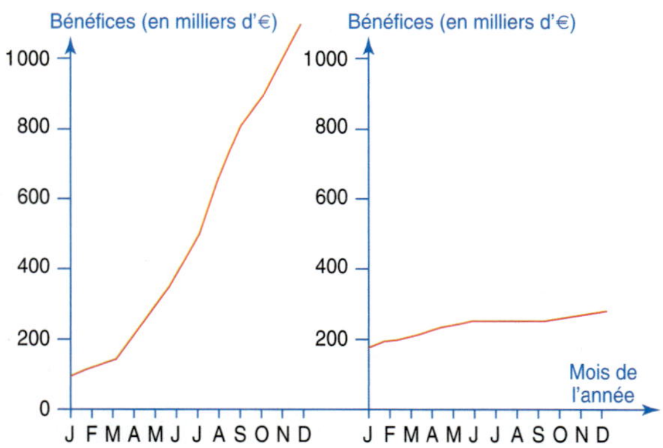

Entreprise A — Entreprise B

18. ... *calculer des effectifs et des fréquences cumulés ?*

Dans un club de natation on a fait une répartition des enfants suivant leur âge :

Âge des enfants	13	14	15	16
Nombre d'enfants	3	8	12	2

a/ Quel est le nombre d'enfants dans ce club ?

b/ Calculer les effectifs cumulés croissants suivant l'âge.

c/ Calculer les fréquences cumulées en pourcentage pour chaque âge.

d/ Quel est le pourcentage d'enfants ayant 14 ans ou moins de 14 ans dans ce club ?

19. ... *calculer une moyenne ?*

a/ Une équipe de rugby comprend 15 joueurs dont voici les âges et les poids :

(20 ans ; 105 kg) (23 ans ; 98 kg) (25 ans ; 87 kg)
(19 ans ; 92 kg) (30 ans ; 102 kg) (31 ans ; 99 kg)
(22 ans ; 91 kg) (21 ans ; 97 kg) (29 ans ; 85 kg)
(18 ans ; 89 kg) (19 ans ; 86 kg) (24 ans ; 96 kg)
(21 ans ; 90 kg) (32 ans ; 98 kg) (21 ans ; 86 kg)

Quelle est la moyenne des âges ? Quelle est la moyenne des poids ?

b/ Deux nombres ont pour moyenne 11 ; trois autres nombres ont pour moyenne 15. Quelle est la moyenne des cinq nombres ?

20. ... *calculer une moyenne d'une série regroupée en classes ?*

Une enquête a été faite auprès d'un groupe d'adolescents pour connaître le montant mensuel de leur argent de poche.

a/ Compléter le tableau ci-dessous et calculer le montant mensuel moyen de l'argent de poche de ces adolescents.

Argent de poche (en €)	[0 ; 5[	[5 ; 10[	[10 ; 15[	[15 ; 20[	[20 ; 25[
Effectif	30	65	75	18	12
Centre de la classe					
Produit					

b/ Combien d'adolescents reçoivent moins de 10 € ?

c/ Combien d'adolescents reçoivent 15 € ou plus ?

d/ Quel est le pourcentage d'adolescents qui reçoivent moins de 10 € ? 15 € ou plus de 15 € ?

Exercices complémentaires

S'ÉCHAUFFER

21. ***Au brevet***

Lors d'une élection, 380 personnes votent pour une liste A, B ou C. La liste A obtient 15 % des voix, la liste B obtient 209 voix et le reste des voix va à la liste C.

a/ Calculer le nombre de voix obtenu par la liste A.

b/ Calculer le pourcentage de voix obtenu par la liste B.

c/ On veut représenter le résultat de l'élection par un diagramme semi-circulaire.

(1) Compléter le tableau suivant après l'avoir reproduit. Justifier le calcul de chacun des trois angles.

	Liste A	Liste B	Liste C	Total
Nombre de voix		209		380
Pourcentage	15 %			
Angle (en degrés)				180°

(2) Construire le diagramme semi-circulaire (demi-disque) correspondant (on choisira un rayon de 5 centimètres). (Nantes, septembre 1998.)

22. Une enquête a été faite dans une classe sur le nombre d'heures par semaine que les élèves consacrent aux activités sportives. Les résultats sont donnés ci-dessous (en nombre d'heures) :
1,5 ; 3,5 ; 6 ; 8 ; 3 ; 2 ; 3,5 ; 4 ; 3 ; 4 ; 10 ; 7 ; 11 ; 5 ; 6 ; 3,5 ; 5,5 ; 6 ; 4 ; 3,5 ; 2 ; 4 ; 5 ; 5 ; 6,5 ; 7 ; 10 ; 9 ; 8.

a/ Faire un tableau en regroupant les heures par classes d'amplitude 3 h, en commençant par [0 ; 3[.

b/ Calculer les fréquences de chaque classe en pourcentage.

c/ Représenter ces fréquences sur un histogramme.

23. Un marchand de chaussures fait le bilan d'une journée de ses ventes selon la pointure des chaussures.

a/ Le tableau de ces ventes est présenté ci-dessous.
Le compléter en calculant les fréquences (en %) et les mesures des angles afin de réaliser un diagramme circulaire.

Pointure	**Quantité vendue**	**Fréquence** (en %)	**Angle** (en °)
38	4		
39	21		
40	9		
41	1		
42	23		
43	2		
Total		100	360

b/ Faire le diagramme circulaire correspondant aux données du tableau du **a/**.

S'ENTRAÎNER

Effectif et fréquence cumulés

24. Voici le nombre de livres lus en moyenne en un mois par les personnes inscrites à une bibliothèque municipale :

Nombre de livres	1	2	3	4	5	6
Effectif	10	20	60	5	4	1
Effectif cumulé croissant						

a/ Compléter le tableau ci-dessus.

b/ Combien y a-t-il de personnes inscrites à cette bibliothèque ?

c/ Combien de personnes lisent 4 livres ou moins de 4 livres par mois ?

d/ Quel est le pourcentage de personnes qui lisent exactement 3 livres par mois ?

e/ Quel est le pourcentage de personnes qui lisent 3 livres ou moins de 3 livres par mois ?

25. ***Au brevet***

Une enquête, réalisée sur un échantillon de 30 enfants, porte sur le temps passé devant la télévision à leur retour de l'école entre 17 h 30 et 19 h 30. La répartition est donnée dans le tableau ci-dessous :

Temps t	$0 \leq t < 0{,}5$	$0{,}5 \leq t < 1$	$1 \leq t < 1{,}5$	$1{,}5 \leq t < 2$
Nombre d'enfants	12	9	6	3

a/ Douze enfants passent moins d'une demi-heure devant la télévision. Quel pourcentage du groupe des 30 enfants représentent-ils ?

b/ Combien d'enfants passent moins d'une heure devant la télévision ?

c/ Combien d'enfants passent au moins une heure devant la télévision ?

(Lille, 1996.)

Moyenne

26. Les températures ont été relevées durant une semaine au mois de mars dernier dans la ville de Congèlrapide :

Jour	L	M	M	J	V	S	D
Température (en degrés Celsius)	– 1	1	2	0	– 2	– 3	– 2

Quelle est la température moyenne de cette semaine ?

27. On sait que la moyenne des températures de la deuxième semaine du mois de juin dernier est de 15 °C dans la ville de Chaudevant. Les températures des six premiers jours sont :
12 °C ; 14 °C ; 16 °C ; 15 °C ; 17 °C ; 14 °C.
Quelle est la température du dernier jour ?

28. Trouver plusieurs séries de cinq nombres dont la moyenne est 13.

29. ***Contrôler***

Voici les notes de deux élèves :
A : 9 ; 7 ; 12 ; 15 ; 8.
B : 9 ; 7 ; 12 ; 17 ; 6.

Au premier coup d'œil, Julie dit que les deux élèves A et B ont la même moyenne. Comment fait-elle ?

30. Dans une classe de 24 élèves, la moyenne d'un devoir de mathématiques est de 10,5. Raphaël dit qu'il y a forcément 12 élèves qui ont plus de 10,5 et 12 élèves qui ont moins de 10,5. A-t-il raison ?

31. **a/** Calculer la moyenne des notes :
4 ; 7 ; 15 ; 12 ; 2 ; 16 ; 9.

b/ Des élèves demandent à leur professeur d'augmenter chaque note de 2 points. Que deviendrait la moyenne ?

32. À un examen les épreuves ont les coefficients suivants : 5 pour les arts plastiques, 3 pour le français et 2 pour les mathématiques. Les candidats doivent obtenir une moyenne au moins égale à 10 pour être reçus.

a/ Aurélie a eu 12 en arts plastiques, 10 en français et 6 en mathématiques. A-t-elle réussi son examen ?

b/ Quentin a eu 10 en arts plastiques et 8 en français. Quelle note doit-il obtenir en mathématiques pour être reçu ?

Moyenne et classes

33. On a noté le nombre de kilomètres parcourus en un an par les véhicules d'une entreprise :

Distance parcourue (en milliers de km)	**Effectif**	**Centre de la classe**	**Produit**
[0 ; 10[	22		
[10 ; 20[	34		
[20 ; 30[	80		
[30 ; 40[	44		
[40 ; 50[	16		
[50 ; 60[	4		

a/ Compléter le tableau.

b/ Calculer la distance moyenne parcourue par un véhicule en un an.

34. Durant une journée, il a été noté les retraits effectués dans un distributeur de billets. Voici les sommes retirées (en euros) :

20 ;	40 ;	50 ;	120 ;	30 ;	30 ;
40 ;	50 ;	60 ;	130 ;	20 ;	40 ;
80 ;	70 ;	70 ;	40 ;	30 ;	60 ;
100 ;	90 ;	20 ;	110 ;	40 ;	40 ;
90 ;	120 ;	140 ;	100 ;	20 ;	30.

a/ Calculer la moyenne de tous ces retraits.

b/ Ranger ces retraits en classes d'amplitude de 50 € en commençant par [0 ; 50[, et calculer les effectifs de chaque classe.

c/ Calculer le centre de chaque classe, calculer les produits, puis une valeur approchée de la moyenne.

d/ Comparer les résultats des **a/** et **c/**. Expliquer pourquoi ils sont différents.

Exercices complémentaires

DEVENIR UN CHAMPION

Résoudre des problèmes

35. Voici un jeu : on jette deux dés et on note la somme des valeurs obtenues sur chaque dé.

a/ Faire 50 jets et noter les sommes obtenues.

b/ Regrouper ces données dans un tableau.

c/ Calculer les fréquences de chaque somme.

d/ Les résultats trouvés au **c/** étaient-ils prévisibles ?

36. Des lycéens ont noté le temps qu'ils mettaient pour rentrer chez eux après leurs cours.
Voici les résultats :

15 min ;	10 min ;	45 min ;	45 min ;	30 min ;
10 min ;	50 min ;	10 min ;	10 min ;	40 min ;
40 min ;	25 min ;	40 min ;	1 h ;	15 min ;
35 min ;	40 min ;	10 min ;	25 min ;	20 min ;
45 min ;	40 min ;	10 min ;	25 min ;	10 min ;
10 min ;	50 min ;	40 min ;	10 min ;	15 min ;
2 min ;	20 min ;	10 min ;	15 min.	

a/ Ranger ces durées en classes en choisissant d'abord 10 min d'amplitude puis en choisissant 15 min d'amplitude.

b/ Calculer une valeur approchée de la moyenne en utilisant ces classes.

c/ Suivant les classes choisies, obtient-on la même moyenne ?

d/ Quel est le pourcentage d'élèves qui mettent moins de 40 minutes pour rentrer chez eux ?

e/ Quel est le pourcentage d'élèves qui mettent 30 minutes ou plus pour rentrer chez eux ?

37. ***Concours et rallyes***

Dans une salle, neuf personnes sont assises, leur moyenne d'âge est de 25 ans.
Dans une autre salle, onze personnes sont réunies, leur moyenne d'âge est de 45 ans.
Maintenant les deux groupes de personnes sont rassemblés.
Quelle est, désormais, la moyenne d'âge du groupe constitué ?
A : 70 B : 36 C : 35 D : 32 E : 20.

(Kangourou, 1995.)

Problèmes de synthèse

38. Le tableau ci-dessous donne le nombre de jeunes conducteurs de cyclomoteurs accidentés en 1997 dans un département.

Âge (en années)	Conducteurs accidentés
[13 ; 14[	3
[14 ; 15[	26
[15 ; 16[	36
[16 ; 17[	55
[17 ; 18[	56
[18 ; 19[	24
[19 ; 20[	18

a/ Construire l'histogramme des effectifs.
(Pour l'échelle : 1 cm représente 1 an en abscisse ; 1 cm représente 10 conducteurs en ordonnée.)

b/ Combien de conducteurs accidentés ont moins de 16 ans ?

c/ Combien de conducteurs accidentés ont un âge égal ou supérieur à 18 ans ?

d/ Calculer le centre de chaque classe ainsi que le produit et calculer l'âge moyen des conducteurs de cyclomoteurs victimes d'un accident.

e/ Construire un diagramme circulaire représentant cette répartition en calculant l'angle représentatif de chaque classe (au degré près).

39. **a/** Tracer les trois rectangles suivants :

- ABCD tel que AB = 11 cm et AD = 9,6 cm ;
- EFGH tel que EF = 3,2 cm et EH = 2,4 cm ;
- KLMN tel que KL = 8 cm et KN = 6 cm.

b/ Calculer la moyenne des trois largeurs.

c/ Calculer la moyenne des trois longueurs.

d/ Calculer les périmètres des rectangles ABCD, EFGH et KLMN. Quelle est la moyenne de ces trois périmètres ?

e/ Calculer les aires des rectangles ABCD, EFGH et KLMN. Quelle est la moyenne des 3 aires ?

f/ Calculer AC, EG et KM. Quelle est la moyenne de ces trois diagonales ?

g/ Tracer le rectangle XYZW ayant comme largeur la réponse du **b/** et comme longueur la réponse du **c/**. Calculer le périmètre et l'aire de XYZW puis calculer XZ.
Comparer ces résultats à ceux de **d/**, **e/**, **f/**.

6

Initiation à la démonstration

En 1852, un cartographe a conjecturé qu'il fallait 4 couleurs au minimum, quelle que soit la carte. Toutes les tentatives de démonstration ont échoué jusqu'en 1976, date à laquelle l'étude de 1 400 cartes par ordinateur (1 200 h de calculs !) a permis d'effectuer cette démonstration. Répondre à la question pour les deux cartes ci-dessus.

Repérer les obstacles

1. Figures à tracer

➢ *exercices 17 à 23 p. 100*

Effectuer, si possible, les constructions suivantes.

a/ Tracer un triangle quelconque ABC. Tracer la parallèle à (BC) qui passe par A et la parallèle à (AB) qui passe par C. Ces deux droites se coupent en D. Tracer la médiatrice de [AC]. Tracer la demi-droite [BD).

b/ Tracer un cercle de centre O. Soit [OA] un rayon de ce cercle. Soit (d) la médiatrice de [OA] (tracer cette médiatrice en utilisant le compas) ; elle coupe le cercle en E et F. Soit (d') la droite perpendiculaire à (OA) qui passe par A. La droite (OE) coupe (d') en G et le cercle en H. La droite (OF) coupe (d') en I et le cercle en J. En utilisant les points de cette figure, nommer :
- un quadrilatère qui semble être un losange,
- un quadrilatère qui semble être un rectangle,
- deux quadrilatères qui semblent être des parallélogrammes (sans être des losanges ou des rectangles),
- deux droites qui semblent être des médiatrices. (On précisera les segments dont elles semblent être les médiatrices.)

c/ Tracer un losange IJKL tel que IK = 6 cm et JL = 4 cm.

d/ Placer 3 points A, B et C comme ci-contre. Placer le point D tel que ABCD soit un parallélogramme. Faire cet exercice trois fois en utilisant chaque fois une méthode différente pour placer D.

e/ Placer 3 points I, J et K comme ci-contre. Placer le point L tel que IJKL soit un parallélogramme.

f/ Tracer un parallélogramme EFGH.
Tracer le symétrique I de E par rapport à F et le symétrique K de E par rapport à H. Tracer (KI).

2. La plus grande aire

Tracer un triangle BOD rectangle en O tel que :
OB = 17,5 cm et OD = 10,5 cm.
Sur [OB] placer le point A tel que AB = 7,5 cm. Sur [OD] placer le point C tel que CD = 4,5 cm. Tracer les segments [AD] et [BC]. Ils se coupent en I. Quel est, des deux triangles AIB et ICD, celui qui a l'aire la plus grande ?

3. Vrai ou faux

➤ *exercices 24 à 27 p. 100*

a/ Préciser pour chacune des phrases ci-dessous si elle est vraie. Justifier les réponses.

(1) Quel que soit l'entier n, si n est un multiple de 3 alors $n + 1$ est pair.

(2) Quelle que soit la droite choisie, si elle est la médiatrice d'un segment [AB] alors elle est perpendiculaire à (AB).

(3) Quel que soit le quadrilatère choisi, s'il a des diagonales perpendiculaires alors c'est un losange.

(4) Quel que soit le quadrilatère choisi s'il a des diagonales qui se coupent en leur milieu alors c'est un parallélogramme.

b/ Énoncer les réciproques des phrases (2) à (4). Préciser si ces réciproques sont vraies ou non. Justifier les réponses.

4. Parallèles et milieu

➤ *exercices 28 et 29 p. 100*

Compléter les chaînons suivants.

a/ On sait que la droite (AB) est parallèle à (CD) et que (CD) est parallèle à (MN).
Si ...... alors ......
Donc (AB) est parallèle à (MN).

b/ On sait que I est le milieu de [MN] et de [PQ].
Si ...... alors ....
Donc ....

c/ On sait que ....
Si deux droites sont perpendiculaires à une même troisième alors elles sont parallèles entre elles.
Donc (AB) est parallèle à (GH).

d/ On sait que (d) est la médiatrice de [AB].
Si ...... alors ....
Donc ....

e/ On sait que …….
Si un quadrilatère est un parallélogramme alors ses diagonales ont le même milieu.
Donc D est le milieu de [BC] et [AE].

5. Perpendiculaires et losange

➢ *exercices 30 et 31 p. 101*

Compléter les chaînons suivants.

a/ On sait que les droites (AB) et (CD) sont parallèles et que (EF) est perpendiculaire à (CD).
Si deux droites sont parallèles et si une troisième est perpendiculaire à l'une alors elle est perpendiculaire à l'autre.
Donc …….

b/ On sait que ABCD est un losange.
Si …… alors …….
Donc (AC) ⊥ (BD).

c/ On sait que …….
Si un quadrilatère est un losange alors …….
Donc AB = BC = CD = AD.

6. Toujours nul ?

➢ *exercice 32 p. 101*

Soit $A = x^2 - 3x + 2$.

a/ Calculer A pour $x = 1$ et pour $x = 2$.

b/ Elsa affirme : « Quelle que soit la valeur qu'on donne à x, $A = 0$. » Est-ce vrai ?

7. *A* égale *B* ?

➢ *exercice 33 p. 101*

Pour chacun des cas ci-dessous préciser si $A = B$.

a/ $A = 3x - x$ et $B = 3$; **b/** $A = 3x + 6$ et $B = 3 \times (x + 2)$.

8. Nombres entiers

➢ *exercices 34 à 36 p. 101*

Dans l'expression $\frac{60}{x} + x$, si on remplace x par n'importe quel nombre entier (1 ; 2 ; 3 ; …), obtient-on toujours un nombre entier ?

Franchir les obstacles

Démonstrations en géométrie

1. Ma première démonstration

On rappelle les propriétés suivantes.

1. Si deux droites sont perpendiculaires à une même troisième alors elles sont parallèles entre elles.
2. Si deux droites sont parallèles à une même troisième alors elles sont parallèles entre elles.
3. Si deux droites sont parallèles et si une troisième est perpendiculaire à l'une alors elle est perpendiculaire à l'autre.
4. Si un quadrilatère est un parallélogramme alors ses côtés opposés sont parallèles deux à deux.
5. Si un quadrilatère a ses côtés opposés parallèles deux à deux alors c'est un parallélogramme.
6. Si un quadrilatère a ses diagonales qui ont le même milieu alors c'est un parallélogramme.
7. Si un quadrilatère est un parallélogramme alors ses diagonales ont le même milieu.

Soit ABCD et CDEF deux parallélogrammes.
Les droites (AB) et (EF) sont-elles toujours parallèles quels que soient les parallélogrammes choisis au départ ? Justifier la réponse en utilisant certaines des propriétés ci-dessus.

Démontrer que deux droites sont parallèles

2. D'autres démonstrations

En utilisant certaines des propriétés ci-dessus, chercher et rédiger les démonstrations suivantes.

a/ ABC est un triangle rectangle en A. Soit E un point de [AB], soit (*d*) la droite perpendiculaire à (AB) qui passe par E. Démontrer que, quel que soit le triangle ABC et quel que soit le point E sur le segment [AB], les droites (AC) et (*d*) sont parallèles.

b/ Dans la figure ci-contre, faite à main levée, MNPQ est un parallélogramme et (KL) est parallèle à (MQ). Démontrer que quel que soit le parallélogramme MNPQ et quel que soit le point K sur [MN], les droites (KL) et (NP) sont parallèles.

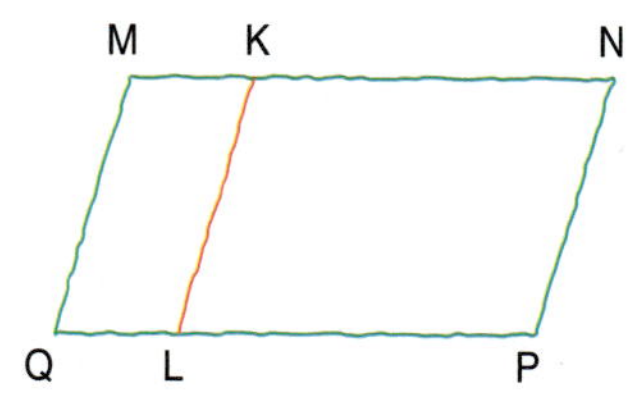

3. Contrôler une démonstration

Soit ANC un triangle. Soit K le milieu de [AC] et M un point de [NC]. Soit L le symétrique de M par rapport à K. Démontrer que les droites (AM) et (LC) sont parallèles.

a/ Effectuer cette démonstration.

b/ Cinq élèves ont effectué cette démonstration. Préciser pour chacune d'elles ce qui est faux et/ou ce qui manque.

Thomas :

J'ai vérifié avec ma règle et mon équerre que les droites (AM) et (LC) sont parallèles.

Stéphanie :

(AM) et (LC) sont parallèles car AMCL est un parallélogramme.

Valentine :

K est le milieu de [AC] et de [LM] donc AMCL est un parallélogramme. Si un quadrilatère est un parallélogramme alors ses côtés opposés sont parallèles deux à deux. Donc (AM) et (LC) sont parallèles.

Astrid :

- On sait que K est le milieu de [AC] (donnée) et K milieu de [LM] (car L est le symétrique de M par rapport à K).
Si les diagonales d'un quadrilatère ont le même milieu alors ce quadrilatère est un parallélogramme.
Donc AMCL est un parallélogramme.
- Si un quadrilatère est un parallélogramme alors ses côtés opposés sont parallèles deux à deux.
Donc (AM) et (LC) sont parallèles.

Aurélie :

K est le milieu de [AC] → AMCL est un parallélogramme
K est le milieu de [LM] → AMCL est un parallélogramme
AMCL est un parallélogramme → (AM) et (LC) sont parallèles

4. Une aide pour chercher des démonstrations : la fiche méthode

Recopier et compléter le tableau ci-après en utilisant les propriétés de 5e récapitulées à la fin du livre page 268.

Pour démontrer que deux droites sont **parallèles**, on peut utiliser les propriétés :		
Propriétés	**Conditions**	**Figure**
Si deux droites sont parallèles à une même 3e alors elles sont parallèles entre elles.	Avoir deux droites parallèles à une même 3e.	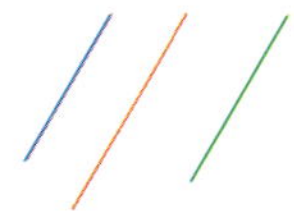
...		

5. Droites parallèles : des figures typiques

➢ *exercices 1 à 4 p. 98*

En utilisant les informations portées sur les figures ci-dessous, énoncer pour chacune d'elles une propriété que l'on peut appliquer pour démontrer que les deux droites tracées en rouge sont parallèles.

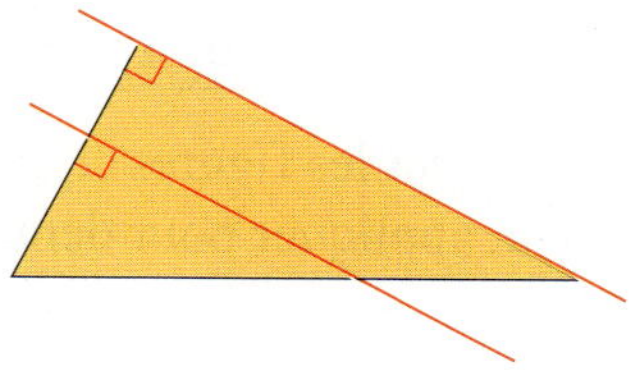

figure 1

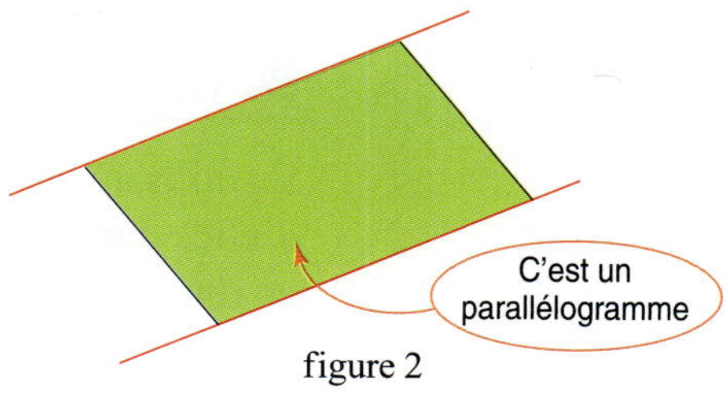

figure 2

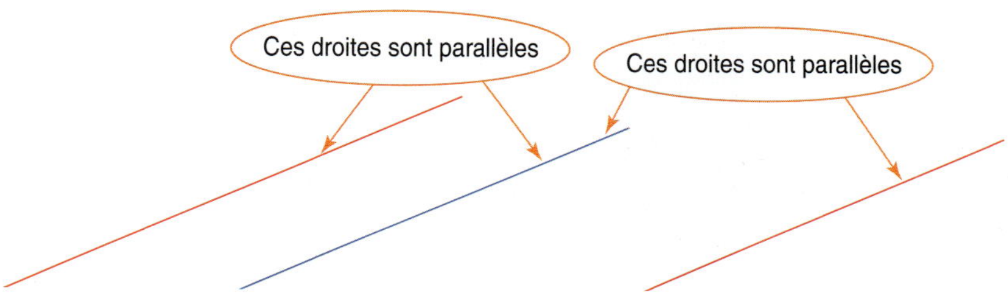

figure 3

Démontrer qu'un quadrilatère est un parallélogramme

6. Fiche méthode

Faire un tableau analogue à celui de l'activité 4 pour démontrer qu'un quadrilatère est un parallélogramme en utilisant les propriétés de 5e récapitulées page 268.

7. Encore des démonstrations

➢ *exercices 5 à 7 p. 98*

a/ En utilisant les informations portées sur la figure ci-contre, démontrer que ACBD est un parallélogramme.

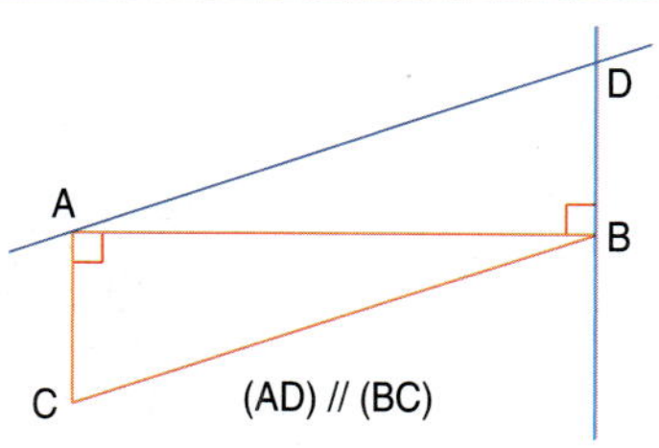

b/ Tracer un cercle de centre I et de diamètre [AB]. Soit M un point qui n'est pas sur la droite (AB). Placer le point N, symétrique de M, par rapport à I. Démontrer que AMBN est un parallélogramme.

Démontrer que deux droites sont perpendiculaires

8. Fiche méthode

Faire un tableau analogue à celui de l'activité 4 pour démontrer que deux droites sont perpendiculaires en utilisant les propriétés de 5e récapitulées page 268.

9. Droites perpendiculaires : des figures typiques

En utilisant les informations portées sur les figures ci-dessous, énoncer pour chacune d'elles une propriété que l'on peut appliquer pour démontrer que les droites tracées en rouge sont perpendiculaires.

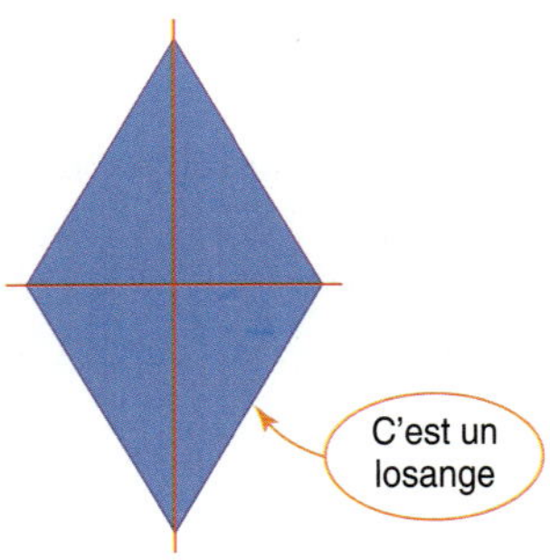

figure 1

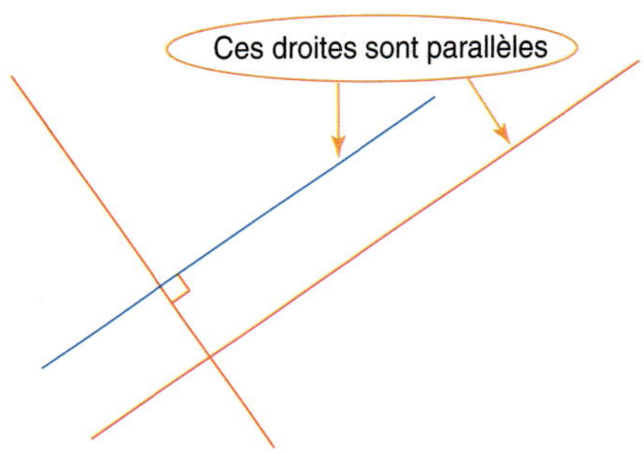

figure 2

10. Toujours des démonstrations…

➤ *exercices 8 à 10 p. 98*

a/ Sur le dessin ci-dessous, ABC et ABD sont des triangles équilatéraux. Démontrer que (AB) et (DC) sont perpendiculaires.

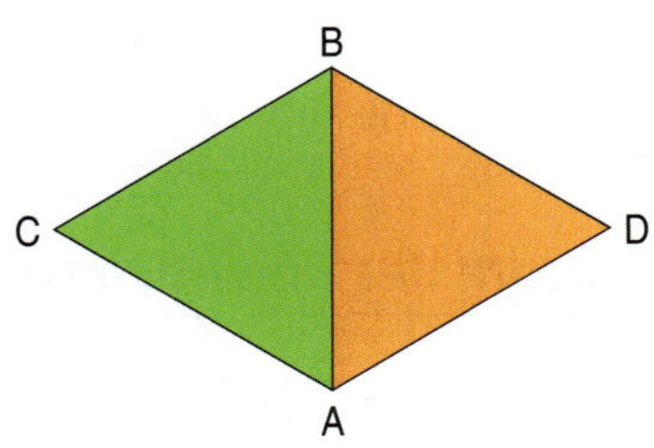

b/ EFGH est un parallélogramme et I un point de [EF]. Soit (*d*) la droite perpendiculaire à (EF) qui passe par I. Démontrer que (*d*) et (GH) sont perpendiculaires.

11. Attention aux figures particulières !

Voici un énoncé de problème :

> Soit ABC un triangle et I le milieu de [AB]. Soit K le symétrique de C par rapport à I. Quelle est la nature de ACBK ?

Voici des figures réalisées par des élèves :

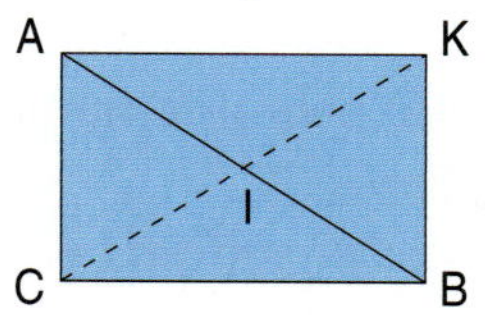

Magalie

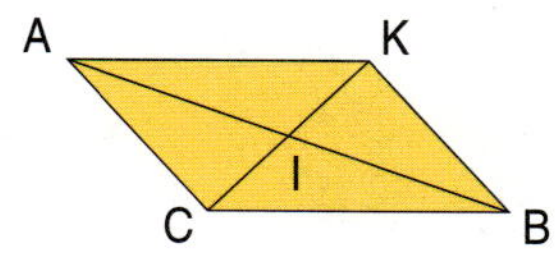

Stéphanie

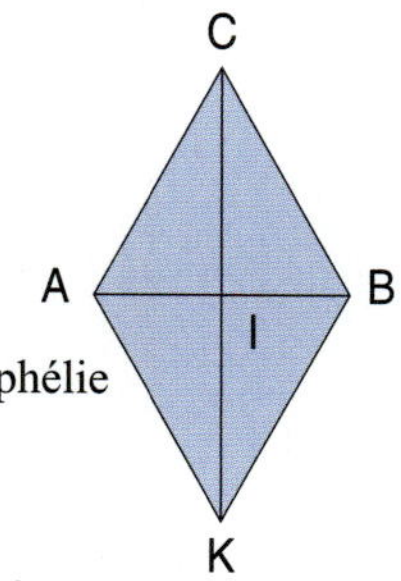

Ophélie

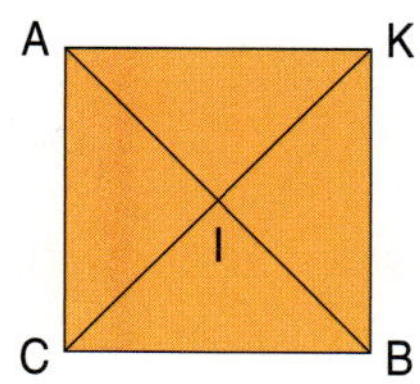

Christophe

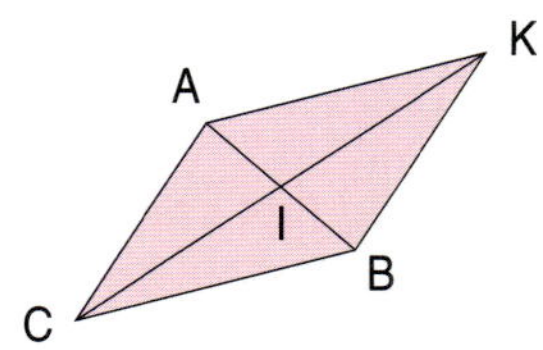

Audrey

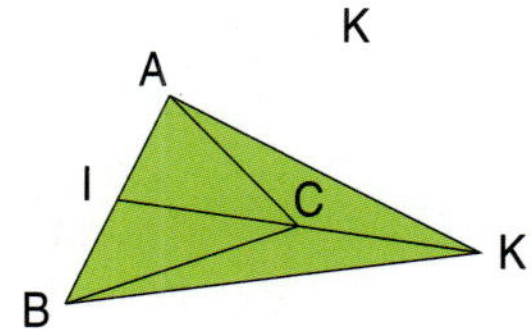

Jérôme

a/ À vue d'œil, repérer les figures fausses.

b/ Magalie dit : « Le quadrilatère AKBC est un rectangle. » A-t-elle raison ?

c/ On dit que la figure réalisée par Magalie est une figure particulière. Y a-t-il d'autres figures particulières ? Si oui, lesquelles ?

d/ Résoudre le problème.

Démonstrations avec des nombres

12. Retour au point de départ

➢ *exercices 11 à 13 p. 99*

Penser à un nombre,
ajouter 3 à ce nombre,
multiplier le résultat par 2,
retrancher le nombre choisi au départ,
enfin retrancher 6.

a/ Effectuer cette suite d'opérations pour plusieurs nombres. Que remarque-t-on ?

b/ Cette remarque est-elle vraie quel que soit le nombre choisi au départ ?

1 Les règles du débat mathématique [1]

En mathématiques, pour savoir si un énoncé est vrai ou faux, on utilise certaines règles. En voici quelques-unes :

(1) Un énoncé mathématique est soit vrai, soit faux.
(2) Des exemples qui vérifient un énoncé ne suffisent pas pour prouver que cet énoncé est vrai.
(3) Un exemple qui ne vérifie pas un énoncé suffit pour prouver que cet énoncé est faux. Cet exemple est appelé « **contre-exemple** ».
(4) Une constatation ou des mesures sur un dessin ne suffisent pas pour prouver qu'un énoncé de géométrie est vrai.

2 Si… alors…

En mathématiques on utilise souvent des énoncés de la forme « Si… alors… ».
Dans ces énoncés, l'expression qui est entre « Si » et « alors » est appelée la **condition** de l'énoncé et l'expression qui suit « alors » est appelée la **conclusion.**

Exemple

Si un quadrilatère a ses quatre côtés de même longueur alors c'est un losange.

3 Réciproque

On obtient la réciproque d'un énoncé de la forme « Si… alors… » en inversant conclusion et condition [2].

Exemple. La réciproque de l'énoncé du paragraphe 2 est : « Si un quadrilatère est un losange alors ses quatre côtés sont de même longueur. »

! Attention. Un énoncé vrai peut avoir une réciproque fausse.

1. Ce sont les règles vues en 5e que nous rappelons ici.
2. Il est parfois nécessaire de modifier légèrement la phrase obtenue pour qu'elle soit plus facilement compréhensible.

4 Démonstration

Pour prouver des résultats en mathématiques, on utilise des démonstrations.

a/ Démontrer en géométrie

Une démonstration en géométrie est une succession de **chaînons déductifs** qui **partent** des données et **arrivent** à la conclusion. Un chaînon déductif est un enchaînement de phrases qui peut se présenter sous la forme :

chaînon	On sait que … ←	donnée ou conclusion précédente
	Si … alors … ←	propriété
	Donc … ←	conclusion du chaînon

Une démonstration utilise donc des propriétés. Vous trouverez page 268 les propriétés que vous devez connaître en géométrie en début de 4e.

b/ Démontrer avec des nombres

Une démonstration d'un énoncé sur les nombres utilise généralement le **calcul littéral.**

Exemple. Démontrer que, si on choisit n'importe quel nombre, si on ajoute 3 à ce nombre, si on multiplie le résultat par 2, et enfin si on retranche le double du nombre choisi au départ, on obtient toujours 6 comme résultat final.

Démonstration

Soit x le nombre choisi.

On ajoute 3 à ce nombre : $x + 3$

On multiplie le résultat par 2 : $2(x + 3)$

On retranche le double du nombre : $2(x + 3) - 2x$

Posons $A = 2(x + 3) - 2x$

En appliquant la propriété de la distributivité on obtient, quel que soit le nombre x choisi :

$A = 2x + 2 \times 3 - 2x$

$A = 2x + 6 - 2x$

$A = 2x - 2x + 6$

$A = 6.$

Donc, quel que soit le nombre choisi, on obtient toujours 6 comme résultat final.

Méthodes

1. Chercher une démonstration

Pour chercher une démonstration on peut partir des données et essayer d'en déduire des conséquences à partir de propriétés, mais souvent il est utile d'appliquer le schéma suivant qui **part** de la conclusion.

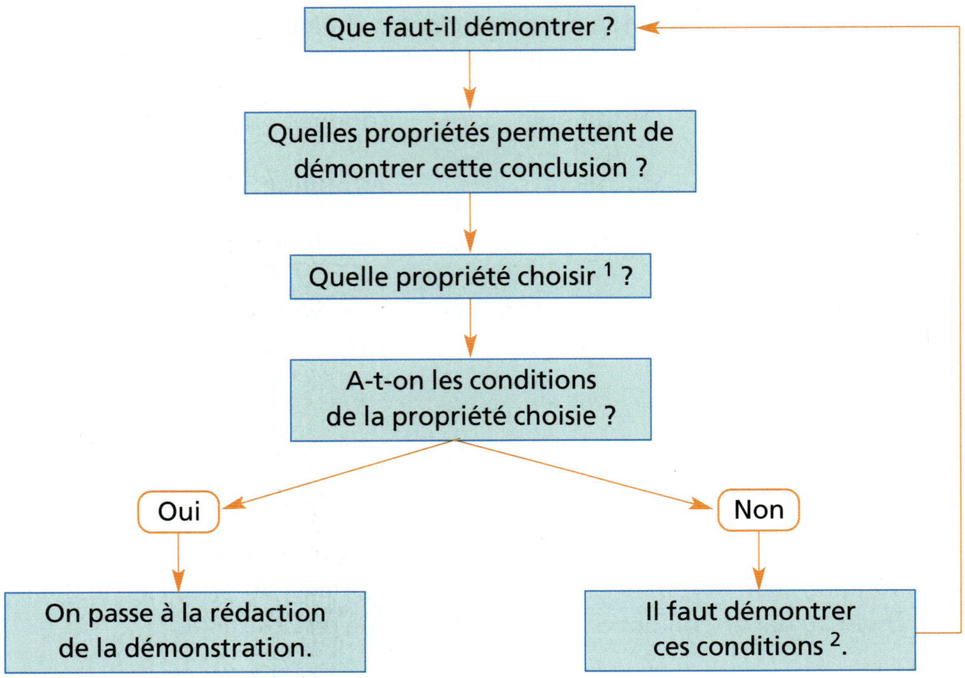

2. Contrôler la rédaction d'une démonstration

Pour contrôler la rédaction d'une démonstration on peut se poser les questions suivantes.

- Les affirmations qui suivent « On sait que » sont-elles bien des données de l'énoncé ou des conclusions de chaînons précédents ?
- Les propriétés utilisées existent-elles bien ?
- Dans chaque chaînon déductif y a-t-il bien correspondance entre les données et la condition de la propriété, ainsi qu'entre la conclusion de la propriété et la conclusion du chaînon ?

On sait que ...

Si ... alors ...

Donc ...

1. Le choix de la propriété à utiliser se fait généralement à partir du repérage de la (ou des) condition(s) d'utilisation de cette propriété et de la présence de la figure qui lui est associée.
2. Si on n'arrive pas à démontrer ces conditions il faut changer de propriété.

Exemple. EAB est un triangle rectangle en A. Soit I le milieu de [AB] et F le symétrique de E par rapport à I. Démontrer que (AB) est perpendiculaire à (BF).

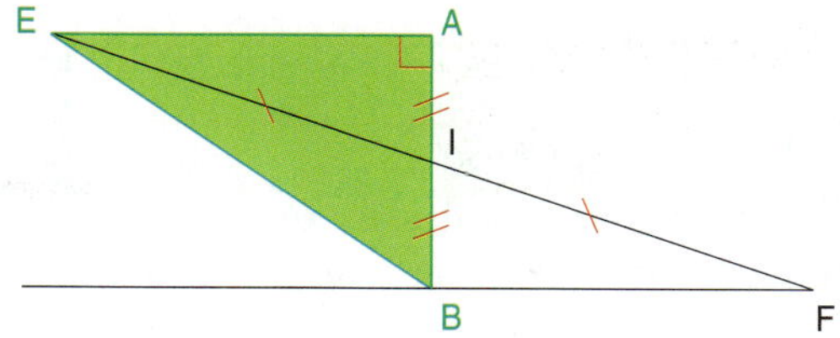

Recherche

Rédaction

• On sait que I est le milieu de [AB] (*donnée*) et de [EF] (car F symétrique de E par rapport à I). Si les diagonales d'un quadrilatère ont le même milieu alors ce quadrilatère est un parallélogramme. Donc EAFB est un parallélogramme.

• On sait que EAFB est un parallélogramme. Si un quadrilatère est un parallélogramme alors ses côtés sont parallèles deux à deux.
Donc (EA) est parallèle à (BF).

• On sait que (EA) et (BF) sont parallèles et que (EA) est perpendiculaire à (AB) (car AEB est rectangle en A). Si deux droites sont parallèles et qu'une troisième droite est perpendiculaire à l'une alors elle est perpendiculaire à l'autre.
Donc (AB) est perpendiculaire à (BF).

Exercices fondamentaux

Démontrer que deux droites sont parallèles

1. Reproduire un dessin analogue au dessin ci-dessous et repasser en rouge une partie du dessin associé à la propriété : « Si deux droites sont perpendiculaires à une même troisième alors elles sont parallèles entre elles. »

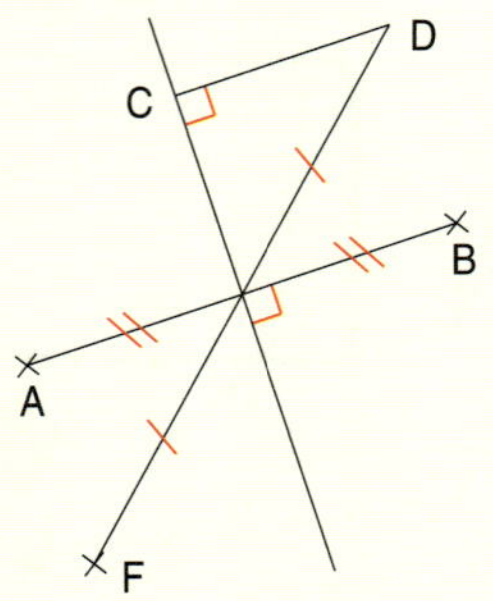

2. Soit [MN] un segment et (*d*) sa médiatrice. Soit I le point d'intersection de (*d*) et de [MN]. Soit P un point de (*d*) et Q son symétrique par rapport à I. Démontrer que (MP) et (NQ) sont parallèles.

3. Dans la figure ci-dessous, ABC est un triangle rectangle en B, (*d*) est la médiatrice de [BC]. Démontrer que (*d*) et (AB) sont parallèles.

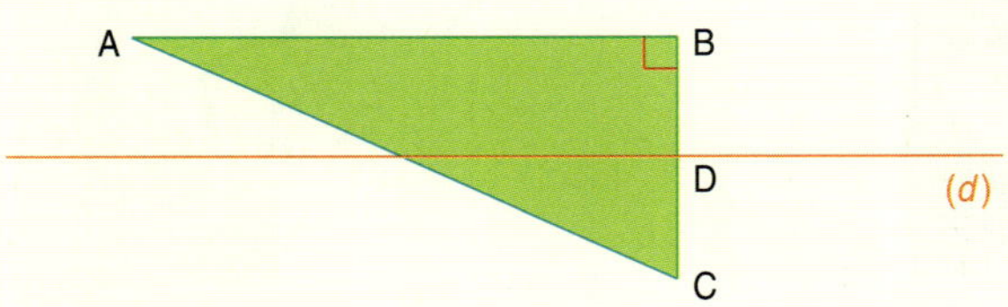

4. [CD] et [AB] sont deux diamètres d'un cercle de centre O. Démontrer que : (AC)//(BD).

Démontrer qu'un quadrilatère est un parallélogramme

5. Reproduire un dessin analogue au dessin de l'exercice 1 et repasser en vert une partie du dessin associé à la propriété : « Si un quadrilatère a ses diagonales qui ont le même milieu alors c'est un parallélogramme. »

6. UVWX est un parallélogramme. Soit Z est un point de [UV] et (*d*) la droite parallèle à (UX) qui passe par Z. Cette droite coupe (XW) en A. Démontrer que UZAX est un parallélogramme.

7. Voici un énoncé de problème :

ABC est un triangle. Soit (*d*) la droite perpendiculaire à (BC) qui passe par A, elle coupe (BC) en H. Soit (*d'*) la droite perpendiculaire à (BC) qui passe par C. La droite parallèle à (AC) qui passe par H coupe (*d'*) en E. Démontrer que ACEH est un parallélogramme.

a/ Effectuer cette démonstration.

b/ Quatre élèves ont essayé d'effectuer cette démonstration. Préciser pour chacune d'elles ce qui ne va pas.

Loïc : *J'ai vérifié avec mon équerre que les droites (AH) et (CE) sont parallèles ainsi que les droites (AC) et (HE), donc ACEH est un parallélogramme.*

Florent : *(AH) et (CE) sont parallèles, de même (AC) et (HE) le sont également (données) donc ACEH est un parallélogramme.*

Estelle : *Si deux droites sont perpendiculaires à une même troisième alors elles sont parallèles entre elles donc (AH) est parallèle à (CE), de plus (AC) est parallèle à (HE) donc ACEH est un parallélogramme (car si un quadrilatère est un parallélogramme alors il a des côtés opposés parallèles deux à deux).*

Hélène :

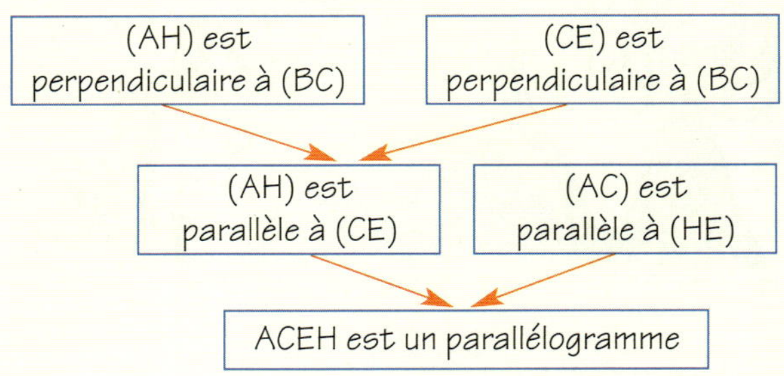

Démontrer que deux droites sont perpendiculaires

8. Soit ($\mathscr{C}$) un cercle de centre F. Placer un point H sur ce cercle, tracer le cercle de centre H qui passe par F, il coupe le cercle ($\mathscr{C}$) en E et G. Démontrer que les droites (EG) et (FH) sont perpendiculaires.

9. Soit XYZT un parallélogramme et (*d*) la médiatrice de [XY], démontrer que : $(d) \perp (ZT)$.

10. KLMN est un losange et (*d*) est la droite parallèle à (KM) qui passe par L. Démontrer que : $(d) \perp (LN)$.

Démonstrations avec des nombres

11. La phrase suivante est-elle vraie ou fausse ? Le démontrer.
« Quels que soient les nombres a et b, si $a < b$ alors $a \times a < b \times b$. »

12. Voici un énoncé :

> Choisir un nombre entier, multiplier ce nombre par le nombre entier qui le suit dans la liste des entiers et retrancher au produit obtenu le nombre choisi au départ.

a/ Faire plusieurs essais. Que remarque-t-on ?

b/ Cette remarque est-elle toujours vraie ? Justifier la réponse.

c/ Inventer un exercice analogue à cet exercice.

13. Démontrer que ces deux figures quand elles existent ont le même périmètre.

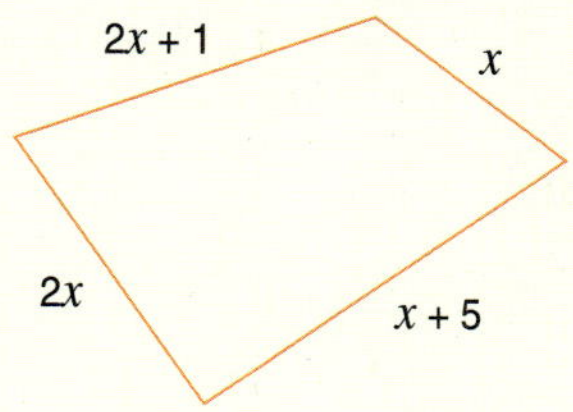

figure 1

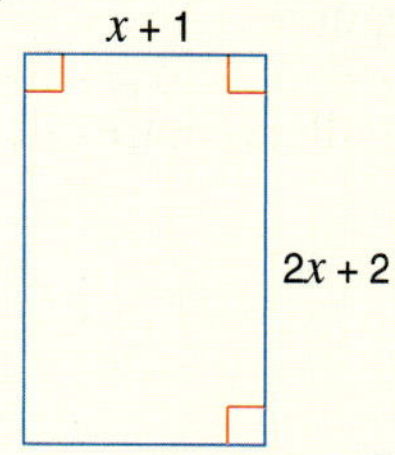

figure 2

Faire le point à mi-parcours

Savez-vous...

14. *... démontrer que des droites sont parallèles, perpendiculaires, qu'un quadrilatère est un parallélogramme ?*

a/ Dans la figure ci-dessous, ABCD est un parallélogramme et (EF) est parallèle à (AB), démontrer que (EF) est parallèle à (DC).

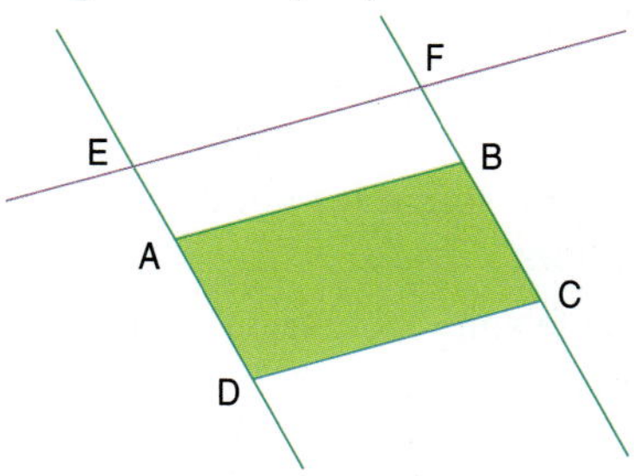

b/ ABC est un triangle rectangle en A, soit K un point de [AC] et (d) la droite qui passe par K et qui est parallèle à (AB), elle coupe (BC) en J. Démontrer que (KJ) est perpendiculaire à (AC).

c/ KLMN est un parallélogramme. Soit (d) la droite parallèle à (KM) qui passe par L, elle coupe (NM) en P. Démontrer que KLPM est un parallélogramme. Ne pas regarder la correction de cet exercice **14 c/** avant de faire l'exercice **15**.

15. *... contrôler une démonstration ?*

Voici trois rédactions de démonstration pour l'exercice **14 c/**. Préciser pour chacun d'elles ce qui est faux et/ou ce qui manque.

Julien : KLPM est un parallélogramme car (KM) et (LP) sont parallèles et (KL) et (MP) sont parallèles.

Paulo : (KM) // (LP) (*donnée*) et (KL) // (MP). Si un quadrilatère a ses côtés opposés parallèles deux à deux alors c'est un parallélogramme.
Donc KLPM est un parallélogramme.

Aurélie : KLMN est un parallélogramme. Si un quadrilatère a ses côtés opposés parallèles deux à deux alors c'est un parallélogramme.
Donc (KL) // (NM) donc (KL) // (MP).
De plus (KM) // (LP).
Si un quadrilatère a des côtés opposés parallèles deux à deux alors c'est un parallélogramme.
Donc KLPM est un parallélogramme.

16. *... effectuer des démonstrations avec des nombres ?*

Voici un énoncé :

> Choisir un nombre,
> ajouter 5 à ce nombre,
> multiplier le résultat par 2,
> retrancher le double du nombre choisi au départ,
> retrancher 9.

a/ Effectuer ce programme avec des nombres différents. Que remarque-t-on ?

b/ Cette remarque est-elle toujours vraie ? Justifier la réponse.

S'ÉCHAUFFER

17. Nommer, à vue d'œil, à l'aide des points de la figure ci-dessous, le plus grand nombre possible de quadrilatères qui semblent être des parallélogrammes.

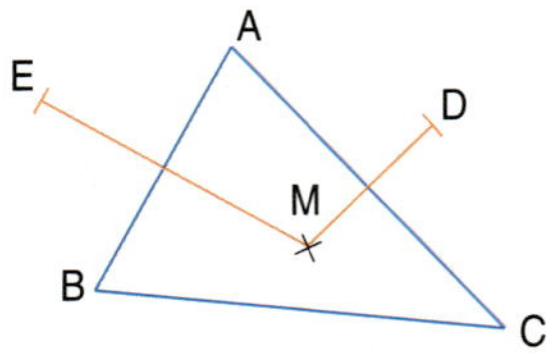

18. Repérer à vue d'œil parmi les droites tracées celles qui semblent être des médiatrices de segments. Nommer les droites et les segments correspondants.

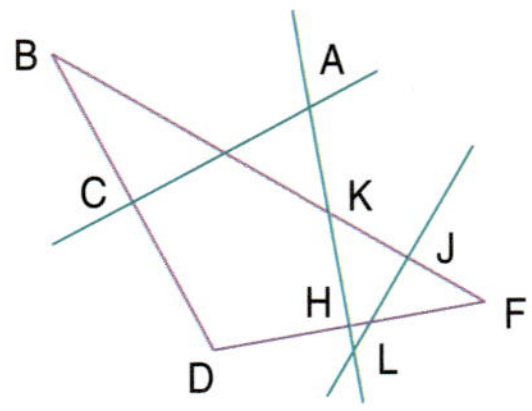

19. Tracer un cercle de centre O et de diamètre [BC]. Soit A un point de ce cercle. Tracer la parallèle à (AB) qui passe par C ; elle coupe le cercle en E. Tracer la parallèle à (AC) qui passe par E. Tracer (AE).

20. Tracer un parallélogramme GTDP, puis placer le point K tel que GTKD soit un parallélogramme. Placer le point L tel que GDPL soit un parallélogramme, et le point I tel que TDGI soit un parallélogramme.

21. Tracer un triangle ABC, tracer la hauteur issue de A, elle coupe (BC) en K. Tracer la droite (d) perpendiculaire à (BC) qui passe par C. Tracer la droite parallèle à (AC) qui passe par K, elle coupe (d) en M. Placer le point I milieu de [KC], tracer (AM).

22. Tracer un losange EFGH, tracer le symétrique K de E par rapport à H. Tracer la droite perpendiculaire à (EG) qui passe par G.

23. Tracer un parallélogramme KLMN, tracer la droite parallèle à (KM) qui passe par L, elle coupe (MN) en P. Placer le point I milieu de [LM], tracer (KP).

24. ***Vrai ou faux ?***

La phrase suivante est-elle vraie ou fausse ?
« Tout quadrilatère qui a deux angles droits a forcément deux côtés parallèles. » Justifier la réponse.

25. ***Vrai ou faux ?***

a/ Préciser pour chaque phrase ci-dessous si elle est vraie ou fausse. Justifier les réponses.

(1) Quelle que soit la droite choisie, si c'est la médiatrice d'un segment alors elle coupe le segment en son milieu.

(2) Quel que soit le quadrilatère choisi, si ses diagonales sont perpendiculaires alors c'est un losange.

(3) Quel que soit le quadrilatère choisi, si ses diagonales se coupent en leur milieu alors c'est un parallélogramme.

(4) Quel que soit le nombre choisi, si c'est un nombre entier alors il peut s'écrire sous forme d'une fraction (quotient de deux nombres entiers).

b/ Écrire la réciproque de chacune de ces phrases et préciser si elle est vraie ou fausse. Justifier les réponses.

26. Compléter les énoncés suivants afin qu'ils soient vrais.

a/ Quel que soit le quadrilatère choisi, si ses diagonales se coupent en leur milieu alors ....

b/ Quels que soient les nombres a, b et c, si $a = b$ et $b = c$ alors ....

c/ Quel que soit ......, si ...... alors ses diagonales ont le même milieu.

27. Compléter les énoncés suivants afin qu'ils soient vrais.

a/ Quel que soit le quadrilatère choisi, si c'est un losange alors ....

b/ Si deux droites sont parallèles et si une ...... alors elle est perpendiculaire ....

28. Compléter les chaînons suivants.

a/ (AB) // (CD) et (AC) // (BD).
Si ...... alors ....
Donc ABDC est un parallélogramme.

b/ ABCD est un parallélogramme.
Si ...... alors ....
Donc (AD) // (BC).

c/ (AB) // (CD) et (XY) ⊥ (AB).
Si ...... alors ....
Donc ....

29. Repérer les erreurs dans les chaînons suivants.

a/ On sait que : (EF) // (GH) et (EF) // (IJ).
Si deux droites sont perpendiculaires à la même troisième alors elles sont parallèles entre elles.
Donc (EF) et (IJ) sont parallèles.

b/ On sait que I est le milieu de [RT] et de [SU].
Si un quadrilatère est un parallélogramme alors ses diagonales ont le même milieu.
Donc RSTU est un parallélogramme.

c/ On sait que I est le milieu de [PQ].
Si un quadrilatère a ses diagonales qui ont le même milieu alors c'est un parallélogramme.
Donc PSQT est un parallélogramme.

30. Compléter les chaînons suivants.

a/ On sait que A est le milieu de [MN] ....
Si un quadrilatère a des diagonales qui ont le même milieu et qui sont perpendiculaires alors c'est un losange.
Donc MPNQ est ....

b/ PQ = QR = RS = SQ.
Si ...... alors ....
Donc ....

31. Repérer les erreurs dans les chaînons suivants.

a/ On sait que AB = BC et CD = AD.
Si un quadrilatère a quatre côtés de même longueur alors c'est un losange.
Donc ABCD est un losange.

b/ On sait que RSTU est un losange.
Si un quadrilatère a ses diagonales perpendiculaires et qui ont le même milieu alors c'est un losange.
Donc (RT) et (SU) sont perpendiculaires.

32. **a/** $A = 3x^2 - 4x + 3$. Calculer A pour les valeurs suivantes de x : 3 ; 0,5 ; 0.

b/ Même question pour $B = (2x - 1)(5 - x)$.

33. Soit $A = 3x^2 + x$ et $B = 4x$.
Stéphane dit : « Ces deux expressions sont égales puisque pour $x = 0$, A et B valent toutes les deux 0 et pour $x = 1$ elles valent toutes les deux 4. »
Estelle lui répond : « Non, elles ne sont pas égales car pour $x = 3$, A vaut 30 et B vaut 12. »
Qui a raison ?

34. Voici un énoncé : « Quel que soit le nombre choisi, s'il est divisible par 5 alors il se termine par 5. »

Aurélien : *5 est divisible par 5 et il se termine par 5. C'est pareil pour 15, pour 25. C'est donc toujours vrai.*

Carole : *C'est parfois vrai par exemple pour 5, 15, 25, mais c'est également parfois faux par exemple pour 10.*

Juliette : *C'est faux, 10 est un contre-exemple.*

Qui donne le bon raisonnement ? Pourquoi ?

35. « Quel que soit le nombre choisi, s'il est inférieur à 35 alors il est inférieur à 33. »

Parmi les nombres suivants quels sont les contre-exemples : 37 ? 34 ? 32 ?

36. « Quel que soit le nombre choisi, si on le multiplie par 10, on obtient toujours un résultat plus grand que 10. »
Que peut-on dire de cette affirmation ? Justifier la réponse.

S'ENTRAÎNER

Démontrer que deux droites sont parallèles

37. **a/** Reproduire la figure ci-dessous.

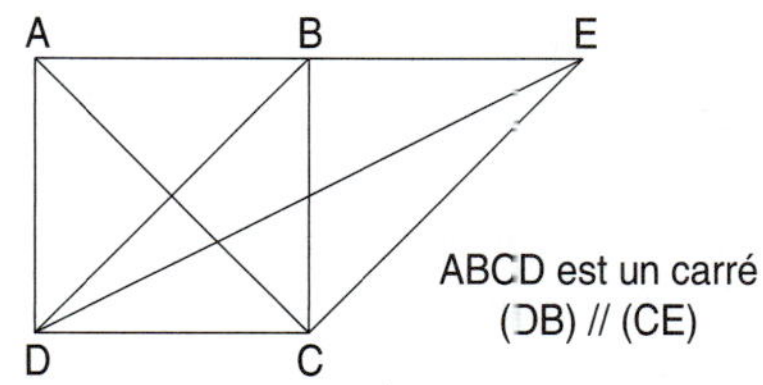

b/ Repasser en rouge une partie de la figure qui pourrait être associée à la propriété : « Si deux droites sont perpendiculaires à une même troisième alors elles sont parallèles entre elles. »

38. Parmi les propriétés suivantes, lesquelles (ou laquelle) peut-on utiliser pour démontrer que deux droites sont parallèles ?

a/ Si deux droites sont parallèles à une même troisième alors elles sont parallèles entre elles.

b/ Si un quadrilatère a ses côtés parallèles deux à deux alors c'est un parallélogramme.

c/ Si deux droites sont perpendiculaires à une même troisième alors elles sont parallèles entre elles.

Exercices complémentaires

39. Voici un énoncé de problème :

ABC est un triangle et K un point de [AC]. La droite parallèle à (AB) qui passe par K coupe (BC) en J. Soit I le milieu de [JC] et L le symétrique de K par rapport à I.
Démontrer que (CL) et (AB) sont parallèles.

a/ Effectuer cette démonstration.

b/ Trois élèves ont essayé d'effectuer cette démonstration. Préciser pour chacune d'elles ce qui ne va pas.

Rémy fait la figure suivante :

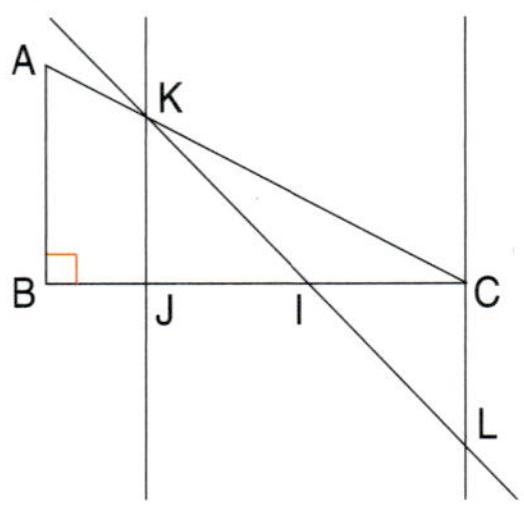

(AB) et (CL) sont perpendiculaires à (BC).
Si deux droites sont perpendiculaires à une même troisième alors sont parallèles entre elles ; donc (AB) et (CL) sont parallèles.

Maud : • KCLJ est un parallélogramme.
Si un quadrilatère est un parallélogramme alors ses côtés opposés sont parallèles deux à deux.
Donc (KJ) et (CL) sont parallèles.

• De plus (AB) et (KJ) sont parallèles.
Si deux droites sont parallèles à une même troisième alors elles sont parallèles entre elles.
Donc (AB) et (CL) sont parallèles.

Marc : • I est le milieu de [KL] et de [JC].
Si les diagonales d'un quadrilatère ont le même milieu alors ce quadrilatère est un parallélogramme.
Donc KCLJ est un parallélogramme.

• Si un quadrilatère est un parallélogramme alors ses côtés opposés sont parallèles deux à deux.
Donc (KJ) et (CL) sont parallèles.

• De plus (AB) et (KJ) sont parallèles.
Si deux droites sont perpendiculaires à une même troisième alors elles sont parallèles entre elles.
Donc (AB) et (CL) sont parallèles.

40. Soit [RS] un segment et I son milieu. Soit T un point et U son symétrique par rapport à I.
Démontrer que (RT) et (SU) sont parallèles.

41. ABC est un triangle, soit (*d*) la hauteur issue de A et (*d'*) la médiatrice de [BC].
Démontrer que (*d*) et (*d'*) sont parallèles.

Démontrer qu'un quadrilatère est un parallélogramme

42. Tracer plusieurs figures qui correspondent à la propriété : « Si un quadrilatère a des diagonales qui ont le même milieu alors c'est un parallélogramme. »

43. Dans le dessin ci-dessous, I est le centre du cercle. En utilisant le codage, démontrer que ANBM est un parallélogramme.

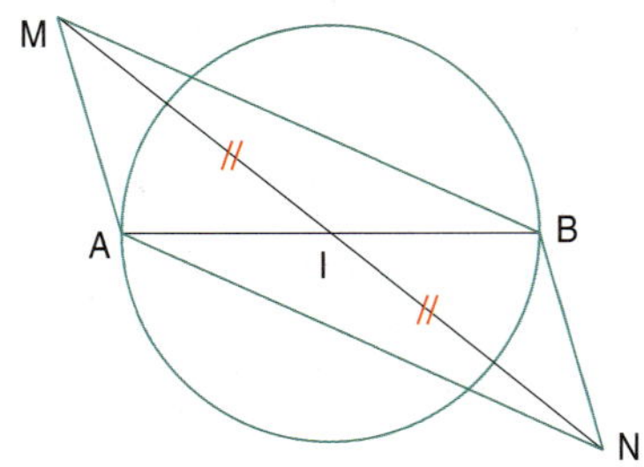

44. DEF est un triangle et I le milieu de [DF]. Soit M un point à l'intérieur du triangle DEF. Soit N le symétrique de M par rapport à I. Démontrer que MFND est un parallélogramme.

Démontrer que deux droites sont perpendiculaires

45. Parmi les propriétés ci-dessous, lesquelles (ou laquelle) peut-on utiliser pour démontrer que deux droites sont perpendiculaires ?

a/ Si deux droites sont perpendiculaires à une même troisième alors elles sont parallèles entre elles.

b/ Si un quadrilatère a des diagonales qui ont même milieu et qui sont perpendiculaires alors c'est un losange.

c/ Si deux droites sont parallèles et qu'une troisième droite est perpendiculaire à l'une alors elle est perpendiculaire à l'autre.

46. Le texte ci-dessous est la rédaction incomplète d'une démonstration.

• On sait que ABCD est un losange (*donnée*).

Si …… alors ……

Donc (AC) est perpendiculaire à (BD).

• De plus, on sait que (KD) est parallèle à (AC) (*donnée*).

Si …… alors ……

Donc (KD) est perpendiculaire à (BD).

a/ Recopier et compléter ce texte.

b/ Rédiger l'énoncé correspondant à cette démonstration, sachant de plus que K est sur (BC).

47. ABC est un triangle, la hauteur issue de A coupe (BC) en K. Soit (*d*) la droite qui passe par C et qui est parallèle à (AK).
Démontrer que (BC) et (*d*) sont perpendiculaires.

Démonstrations avec des nombres

48. ***Vrai ou faux ?***

La phrase suivante est-elle vraie ou fausse ?
« Quels que soient les nombres a, b et c non nuls, si $a < b$ alors $a \times c < b \times c$. »
Démontrer la réponse.

49. Voici un énoncé :

Choisir un nombre, ajouter 7 à ce nombre, multiplier le résultat par 3, retrancher le double du nombre choisi au départ et retrancher ensuite 20.

Démontrer que l'on obtient toujours le nombre choisi au départ augmenté de 1.

50. Inventer un exercice analogue à l'exercice ci-dessus.

DEVENIR UN CHAMPION

Démontrer que deux droites sont parallèles

51. En utilisant le codage et le fait que (*f*) est parallèle à (*g*), démontrer que (*e*) et (*g*) sont parallèles.

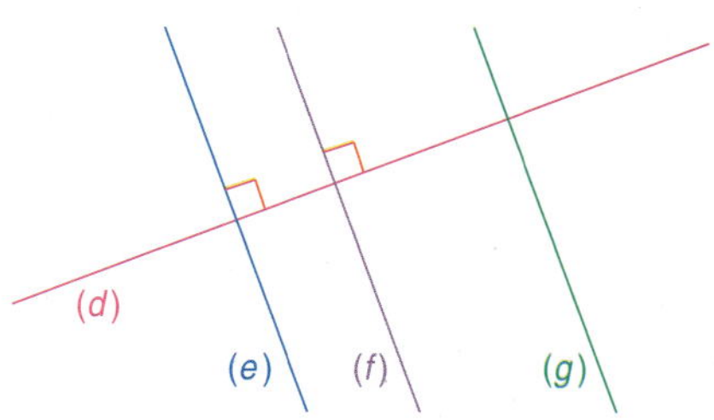

52. En utilisant le codage du dessin ci-dessous et le fait que EFGH est un parallélogramme, démontrer que (*d*) et (HG) sont parallèles.

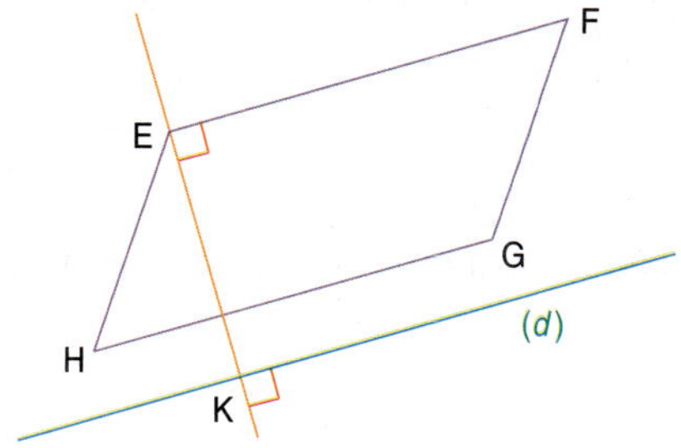

Démontrer qu'un quadrilatère est un parallélogramme

53. Sur le dessin ci-dessous, ABCD et EBFG sont des parallélogrammes, (EG) et (DC) se coupent en H. De plus, A, E et B sont alignés, de même B, C et F. Démontrer que EBCH est un parallélogramme.

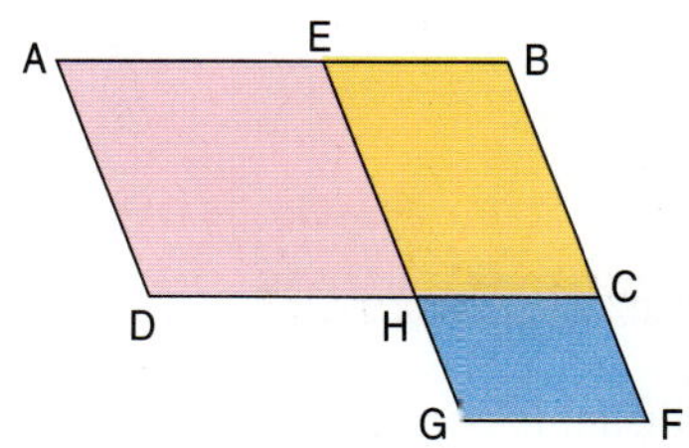

54. En utilisant les informations codées sur le dessin ci-dessous et le fait que ABCD est un parallélogramme, démontrer que EBAF est un parallélogramme.

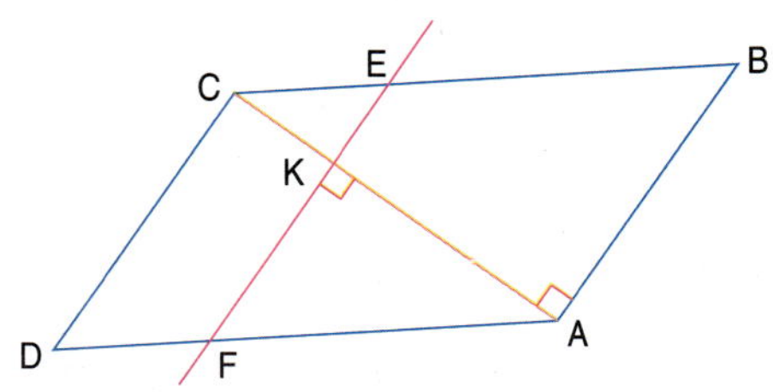

Les exercices **55** et **56** sont appelés **problèmes de construction**. L'objectif de ces exercices est de trouver une méthode pour construire un point, une droite, un cercle, un quadrilatère, autre que par tâtonnement. Dans ces exercices on demande de décrire cette méthode, de l'exécuter et de la justifier.

Exercices complémentaires

55. *Construction*

Reproduire un dessin analogue au dessin ci-dessous. Construire un losange ABCD tel que B appartient à (d).

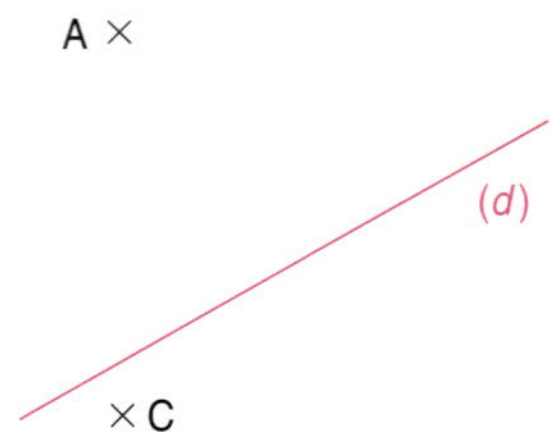

56. *Construction*

Reproduire un dessin analogue au dessin ci-dessous. Construire un parallélogramme de centre I et dont deux côtés sont sur (d) et (d').

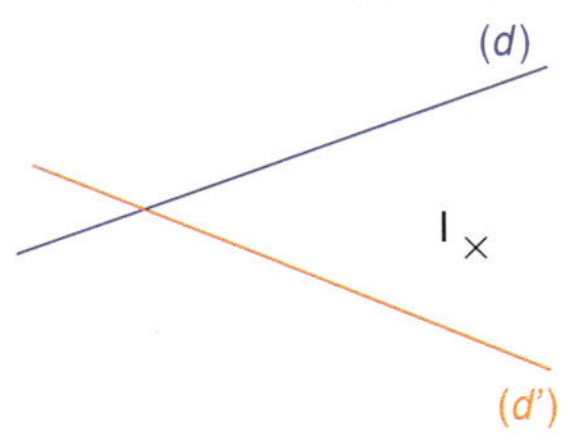

Démontrer que deux droites sont perpendiculaires

57. En utilisant le codage ci-dessous, démontrer que (AD) et (DC) sont perpendiculaires.

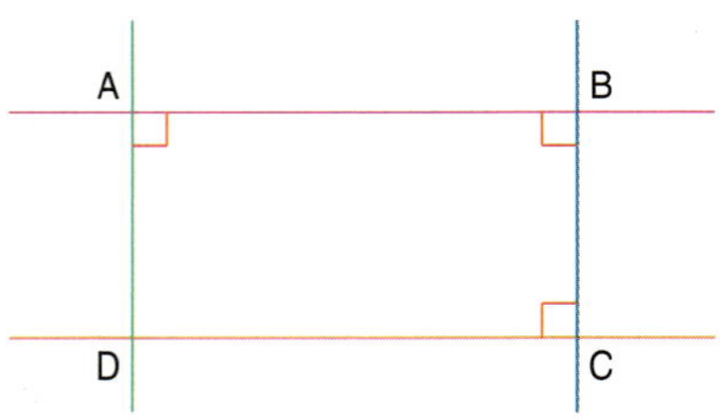

Démonstrations avec des nombres

58. On admettra dans cet exercice que tout nombre pair peut s'écrire sous la forme $2 \times x$ où x est un nombre entier (par exemple 6 est un nombre pair car $6 = 2 \times 3$) et que tout nombre impair peut s'écrire sous la forme $2 \times x + 1$ (par exemple 15 est un nombre impair car il peut s'écrire sous la forme $15 = 2 \times 7 + 1$).

a/ Démontrer que la somme de deux nombres pairs est toujours paire.

b/ Démontrer que la somme de deux nombres impairs est toujours paire.

59. On admettra qu'un nombre est un multiple de 3 s'il peut s'écrire sous la forme $3 \times x$ où x est un entier.
Par exemple 12 est un multiple de 3 car $12 = 3 \times 4$.
Démontrer que la somme de trois nombres entiers consécutifs est un multiple de 3.

60. Choisir un nombre autre que 1, le multiplier par lui-même et ajouter le nombre choisi au départ. Est-il possible de trouver un nombre pour lequel le résultat ainsi obtenu ait seulement deux diviseurs ?

Problèmes de synthèse

61. Tracer un losange EFGH, tracer la droite parallèle à (FH) qui passe par E, elle coupe (GH) en I.
Tracer la droite perpendiculaire à (EG) qui passe par G, elle coupe (EF) en J.

a/ Démontrer que les droites (EI) et (EG) sont perpendiculaires.

b/ Démontrer que (GJ) est parallèle à (FH).

c/ Démontrer que (EI) et (GJ) sont parallèles.

d/ Démontrer que EIGJ est un parallélogramme.

62. ABC est un triangle rectangle en A. Soit I le milieu de AC. Soit D le symétrique de B par rapport à I.

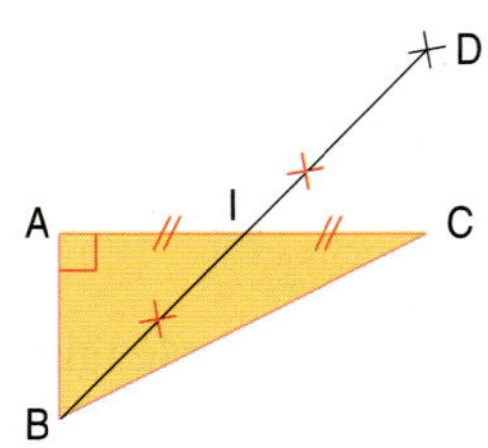

a/ Démontrer que les droites (AD) et (BC) sont parallèles.

b/ Démontrer que les droites (DC) et (AC) sont perpendiculaires.

c/ Tracer la perpendiculaire à (AB) qui passe par B, elle coupe (DC) en K.
Démontrer que ACKB est un parallélogramme.

7

Calcul littéral

Les notations utilisées aujourd'hui pour le calcul littéral n'ont pas toujours existé. Voici ce qu'aurait pu écrire un élève de Tartaglia, mathématicien du XVIe siècle, et une élève actuelle pour les mêmes calculs (illustration).

- ***p pour « + » ;***
- ***m pour « – » ;***
- ***N pour « unité » ;***
- ***R pour « inconnue » ;***
- ***q pour « carré de l'inconnue ».***

Repérer les obstacles

1. Traduire

exercice 32 p. 117

a/ Associer à chacune des phrases le calcul qui lui correspond.

- a La somme de x et du produit de six par quatre. — 1 $6 \times (x + 4)$
- b Le produit de six par la somme de x et de quatre. — 2 $6x + 4$
- c La somme du produit de six par x et de quatre. — 3 $x + 6 \times 4$

b/ Je choisis un nombre x ; je lui ajoute 5. Je multiplie par 3 le nombre obtenu. Écrire le résultat en fonction de x.

c/ Je choisis un nombre x ; je le multiplie par 4. J'ajoute 2 au nombre obtenu. Écrire le résultat en fonction de x.

d/ Écrire des énoncés analogues à ceux des questions ci-dessus qui conduisent aux formules suivantes : (1) $6x + 7$; (2) $(x + 4) \times 3$.

2. Vrai ou faux ?

exercice 33 p. 117

Les égalités ci-dessous sont-elles vraies ? Justifier les réponses.

a/ $8 + 5d = 13d$; **b/** $8x + 5x = 13x$; **c/** $4(3 + x) = 12 + 4x$;

d/ $7a + 2a + 3 + a + 5 = 2(a + 4) + 8a$.

3. Simplifier et calculer

exercices 34 et 35 p. 117

a/ $A = 76(x + 5) + 24x - 38 \times 10$.

Sans calculatrice, calculer A pour $x = 453\,228\,999{,}27$.

b/ Simplifier les expressions suivantes.

$B = 3(x + 5) + 35$; $C = 7(3 + x) + x + 9$;

$D = 2(x + 3) + 3(x + 8)$.

Franchir les obstacles

Réduire une expression littérale

1. Réduire une somme

➤ exercices 1 à 3 p. 114

a/ Réduire si possible les sommes suivantes.

$A = 5x + 3x$; $B = 5 + 3x$; $C = 5x^2 + 3x^2$; $D = 5x + 3x^2$.

Tester les égalités trouvées, par exemple pour $x = 3$.

b/ Réduire si possible les expressions suivantes.

$E = -7x + 4x$; $F = -6x - 2x$; $G = 5x + 4x$; $H = 7x - x$

$I = -2x^2 + 6x^2$; $J = 5x^2 - 3x$; $K = -2x^2 - 5x^2$; $L = 4 + 6x^2$.

Tester les égalités trouvées, par exemple pour $x = 2$.

c/ Réduire si possible les expressions suivantes.

$M = 4x - 8x + 5$; $N = -3x + 7x + 10x$; $O = 7 - 2x + 4x$;

$P = -5x^2 - 7x^2 + 3x^2$; $Q = 3x + 5 + 4x^2$; $R = -10x - 3x - 4x$;

$S = 5x + 3 + 2x + 6$; $T = -5x^2 + 3 + 8x^2 - 9$; $U = -4x - 2 - 8x - 3$;

$V = 2x^2 - 7x + 4x$; $W = -3x^2 - 7x^2 + 2x^2$; $X = 2x^2 - 8x - 3x^2 + 5x$;

$Y = -5x + 3 - 1x - 2$; $Z = 6x^2 + 2x - x + x^2 + 0x - 4x^2$.

2. Réduire un produit

➤ exercice 4 p. 114

a/ Réduire si possible les produits suivants.

$A = 5x \times 3x$; $B = 5 \times 3x$; $C = 5 \times 3x^2$; $D = 3x \times 5$.

Tester les égalités trouvées, par exemple pour $x = 3$.

b/ Réduire si possible les produits suivants.

$E = -2 \times 4x$; $F = -6x(-3x)$; $G = 3(-7x)$; $H = 3x \times 4x$;

$I = 3 \times 4x^2$; $J = -2x^2 \times 4$; $K = -3(-5x^2)$; $L = 2x^2 \times (-7)$.

Tester les égalités trouvées, par exemple pour $x = 2$.

3. Somme et produit

➤ exercices 5 à 7 p. 114

Réduire si possible les expressions suivantes.

$A = 6x + 2x$; $B = 5x \times 3x$; $C = -3x + 8x$; $D = -2x \times 4x$;

$E = 7 - 2x$; $F = 6(-2x)$; $G = -4x(-3x)$; $H = -4x - 5x$;

$I = 3 + 2x^2$; $J = 4 \times 2x^2$; $K = 5x^2 - 9x^2$; $L = -3(-2x^2)$;

$M = 2 \times 3x - 5 \times 2x$; $N = -3x \times 2x + 4(-2x^2)$; $P = 5(-4x) + 2(3x)$;

$Q = -3x^2 + 4x(-2x)$; $R = -4x^2 + 4x - 2x$; $S = 3(2x^2) - 7(-4x) + 4(-2x^2) + 5(-2x)$.

Développer une expression littérale avec la distributivité

4. Établir et utiliser une formule

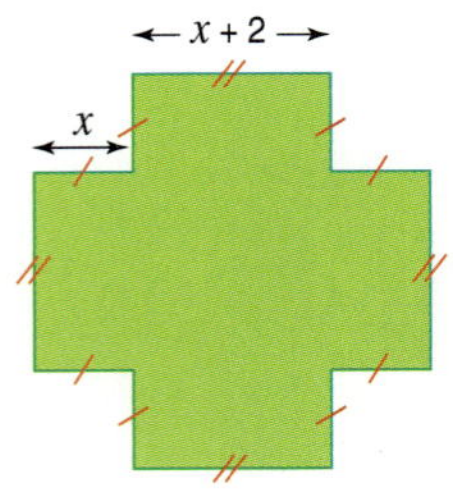

a/ Écrire le périmètre de la figure ci-contre en fonction de x.

b/ Calculer le périmètre de la figure pour toutes les valeurs entières de x de 1 à 8.

5. Avec des nombres positifs

➢ *exercices 8 et 9 p. 114*

a/ Les expressions suivantes sont-elles des sommes ou des produits ?

$A = 3(2x + 4)$; $B = 6x + 9$; $C = (5x + 3) \times 2$; $D = 4 + 3x$.

b/ Développer c'est transformer un produit en somme.
On utilise pour cela la distributivité.

Par exemple : $3(2x + 4) = 6x + 12$.

On dit que l'on a développé $3(2x + 4)$.

Développer les expressions suivantes.

$E = 5(3x + 4)$; $F = (2x + 4) \times 3$; $G = x(3 + 4x)$; $H = 4x(2 + 5x)$.

c/ Développer et réduire.

$I = 3(2x + 4) + 4x$; $J = 4(2x + 5) + 3(4x + 2)$;

$K = 5x + (3x + 5) \times 2$; $L = 2x(3x + 4) + 4x(2 + 5x)$.

6. Avec des nombres relatifs

➢ *exercices 10 et 11 p. 114*

a/ On a commencé à développer les expressions ci-dessous. Compléter par les signes qui semblent convenir.

(1) $3(-5x + 4) = \ldots 15x \ldots 12$;

(2) $(-5x - 4) \times 3 = \ldots 15x \ldots 12$;

(3) $-3(5x - 4) = \ldots 15x \ldots 12$;

(4) $-3(-5x + 4) = \ldots 15x \ldots 12$.

Tester les égalités trouvées ci-dessus pour $x = 2$.

b/ Développer les expressions suivantes.

$A = -5(-2x + 4)$; $B = -3(-6 - 4x)$; $C = -4(7 - 5x)$; $D = (-5x + 4) \times 2$;

$E = (2 - 3x) \times 3x$; $F = -2x(3x + 5)$; $G = -4x(-3x + 6)$; $H = 5x(-4 + 2x)$.

c/ Développer et réduire les expressions suivantes.

$I = 5(x + 4) + 2(3 + x)$; $J = 3(x - 5) - 4(5 + x)$;

$K = 4(x + 6) - 1(4 - x)$; $L = 2(5 + x) + 0(x + 3)$;

$M = 3x(2x + 4) + 2x(3 + 4x)$; $N = -x(5 + 4x) - 3(-2x + 5)$.

7. Suppression des parenthèses

➤ exercices 12 et 13 p. 115

a/ Calculer $A = (8x + 3) - (6x + 2)$ pour $x = 1$.

b/ Simplifier A. Calculer l'expression obtenue pour $x = 1$. Comparer au résultat trouvé en **a/**.

c/ Calculer $B = (9x + 5) + (-2x + 3)$ pour $x = 2$.

d/ Simplifier B. Calculer l'expression obtenue pour $x = 1$. Comparer au résultat trouvé en **c/**.

e/ Énoncer une règle pour supprimer les parenthèses précédées du signe « + » puis une règle pour supprimer les parenthèses précédées du signe « – ».

f/ Simplifier les expressions suivantes.

$C = (6a + 8) - (4a + 2)$; $D = (7b - 2) + (3b - 5)$;
$E = (9c - 2) - (6c - 3)$; $F = (3 + 5d) - (-8d + 2)$;
$G = (-3e + 5) + (-6e - 3)$; $H = (3x^2 - 4x + 5) - (-4x^2 + 2x - 3)$.

g/ Simplifier les expressions suivantes.

$I = (y + 5) - (3 + y) \times 6$; $J = (z + 3) \times 12 - 2(z - 4)$.

Développer une expression littérale avec la double distributivité

8. Découvrir une formule

➤ exercices 14 à 18 p. 115

a/ Calculer $A = (5x + 3)(4x + 2)$ pour $x = 1$.

b/ Développer A. Calculer l'expression obtenue pour $x = 1$. Comparer au résultat trouvé en **a/**.

c/ Écrire de deux façons différentes l'aire du rectangle ABCD en fonction de x.

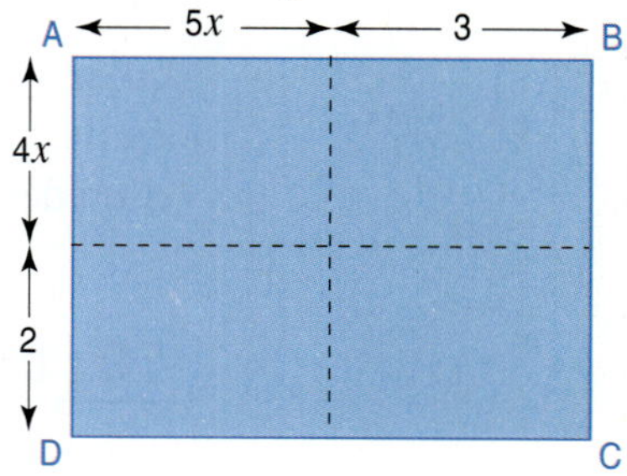

d/ Développer puis réduire les expressions ci-dessous.

$B = (3x + 5)(2x + 4)$; $C = (6x + 3)(2 + 3x)$.

e/ Développer puis réduire les expressions ci-dessous.

$D = (-3x + 5)(2x + 4)$; $E = (3x + 5)(2x - 4)$;
$F = (3x - 5)(-2x - 4)$; $G = (4x + 3)^2$.

f/ Développer puis réduire les expressions ci-dessous.

$H = 2x + 3(5x + 3)$; $I = 5x - 3x(4x - 2)$; $J = (2x - 5) \times 3x + 2$.

g/ Développer puis réduire les expressions ci-dessous.

$K = (5x + 2)(3x + 4) + (2x + 3)(6x + 2)$;
$L = (2 + 3x)(4x - 2) - (3x - 2)(5x + 3)$.

Résoudre des problèmes

9. Distributivité et problèmes

➤ exercices 19 à 25 p. 115

a/ Prouver que $A = B$.

$A = 5(3x - 2) - 4(x - 4)$; $B = (5x - 6) - (- 6x - 12)$.

b/ (1) Choisir trois nombres entiers consécutifs. Faire le produit du premier et du troisième. Calculer le carré du deuxième et soustraire « 1 » au résultat.

(2) Recommencer avec trois autres nombres entiers consécutifs. Quelle conjecture peut-on faire ?

(3) Démontrer la conjecture, en appelant n le premier des trois nombres choisis.

c/ Écrire en fonction de x la longueur AB. Simplifier l'expression obtenue.

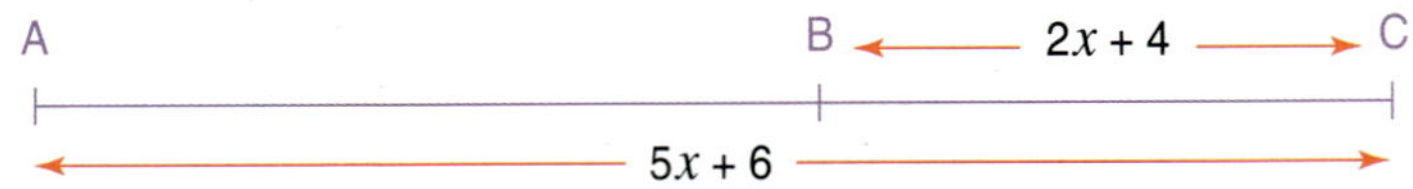

d/ Écrire l'angle $\widehat{ABC}$ en fonction de x dans chacun des deux cas suivants.

figure 1

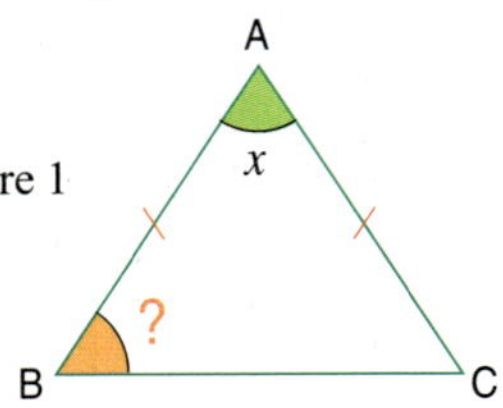

figure 2

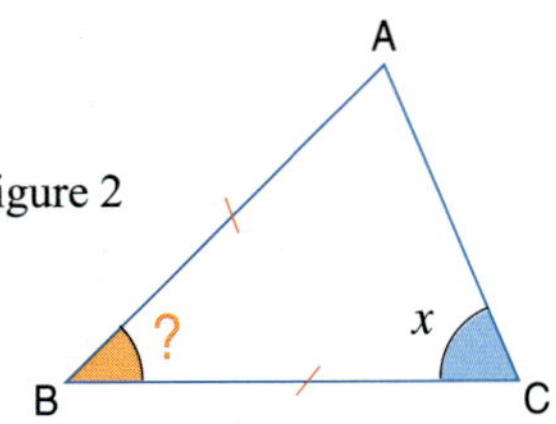

e/ (1) On peint toutes les cases en bordure du rectangle. Écrire en fonction de n le nombre de cases peintes.

(2) Utiliser la formule trouvée en (1) pour calculer le nombre de cases peintes quand n égale quatre. Contrôler le résultat à l'aide d'un dessin.

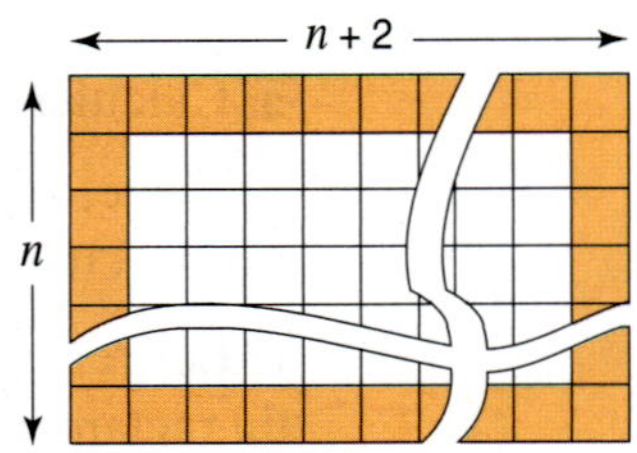

10. Double distributivité et problèmes

➤ exercices 26 à 28 p. 116

a/ Développer et réduire $W = (x + 3)(x - 1) - 2x$.

En déduire de tête le résultat du calcul suivant $103 \times 99 - 2 \times 100$.

b/ Prouver que, quelle que soit la valeur de x, les deux rectangles ABCD et EFGH ont la même aire.

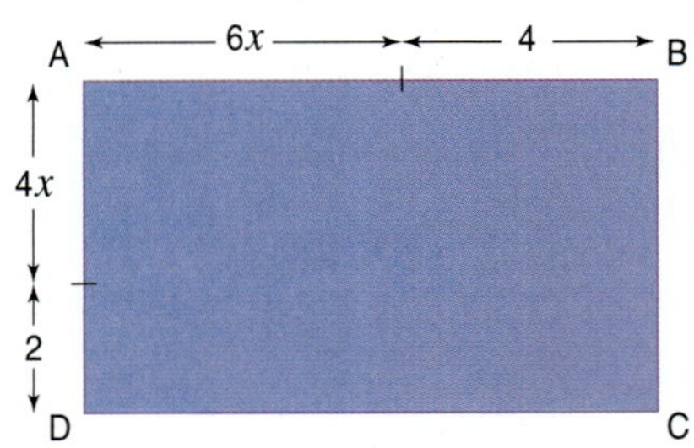

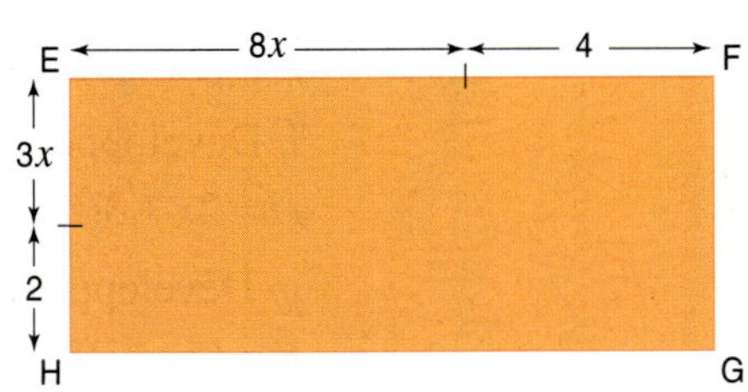

1 Propriétés de la multiplication

Multiplier plusieurs facteurs peut se faire dans n'importe quel ordre.

Exemple : $4x \times 2x = 4 \times 2 \times x \times x = 8x^2$.

Quels que soient les nombres relatifs *a* et *b* :

$1 \times a = a$ $\qquad 1 \times (a + b) = (a + b)$

$-1 \times a = -a$ $\qquad -1 \times (a + b) = -(a + b)$

$0 \times a = 0$ $\qquad 0 \times (a + b) = 0.$

2 Addition et parenthèses

Quand les parenthèses sont précédées du signe « + » et qu'elles ne sont pas suivies de « × » ou de « ÷ », on peut supprimer ce « + » et les parenthèses.

Exemples

- $2x + (3x + 5) = 2x + 3x + 5$.
- $4x + (-5 + 3x) = 4x - 5 + 3x$.
- $8 + (5x - 6 + 2x) = 8 + 5x - 6 + 2x$.

! Attention, $5 + (2x + 3) \times 3$ n'est pas égal à $5 + 2x + 3 \times 3$ car la parenthèse est suivie de « × » dans le premier cas.

3 Distributivité

Développer c'est transformer un produit en somme. On utilise pour cela les formules de la **distributivité de la multiplication par rapport à l'addition.**

a/ Distributivité

Quels que soient les nombres relatifs a, b et c, les calculs $a(b + c)$ et $ab + ac$ donnent le même résultat :

$$a(b + c) = ab + ac.$$

Exemple. Développer $A = -5x(2x - 4)$.

$A = -5x(2x - 4)$

$A = -5x \times 2x - 5x \times (-4)$

$A = -10x^2 + 20x$

b/ Double distributivité

Quels que soient les nombres relatifs a, b, c et d, les calculs $(a + b)(c + d)$ et $ac + ad + bc + bd$ donnent le même résultat :

$$(a + b)(c + d) = ac + ad + bc + bd.$$

Exemple. Développer et réduire si possible $B = (3x - 5)(-2x + 4)$.
On utilise la double distributivité en appliquant la règle des signes du produit.

$B = (3x - 5) \times (-2x + 4).$

$B = -6x^2 + 12x + 10x - 20$

On réduit l'expression.

$B = -6x^2 + 22x - 20.$

4 Soustraction et parenthèses

Quand les parenthèses sont précédées du signe « – » et qu'elles ne sont pas suivies de « × » ou de « ÷ », on peut supprimer ce « – » et les parenthèses à condition de multiplier l'expression entre parenthèses par – 1 :

$$-(a + b) = -1 \times (a + b) = -a - b.$$

Exemple. Simplifier l'expression $3x - (5 - 8x)$.

$3x - (5 - 8x) = 3x - 5 + 8x$

$3x - 1 \times (5 - 8x)$

Développer et réduire

Méthode 1 ▸▸ À l'aide de la distributivité simple

Exemple. Développer et réduire $A = -2x(3x - 5) + 4(-2x + 3) - (-3x + 2)$.

MéthodE	CalcuL
• On développe en utilisant la distributivité.	$A = -2x \times 3x - 2x \times (-5) + 4 \times (-2x) + 4 \times 3 + 3x - 2$
• On réduit les produits.	$A = -6x^2 + 10x - 8x + 12 + 3x - 2$
• On regroupe les termes.	$A = -6x^2 + 10x - 8x + 3x + 12 - 2$
• On réduit les sommes.	$A = -6x^2 + 5x + 10$.

Méthode 2 ▸▸ À l'aide de la double distributivité

Exemple. Développer et réduire $B = (5x - 3)(2x + 4) - 2(4x^2 + 10x)$.

MéthodE	CalcuL
• On développe.	$B = 5x \times 2x + 5x \times 4 - 3 \times 2x - 3 \times 4 - 2 \times 4x^2 - 2 \times 10x$
• On réduit les produits.	$B = 10x^2 + 20x - 6x - 12 - 8x^2 - 20x$
• On regroupe les termes.	$B = 10x^2 - 8x^2 + 20x - 6x - 20x - 12$
• On réduit les sommes.	$B = 2x^2 - 6x - 12$.

Exercices fondamentaux

Réduire une expression littérale

1. Réduire, si possible, les expressions suivantes.

a/ $A = 6x + 3x$; $B = 8 + 2x$; $C = 4x + 5x$;
$D = 5x + 3$; $E = 4x^2 + 2x^2$; $F = 5x + 4x^2$;
$G = 9x^2 + 4x^2$; $H = 7x^2 + 3x^2$; $I = 9x^2 + x^2$.

b/ $J = 5 - 9x$; $K = 5x - 7x$; $L = -3x - 6x$;
$M = -8x + 2x$; $N = -8x^2 - 6x^2$; $P = 4 + 3x^2$;
$R = -5x^2 - 7x$; $S = 4x^2 - 6x^2$; $T = -5x^2 - x^2$.

2. Réduire, si possible, les expressions suivantes.

a/ $A = 5a + 2 + 9a$; $B = 8a + 6a + 3a$;
$C = 7 + 3a + 4a$; $D = 6a^2 + 8a^2 + 3a^2$;
$E = 5a^2 + 4 + 6a^2$; $F = 5a + 4a^2 + 5a^2$.

b/ $G = 8m - 10m + 4m$; $H = 5m - 4m + 8m$;
$I = -8m - 2m - 5m$; $J = 6m^2 + 5m^2 - 8m^2$;
$K = 2m - 7m^2 + 4m^2$; $L = -7m^2 + 5m^2 - 3m^2$.

c/ $M = 2n^2 + 5n - 4 + 6n^2 + 2 + 7$;
$N = -8n^2 + 7 - 3n + 4n^2 - 2n - 5$;
$R = -9n^2 - 5 + 4 - 7n^2 + 2n - 8n$;
$S = 5 + 3n - 4n^2 + 8n^2 + 4n - 5$.

3. Ce carré est-il magique pour l'addition ?

$2c - 3$	$3c - 4$	$-2c + 1$
$-3c + 2$	$c - 2$	$5c - 6$
$4c - 5$	$-c$	-1

4. Réduire, si possible, les expressions suivantes.

a/ $A = 7 \times 3x$; $B = 5x \times 2x$; $C = 6 \times 3x^2$;
$D = 4x \times 3$; $E = 2x^2 \times 4$; $F = 6x \times 2x$.

b/ $G = -3x \times 5x$; $H = -7 \times 2x$; $I = 3x(-4x)$;
$J = -2x(-8x)$; $K = 2(-5x^2)$; $L = -6x^2 \times 2$;
$M = -4(-3x^2)$; $N = 4x^2(-5)$; $P = -2x \times 8x$.

5. Réduire, si possible, les expressions suivantes.

a/ $A = 7 + 3x$; $B = 7 \times 3x$;
$C = 7x \times 3x$; $D = 7x + 3x$.

b/ $E = -5 \times 2x$; $F = -6x - 2x$;
$G = -3x(-2x)$; $H = -8 + 2x$.

6. Compléter avec l'expression qui convient.

a/ $5x + \ldots = 9x$; **b/** $6 \times (\ldots) = -12x^2$;
c/ $\ldots - 4x = 7x$; **d/** $-3x(\ldots) = -18x^2$;
e/ $7(\ldots) = -28x^2$; **f/** $\ldots - 8x = -12x$.

7. Réduire, si possible, les expressions suivantes.

$A = 3 \times 2x + 5 \times 3x$;
$B = 5x \times 2 + 4 \times 3x$;
$C = 8 \times 3x - 7 \times 2x$;
$D = -4 \times 5x - 2 \times 6x$;
$E = 3 \times 2x - 5 \times 4x + 2 \times 6x$;
$F = -8 \times 4x + 2 \times 8x - 4 \times 2x$.

Développer une expression littérale avec la distributivité

8. Les expressions suivantes sont-elles des sommes ou des produits ?

a/ $8a + 4$; **b/** $4(2b + 5)$;
c/ $(4c + 2)(5c + 3)$; **d/** $5 + 3d$;
e/ $7(-2e)$; **f/** $3 + 5f^2 + 2f$.

9. Développer et réduire, si possible.

a/ $A = 5(2x + 7)$; $B = (5 + 2x) \times 3$;
$C = x(3x + 7)$; $D = 4x(2x + 6)$.

b/ $E = 3x + 2(4x + 7)$;
$F = 3(4x + 8) + 5(3x + 1)$;
$G = 4(2 + 3x) + 3x$;
$H = 2(5x + 3) + 4(5 + 2x)$;
$I = x(2x + 8) + 3(4x + 2)$;
$J = 3x(5x + 2) + 5x(5x + 3)$.

10. Développer les expressions suivantes.

a/ $A = 4(2x - 7)$; $B = -3(-2x + 5)$;
$C = -6(-3x - 7)$; $D = (-2x + 4) \times 3$;

b/ $E = -x(3x + 4)$; $F = 2x(4x - 5)$;
$G = -3x(-2 - 4x)$; $H = (5x - 4) \times 4x$.

11. Développer et réduire, si possible.

a/ $A = 7(a + 4) - 3a$;
$B = -8a + 2(3a - 5)$;
$C = 3(4 + 5a) - 2(4 + 3a)$;
$D = -6(-2a + 4) + 3(5a - 1)$.

b/ $E = 2b + 3b(4 + 8b)$;
$F = 6b(-2b + 4) + 2b^2$;
$G = 5b(-2b - 4) - b(3b - 7)$;
$H = -4b(3b - 5) + 7b(-3b - 5)$.

12. Simplifier les expressions suivantes.

$A = (5x + 2) - (6x + 4)$;
$B = (-5x + 3) + (4x - 5)$;
$C = (-3x - 4) - (-8x + 3)$;
$D = (5x^2 + 3) - (8x^2 - 2x + 3)$;
$E = (6x^2 - 3x + 5) + (-4x^2 - 3x - 4)$.

13. Développer et réduire.

$A = 2(3c - 5) - (4c + 3) \times 6$;
$B = 5(-4c + 2) - (3c - 4) \times 2$;
$C = -2(5c + 3) - (-4c + 7) \times 3$;
$D = (6c + 2) \times 3 - (2c + 7) \times 4$.

Développer une expression littérale avec la double distributivité

14. Développer et réduire.

$A = (3x + 4)(5x + 2)$; $B = (5 + 2x)(3x + 7)$;
$C = (4x + 5)(3 + 2x)$; $D = (5x + 3)(4 + 2x)$;
$E = 5x + 3(4 + 2x)$; $F = (7x + 2)(7x + 2)$.

15. Développer et réduire.

$A = (5x + 2)(6x + 4)$; $B = (-5x - 3)(-4x - 2)$;
$C = (2x - 5)(-5x + 3)$; $D = (-4 + 3x)(3 - 2x)$;
$E = (-5x + 2)(5 + 4x)$; $F = (+3 - 2x)(5 - 6x)$;
$G = (-8x + 5)(-2x + 4)$; $H = (-4 + 3x)(5x - 2)$;
$I = (5x + 2)^2$; $J = (7x - 3)^2$.

16. Développer et réduire.

$A = (2x + 3)(5x - 2) + 2x^2$;
$B = 4x^2 + 5 + (2x - 4)(3x + 6)$;
$C = 5x + 3 + (2x - 4)(2x + 4)$;
$D = (3 + 4x)(-2x - 5) - 6x^2 + 2$.

17. Développer et réduire.

$A = 2x + 3(5x - 2)$;
$B = (5x + 8)(-2x + 5)$;
$C = 2(5x + 3) - (-2x + 4)$;
$D = -3(2x - 5) - (4x + 2) \times 6$;
$E = (-8x + 3)(2x + 4) - 4x^2$.

18. Développer et réduire.

$A = (5x + 4)(3x + 5) - (6x + 3)(2x - 7)$;
$B = (-3x + 8)(4x - 5) + (2x - 3)(6x - 2)$;
$C = (-5x - 6)(-2x + 8) - (3 + 5x)(4 - 2x)$;
$D = (8x + 2)(2x - 3) - (4x - 3)(5 - 2x)$.

Résoudre des problèmes

19. Pascal achète 7 pains au chocolat et 4 croissants. Un croissant coûte x €. Un pain au chocolat coûte 0,20 € de plus qu'un croissant.

a/ Écrire en fonction de x la dépense de Pascal. Développer et réduire l'expression trouvée.

b/ Si un croissant coûte 0,60 €, quelle est la dépense de Pascal ?

20. Chez « Fleurs Bleues » on prépare trois sortes de bouquets :
– les bouquets « tradition » avec x roses ;
– les bouquets « rêverie » avec trois roses de plus que les bouquets « tradition » ;
– les bouquets « passion » avec trois fois plus de roses que les bouquets « rêverie ».

a/ Écrire en fonction de x le nombre de roses des bouquets « passion ».

b/ La présidente d'un club cycliste, pour récompenser les trois coureurs sur le podium d'une course, achète un bouquet de chaque sorte. Écrire en fonction de x le nombre de fleurs achetées.
Développer et réduire l'expression trouvée.

c/ Sachant que x égale 7 et qu'une rose coûte 1,20 €, quelle est la dépense du club ?

21. Un rectangle a pour largeur $x + 3$. Sa longueur est le double de sa largeur.

a/ Écrire en fonction de x le périmètre du rectangle.
b/ Démontrer que le périmètre est le triple de la longueur.

Exercices fondamentaux

22. Le stade du Parc des cygnes peut contenir 15 000 places. Il y a x places en virage, les autres en tribune. Les places en virage coûtent 10 €, les places en tribune coûtent 13 €. Aujourd'hui, le stade est plein.

a/ Que représentent ces trois expressions ?
(1) $10x$; (2) $15\,000 - x$; (3) $(15\,000 - x) \times 13$.

b/ Écrire en fonction de x le montant total de la recette.

c/ Calculer la recette si $x = 6\,500$.

23. Déterminer en fonction de x la mesure de l'angle $\widehat{AOC}$ sur la figure ci-contre.

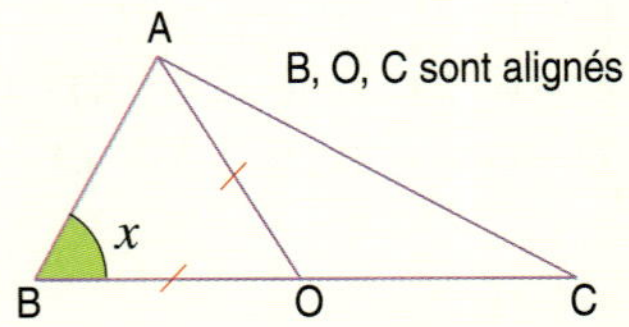

24. Les tracés ci-contre sont formés de trois demi-cercles. Prouver que le tracé bleu a la même longueur que le tracé orange. On prendra $\pi \approx 3$.

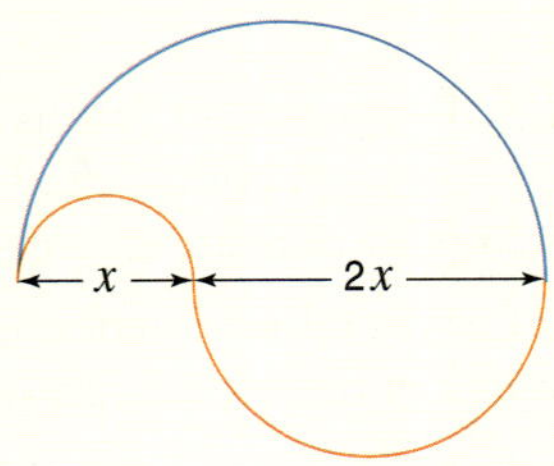

25. Monsieur Euclide possède la parcelle de terrain ci-dessous. Il décide de la partager en trois parties. Il conserve la partie I et donne la partie II à sa fille Marie-Claire et la partie III à sa fille Mireille.

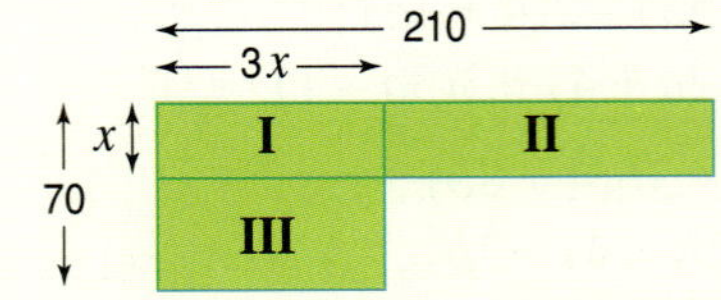

a/ Écrire en fonction de x l'aire de chacune des trois parties.

b/ Prouver que le partage entre Mireille et Marie-Claire est équitable.

26. **a/** Développer $A = (x + 1)(x - 1)$.

b/ En déduire de tête :
101×99 ; $1\,001 \times 999$.

27. $A = (-2x + 5)(3x + 4) + 2x(3x + 1{,}5) - 20$.
Calculer A pour $x = 391{,}2$.

28. Démontrer que $A = B$.
$A = (3x + 4)(5x - 2) - (20x - 12)$;
$B = 4 - 3x(2 - 5x)$.

Faire le point à mi-parcours

Savez-vous…

29. ***… réduire une expression littérale ?***

Réduire, si possible, les expressions suivantes.

$A = -3x - 6x$; $B = 8 + 2x$; $C = -5a + 3a$;
$D = 5 \times 3x$; $E = -4x(-2x)$; $F = 7(-5x)$;
$G = 3x^2 - 7x^2$; $H = 3(-7x^2)$;
$I = 8x - 6 - 12x + 9$; $J = 2x \times 5x - 3x \times 2x$;
$K = 5x^2 + 6x + 3 - 3x^2 - 8x + 5$.

30. ***… développer une expression littérale ?***

Développer et réduire les expressions suivantes.

$A = 5(-3x + 6) - 3x(4x - 7)$;
$B = (4a - 3)(-2a + 6)$;
$C = 5x - (3x - 4)$;
$D = 7 - (4b - 3) \times 2$;
$E = (3x^2 + 2x - 6) - (7x^2 - 5x + 4)$.

31. ***… résoudre des problèmes ?***

a/ Voici deux programmes de calcul :

(1) Choisir un nombre ; calculer la somme de son carré, de son double et de 1.
(2) Choisir un nombre ; lui ajouter 1 ; puis calculer le carré du résultat obtenu.

Si le nombre choisi est 3, quel est le résultat donné par chacun des programmes ci-dessus ? Que constate-t-on ? Prouver que cela est vrai quelle que soit la valeur choisie.

b/ Prouver que TCL est un triangle rectangle (mesures d'angle en degrés).

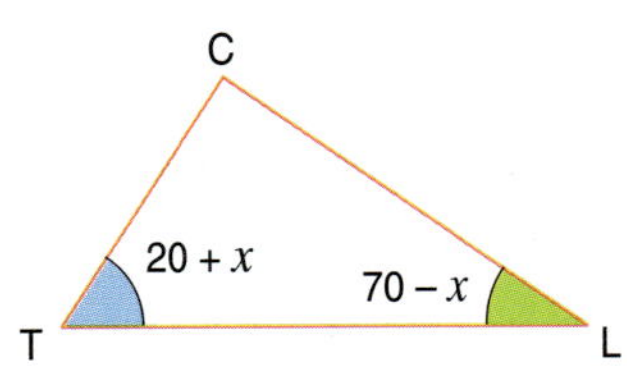

S'ÉCHAUFFER

Vocabulaire

32. Chaque phrase décrit une formule pour calculer une distance AB. Associer à chacune des phrases suivantes le dessin qui convient.

a La somme du produit de 3 par x et de 2.
b Le produit de 3 par la somme de 2 et de x.
c La somme de x et du produit de 3 par 2.
d Le quotient de la somme de x et de 2 par 3.

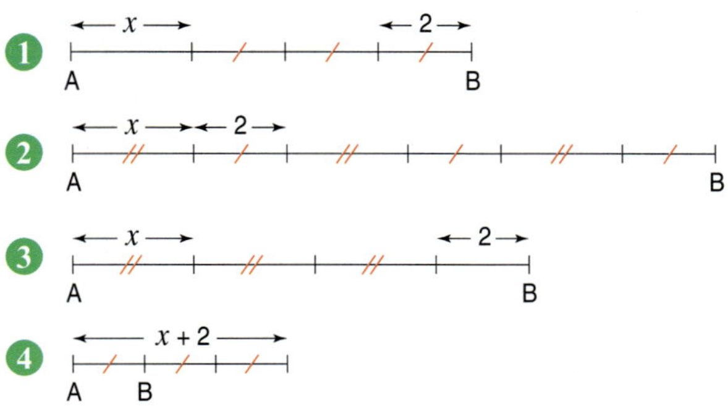

33. Retrouver les expressions égales quelle que soit la valeur de x.

a/ $7 + 5x$; **b/** $4x + 8$; **c/** $4x + 8x$;
d/ $12x$; **e/** $2(2x + 4)$; **f/** $5x + 7x$.

34. $A = 32x + 68(x + 2) - 4 \times 34$.
Sans calculatrice, calculer A pour :
$x = 254\,217{,}964\,358$.

35. Simplifier les expressions suivantes.
$A = 4(x + 8) + 18$;
$B = 5(4 + x) + 30 + 3x$;
$C = 3(x + 5) + 4(6 + x)$.

S'ENTRAÎNER

Réduire une expression littérale

36. ***Vrai ou faux ?***

Voici une page du cahier de Florent. Quelles sont les égalités vraies quel que soit x ?

a/ (1) $9x + 6x = 15x$; (2) $7 + 3x = 10x$;
(3) $8x + 5x = 13x$; (4) $7x + x = 7x$.

b/ (1) $8x - x = 8$; (2) $-2x - 5x = -7x$;
(3) $-3x + 7x = -10x$; (4) $6x - 8x = -2x$.
(5) $-5x + 8x = 3x$; (6) $-8 - 4x = -12x$.

c/ (1) $-6x^2 - 3x^2 = -9x^2$; (2) $9x^2 - 6x = 3x^2$;
(3) $-7x^2 + x^2 = -6x^2$; (4) $5 + 3x^2 = 8x^2$.

37. ***À faire de tête***

Associer à chacune des expressions A, B, C, etc., sa forme réduite (1), (2), (3), etc.

$A = 7a + 5 + 5a$ (1) $12 + 5a$
$B = 9a + 3a + a$ (2) $12a$
$C = 10a - 3a + 5a$ (3) $12a + 5$
$D = 12a - a + 5a$ (4) $13a$
$E = -2a + 12 + 7a$ (5) $16a$
$F = -3a^2 + 8a^2 - 2a^2$ (6) $3 + 5a^2$
$G = 3 + 7a^2 - 2a^2$ (7) $-5a^2$
$H = -4a^2 - 2a^2 + 14a^2$ (8) $8a^2$
$I = 3a^2 - 7a^2 - a^2$ (9) $3a^2$.

38. Compléter ce tableau.

$\times$	2	$3x$	$-5x$
-4			
$4x$			
$-6x$			

39. Réduire, si possible, les expressions suivantes.

a/ $15 + 5x$; $15 \times 3x$; $4x \times 2x$; $8x + 5x$.
b/ $-7x - 2x$; $-3x + 9x$; $4 - 8x$; $5x - 9x$.
c/ $6x(-3x)$; $4x \times 3x$; $-8 \times 3x$; $-4(-5x)$.
d/ $-4x^2 - 9x^2$; $3x(-4x)$; $-7x + 3x^2$; $-4 + 2x$.
e/ $-8 \times 5x$; $-3x(-5x)$; $8x^2 - 6x^2$; $5x - (-2x)$.

40. Compléter avec l'expression qui convient.

a/ $-3a + \dots = 10a$; **b/** $5a(\dots) = -15a^2$;
c/ $\dots - 5a = -12a$; **d/** $-7a(\dots) = -21a^2$;
e/ $6(\dots) = -30a^2$; **f/** $\dots - 8a = +12a$.

41. Réduire, si possible, les expressions suivantes.

$A = 7x + 2x + 3x$; $B = 8x^2 - 12x^2 + 5x^2$;
$C = -4x - 6x + 7x$; $D = -5x + 8x - 2x$.

42. Réduire les expressions suivantes.

$A = 3x - 5 + 6x + 7$; $B = -6x + 7 - 11 - 3x$;

$C = -4x - 8 + 2x + 6$; $D = 7x + 2 - 3x - 9$;

$E = 4x^2 + 3x - 8 + 5x^2 + 4x + 12$;

$F = -9x^2 + 5 - 8x + 7x^2 - 3x - 4$;

$G = -11x^2 + 7 - 2 - 8x^2 + 4x - 6x$;

$H = 15 + 4x - 5x^2 + 6x^2 + 3x - 10$.

Développer une expression littérale avec la distributivité

43. Les expressions suivantes sont-elles des sommes ou des produits ?

a/ $6x + 4x$; **b/** $6(3x + 8)$;

c/ $(5x + 7)(4x + 2)$; **d/** $8 + 2x$;

e/ $10(-3x)$; **f/** $4 + 3x^2 + 2x$.

44. Développer les expressions suivantes.

$A = 4(3b + 8)$; $B = 8b(3b - 2)$;

$C = -6(2b + 7)$; $D = -8b(6 + 9b)$;

$E = 7(-5 + 9b)$; $F = 4b(-7b + 3)$;

$G = -3(-5 - 8b)$; $H = 6b(-4b - 3)$.

45. ***À faire de tête***

Développer et réduire les expressions suivantes.

$A = 4(2a + 3) + 8$; $B = 2b(3b + 4) + 3b^2$;

$C = -2(c - 3) + 4$; $D = 8d - 3(-d^2 + 2d)$;

$E = e + 3(e + 5)$; $F = 3(-2f + f^2) - f^2$.

46. Développer et réduire.

$A = 7x(5x + 3) + 4(3x + 2)$;

$B = 8x(3x + 3) - 5x(7x + 6)$;

$C = -4(2x - 5) + 4x(6 + 3x)$;

$D = -6(3 + 9x) - 3x(2x - 7)$.

47. Simplifier les expressions suivantes.

$A = (4x + 3) - (7x + 5)$;

$B = (-8x + 5) + (3x - 4)$;

$C = (-4x - 7) - (-5x + 8)$;

$D = (3x + 9) - (2x + 3) \times 4$;

$E = (4x + 7) - (3x - 2) \times 5$;

$F = (6x^2 + 9) - (7x^2 - 3x + 6)$;

$G = (3x^2 - 5x + 8) + (-12x^2 - 6x - 7)$.

Développer une expression littérale avec la double distributivité

48. Développer et réduire.

$A = (4x + 3)(5x + 2)$; $B = (-6x - 2)(-3x - 5)$;

$C = (3x - 4)(-4x + 2)$; $D = (-6 + 2x)(4 - 3x)$;

$E = (-6x + 3)(4 + 2x)$; $F = (+5 - 3x)(4 - 2x)$;

$G = (-7x + 4)(-3x + 5)$; $H = (-8 + 6x)(7x - 6)$.

49. ***À faire de tête.***

Recopier et compléter.

a/ $(7x + 2)(3x + 2) = 21x^2 + \ldots + 4$;

b/ $(-3x + 4)(-2x + 3) = \ldots - 17x + \ldots$;

c/ $(5x - 2)(3x + 4) = 15x^2 + \ldots - 8$;

d/ $(-2x - 3)(2x + 4) = \ldots - 14x + \ldots$

Résoudre des problèmes

50. Au théâtre, une place coûte x €. Si l'on achète une carte d'abonnement coûtant 15 €, on bénéficie d'une réduction de 2 € par spectacle.
Écrire, en fonction de x, la dépense totale pour un abonné qui a vu 10 spectacles.

51. Un groupe d'amis collectionne des cartes de téléphone. Stéphane en a x. Claire en a deux fois plus que Stéphane. Jérôme en a cinq de moins que Stéphane. Céline en a deux de plus que Stéphane. Cyril en a trois fois plus que Jérôme. Amélie en a deux fois plus que Céline.

a/ Écrire, en fonction de x, le nombre de cartes de chacun.

b/ Écrire, en fonction de x, le nombre total de cartes possédées par le groupe d'amis.

c/ Si Stéphane a dix cartes, quel est le nombre de cartes possédées par chacun de ses amis ?

Calculer ensuite de deux manières différentes le nombre total de cartes possédées par le groupe d'amis.

52. Jérôme a 15 ans, Lionel a 18 ans et leur père Joël a 40 ans.

a/ Écrire l'âge de Jérôme, Lionel et Joël dans x années en fonction de x.

b/ Quelle sera la somme de leurs âges dans x années ?

c/ Dans combien d'années cette somme sera-t-elle égale à 100 ans ?

53.

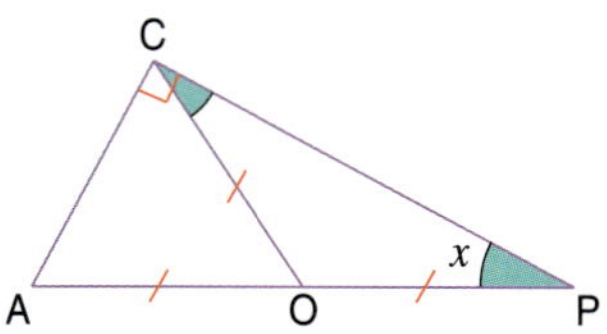

Exprimer en fonction de x les angles $\widehat{CAO}$ et $\widehat{COA}$.

54. ABCDEFGH est un parallélépipède restangle.

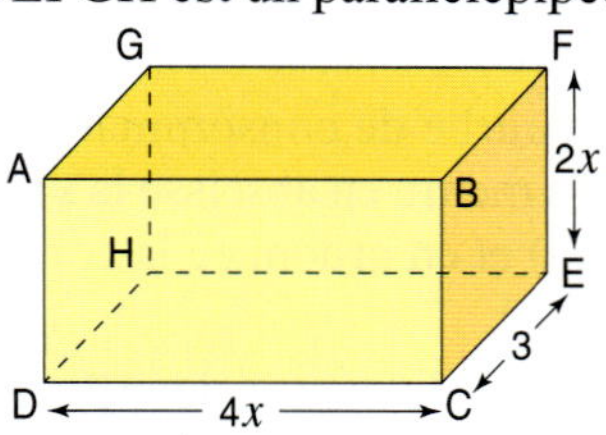

Exprimer en fonction de x :

a/ l'aire de ABCD ;

b/ l'aire totale du solide ;

c/ la longueur totale des arêtes du solide.

55.

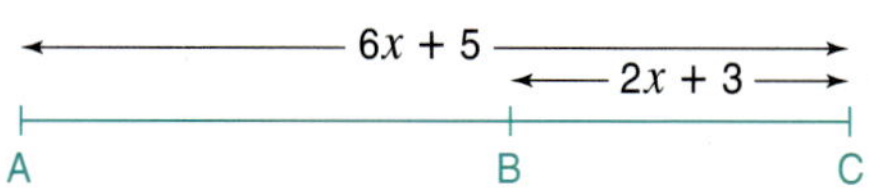

a/ Pour $x = 2$, calculer AC, BC puis AB.

b/ Écrire en fonction de x la longueur AB. Simplifier l'expression trouvée.

c/ Calculer pour $x = 2$ la valeur de l'expression trouvée ci-dessus. Comparer au résultat trouvé au **a/**.

56. Exprimer en fonction de x le périmètre puis l'aire de la figure ci-contre où ABCD est un rectangle, et DEFG est un carré.

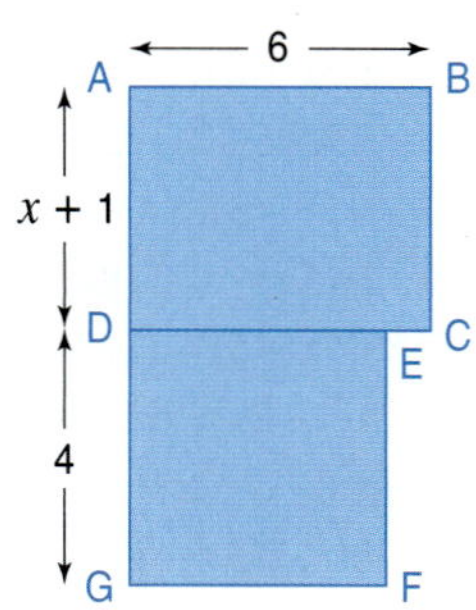

57. **a/** Développer et réduire $(x - 2)(x + 2)$.

b/ Utiliser l'égalité établie ci-dessus pour calculer mentalement 98×102.

58. Une piscine rectangulaire ABCD de 10 mètres sur 7 mètres a une bordure de largeur x.

a/ Exprimer l'aire du bassin EFGH en fonction de x.

b/ Utiliser la formule trouvée ci-dessus pour calculer l'aire du bassin quand la bordure a une largeur de 0,75 mètre.

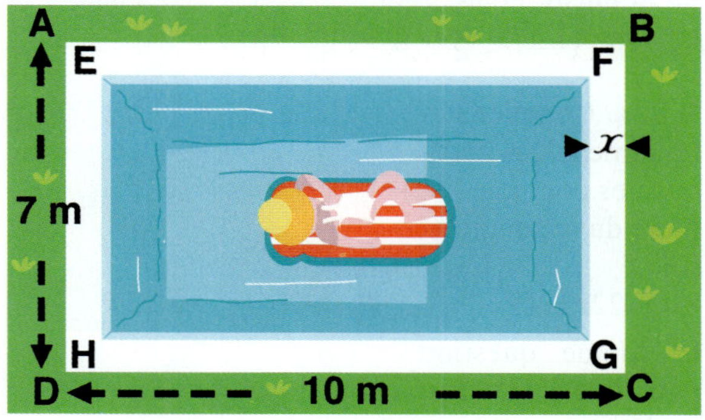

DEVENIR UN CHAMPION

Résoudre des problèmes

59. Montrer dans les deux cas suivants que les objets 1 et 2 ont le même volume.

a/

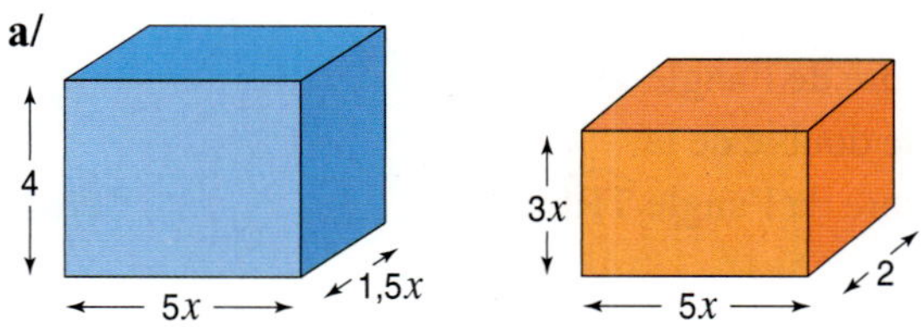

objet 1 objet 2

b/

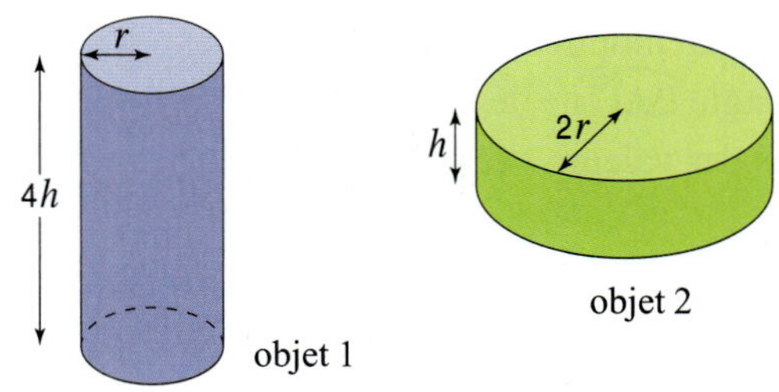

objet 1 objet 2

60. Sur la figure ci-contre, toutes les dimensions sont exprimées en centimètres.

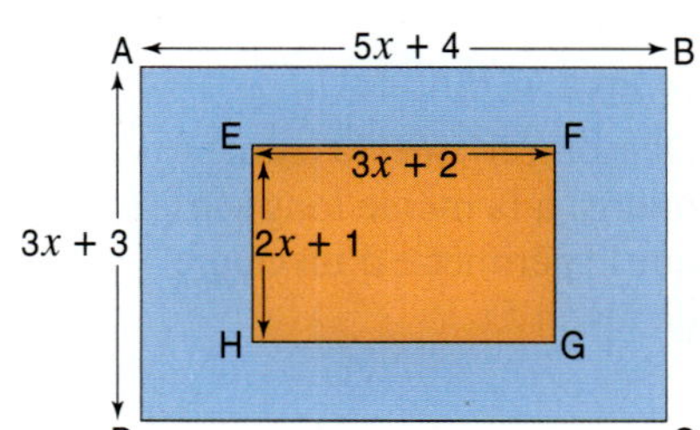

a/ Calculer l'aire de la partie coloriée en bleu en fonction de x. Développer et réduire l'expression trouvée.

b/ Pour $x = 2$ calculer la longueur et la largeur des rectangles ABCD et EFGH. En déduire l'aire coloriée en bleu.

c/ En utilisant la formule trouvée au **a/** calculer l'aire de la partie bleue pour $x = 2$. Vérifier ensuite la réponse à l'aide de la question **b/**.

61. **a/** Compléter les dimensions manquantes pour que l'aire du rectangle soit : $8x^2 + 22x + 15$.

b/ Même question pour que l'aire soit égale à : $12x^2 + 18x + 6$.

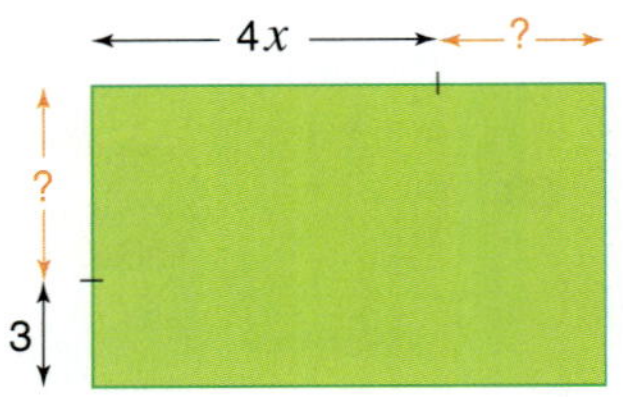

62. ***Au brevet***

Développer puis réduire $(x - 4)^2 - (x - 2)(x - 8)$. En déduire un mode de calcul rapide de l'expression $9\,996^2 - 9\,998 \times 9\,992$.

(Grenoble, 1996.)

63. Démontrer que la mesure de l'angle $\widehat{TOI}$ est le double de la mesure de l'angle $\widehat{TRI}$.

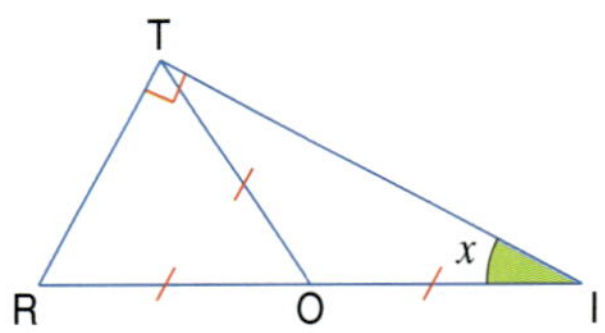

64. Démontrer que l'angle $\widehat{BAC}$ ne dépend pas des valeurs x et y.

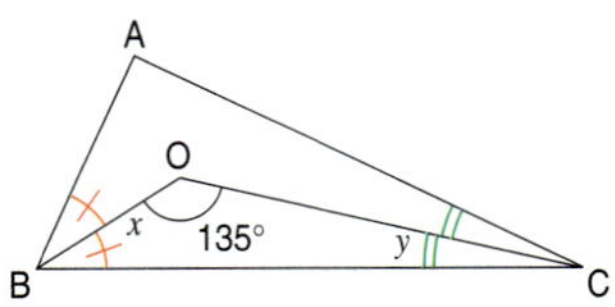

65. ABCD est un carré. La courbe orange est formée de quarts de cercle de centres A, B, C et D.

Démontrer que la courbe orange a la même longueur que le périmètre d'un cercle de rayon $5x$.

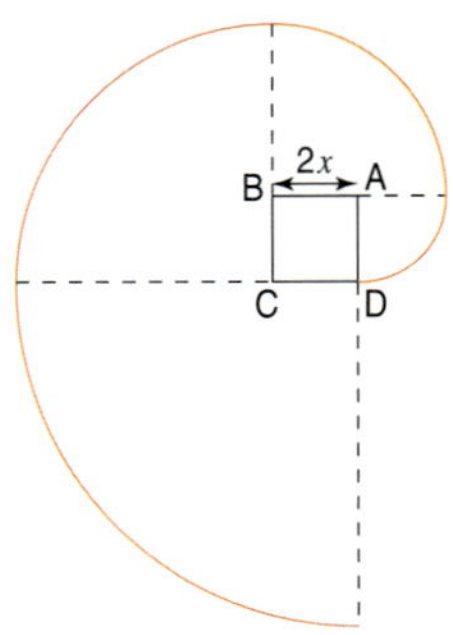

Problèmes de synthèse

66. Les consommations des voitures de monsieur Rapido et de monsieur Presto sont données par les formules :

$$C_R = \frac{v^2}{2\,000} + 4{,}6 \quad \text{et} \quad C_P = \frac{v^2}{3\,200} + 6$$

Dans ces deux formules la vitesse v est exprimée en kilomètres par heure, et la consommation en litres.

a/ Calculer la consommation de la voiture de monsieur Rapido à 20 ; 40 ; 60 ; 80 ; 100 ; 120 km/h.

b/ Faire de même pour la voiture de monsieur Presto.

c/ Tracer la courbe de consommation des deux véhicules. On mettra en abscisse la vitesse (1 cm pour 20 km/h) et en ordonnée la consommation (1 cm pour 1 L).

d/ Monsieur Rapido et monsieur Presto pensent tous les deux que c'est leur voiture qui consomme le moins. Utiliser les courbes pour les départager.

67. Voici un message codé :

Δ	∀	∃	&	*	Φ	Ω	Ψ	⊗	∅	Σ	@	θ	□

À chaque expression de la colonne de gauche, associer l'expression de la colonne de droite qui lui est égale. Utiliser les lettres trouvées pour décoder le message.

Δ	$6x - 7 + 9x + 4$	$14x - 2$	(D)
∀	$-5x - 3 + 2x - 5$	$17x - 23$	(X)
∃	$4x^2 - 3x + 7 + 6x + 5x^2 + 2$	$10x - 2$	(L)
&	$2(3x + 5) + 4(2x - 3)$	$10x^2 + 14x - 12$	(R)
*	$-3(4x - 2) - 2(3x - 4)$	$-5x^2 + 3x - 6$	(E)
Φ	$2(5x - 3) + 4$	$15x - 3$	(F)
Ω	$2x(5x + 3) - (8x^2 + 2)$	$-8x^2 + 24x - 8$	(I)
Ψ	$3(7x - 5) - (2x + 4) \times 2$	$9x^2 + 3x + 9$	(N)
⊗	$4x^2 - 2 - (9x^2 - 3x + 4)$	$-2x + 10$	(C)
∅	$(5x - 3)(2x + 4)$	$2x^2 + 6x - 2$	(E)
Σ	$4x - 2(3x - 5)$	$-3x - 8$	(I)
@	$(3x - 2)(-6x + 4) + 10x^2$	$-10x^2 + 16x + 10$	(E)
θ	$(4 - 5x)(2x - 8) + 2x^2 - 3$	$-18x + 14$	(E)
□	$5x + (3 - 2x)(2 + 5x) + 4$	$-8x^2 + 48x - 35$	(C)

8

Équations, inégalités

Comme on le voit sur l'illustration, la balance indique 72 kg. On sait également que le cycliste pèse 50 kg de plus que son vélo.
Quel est le poids du vélo ?

Remarque. ***À propos, si le vélo pèse 22 kg, combien pèse le cycliste ? Quelle est alors la somme de leurs poids ? Bizarre, bizarre…***

Test

Repérer les obstacles

1. Des inconnues dans les calculs

➢ exercices 34 et 35 p. 133

a/ Trouver x dans chacun des cas suivants.

(1) $x + 4 = 1$; (2) $15 = x + 3$; (3) $12 - x = 4$.

b/ Trouver a dans chacun des cas suivants.

(1) $4a = 12$; (2) $6a = 3$; (3) $32 = 8a$.

2. Des inconnues dans des figures

➢ exercice 36 p. 133

a/ Dans chacun des cas suivants, déterminer x.

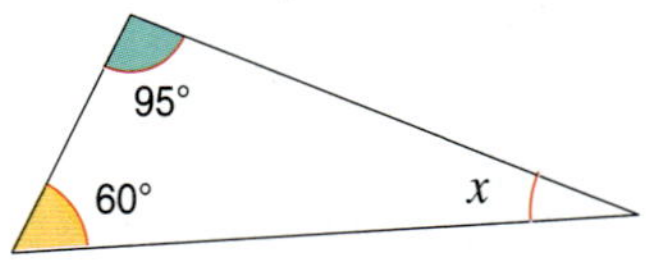

figure 1

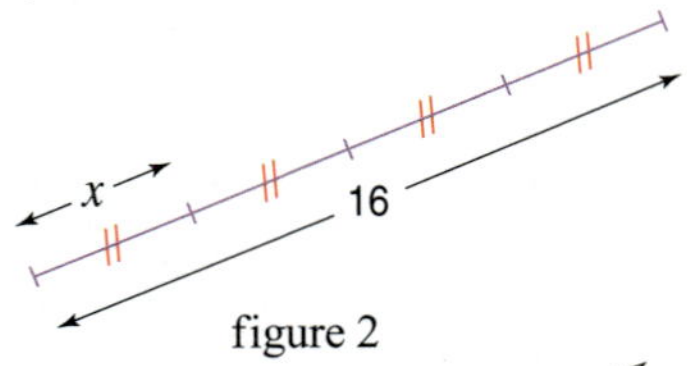

figure 2

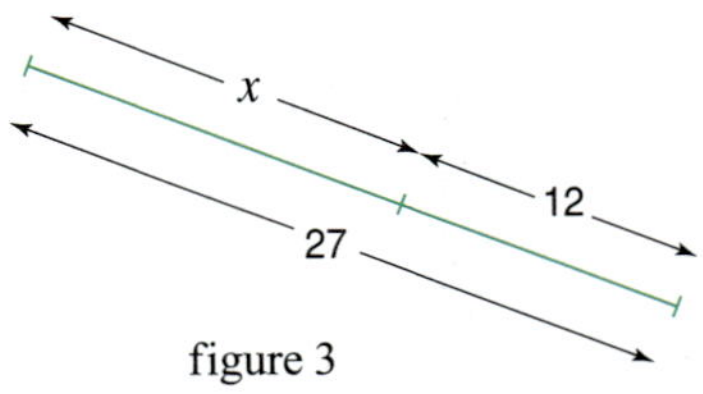

figure 3

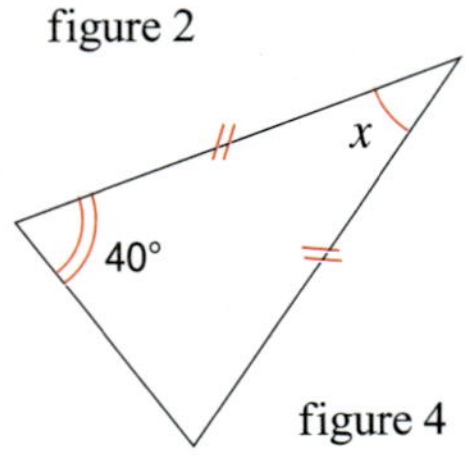

figure 4

b/ Déterminer x sachant que le périmètre du triangle DEF ci-contre est de 22 cm. (Toutes les mesures sont exprimées en centimètres.)

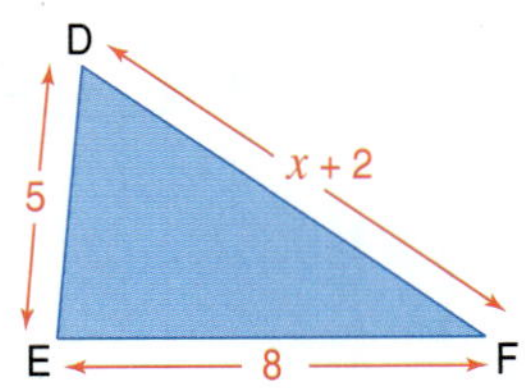

3. Comparer

➢ exercice 37 p. 133

Comparer, c'est-à-dire compléter par <, > ou =.

a/ -2 ... 3 ; **b/** -2 ... -3 ; **c/** $0{,}3$ ... $\dfrac{3}{10}$;

d/ $4{,}4$ ... $4{,}37$; **e/** $-0{,}6$ ... -1 ; **f/** $-14{,}2$ ... $-14{,}3$.

Franchir les obstacles

Égalité et opérations

1. Égalité et différence

a/ Conjecturer

a et b sont deux nombres tels que $a - b = 0$. Comparer a et b.
Énoncer la propriété qui semble se dégager. On admettra cette propriété.

b/ Conjecturer

Énoncer la réciproque de la propriété du **a/** que l'on admettra également.

2. Égalité, addition et soustraction

➤ *exercice 1 p. 130*

a/ Conjecturer

Dans le cas de la balance 1, les plateaux sont équilibrés. Qu'en est-il de la balance 2 ? Expliquer.

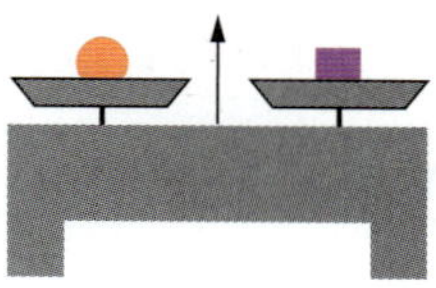

Balance 1

Balance 2

b/ Démontrer

Les deux énoncés ci-dessous sont-ils vrais ? Démontrer les réponses.

- « Quels que soient les nombres a, b et c, si $a = b$ alors $a + c = b + c$. »
- « Quels que soient les nombres a, b et c, si $a = b$ alors $a - c = b - c$. »

c/ Appliquer

Parmi les phrases suivantes, lesquelles sont vraies quel que soit le nombre a ? Démontrer les réponses.

(1) Si $4a + 3 = a + 5$ alors $4a + 6 = a + 8$.
(2) Si $4a + 3 = a + 5$ alors $4a + 1 = a + 3$.
(3) Si $4a + 3 = a + 5$ alors $6a + 3 = 3a + 5$.
(4) Si $4a + 3 = a + 5$ alors $3a + 3 = 5$.

3. Égalité, multiplication et division

➤ *exercices 2 à 4 p. 130*

a/ Conjecturer

Dans le cas de la balance 1, les plateaux sont équilibrés. Qu'en est-il de la balance 3 ?

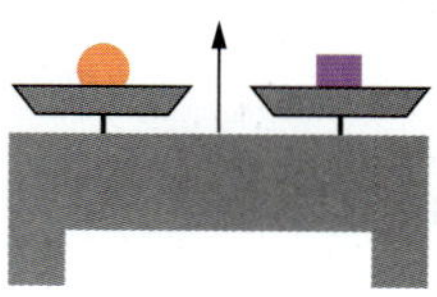

Balance 1

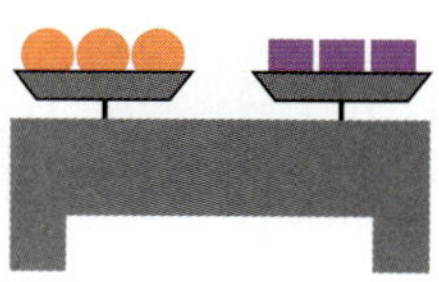

Balance 3

b/ Démontrer

Les deux énoncés suivants sont-ils vrais ? Démontrer les réponses.

- « Quels que soient les nombres a, b et c, si $a = b$ alors $a \times c = b \times c$. »
- « Quels que soient les nombres a, b et $c \neq 0$, si $a = b$ alors $\frac{a}{c} = \frac{b}{c}$. »

c/ Appliquer

Parmi les phrases suivantes, lesquelles sont vraies quel que soit le nombre a ? Démontrer les réponses.

(1) Si $3a = 6$ alors $6a = 12$.

(2) Si $0{,}5a = 8$ alors $a = 16$.

(3) Si $4a = 5$ alors $a = 1$.

(4) Si $5a = 10$ alors $a = \frac{10}{5}$.

(5) Si $8a = 2$ alors $a = \frac{8}{2}$.

Résoudre des équations

4. Le nombre inconnu

a/ Marie et Christophe choisissent un même nombre. Marie ajoute 3 à ce nombre et multiplie le résultat par 2. Christophe ajoute 7 au nombre choisi. En comparant leur résultat, ils trouvent le même. Trouver, si possible, le nombre choisi.

b/ Céline et Alexandra choisissent également un même nombre. Céline ajoute 2 à ce nombre et multiplie le résultat par 5. Alexandra double le nombre choisi et ajoute 26. Elles trouvent le même résultat. Calculer, si possible, le nombre choisi.

5. Être solution ou non ?

➢ *exercices 5 et 6 p. 130*

a/ Le nombre 5 est-il solution de l'équation $2x - 7 = 3x + 11$?

b/ Le nombre -1 est-il solution de l'équation $7x + 1 = 6x$?

c/ Le nombre 3 est-il solution de l'équation $2x^2 - x - 11 = 0$?

6. Avoir même solution ou non ?

➢ *exercices 7 et 8 p. 130*

Dans chacun des cas suivants, préciser comment transformer l'équation (1) pour obtenir l'équation (2), puis, sans les résoudre, préciser si elles ont les mêmes solutions.

a/ (1) $2x + 5 = 3$; (2) $2x + 8 = 6$.

b/ (1) $3x + 11 = 2x - 2$; (2) $3x + 7 = 2x - 6$.

c/ (1) $\frac{3x}{2} = \frac{5}{2}$; (2) $3x = 5$.

d/ (1) $3(x - 2) = 4 - (x + 2)$; (2) $3x - 6 = 2 - x$.

e/ (1) $4x = 15$; (2) $x = \frac{15}{4}$.

7. Résoudre les équations suivantes

➤ exercices 9 à 14 p. 130

a/ (1) $7x - 11 = 3x + 17$; (2) $6x - 3 = x + 5$;

(3) $2x - 8 = -5x - 12$; (4) $3x - 5 = 3x + 8$.

b/ (1) $5(x - 2) = 8$; (2) $2x - 5 = (4x + 3) - x$;

(3) $8x - (2x + 1) = x + 3$; (4) $2(x - 7) = 5(-x + 2)$.

c/ (1) $\frac{4x}{7} = \frac{12}{7}$; (2) $\frac{3}{11}x = \frac{4}{7}$;

(3) $\frac{5}{2}x = 3$; (4) $-2x = \frac{2}{3}$.

Ordre et opérations

8. Ordre et signe de la différence

a/ Compléter le tableau ci-dessous.

a	b	A-t-on $a > b$?	$a - b$	Signe de $a - b$
2	5			
18	12			
– 3	2			
– 4	– 5			
7	– 6			

b/ **Conjecturer**. En observant le tableau ci-dessus, compléter les phrases suivantes.

- Si $a > b$ alors …….
- Si $a < b$ alors …….
- Si $a - b > 0$ alors …….
- Si $a - b < 0$ alors …….

On admettra ces propriétés.

9. Ordre et addition

➤ exercice 15 p. 130

a/ **Démontrer**

L'énoncé suivant est-il vrai ? Démontrer votre réponse.
« Quels que soient les nombres a, b et c, si $a < b$ alors $a + c < b + c$. »

b/ **Démontrer**

L'énoncé suivant est-il vrai ? Démontrer votre réponse.
« Quels que soient les nombres a, b et c, si $a < b$ alors $a - c < b - c$. »

c/ **Appliquer**

a et b sont deux nombres tels que $a < b$. Compléter, si possible, par « < » ou « > ».

(1) $a + 2$ … $b + 2$; (2) $a - 4$ … $b - 4$;

(3) $b + \frac{2}{3}$ … $a + \frac{2}{3}$; (4) $a + 4$ … $b + 5$.

10. Ordre et multiplication

➤ exercice 16 p. 130

a/ Démontrer

L'énoncé suivant est-il vrai ? Démontrer votre réponse.
« Quels que soient les nombres a, b et c, si $a < b$ alors $a \times c < b \times c$. »

b/ Démontrer

Quelle condition faut-il ajouter sur le nombre c de l'énoncé ci-dessus pour qu'il soit vrai ? Démontrer cet énoncé.

c/ Appliquer

m et p sont deux nombres tels que $m < p$. Compléter, si possible, par « < » ou « > ».

(1) $2m \dots 2p$; (2) $-4m \dots -4p$; (3) $\frac{m}{5} \dots \frac{p}{5}$.

Résoudre des problèmes

11. Équation et formules

➤ exercices 17 à 18 p. 131

La longueur d'un ressort est donnée par la formule $L = 13 + 3M$ où L est sa longueur (en cm) et M est la masse (en g) suspendue à ce ressort.

a/ Trouver la longueur de ce ressort si on lui suspend une masse de 10 g.

b/ Trouver la masse suspendue à ce ressort sachant qu'il mesure 41,5 cm.

12. Mettre en équation pour résoudre un problème

➤ exercices 19 à 28 p. 131

a/ Dans mon portefeuille, j'ai uniquement des billets de 5 €, de 10 € et de 20 €. J'ai x billets de 20 €, 3 billets de 5 € de plus que de billets de 20 € et j'ai trois fois plus de billets de 10 € que de billets de 5 €.

(1) Exprimer en fonction de x :
- le nombre de billets de 5 € ;
- le nombre de billets de 10 € ;
- la somme que j'ai en billets de 20 € ;
- la somme que j'ai en billets de 5 € ;
- la somme que j'ai en billets de 10 € ;
- la somme totale que j'ai dans ma poche.

(2) J'ai 270 €. Trouver le nombre de billets de 20 € que je possède.

b/ Cédric et Pierre collectionnent les cartes téléphone. Cédric a 36 cartes de plus que Pierre et il a trois fois plus de cartes que Pierre. Combien Pierre a-t-il de cartes ?

c/ Nicole a 37 ans et sa fille a 12 ans. Dans combien d'années l'âge de la mère sera-t-il le double de l'âge de sa fille ?

d/ Déterminer, si possible, la longueur x pour que le périmètre du carré ABCD soit égal au périmètre du triangle BEC.

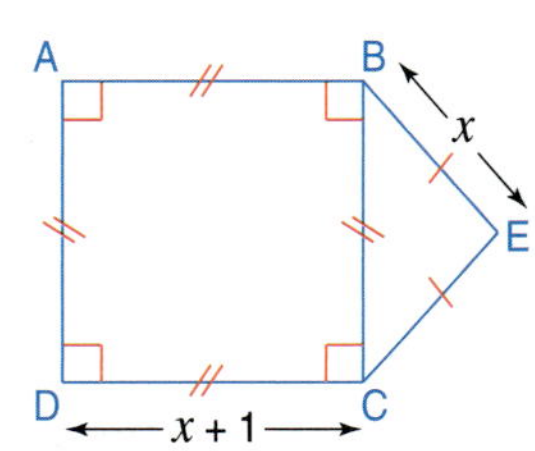

1 Équations

a/ Transformation d'égalités

Quels que soient les nombres relatifs a, b et c :
- **si $a = b$ alors $a + c = b + c$;**
- **si $a = b$ alors $a - c = b - c$.**

Démonstration : voir l'activité 2 de *Franchir les obstacles*, p. 123.

Exemple. On sait que $2x - 11 = 8$.

D'où $2x - 11 + 11 = 8 + 11$ donc $2x = 19$.

On a ajouté 11 à chaque membre de l'égalité.

Quels que soient les nombres relatifs a, b et c :
- **si $a = b$ alors $a \times c = b \times c$;**
- **si $a = b$ et $c \neq 0$ alors $\frac{a}{c} = \frac{b}{c}$.**

Démonstration : voir l'activité 3 de *Franchir les obstacles*, p. 123-124.

Exemple. On sait que $2x = 19$.

D'où $\frac{2x}{2} = \frac{19}{2}$ donc $x = \frac{19}{2}$.

On a divisé par 2 les deux membres de l'égalité.

b/ Solutions d'une équation

Résoudre une équation d'inconnue x, c'est trouver par quels nombres il faut remplacer x pour obtenir une égalité.
Ces nombres sont appelés **solutions** de l'équation.

Exemple. Soit l'équation $2x + 3 = x + 8$.

($2x + 3$: premier membre ; $x + 8$: second membre)

Le nombre 5 est solution de l'équation car $2 \times 5 + 3 = 5 + 8$.

! Attention. Il y a des équations qui n'ont pas de solution.

Par exemple $0x = 7$ n'a pas de solution. En revanche $7x = 0$ a une solution (c'est 0).

! Attention. Ne pas confondre les deux questions suivantes.

- **« L'égalité $2x + 3 = x + 8$ est-elle vraie ? »**

Il faut répondre non car pour $x = 1$, on a $2 \times 1 + 3 \neq 1 + 8$.

- **« Résoudre l'équation $2x + 3 = x + 8$. »**

Il faut répondre que la solution est 5.

c/ Résolution d'une équation

Pour résoudre une équation on la transforme, par étapes, pour aboutir à une équation de la forme $x = a$ ou $0x = a$ (où a est un nombre). Mais il faut bien sûr qu'à chaque étape les équations obtenues aient la ou les mêmes solutions.

Trois règles permettent de transformer une équation en une équation qui a la ou les mêmes solutions.
- **Simplifier chacun des membres de l'équation.**
- **Ajouter (ou soustraire) un même nombre aux deux membres d'une équation.**
- **Multiplier (ou diviser) par un même nombre non nul les deux membres d'une équation.**

Ces règles sont les conséquences des propriétés énoncées en **a/**.

Exemples. Dans chacun des deux cas suivants, les équations (1) et (2) ont-elles la même solution ?

- Premier cas : (1) $5x - 7 = 4x + 5$ (2) $5x = 4x + 12$

$$5x - 7 + 7 = 4x + 5 + 7$$

Les équations (1) et (2) ont la même solution car on a obtenu (2) en **ajoutant 7** aux deux membres de (1).

- Deuxième cas : (1) $3x = 5$ (2) $x = \frac{5}{3}$

$$\frac{3x}{3} = \frac{5}{3}$$

Les équations (1) et (2) ont la même solution car on a obtenu (2) en **divisant par 3** les deux membres de (1).

2 Inégalités

Quels que soient les nombres relatifs a, b et c :
- **si $a < b$ alors $a + c < b + c$;**
- **si $a < b$ alors $a - c < b - c$.**

Pour la démonstration de ces propriétés, on se reportera à l'activité 9, p. 125.

Exemple. On sait que $m < p$. Donc, par exemple, $m + 7 < p + 7$; $m - 2 < p - 2$.

Quels que soient les nombres relatifs a, b et c :
- **si $a < b$ et $c > 0$ alors $a \times c < b \times c$;**
- **si $a < b$ et $c > 0$ alors $\frac{a}{c} < \frac{b}{c}$.**

Pour la démonstration de ces propriétés, on se reportera à l'activité 10, p. 126.

Exemple. On sait que $x < y$. Donc, par exemple, $3x < 3y$; $\frac{x}{5} < \frac{y}{5}$.

! Attention. Si $a < b$ et $c < 0$ alors $a \times c > b \times c$.

Par exemple, $2 < 7$ mais $2 \times (-3) > 7 \times (-3)$.

1. Résoudre une équation

Exemple. Résoudre $9(x + 1) - 4x = 5 - (x - 3)$.

Méthode

- Simplifier au maximum chacun des membres en utilisant les propriétés vues dans le chapitre 7 « Calcul littéral ».
- Éliminer le terme contenant l'inconnue dans un des deux membres en ajoutant l'opposé de ce terme dans chaque membre.
- Éliminer, de même, le terme ne contenant pas l'inconnue dans l'autre membre.
- Diviser chaque membre par le coefficient de l'inconnue (s'il est non nul).
- Énoncer la réponse.

Rédaction

Les équations suivantes ont les mêmes solutions :

$9x + 9 - 4x = 5 - x + 3$

$5x + 9 = 8 - x$

$5x + 9 + x = 8 - x + x$

$6x + 9 = 8$

$6x + 9 - 9 = 8 - 9$

$6x = -1$

$\frac{6x}{6} = -\frac{1}{6}$

$x = -\frac{1}{6}$

La solution est $-\frac{1}{6}$.

2. Résoudre un problème en le mettant en équation

Exemple. Dans une salle de spectacle, si on place 5 élèves par banc, il restera 12 places libres. Si on place 4 élèves par banc, 3 d'entre eux ne pourront pas s'asseoir. Combien y a-t-il de bancs ?

Méthode

- Choisir une inconnue. C'est généralement le nombre cherché. Préciser les conditions concernant l'inconnue.
- Traduire toutes les informations de l'énoncé en fonction de x.
- Trouver une équation qui convienne !
- Résoudre l'équation.
- Énoncer la réponse.
- On peut vérifier le résultat en revenant à l'énoncé.

Rédaction

- Soit x le nombre de bancs.

Ce nombre doit être un entier positif.

- « Si on place 5 élèves par banc, il restera 12 places libres », donc **le nombre d'élèves est $5x - 12$.**
- « Si on place 4 élèves par banc, 3 d'entre eux ne pourront pas s'asseoir » donc **le nombre d'élèves est $4x + 3$.**
- Donc $5x - 12 = 4x + 3$.
- Les équations ci-dessous ont les mêmes solutions :

$5x - 4x - 12 + 12 = 4x - 4x + 12 + 3$

$5x - 4x = 12 + 3$

$x = 15$.

- Il y a **15 bancs.**

Exercices fondamentaux

Égalités et opérations

1. Si $2x + 3 = 4$ les égalités ci-dessous sont-elles vraies ?

a/ $2x + 8 = 9$; **b/** $2x = 1$;

c/ $2x + 6 = 7$; **d/** $2x + 1 = 6$.

2. Si $3x - 1 = 2$ les égalités ci-dessous sont-elles vraies ?

a/ $6x - 1 = 4$; **b/** $6x - 2 = 4$;

c/ $3x = 3$; **d/** $-3x + 1 = -2$.

3. On sait que $10x + 8 = 12$.
Compléter les égalités ci-dessous.

a/ $5x + 4 = \square$; **b/** $10x = \square$;

c/ $\square x + \square = 24$; **d/** $x = \square$.

4. Compléter les phrases suivantes.

a/ Si $3x = -5$ alors $x = ...$

b/ Si $x + 3 = -5$ alors $x = ...$

c/ Si $-2x = 8$ alors $x = ...$

d/ Si $-2 + x = 8$ alors $x = ...$

Résoudre des équations

5. En résolvant l'équation $3x + 5 = 10 - 2x$, Julie a trouvé $x = 2$. Sans résoudre l'équation, Martin lui dit qu'elle s'est trompée, comment a-t-il procédé ?

6. Pour chacune des équations ci-dessous, préciser si les nombres 7 ; – 2 ; 0 sont solutions.

a/ $2x + 7 = 3x$;

b/ $5x - 7 = 10x - 9$;

c/ $4(x - 3) = -12 - x$.

7. Sans les résoudre, dire quelles sont, parmi les équations **a/** à **d/**, celles qui ont la même solution que l'équation $10x - 4 = 8 + 6x$. Justifier la réponse.

a/ $10x = 8 + 6x$; **b/** $10x = 12 + 6x$;

c/ $5x - 2 = 4 + 3x$; **d/** $4x - 4 = 8$.

8. ***À faire de tête***

Résoudre les équations suivantes.

a/ $-3x = 5$; **b/** $3x = -8$;

c/ $-2x = -8$; **d/** $x - 2 = 7$;

e/ $-x + 1 = 3$; **f/** $-x - 5 = -10$.

9. Trouver trois équations qui ont 5 comme solution.

10. Résoudre les équations suivantes.

a/ $3x - 7 = 2x + 15$; **b/** $4x - 19 = x - 10$;

c/ $3x - 14 = 4x + 17$; **d/** $5x + 12 = 5x - 15$.

11. Résoudre les équations suivantes.

a/ $2(x - 5) = 3(-x + 2)$;

b/ $-3(-a + 3) = 5(3 - a) + 2$;

c/ $m - (5 - 3m) = 3m + 4$;

d/ $2(p - 3) + 5(p - 7) = 0$.

12. Résoudre les équations suivantes :

a/ $4x - 15 = -2x + 9$;

b/ $3x - 8 = -7x + 2$;

c/ $-2x + 5 = -2 - 9x$;

d/ $4x - 7 = -7 + 4x$;

e/ $2(x - 3) = 5(-x + 1)$;

f/ $-3(x + 5) = 1 - 2(x + 1)$;

g/ $x - (7x - 2) = 5(2 - x)$;

h/ $1 - (5 - 2x) = 3 - (2x - 5)$.

13. Résoudre les équations suivantes.

a/ $\dfrac{-3x}{2} = \dfrac{7}{2}$; **b/** $\dfrac{15x}{7} = \dfrac{3}{14}$;

c/ $\dfrac{4}{5}x = \dfrac{10}{3}$; **d/** $-2x = \dfrac{15}{7}$;

e/ $\dfrac{-2}{5}x = \dfrac{-1}{15}$; **f/** $\dfrac{4}{7} = \dfrac{-8}{3}x$.

14. ***À faire de tête***

Résoudre les équations suivantes.

a/ $5x = 0$; **b/** $0x = 5$;

c/ $x + 5 = 0$ **d/** $\dfrac{1}{5}x = 0$;

e/ $x - 5 = 0$; **f/** $5x = 1$;

g/ $-x = 5$; **h/** $-5x = -1$.

15. Résoudre les équations suivantes.

a/ $x - \dfrac{1}{3} = \dfrac{5}{6}$; **b/** $x + \dfrac{3}{4} = \dfrac{1}{2}$;

c/ $\dfrac{3}{5}x = \dfrac{3}{4}$; **d/** $\dfrac{4}{3}x = 5$;

e/ $\dfrac{2}{3}x = 2$; **f/** $\dfrac{3}{10}x - \dfrac{4}{5} = \dfrac{7}{10}$;

g/ $\dfrac{-4}{3} = 2 - x$; **h/** $\dfrac{1}{3} + \dfrac{1}{9}x = \dfrac{-1}{3}$.

Ordre et opérations

16. On sait que $m < p$. Compléter, si possible, par < ou >.

a/ $m + 5 \dots p + 5$; **b/** $p - 7 \dots m - 7$;
c/ $12 + m \dots p + 12$; **d/** $m + 15 \dots p + 17$;
e/ $m - 12 \dots p - 10$; **f/** $m + 6 \dots p + 5$.

17. On sait que $s < t$. Compléter, si possible, par < ou >.

a/ $4s \dots 4t$; **b/** $0{,}5t \dots 0{,}5s$; **c/** $-2s \dots -2t$;
d/ $-5s \dots -5t$; **e/** $\frac{s}{3} \dots \frac{t}{3}$; **f/** $3t \dots 3s$.

Résoudre des problèmes

18. L'une des plus anciennes unités de mesure de température est le degré Fahrenheit. Cette unité est encore utilisée aux États-Unis ou en Angleterre par exemple. En France, nous utilisons le degré Celsius. Voici la formule qui lie ces deux unités :
$T = 32 + 1{,}8t$ où T est la température en degrés Fahrenheit et t la température en degrés Celsius.

a/ S'il fait 10 degrés Celsius quelle est la température en degrés Fahrenheit ?

b/ S'il fait 59 degrés Fahrenheit quelle est la température en degrés Celsius ?

19. Dans chacun de ces cas, le nombre d'une bulle est obtenu en faisant la somme des nombres situés juste au-dessus. Trouver x.

a/

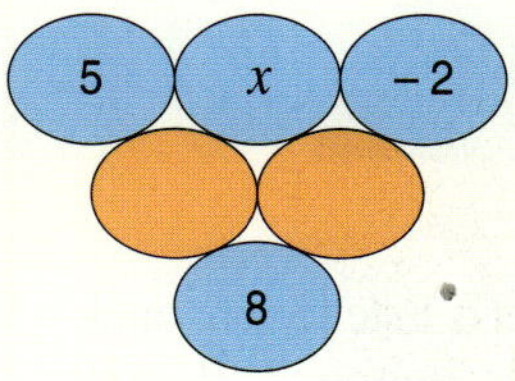

b/

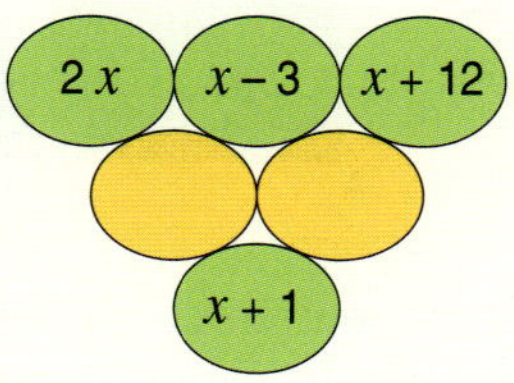

20. Trouver x sachant que l'aire de ABEF est égale à l'aire de BCDE.

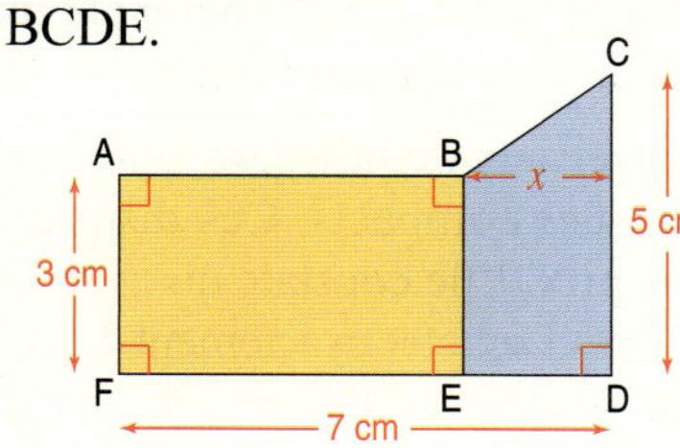

21. Dans un café, un soda coûte 0,50 € de plus qu'une grenadine. Un groupe de personnes commande 5 grenadines et 4 sodas, il paie en tout 20 €. Soit x le prix d'une grenadine.

a/ Préciser ce que ces expressions représentent :
$A = x + 0{,}50$; $B = 4(x + 0{,}50)$;
$C = 5x$; $D = 5x + 4(x + 0{,}50)$.

b/ Quel est le prix d'une grenadine ? d'un soda ?

22. Un grossiste livre 88 plantes à un fleuriste. Il y a des cyclamens, des azalées et des hortensias. Il y a trois fois plus d'azalées que de cyclamens et 12 cyclamens de plus que d'hortensias.
Combien y a-t-il de plantes de chaque catégorie ?

23. **a/** J'ajoute trois nombres entiers consécutifs, j'obtiens 1 251. Quels sont ces trois nombres ?

b/ Je prends trois nombres entiers consécutifs. Si j'ajoute le double du premier et le triple du deuxième j'obtiens le quadruple du troisième. Quels sont ces nombres ?

24. Jules achète x fleurs à 2,50 € l'une. Jim achète 12 fleurs de plus que Jules. Les fleurs de Jim coûtent 0,50 € l'une. Jules et Jim payent la même somme.

a/ Calculer en fonction de x :
– la dépense de Jules ;
– le nombre de fleurs achetées par Jim ;
– la dépense de Jim.

b/ Trouver le nombre x de fleurs achetées par Jules.

25. Christina et Carole sont passionnées d'Internet. Au cours du mois de janvier elles se sont connectées pendant le même nombre d'heures. À la fin du mois de février Christina a doublé son temps de connexion par rapport au mois précédent et Carole a augmenté son temps de connexion de 6 h. Elles arrivent encore au même nombre d'heures de connexion. Quel est leur nombre d'heures de connexion en janvier ?

26. Un père de famille propose un marché à son fils pour l'encourager à travailler : quand son fils obtient une note au-dessus de la moyenne, il lui donne 2 €. Par contre son fils doit lui donner 1,50 € s'il a une note inférieure à la moyenne. Au bout de 10 notes, le fils a gagné 9,50 €. Combien a-t-il eu de notes supérieures à la moyenne ?

27. Dans une classe de 24 élèves le professeur de gymnastique constitue deux équipes A et B.

Chaque élève est dans l'une des deux équipes. Dans un premier temps x élèves sont dans l'équipe A. Dans un deuxième temps le professeur fait passer deux élèves de l'équipe A dans l'équipe B.

a/ Exprimer en fonction de x :

– le nombre d'élèves qu'il y a dans l'équipe B dans le premier temps ;

– le nombre d'élèves qu'il y a dans l'équipe A dans le deuxième temps ;

– le nombre d'élèves qu'il y a dans l'équipe B dans le deuxième temps.

b/ On sait que dans le deuxième temps il y a deux fois plus d'élèves dans l'équipe B que dans l'équipe A. Trouver x.

28. Louis, son fils et son petit-fils discutent ensemble de leur âge. Louis a 62 ans, son fils 40 ans et son petit-fils 12 ans. Louis leur dit : « Avant que je n'aie 75 ans, la somme de vos âges sera égale à mon âge. » Est-ce exact ?

Faire le point à mi-parcours

Savez-vous...

29. ***... contrôler une égalité ?***

Si $3x + 5 = 2x$ les égalités ci-dessous sont-elles vraies ?

a/ $3x + 8 = 2x + 3$; **b/** $3x = 2x - 5$;

c/ $x + 5 = 0$; **d/** $\frac{3}{2}x + 5 = x$.

30. ***... si un nombre est solution d'une équation ?***

a/ Préciser si 1 est solution des équations suivantes.
(1) $3x + 6 = 2x + 4$; (2) $2x = 1$; (3) $x + 7 = 5x + 3$.

b/ Même question avec – 2.

31. ***... résoudre une équation ?***

Résoudre les équations suivantes.

a/ $3x - 7 = 5 + 2x$;

b/ $4(R - 7) - (2R + 7) = 5 - (R - 15)$;

c/ $3a - 11 = 2a - (5 - a)$;

d/ $9(x - 7) = x - 63$.

32. ***... comparer des nombres ?***

On sait que $x < y$. Compléter, si possible, par < ou >.

a/ $3x$ ... $3y$; **b/** $x - 5$ ... $y - 5$;

c/ $3y + 7$ ... $3x + 7$; **d/** $-2x$ ... $-2y$;

e/ $4x + 15$ ... $4y + 15$; **f/** $2x + 10$ ... $2y + 12$.

33. ***... résoudre des problèmes conduisant à une équation ?***

a/ Laura a enregistré trois émissions sur une cassette vidéo de 4 h. Les trois émissions remplissent exactement la cassette. La deuxième émission dure 30 minutes de plus que la première et la troisième est deux fois plus longue que la deuxième. Quelle est la durée de la deuxième émission ?

b/ Calculer x pour que le périmètre du triangle équilatéral DEF soit égal au périmètre du carré ABCD.

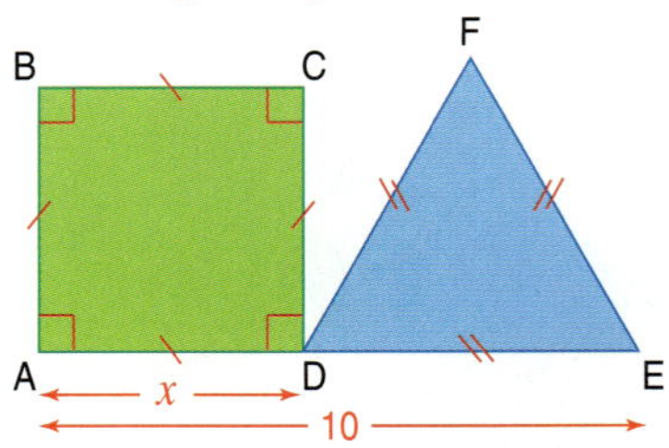

c/ Pour l'anniversaire de Sophie et d'Estelle, leur oncle leur offre le même nombre de bonbons. Il offre 3 sachets de bonbons et 25 bonbons à Estelle, 2 sachets et 45 bonbons à Sophie. Les sachets sont tous identiques. Combien y a-t-il de bonbons par sachet ?

d/ Pour l'anniversaire de Julien, sa tante voudrait lui offrir des disques compacts. Ces disques coûtent tous le même prix. Elle constate qu'avec la somme qu'elle a, elle peut acheter exactement 4 disques. Par contre, si ces disques coûtaient 5 € de moins elle pourrait en acheter exactement 6. Quel est le prix d'un disque ?

S'ÉCHAUFFER

34. Dans chacun des cas suivants, trouver a.

a/ $a + 5 = 7$; **b/** $a + 12 = 15$; **c/** $3 + a = 5$;
d/ $4 = 12 - a$; **e/** $3 = -10 + a$; **f/** $a - 5 = 2$.

35. Dans chacun des cas suivants, trouver x.

a/ $8x = 32$; **b/** $10x = 2$; **c/** $7 = 2x$.

36. **a/** Dans chacun des cas suivants déterminer la valeur de x.

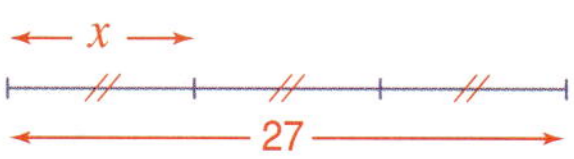

figure 1

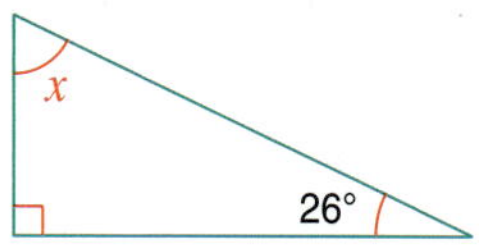

figure 2

b/ Déterminer x sachant que le périmètre du rectangle ABCD est de 66 cm. (Toutes les mesures sont exprimées en centimètres.)

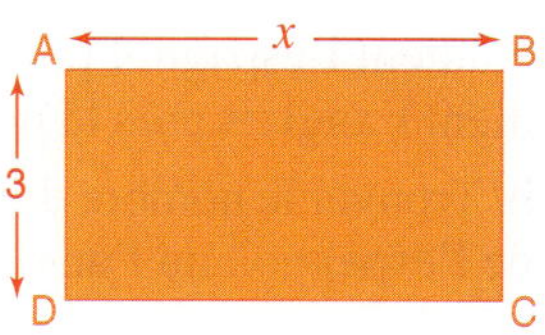

37. Comparer les nombres suivants.

a/ -2 et -3 ; 4 et -6 ; 3 et -3.
b/ -7 et -9 ; $-0{,}5$ et $\frac{1}{2}$.
c/ $-0{,}5$ et -1 ; $\frac{1}{2}$ et $\frac{1}{3}$.

S'ENTRAÎNER

Égalité et opérations

38. On sait que les deux plateaux de cette balance sont équilibrés.

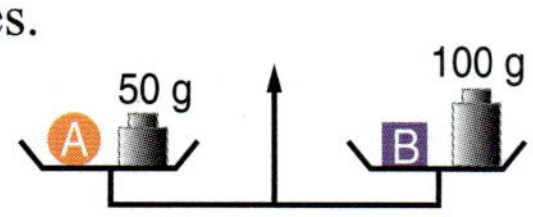

Préciser dans les trois cas suivants si les plateaux sont équilibrés.

a/

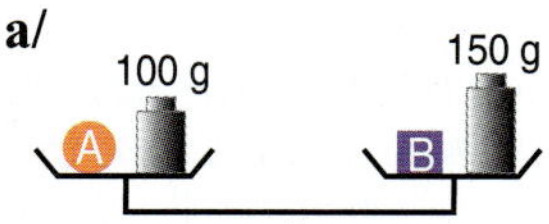

b/

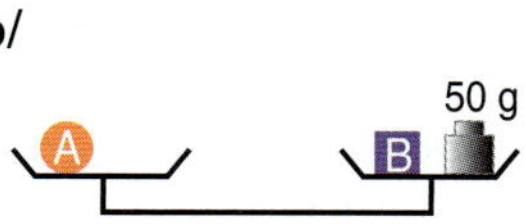

c/

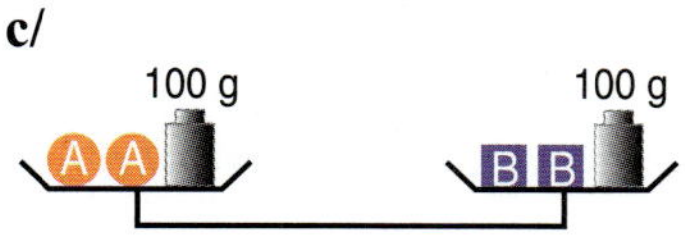

39. Si $2a + 5 = a + 3$ quelles sont alors, parmi les égalités ci-dessous, celles qui sont vraies ?

a/ $2a + 5 + 7 = a + 3 + 7$; **b/** $2a + 2 = a$;
c/ $2a + a + 5 = a + a + 3$; **d/** $4a + 10 = 2a + 6$;
e/ $a + 5 = a + 3$.

Résoudre des équations

40. Préciser pour chacune de ces équations si 4 est solution.

a/ $3x + 5 = 17$; **b/** $x + 7 = 2x + 3$; **c/** $x = 4$;
d/ $-x + 12 = 2x$; **e/** $-4x = 0$; **f/** $\frac{x}{2} + 3 = 7 - \frac{x}{4}$.

41. Préciser pour chacune de ces équations si 0 est solution.

a/ $4 + x = 3$; **b/** $3 - 2x = 6 - x$;
c/ $4x + 7 = 2x + 7$; **d/** $0x = 7$.

42. Dans les deux cas ci-dessous, les balances sont équilibrées. Calculer dans chaque cas la masse d'une boîte orange.

a/

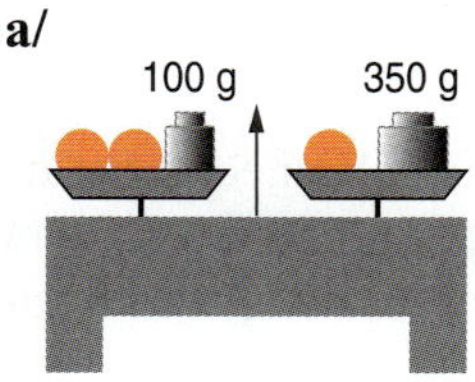

b/

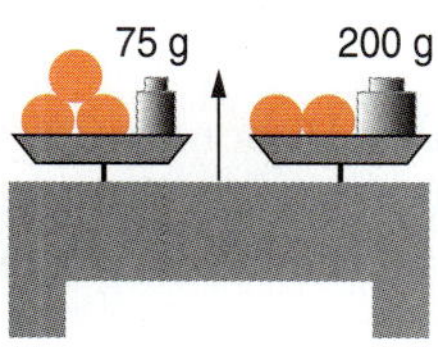

43. Résoudre les équations suivantes.

a/ $5x - 8 = 3x + 7$;
b/ $-3x + 3 = 2(7x - 4)$;
c/ $5(x - 2) = -2(x + 4)$;
d/ $-2(5x - 1) = 3(x + 1)$.
e/ $6(x - 2) - (x + 1) = 2x + 6$;
f/ $3x - 5 = 4(x - 2) - (x - 7)$.

44. Résoudre les équations suivantes.

a/ $\frac{1}{2}x = 1$; **b/** $-\frac{1}{2}x = 1$;
c/ $\frac{2}{3}x = \frac{1}{2}$; **d/** $\frac{2}{3}x = -\frac{1}{2}$;
e/ $-\frac{3}{4}x = \frac{3}{5}$; **f/** $-\frac{3}{4}x = -\frac{3}{5}$.

Exercices complémentaires

Ordre et opérations

45. On sait que le solide A est plus lourd que le solide B.

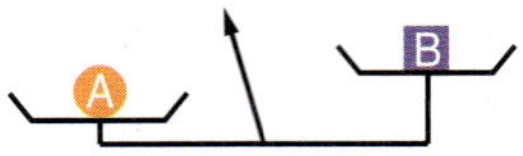

Déterminer, si possible, le plateau le plus lourd dans chacun des cas suivants (celui de gauche ou de droite).

a/

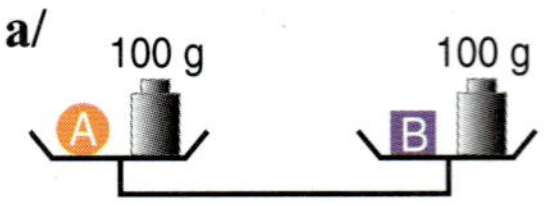

b/

c/

d/

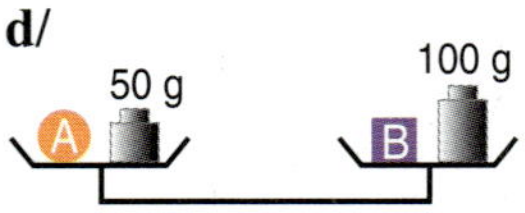

Résoudre des problèmes

46. **a/** Les 3/4 de x sont égaux à 36. Calculer x.

b/ Les 3/4 de 36 sont égaux à x. Calculer x.

47. J'ajoute à un nombre ses 2/3 j'obtiens 60. Quel est ce nombre ?

48. L'abonnement dans une bibliothèque est de 20 € par an. Il faut payer en plus 0,50 € par livre emprunté. Soit x le nombre de livres empruntés par Stéphanie en 2001.

a/ Calculer en fonction de x le prix payé par Stéphanie en 2001.

b/ À la fin de l'année 2001, Stéphanie fait ses comptes. Elle a dépensé en tout 32 € pour la bibliothèque. Combien a-t-elle emprunté de livres ?

49. Dans le village de Sylvana, on organise une course cycliste. 320 € de primes sont répartis de la façon suivante entre les trois premiers : le premier touchera 70 € de plus que le deuxième, le troisième touchera 80 € de moins que le deuxième. Calculer la prime reçue par chacun.

50. Déterminer, si possible, x pour que le périmètre du triangle ABC soit égal à 22. (Toutes les longueurs sont exprimées dans la même unité.)

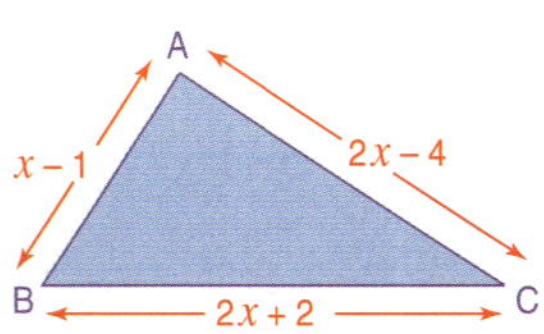

51. Calculer AE tel que AB = CD.

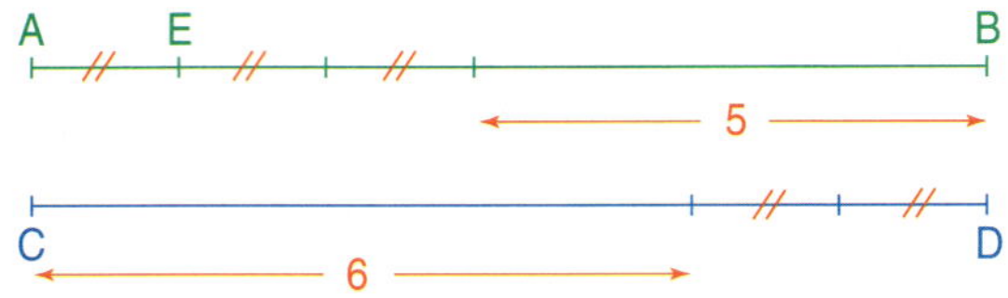

(Le dessin n'est pas réalisé à l'échelle et toutes les longueurs sont exprimées dans la même unité.)

52. Dans une classe de 27 élèves, les élèves étudient en première langue soit l'anglais, soit l'allemand, soit l'espagnol. Il y en a x qui font de l'allemand, il y en a 5 de plus qui font de l'espagnol et il y a deux fois plus d'élèves qui font de l'anglais que d'élèves qui font de l'espagnol.

a/ Exprimer en fonction de x le nombre d'élèves qui étudient l'espagnol puis le nombre de ceux qui étudient l'anglais puis le nombre d'élèves total.

b/ Trouver le nombre d'élèves qui font de l'allemand, de l'espagnol, de l'anglais.

53. Au cours d'une randonnée pédestre de 3 jours, je parcours 65 km. Le 1er jour, je parcours x km, le 2e jour je parcours 5 km de moins que le 1er jour, le 3e jour je parcours deux fois plus de kilomètres que le 1er jour.

a/ Exprimer en fonction de x :
– le nombre de kilomètres parcourus le 2e jour ;
– le nombre de kilomètres parcourus le 3e jour.

b/ Quelle distance ai-je parcouru le 1er jour ?

54. Stéphanie, Pierre et Loïc ont de l'argent dans les poches. Stéphanie a 3 € de plus que Pierre. Loïc a 2 fois plus d'argent que Stéphanie.
Stéphanie et Loïc mettent leur argent en commun et constatent qu'ils ont 6 fois plus d'argent que Pierre.

a/ Soit x la somme d'argent de Pierre. Que représente chacune des expressions ci-dessous ?

$A = 2(x + 3)$ $\quad B = x + 3$ $\quad C = x + 3 + 2(x + 3)$.

b/ Trouver la somme d'argent de Pierre.

55. Voici un énoncé de problème.

Devant la pâtisserie, Florent hésite entre acheter des éclairs au chocolat ou des tartelettes. Une tartelette coûte 2 € de moins qu'un éclair. Il calcule que s'il achète 4 éclairs, il lui restera 3 €. Par contre il lui manque 3 € pour acheter 6 tartelettes.
Quel est le prix d'une tartelette ? d'un éclair ?

a/ x est le prix d'une tartelette. Associer les phrases en français (1) à (4) ci-dessous avec les phrases mathématiques (a) à (e) correspondantes. (L'une des phrases en français peut être associée avec deux phrases mathématiques.)

(1) prix d'un éclair ; (2) prix de 6 tartelettes ;
(3) prix de 4 éclairs ; (4) somme dont il dispose.
(a) $x + 2$; (b) $6x - 3$; (c) $4(x + 2)$;
(d) $6x$; (e) $4(x + 2) + 3$.

b/ Résoudre le problème.

56. Richard et Laurent collectionnent les cartes du jeu « Malic ». Richard aimerait savoir combien Laurent possède de cartes. Laurent qui aime beaucoup les mathématiques lui propose l'énigme suivante : « Si je retranche 125 au double de mon nombre de cartes j'obtiens le même résultat que si j'ajoute 150 à mon nombre de cartes. » Quel est le nombre de cartes de Laurent ?

57. Hélène a x années. Elle a 5 ans de plus que son frère.

a/ Exprimer en fonction de x :
– l'âge de son frère ;
– l'âge qu'elle aura dans 10 ans ;
– l'âge qu'aura son frère dans 10 ans.

b/ Dans 10 ans la somme des âges d'Hélène et de son frère sera de 55 ans. Quel est l'âge d'Hélène ? Quel est l'âge de son frère ?

DEVENIR UN CHAMPION

Résoudre des équations

58. Résoudre les équations suivantes.

a/ $\frac{3}{4}x - \frac{1}{5} = \frac{2}{5}x + \frac{3}{4}$;

b/ $\frac{3}{4}(a - 2) - \frac{2}{3} = \frac{2}{3}a - \frac{5}{2}$;

c/ $\frac{5}{2}R - \frac{4}{3}\left(\frac{R}{2} - 1\right) = \frac{5}{2}$;

d/ $0{,}5x - (2{,}4 - 3x) = 3{,}5x - 3{,}7$;

e/ $3(x - 1) - (4x + 2) = (6x + 3) - 4(3x - 7)$.

59. Résoudre les équations suivantes.

a/ $-965x - 4\,985 = 2\,348(x - 12)$;

b/ $245x - 124 = 35(449x - 12) - 544$;

c/ $3(x - 2) - (x + 2) = 2x - 8$.

60. Résoudre les équations suivantes.

a/ $\frac{1}{2}x + \frac{2}{3} = -\frac{5}{4}x + 3$;

b/ $-\frac{2}{3}(x + 3) - \frac{1}{2} = \frac{3}{4}x - \frac{1}{2}$;

c/ $3(x - 1) - (2x - 5) = 4x + 8 - 2(x - 5)$;

d/ $\frac{1}{2}x = -\frac{1}{2}$; **e/** $x\left(\frac{1}{2}x\right) + 5 = \frac{1}{2}x(x + 1)$.

Ordre et opérations

61. Démontrer que quels que soient les nombres a, b, c et d, si $a < b$ et $c < d$ alors $a + c < b + d$.

62. Démontrer que quels que soient les nombres a, b, c et d, si $0 < a < b$ et $0 < c < d$ alors $ac < bd$.

Résoudre des problèmes

63. Trouver une fraction égale à $\frac{5}{7}$ et dont la somme du numérateur et du dénominateur est 132.

64. Trouver, si possible, trois entiers consécutifs tels que le produit du premier et du troisième soit égal au carré du deuxième.

65. Marc a un jardin carré. Il décide d'augmenter deux côtés de ce carré de 20 m et les deux autres de 30 m de façon à obtenir un terrain rectangulaire.
La différence entre l'aire du nouveau terrain et l'aire du terrain carré est de 2 100 m^2.
Quelle est la mesure du côté du terrain carré initial ?

66. Pour se connecter à Internet, Stéphane hésite entre deux fournisseurs d'accès.

- Le premier propose un abonnement mensuel de 6 € avec 5 h de connexion gratuites. Au-delà de 5 h de connexion, il faut payer 2 € de l'heure.
- Le deuxième propose un abonnement mensuel de 18 € mais avec une durée de connexion illimitée.

Au bout de combien d'heures de connexion mensuelle les deux tarifs seront-ils identiques ?

67. J'ai 100 € dans mon portefeuille en billets de 5 € et 10 €. J'ai 12 billets en tout.
Trouver le nombre de billets de 5 € et le nombre de billets de 10 € qu'il y a dans mon portefeuille.

68. On place des pommes de terre dans deux sacs A et B. Au départ dans le sac A il y a 18 kg de plus que dans le sac B. On ajoute dans les deux sacs 15 kg de pommes de terre ; le poids du sac A est alors le double de celui de B. Quel est le poids de pommes de terre dans le sac B au départ ?

69. Cédric et Elsa sont des passionnés de jeux vidéo. Elsa a 20 jeux de plus que Cédric. Elle remarque que si elle en donne 5 à Cédric, elle en aura 2 fois plus que lui. Combien Cédric a-t-il de jeux vidéo ?

70. Pour organiser une sortie de fin d'année, un collège loue des cars. Il y a des grands cars de 56 places et des petits cars de 44 places. Il y a 4 grands cars de plus que de petits cars. 624 élèves participent à la sortie et tous les cars sont remplis.
Combien le collège a-t-il loué de cars de chaque catégorie ?

71. Pierre hérite de la somme de 17 000 € qu'il place à la banque. La banque rétribue une partie à 8 % et le reste à 5 %. Au bout d'un an, il récupère 18 000 €.
Quelle somme a-t-il placé à 8 % ?

72. C'est bientôt l'anniversaire de Céline. Pour lui acheter un cadeau, ses camarades décident de donner 3 € chacun. Mais au dernier moment deux de ses camarades s'aperçoivent qu'ils n'ont plus d'argent de poche. Les autres sont alors obligés de verser 2 € de plus chacun pour obtenir la même somme.
Combien de camarades ont finalement participé à l'achat du cadeau de Céline ?

73. Un commerçant souhaite augmenter un de ses articles. Il hésite entre une augmentation de 12 % ou de 10 %. Il constate que s'il l'augmente de 12 %, il coûtera 5 € de plus que s'il l'augmente de 10 %.
Quel est le prix de cet article (avant augmentation) ?

74. Jérôme achète un lecteur DVD qu'il paie en trois fois. La première fois, il paie $\frac{1}{3}$ du prix. La deuxième fois, il paie $\frac{2}{5}$ de la somme qu'il reste à payer. La troisième fois, il paie 132 €.
Quel est le prix du lecteur DVD ?

Problèmes de synthèse

75. Reproduire la figure ci-dessous à l'échelle 1 sachant que BC = 5,6 cm, AB = 9 cm et AC = 10,6 cm. Les droites (CB) et (AD) sont parallèles et AD = 2,8 cm. Le point E est un point quelconque du segment [AB].

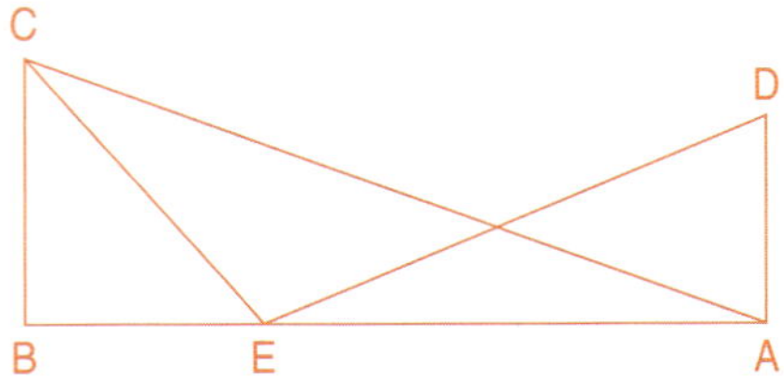

a/ Démontrer que : $(BC) \perp (AB)$.
b/ Démontrer que : $(AD) \perp (AB)$.
c/ On pose BE = x. Pour quelle valeur de x les aires des triangles BCE et DEA sont-elles égales ?
d/ Dans le cas où les aires sont égales, les périmètres de ces triangles sont-ils égaux ?

76. Un rectangle ABCD est tel que AB = 5 cm et AD = 4 cm. E est le point du segment [AB] tel que AE = 1 cm.
M est un point du segment [BC].
On pose BM = x (en cm).

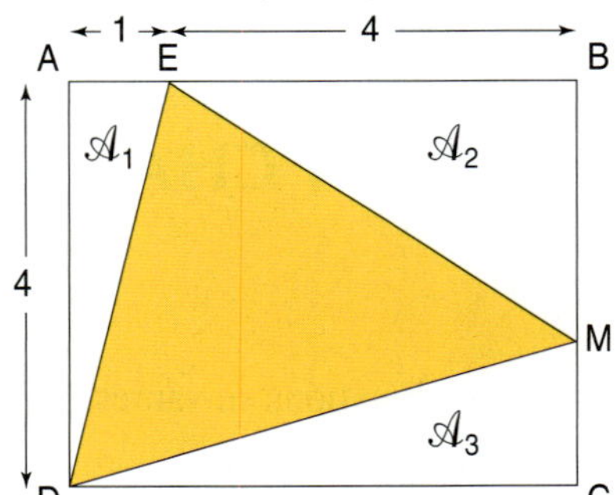

a/ Calculer l'aire $\mathcal{A}_1$ du triangle AED.
b/ (1) Exprimer en fonction de x :
• l'aire $\mathcal{A}_2$ du triangle EBM ;
• la longueur MC ;
• l'aire $\mathcal{A}_3$ du triangle DMC.
(2) Démontrer que la somme des trois aires $\mathcal{A}_1$, $\mathcal{A}_2$ et $\mathcal{A}_3$ est $12 - 0{,}5x$. En déduire que l'aire de la partie jaune est $8 + 0{,}5x$.
(3) Calculer la valeur de x pour laquelle l'aire de la partie jaune est égale à la somme des trois aires $\mathcal{A}_1$, $\mathcal{A}_2$ et $\mathcal{A}_3$. Quelle est alors la position du point M ?
(Brevet, Asie, 1999.)

9

Théorème de Pythagore

Comment ces maçons peuvent-ils vérifier qu'un angle est droit en utilisant une corde comportant 13 nœuds séparés par des distances égales ?

Repérer les obstacles

1. Des aires connues

exercices 31 et 32 p. 151

Calculer l'aire des figures ci-dessous.

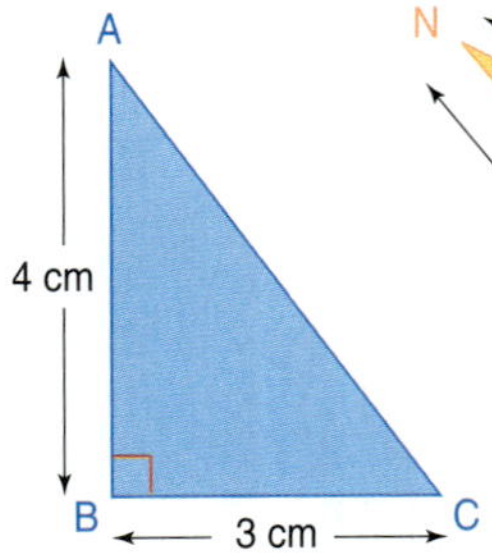

figure 1

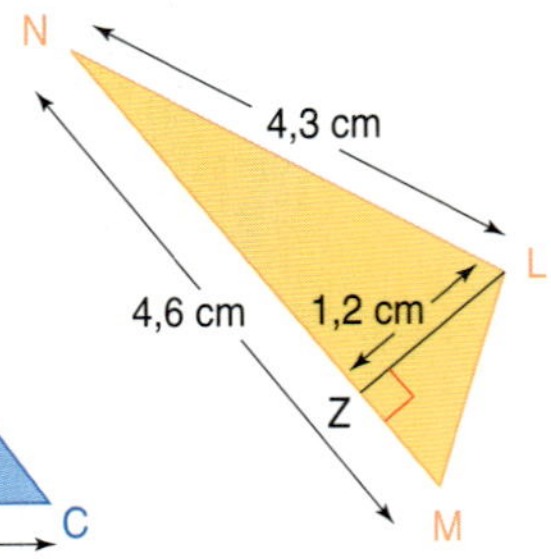

figure 2

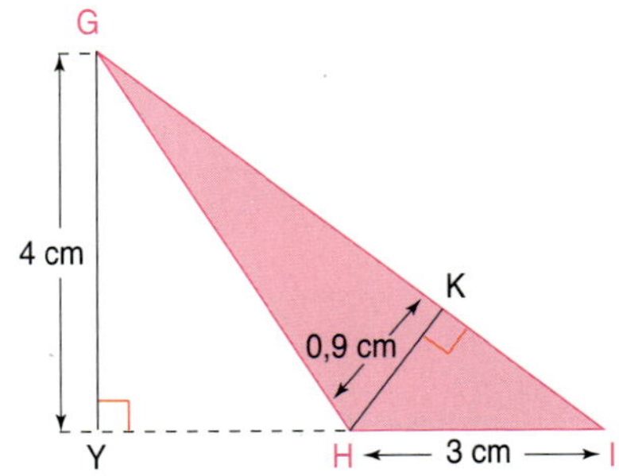

figure 3

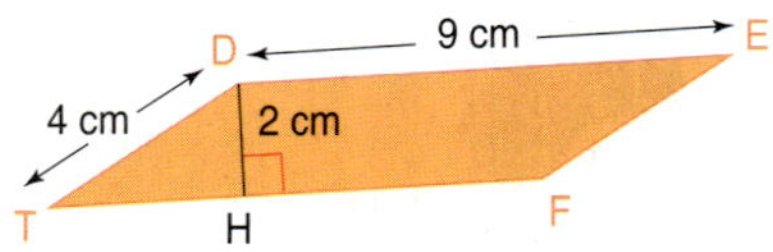

DEFT est un parallélogramme

figure 4

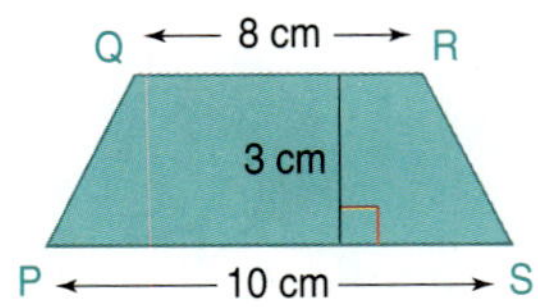

QRSP est un trapèze

figure 5

2. Des nombres à trouver

exercice 33 p. 151

a/ Compléter les égalités suivantes par le nombre qui convient.

(1) $\square + 9 = 25$; (2) $64 + \square = 100$; (3) $6{,}8 + \square = 11{,}2$.

b/ Dans chacun des cas suivants, trouver le nombre x positif tel que :

(1) $x^2 = 4$; (2) $x^2 = 9$; (3) $x^2 = 16$.

3. Tracés de triangles

exercice 34 p. 151

Tracer, si possible, les figures suivantes :

a/ un triangle XYZ tel que XY = 11 cm, YZ = 9 cm et XZ = 8 cm ;

b/ un triangle ABC rectangle en A tel que CB = 12 cm et AB = 7 cm ;

c/ un triangle EFG isocèle et rectangle tel que EF = EG = 5 cm ;

d/ un triangle THU rectangle en T tel que $\widehat{H} = 30°$ et HU = 6 cm ;

e/ un triangle RSP équilatéral et rectangle.

4. Propriétés des quadrilatères

➢ *exercices 35 et 36 p. 151*

a/ Compléter les propriétés suivantes par le nom d'un quadrilatère.

- Si un quadrilatère est un parallélogramme qui a deux côtés consécutifs de même longueur alors c'est un …… .
- Si un quadrilatère a ses diagonales de même milieu et de même longueur alors c'est un …… .
- Si un quadrilatère a ses diagonales de même milieu, de même longueur et perpendiculaires alors c'est un …… .
- Si un parallélogramme a ses diagonales perpendiculaires alors c'est un …… .

b/ Les énoncés suivants sont-ils vrais ou faux ?

- Si un parallélogramme a des diagonales de même longueur alors c'est un carré.
- Si un quadrilatère a trois angles droits alors c'est un carré.

5. Longueurs égales

➢ *exercices 37 et 38 p. 151*

Dans chacun des cas, énoncer les propriétés qui permettent de calculer MB.

a/

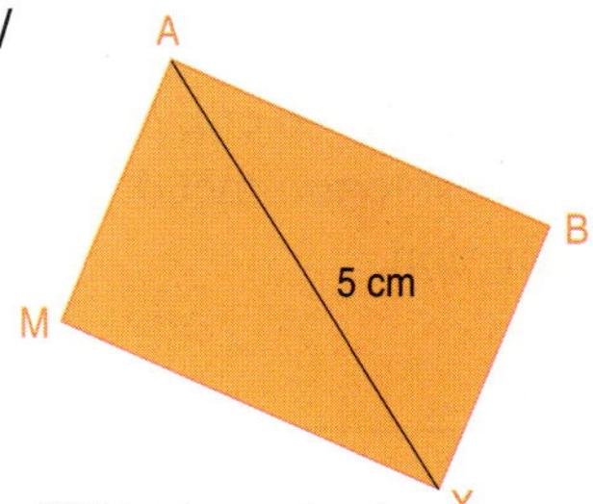

ABXM est un rectangle

b/

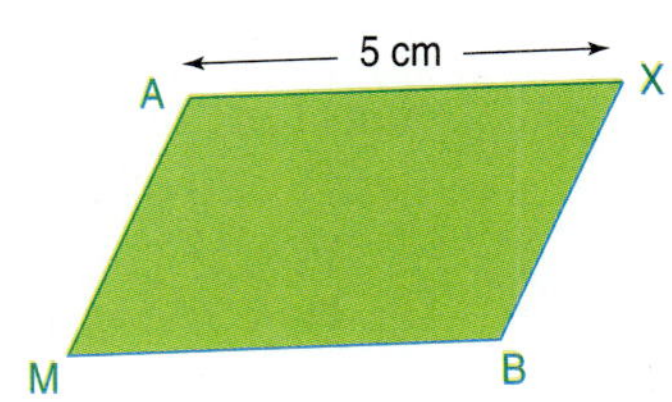

AXBM est un parallélogramme

c/

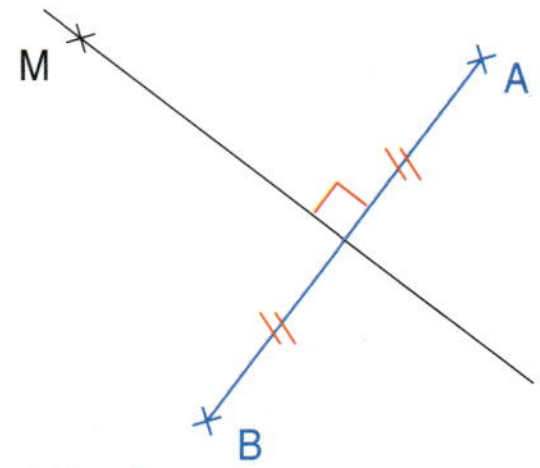

MA = 5 cm

d/

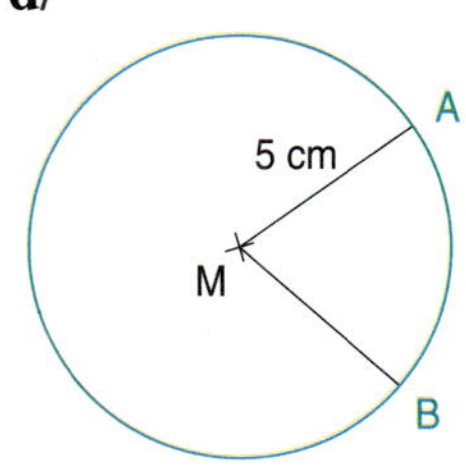

Franchir les obstacles

Théorème de Pythagore

1. Un mot à l'orthographe difficile : hypoténuse

➢ *exercice 1 p. 48*

Dans un triangle rectangle, le côté opposé à l'angle droit est appelé **hypoténuse**.
Dans l'exemple ci-contre :
- [BC] est l'hypoténuse du triangle ABC rectangle en A ;
- [AB] et [AC] sont les côtés de l'angle droit du triangle ABC rectangle en A.

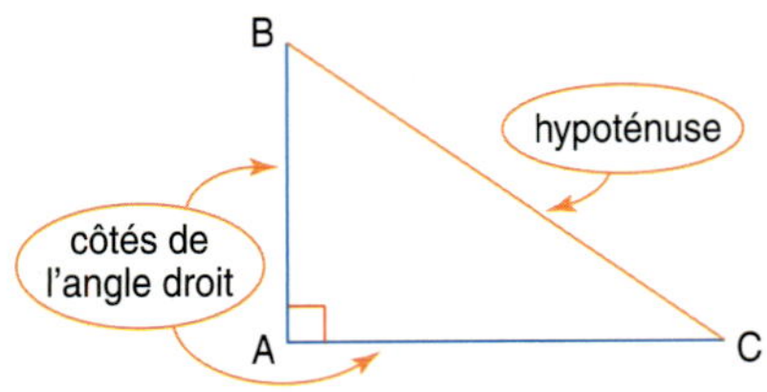

a/ D'après le dessin ci-dessous, recopier et compléter, si possible, les phrases suivantes avec les expressions « l'hypoténuse » ou « un côté de l'angle droit ».

(1) [GH] est ... du triangle GHF.
(2) [AH] est ... du triangle AFH.
(3) [AH] est ... du triangle AHG.
(4) [GH] est ... du triangle GHI.
(5) [GH] est ... du triangle AGH.

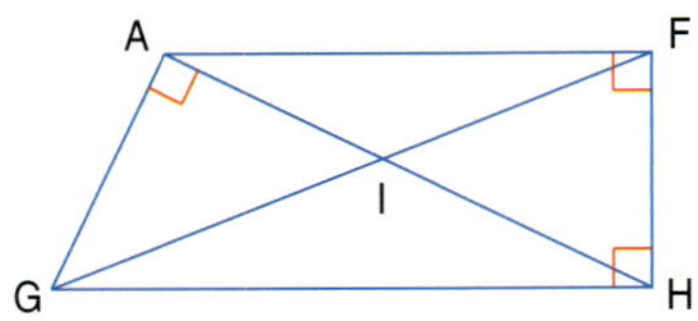

b/ Construire, si possible :
– un triangle ABC rectangle en C dont un côté de l'angle droit mesure 4 cm et dont l'hypoténuse mesure 7 cm ;
– un triangle RST rectangle en R dont un côté de l'angle droit mesure 7 cm et dont l'hypoténuse mesure 4 cm.

c/ Le triangle MNP est rectangle. MN = 6 cm, NP = 8 cm et MP = 10 cm.
Sans faire la figure, prévoir quel est le sommet de l'angle droit du triangle MNP, puis vérifier en effectuant la construction.

2. Des côtés très liés

➢ *exercice 2 p. 48*

Depuis plus de 3 000 ans, les mathématiciens savent que les longueurs des côtés d'un triangle rectangle sont reliées par une formule.
À partir des triangles rectangles donnés ci-dessous, conjecturer cette formule.

a/

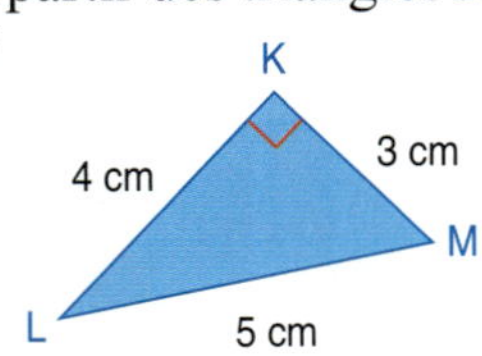

b/

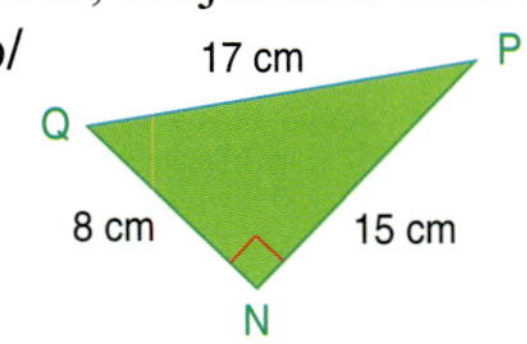

c/

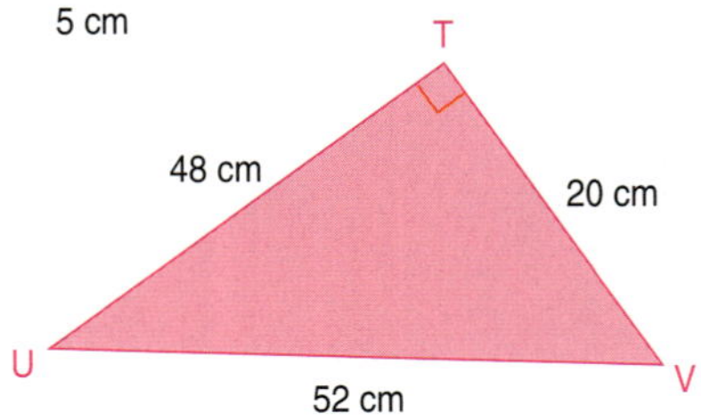

d/

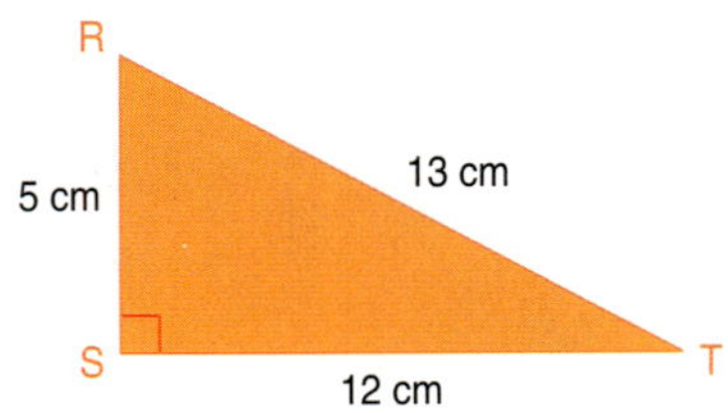

3. Une démonstration historique du théorème de Pythagore

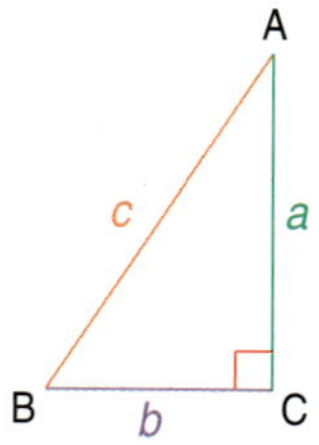

figure 1

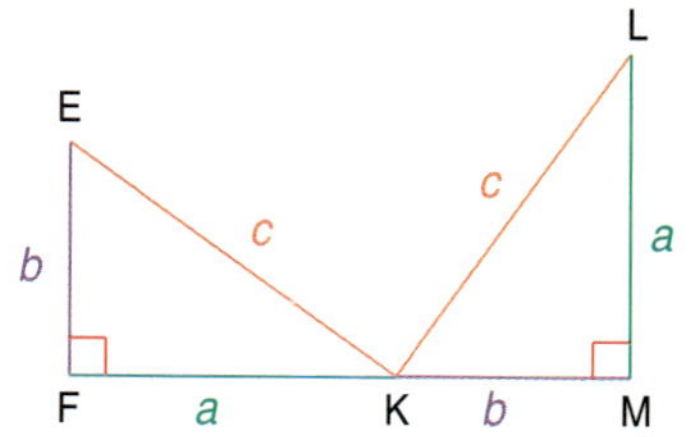

figure 2

La figure 2 est composée de 2 triangles EFK et KLM, identiques au triangle ABC rectangle en C de la figure 1. Les points F, K, M sont alignés. Les questions ci-dessous permettent de démontrer la conjecture de l'activité précédente, c'est-à-dire ici que $a^2 + b^2 = c^2$. On doit cette démonstration à J.A. Garsfield, qui fut le vingtième président des États-Unis d'Amérique.

a/ Démontrer que $\widehat{EKL}$ est un angle droit.

b/ Écrire en fonction de *a, b* et *c* l'aire des triangles EFK, KLM et EKL.

c/ Démontrer que les droites (EF) et (LM) sont parallèles. Quelle est la nature de EFML ?

d/ Calculer l'aire de EFML, de deux façons différentes.

e/ Conclure.

4. Pythagore sous ses meilleurs côtés

➢ *exercices 3 à 6 p. 148*

a/ Dans chacun des cas suivants, calculer, si possible, la longueur BC. Toutes les longueurs sont données en centimètres.

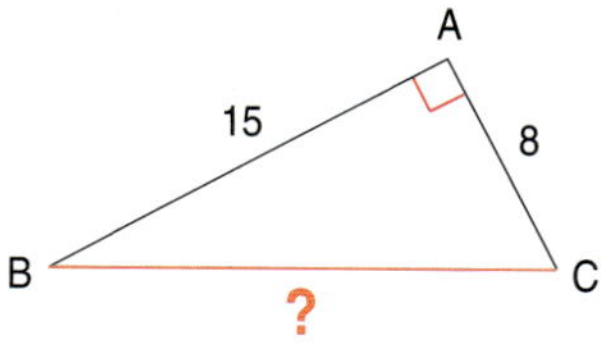

figure 1

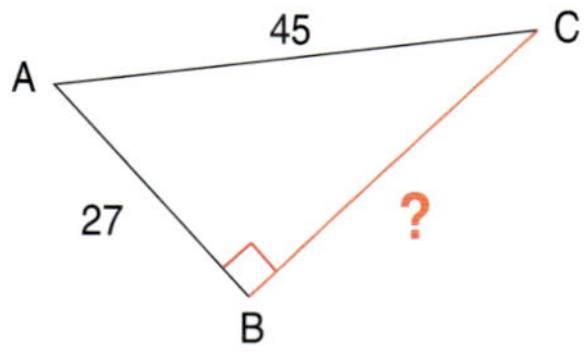

figure 2

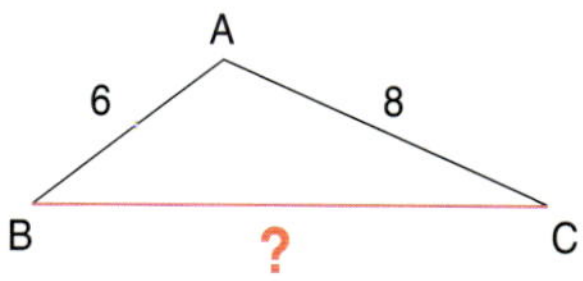

figure 3

b/ Tracer un triangle RST rectangle en R tel que RS = 2 cm et RT = 3 cm. Calculer ST. Le résultat (en cm) est-il un nombre entier ? Sinon, trouver un arrondi de ST au dixième de centimètre près. Contrôler la vraisemblance du résultat sur le dessin.

5. Contrôler les résultats

Julien a calculé PG et trouve 3,4 cm. Sans effectuer de calcul, Cécile dit que cette réponse est fausse.

Expliquer comment elle a procédé. Calculer un arrondi à 0,1 cm près de PG.

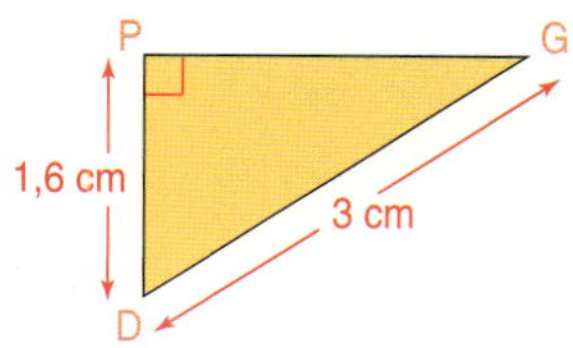

Ce triangle est-il rectangle ?

6. Être ou ne pas être rectangle

a/ Tracer un triangle MNP tel que MN = 9,6 cm, MP = 4 cm et NP = 10,3 cm. Dire, à vue d'œil, si ce triangle est rectangle ou non en M.

b/ Calculer la longueur de l'hypoténuse d'un triangle rectangle dont les côtés de l'angle droit mesurent 9,6 cm et 4 cm. Le triangle MNP de la question **a/** est-il rectangle ?

c/ Démontrer que les triangles suivants ne sont pas rectangles :

- TIR tel que TI = 2 cm, IR = 2 cm et TR = 3 cm ;
- POL tel que PO = 6 cm, OL = 12 cm et PL = 9 cm.

7. Démontrer qu'un triangle est rectangle

➢ *exercices 7 à 8 p. 148*

a/ Énoncer la réciproque du théorème de Pythagore. On admettra que cette réciproque est vraie. (Toutes les longueurs sont dans la même unité.)

b/ Le triangle MFG est-il rectangle ?
Corriger les réponses d'Isabelle et de Marc.

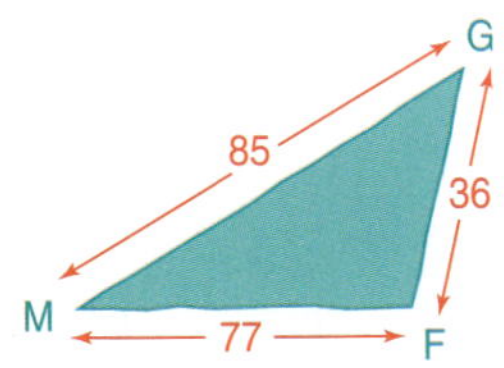

Isabelle

$MG^2 = MF^2 + FG^2$

$85^2 = 77^2 + 36^2$

$7\,225 = 5\,929 + 1\,296$

$7\,225 = 7\,225$

D'après la réciproque du théorème de Pythagore, le triangle est rectangle.

Marc

D'après le théorème de Pythagore :

$MG^2 = MF^2 + FG^2$

donc $MG^2 = 77^2 + 36^2$

$MG^2 = 7\,225$

$MG = 85$

Donc le triangle est rectangle.

c/ Parmi les triangles suivants, quels sont ceux qui sont rectangles ?

- ABC tel que AB = 3 cm, AC = 4 cm et BC = 5 cm.
- EFG tel que EF = 1 cm, EG = 1 cm et FG = 1,414 cm.
- HIJ tel que HI = 14,4 cm, IJ = 14,5 cm et HJ = 1,7 cm.
- KLM tel que KL = 4,8 cm, LM = 6,4 cm et KM = 8 cm.

Résoudre des problèmes

8. Question de rédaction

Voici un énoncé :

ABCD est un rectangle tel que AD = 6 et AB = 8.
(Toutes les longueurs sont dans la même unité.)
Calculer BD.

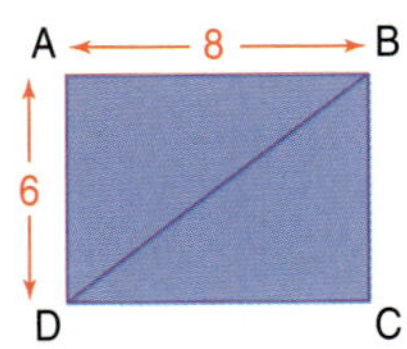

a/ Faire l'exercice.

b/ Corriger les réponses de Xavier et Gaëlle en précisant ce qui est faux et/ou ce qui manque.

Xavier	**Gaëlle**
$BD^2 = 36 + 64$ $BD^2 = 100$ $BD = 10$	ABD est un triangle rectangle donc $BD^2 = AB^2 + AD^2$ $BD^2 = 100$ d'où $BD = 10$

9. Calcul de longueurs

➢ *exercices 9 à 14 p. 148*

a/ Les diagonales d'un losange NCAD de centre O mesurent 9,6 cm et 2,8 cm. Quelle est la longueur des côtés de ce losange ?

b/ En utilisant les informations portées sur le dessin ci-contre et le fait que les droites (ML) et (JH) sont parallèles, calculer un arrondi de MR à 0,1 cm près.

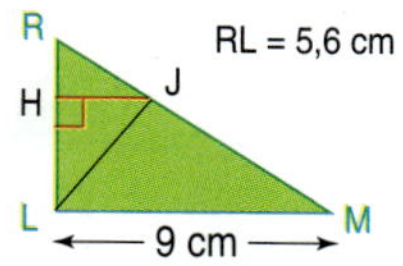

c/ Anne veut réparer les gouttières de sa maison. Elle utilise une échelle de 5 m de long qu'elle place à 1,40 m du bord du mur de la maison comme sur l'illustration ci-contre. À quelle hauteur environ sont placées les gouttières ?

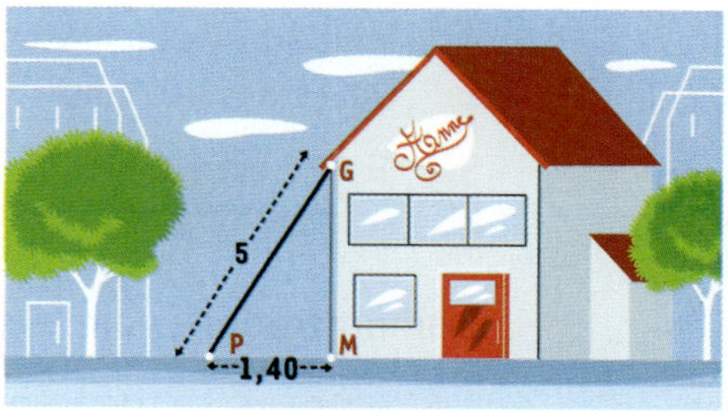

10. Quelle est leur nature ?

➢ *exercices 15 à 27 p. 149*

a/ Construire la figure ci-contre.

(1) À vue d'œil, le triangle CDB est-il rectangle ?

(2) Calculer un arrondi de BC au dixième de centimètre.

(3) Vérifier votre pronostic : le triangle CDB est-il rectangle ?

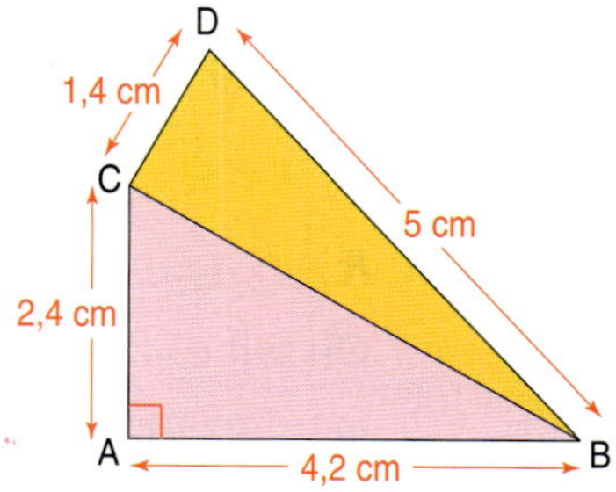

b/ RTDF est un quadrilatère dont les diagonales [TF] et [RD] ont le même milieu O. De plus, TF = 8 cm ; RD = 8,4 cm et TD = 5,8 cm. Quelle est la nature de ce quadrilatère ?

c/ Gérard fabrique un cadre rectangulaire de 40 cm de long et 30 cm de large. Il n'a pas d'équerre. Comment peut-il, juste avec son mètre, contrôler que les angles du cadre sont bien des angles droits ?

1 Vocabulaire

Dans un triangle rectangle, l'hypoténuse est le côté opposé à l'angle droit.

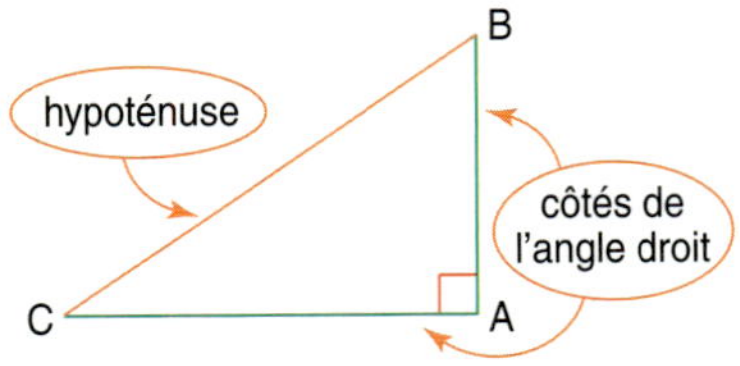

Exemple. Sur le dessin ci-contre :
– le triangle ABC est rectangle en A ;
– le côté [BC] est l'hypoténuse du triangle ABC.

2 Théorème de Pythagore

a/ Énoncé du théorème de Pythagore

Si un triangle est rectangle alors le carré de la longueur de l'hypoténuse est égal à la somme des carrés des longueurs des deux autres côtés.

Si ABC est un triangle rectangle en A alors :
$$BC^2 = AB^2 + AC^2.$$

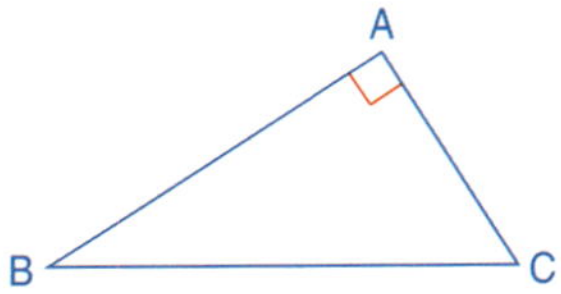

Démonstration : voir l'activité 3 de *Franchir les obstacles*, p. 141.

! Attention. Le théorème de Pythagore ne s'applique qu'aux triangles rectangles.

Dans un triangle rectangle, le théorème de Pythagore permet de calculer la longueur d'un côté connaissant les longueurs des deux autres côtés.

Exemple. ABC est un triangle rectangle en A tel que AC = 8 cm et BC = 20 cm.
Calculer un arrondi à 0,1 cm près de la longueur AB.

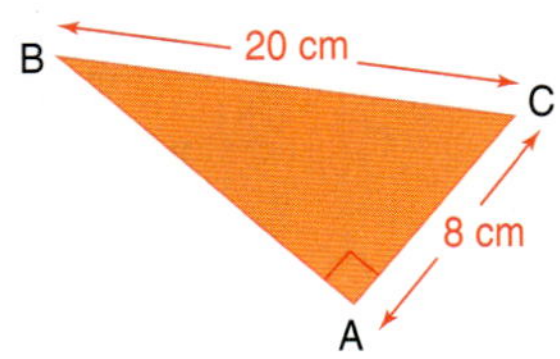

Rédaction

On sait que le triangle ABC est rectangle en A.
Si un triangle est rectangle alors le carré de la longueur de l'hypoténuse est égal à la somme des carrés des longueurs des deux autres côtés (théorème de Pythagore).

Donc $BC^2 = AB^2 + AC^2$
$20^2 = AB^2 + 8^2$
$400 = AB^2 + 64$
$AB^2 = 400 - 64$
$AB^2 = 336$

On cherche un nombre positif qui a pour carré 336. Donc **AB ≈ 18,3 cm.**

La touche $\sqrt{\ }$ des calculatrices permet de trouver un nombre (ou une de ses valeurs approchées décimales) quand on connaît son carré.

b/ Propriété pour démontrer qu'un triangle n'est pas rectangle

Si le carré de la longueur du plus grand côté d'un triangle n'est pas égal à la somme des carrés des longueurs des deux autres côtés alors ce triangle n'est pas rectangle.

Exemple. Le triangle ABC de côtés AB = 2, AC = 3 et BC = 4 est-il rectangle ? (Toutes les longueurs sont dans la même unité.)

Rédaction

BC est le plus grand côté et $BC^2 = 16$.

$AB^2 + AC^2 = 4 + 9.$

$AB^2 + AC^2 = 13.$

Donc $BC^2 \neq AB^2 + AC^2$.

Si le carré de la longueur du plus grand côté d'un triangle n'est pas égal à la somme des carrés des longueurs des deux autres côtés alors le triangle n'est pas rectangle.

Donc le triangle ABC n'est pas rectangle.

3 Réciproque du théorème de Pythagore

Si, dans un triangle, le carré de la longueur du plus grand côté est égal à la somme des carrés des longueurs des deux autres côtés alors ce triangle est rectangle et l'angle droit est l'angle opposé au plus grand côté.

Si, dans un triangle ABC, $BC^2 = AB^2 + AC^2$ alors le triangle ABC est rectangle en A.

La réciproque du théorème de Pythagore permet de démontrer qu'un triangle est rectangle.

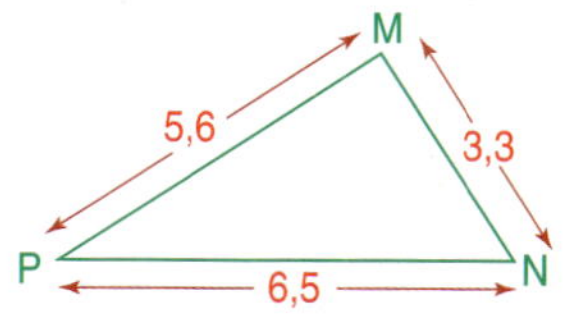

Exemple. Démontrer que le triangle MNP, tel que MN = 3,3, NP = 6,5 et PM = 5,6, est un triangle rectangle.

(Toutes les longueurs sont dans la même unité.)

Rédaction

$NP^2 = 6{,}5^2$

$NP^2 = 42{,}25$

$MN^2 + MP^2 = 3{,}3^2 + 5{,}6^2$

$MN^2 + MP^2 = 42{,}25$

Donc $NP^2 = MN^2 + MP^2$.

Si, dans un triangle, le carré de la longueur du plus grand côté est égal à la somme des carrés des longueurs des deux autres côtés alors ce triangle est rectangle et l'angle droit est l'angle opposé au plus grand côté.

Donc le triangle MNP est **rectangle en M**.

Méthodes

1. Calculer la longueur d'un segment

Méthode 1 **Montrer qu'il a la même longueur qu'un segment de longueur connue (vu en 5e)**

Par exemple, en utilisant la définition d'un triangle isocèle, du milieu d'un segment, des propriétés du parallélogramme, de la médiatrice ou des symétries.

Méthode 2 **Utiliser une formule de calcul d'aire (vu en 5e)**

Par exemple, lorsqu'on connaît l'aire d'un triangle et la longueur d'un côté, on peut trouver la longueur de la hauteur relative à ce côté.

Méthode 3 **Utiliser le théorème de Pythagore**

Conditions :

– avoir un triangle rectangle dont un côté est le segment cherché ;

– connaître les longueurs des deux autres côtés du triangle.

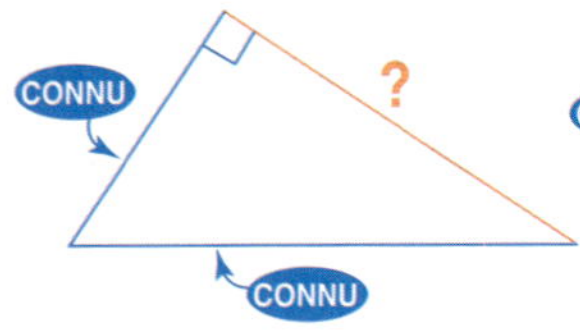

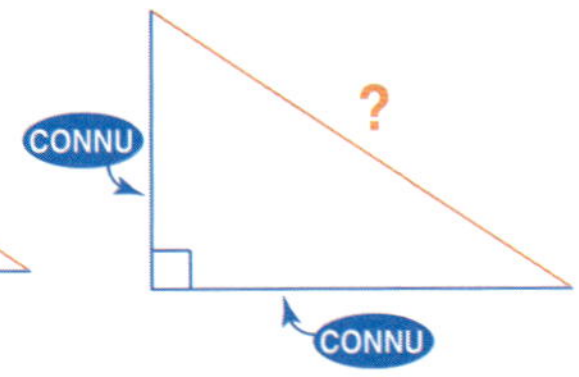

Exemple. Soit AEB un triangle. La hauteur issue de A coupe [EB] en H. De plus, AE = 5 cm, EH = 2 cm et HB = 7 cm.
Donner un arrondi de AB au dixième de centimètre.

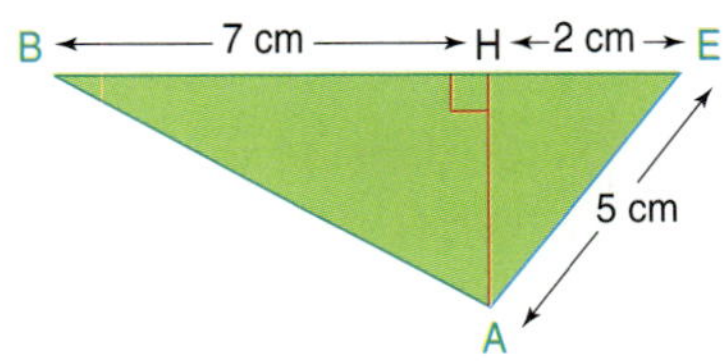

Rédaction

On sait que [AH] est une hauteur du triangle ; donc les triangles AEH et AHB sont rectangles en H.

Si un triangle est rectangle alors le carré de la longueur de l'hypoténuse est égal à la somme des carrés des longueurs des deux autres côtés (théorème de Pythagore).

- Dans le triangle AEH rectangle en H, on a donc :

  $AE^2 = EH^2 + AH^2$

  $5^2 = 2^2 + AH^2$

  $AH^2 = 25 - 4$

  $AH^2 = 21$ (on ne calcule pas AH car on a besoin de AH^2 dans la suite de l'exercice).

- Dans le triangle AHB rectangle en H, on a aussi :

  $AB^2 = AH^2 + HB^2$

  $AB^2 = 21 + 7^2$

  $AB^2 = 70$.

Donc **AB ≈ 8,4 cm.**

2. Démontrer que deux droites sont perpendiculaires

Méthode ▶▶ **Utiliser la réciproque du théorème de Pythagore**

Conditions :

– avoir un triangle ;

– connaître les longueurs de tous les côtés de ce triangle.

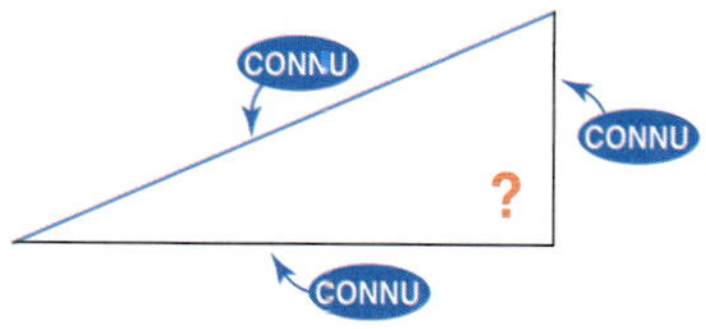

Exemple. ABC est un triangle tel que AB = 32 et BC = 80. I est le milieu de [BC] et AI = 24. (Toutes les longueurs sont dans la même unité.)
Démontrer que les droites (AI) et (AB) sont perpendiculaires.

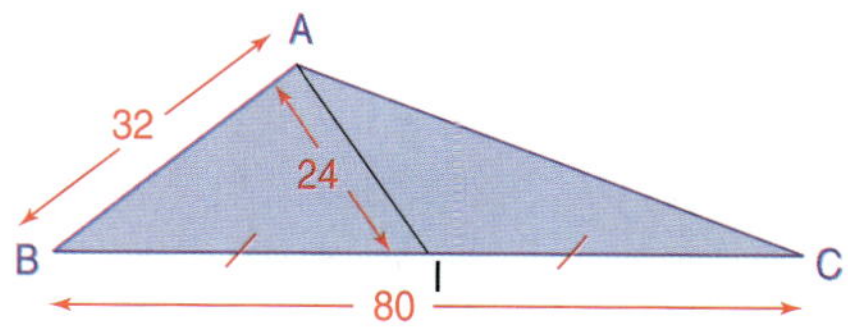

Recherche

Rédaction

- On sait que I est le milieu de [BC] donc :

  $BI = \dfrac{BC}{2}$

  $BI = 40$ d'où $BI^2 = 1\,600$.

- On sait aussi que $AB = 32$ et $AI = 24$:

  $AB^2 + AI^2 = 32^2 + 24^2$

  $AB^2 + AI^2 = 1\,600$.

Donc $BI^2 = AB^2 + AI^2$.

Si, dans un triangle, le carré de la longueur du plus grand côté est égal à la somme des carrés des longueurs des 2 autres côtés alors ce triangle est rectangle et l'angle droit est l'angle opposé au plus grand côté.
Donc le triangle ABI est rectangle en A.
Les droites (AI) et (AB) sont donc perpendiculaires.

Exercices fondamentaux

Théorème de Pythagore

1. *Maîtriser le vocabulaire*

Les triangles ART et BUS sont rectangles. Dire quelle est leur hypoténuse.

a/ ART est tel que AR = 2,7 cm, RT = 4,5 cm et AT = 3,6 cm.

b/ BUS est rectangle en U.

2. Écrire les égalités que permet d'écrire le théorème de Pythagore, en utilisant les lettres des dessins ci-dessous.

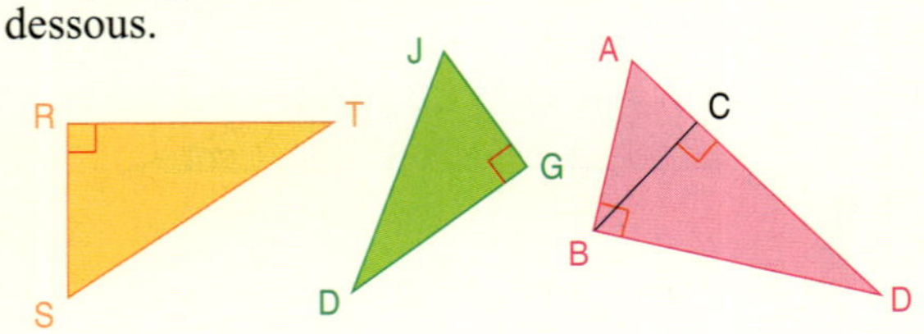

3. a/ Tracer un triangle ABC rectangle en A tel que AB = 4,8 cm et AC = 6,4 cm.

b/ Calculer BC puis vérifier la vraisemblance du résultat sur le dessin.

4. L'unité de longueur étant le centimètre, calculer BC dans chacun des triangles suivants. Donner la valeur exacte ou un arrondi au dixième de centimètre.

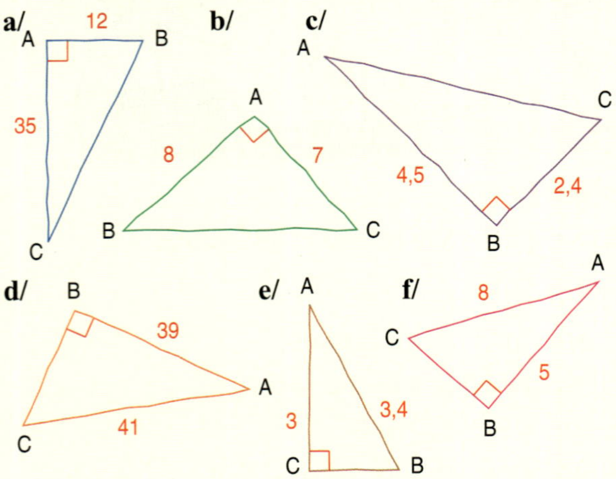

5. AMB est un triangle rectangle en M. Compléter, si possible, le tableau suivant.

	a/	b/	c/
AB (en cm)		16,9	13
AM (en cm)	8	11,9	
MB (en cm)	15		12

6. Dans chacun des cas suivants, calculer, si possible, la longueur du troisième côté du triangle ABC. En donner la valeur exacte, ou sinon un arrondi à 0,1 cm près.

a/ ABC est rectangle en B, AB = 4 cm et AC = 5,8 cm.

b/ ABC est rectangle en C, AC = 55 cm et CB = 48 cm.

c/ ABC est isocèle en A, AB = 12 cm et BC = 15 cm.

d/ ABC est rectangle en A, AB = 6,5 cm et AC = 7 cm.

Ce triangle est-il rectangle ?

7. Dans chacun des cas suivants on donne les longueurs (en cm) des côtés d'un triangle. Indiquer s'il s'agit d'un triangle rectangle et, si oui, préciser l'angle droit.

a/ IJ = 6 ; JK = 10 ; KI = 8.

b/ RS = 7 ; ST = 24 ; TR = 25.

c/ NM = 6,5 ; ML = 3,3 ; LN = 5,6.

8. Parmi les triangles suivants dont on donne les longueurs des trois côtés (dans la même unité), quels sont les triangles rectangles ?

a/ 1 872 ; 704 ; 2 000. **b/** 975 ; 2 000 ; 2 225.

c/ 2 000 ; 450 ; 2 050. **d/** 2 000 ; 2 000 ; 2 828.

Résoudre des problèmes

9. À partir des indications données sur les dessins à main levée, calculer VS.

a/

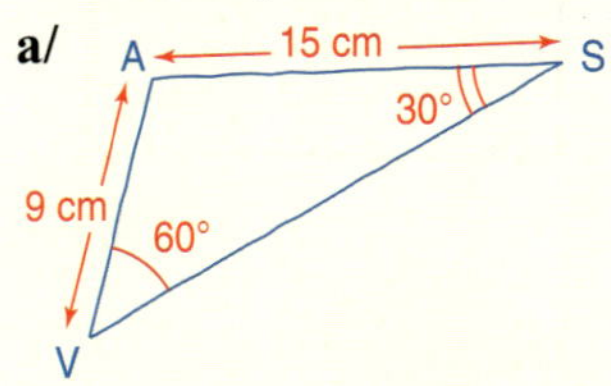

b/

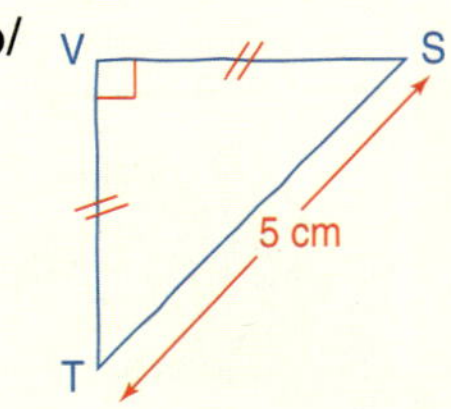

10. Tracer un segment [AB] de 5,6 cm de longueur. Tracer sa médiatrice (*m*) ; elle coupe [AB] en I. Placer un point C sur (*m*) tel que AC = 5,3 cm. Calculer CI.

11. ABCD est un carré de 42 cm de côté. P est un point de [BC] tel que BP = 2 cm. La parallèle à (CD) passant par P coupe [AD] en M. Calculer MC.

12. Sur le dessin ci-contre, [AH] est une hauteur du triangle ATR. Calculer un arrondi à 0,1 cm près de AT (mesures en cm).

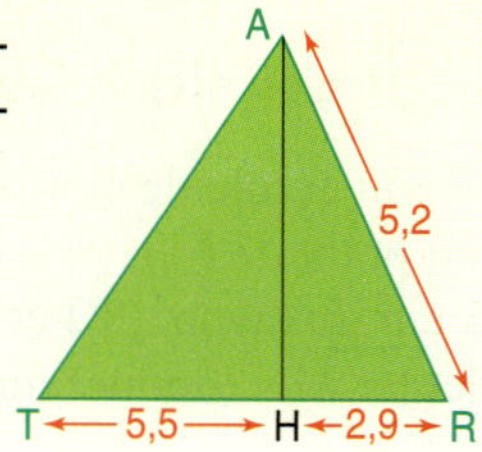

13. ABCD est un losange de centre O tel que AB = 6 cm et AC = 8 cm. Donner un arrondi au dixième de centimètre près de la longueur de l'autre diagonale.

14. Les diagonales d'un carré MNPQ mesurent 10 cm. Quelle est l'arrondi au millimètre près de la longueur des côtés de ce carré ?

15. ***Calcul littéral***

Sur la figure ci-dessous le triangle NEZ est rectangle en N. Les longueurs des côtés sont données dans la même unité. Quelle est la valeur de x ?

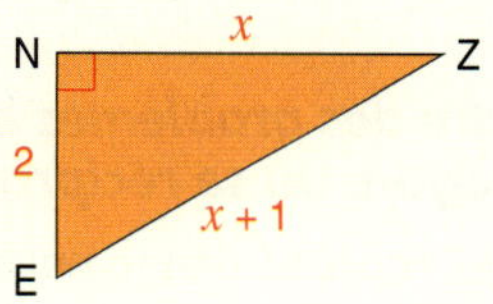

16. Tracer un parallélogramme ABCD tel que : AB = 8 cm, AD = 3,9 cm et DB = 8,9 cm.

Quelle semble être sa nature ?

Démontrer votre conjecture.

17. STR est un triangle tel que :

ST = 2,7 cm, SR = 3,6 cm et TR = 4,5 cm.

La droite (m) est la médiatrice du segment [SR].

Démontrer que les droites (m) et (ST) sont parallèles.

18. ***Au brevet***

a/ Construire un triangle ABC tel que : AB = 4,8 cm, AC = 6,4 cm et BC = 8 cm.

b/ Démontrer que le triangle ABC est un triangle rectangle.

c/ Construire le point D, symétrique du point B par rapport à A.

d/ Calculer l'aire du triangle BCD.

(Nantes, 1999.)

19. En utilisant les données de la figure ci-contre, démontrer que les droites (AE) et (ES) sont perpendiculaires.

(Les dimensions sont données dans la même unité. Le dessin n'est pas tracé à l'échelle.)

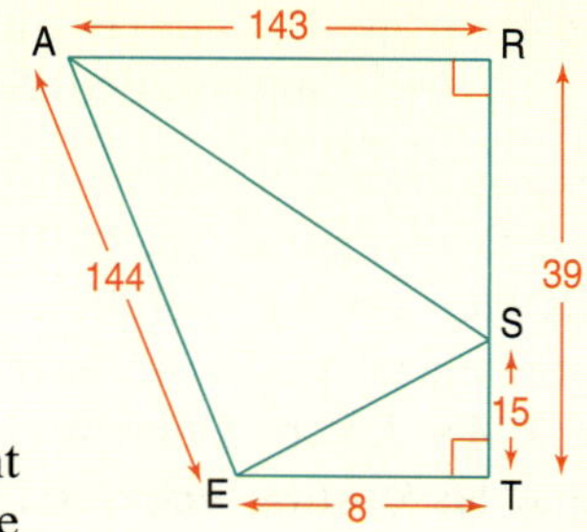

20. Julia constate que la foudre a cassé son arbre préféré à 2 m du sol. La cime touche le sol à 7 m du pied de l'arbre. Quelle était la hauteur de l'arbre, avant l'orage, à 0,1 m près ?

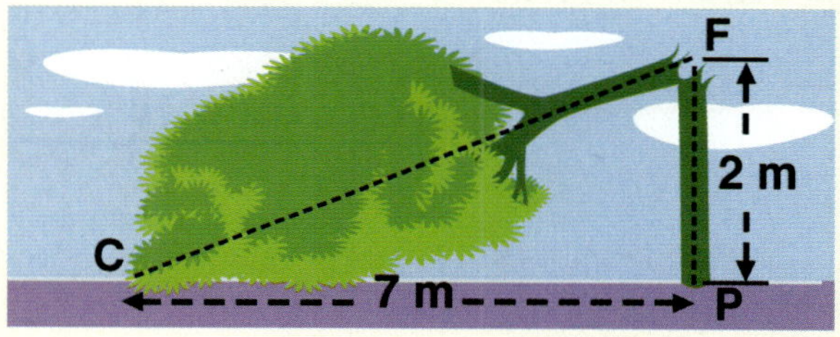

21. Un funambule tend un fil entre deux poteaux qui ont pour hauteur 5 m et 12 m et qui sont à une distance de 24 m l'un de l'autre. On suppose le fil bien tendu. Quelle est sa longueur ?

22. Julien a tendu au sol entre deux crochets A et B une ficelle de 100 m. Guillaume a une ficelle de 101 m. Il l'attache en A et B et la soulève au milieu. Julien parviendra-t-il à passer sous la ficelle de Guillaume sans se mettre à quatre pattes ?

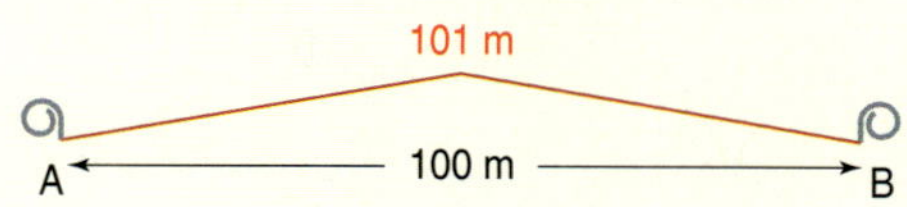

(D'après *Maths & Malices*, n° 13, septembre 1993.)

23. **Démontrer que deux droites sont perpendiculaires**

Sur la figure ci-contre, RLT est un triangle rectangle en R et REFT est un parallélogramme. Démontrer que les droites (EF) et (RL) sont perpendiculaires.

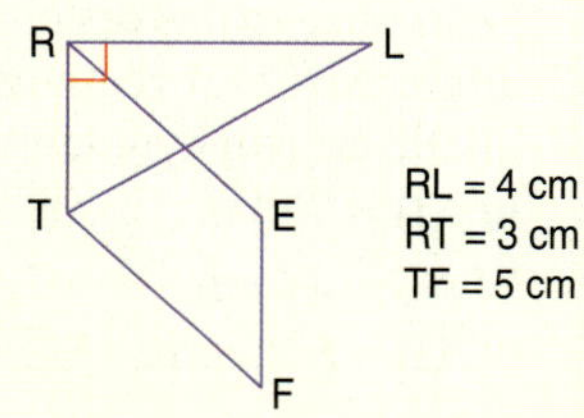

Exercices fondamentaux

24. Démontrer que deux droites sont perpendiculaires

Sur la figure ci-contre, (d) est la médiatrice de [AP]. BPMC est un parallélogramme tel que BP = 5,6 cm et PM = 3,3 cm. Démontrer que les droites AB et BC sont perpendiculaires.

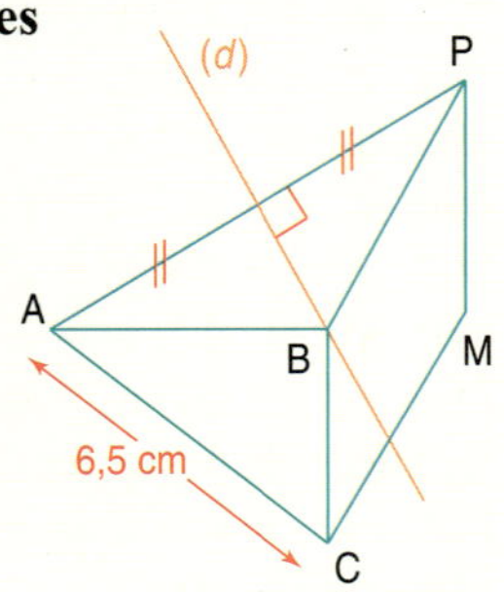

25. Calculer la longueur d'un segment

a/ Tracer un segment [AB] de 6 cm de longueur et de milieu I. Placer un point M sur la médiatrice de [AB] tel que AM = 3,4 cm.

b/ Calculer BM et IM.

26. Calculer la longueur d'un segment

Soit ($\mathscr{C}$) un cercle de centre O et de 3 cm de rayon. A est un point de ($\mathscr{C}$). ($\mathscr{C}$') est un cercle de centre A et de 3 cm de rayon. ($\mathscr{C}$) et ($\mathscr{C}$') se coupent en M et N. Calculer MN (donner un arrondi à 0,1 cm près).

27. Calculer la longueur d'un segment

GHU est un triangle tel que :
GH = 8,2 cm, GU = 8 cm et UH = 1,8 cm.

a/ Calculer l'aire du triangle GHU.

b/ La hauteur du triangle GHU issue de U coupe [GH] en R. Calculer UR (donner un arrondi au centième de centimètre).

Faire le point à mi-parcours

Savez-vous...

28. *... appliquer le théorème de Pythagore ?*

Calculer, si possible, la longueur x dans chacun des cas suivants. Donner la valeur exacte ou un arrondi au dixième de centimètre.

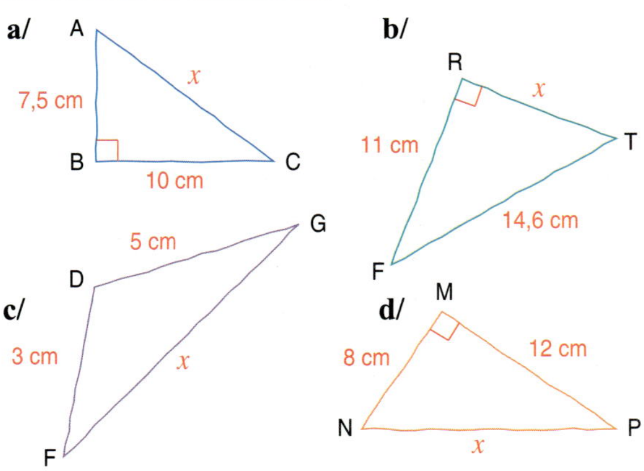

29. *... démontrer si un triangle est rectangle ou non ?*

Dans chacun des cas ci-dessous, déterminer si le triangle ABC est rectangle ou non. Si oui, préciser quelle est son hypoténuse.

a/ AB = 720 m ; AC = 724 m ; BC = 76 m.
b/ AB = 12 cm ; AC = 12 cm ; BC = 17 cm.
c/ AB = 8,9 mm ; AC = 8 mm ; BC = 3,9 mm.

30. *... résoudre des problèmes avec le théorème de Pythagore ou sa réciproque ?*

a/ Le clown Jojo descend dangereusement un plan incliné sur son vélo à une roue de 25 cm de rayon. En combien de tours de roue sera-t-il en bas ? On prendra $\pi \approx 3{,}14$.

b/ ABC et DCA sont 2 triangles rectangles.
Calculer AD.

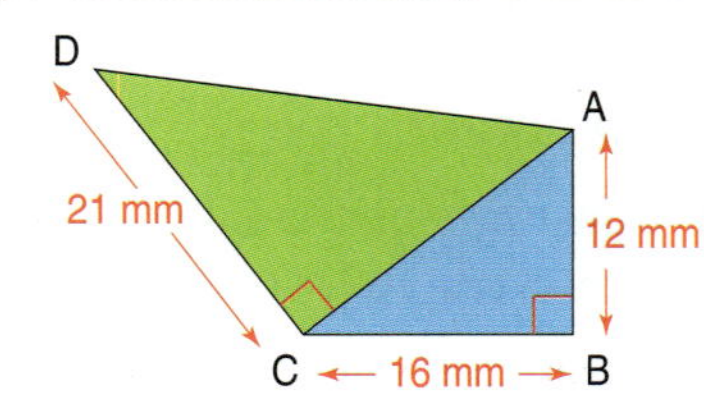

c/ Tracer un parallélogramme ADBM tel que : AM = 6,8 cm, AD = 3,2 cm et AB = 6 cm.

Placer le point C tel que ABCD soit un parallélogramme. Démontrer que les droites (BC) et (CD) sont perpendiculaires.

Exercices complémentaires

S'ÉCHAUFFER

31. Calculer l'aire des trois triangles ABF, AGF, ABG.

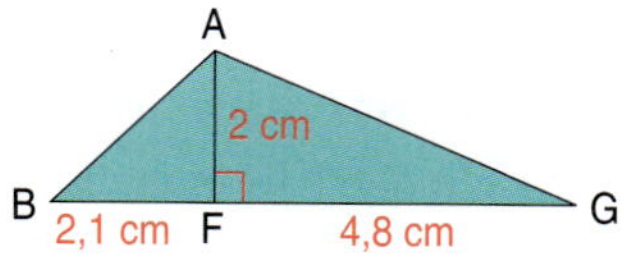

32. Déterminer l'aire des figures colorées suivantes (les longueurs sont en cm).

a/

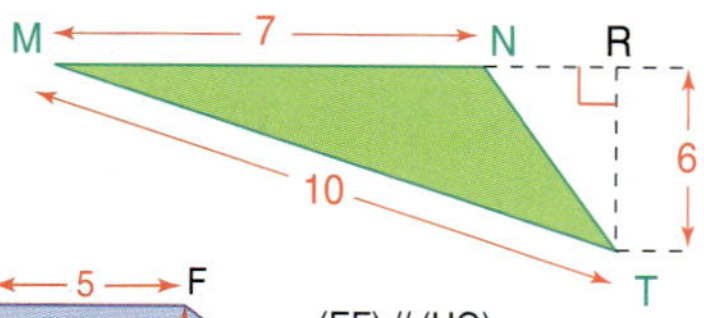

b/

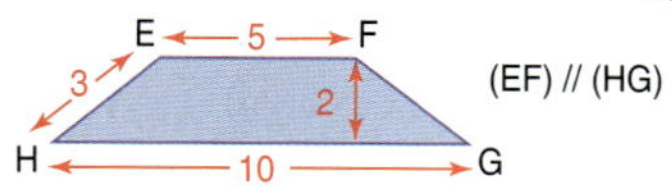

c/

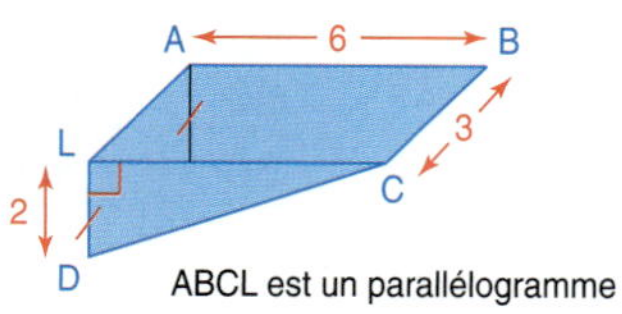

33. Trouver le nombre x qui convient dans les égalités suivantes.

a/ $x + 121 = 169$; **b/** $64 + x = 81$;

c/ $x^2 = 64$; **d/** $5 \times x = 10{,}5$;

e/ $x + 12 = 9$; **f/** $x^2 = 81$.

34. Tracer si possible, les triangles suivants.

a/ SER est un triangle rectangle en E tel que SR = 6 cm et SE = 4 cm.

b/ TYP est un triangle rectangle en Y tel que YP = 3,2 cm et TP = 4 cm.

35. Compléter les propriétés suivantes.

a/ Si un parallélogramme a des diagonales ... alors c'est un carré.

b/ Si un parallélogramme a ... alors c'est un rectangle.

c/ Si un parallélogramme a un angle droit et ... alors c'est un carré.

d/ Si un parallélogramme a des diagonales ... alors c'est un losange.

36. À partir des indications portées sur les figures, reconnaître la nature du quadrilatère ABCD.

a/

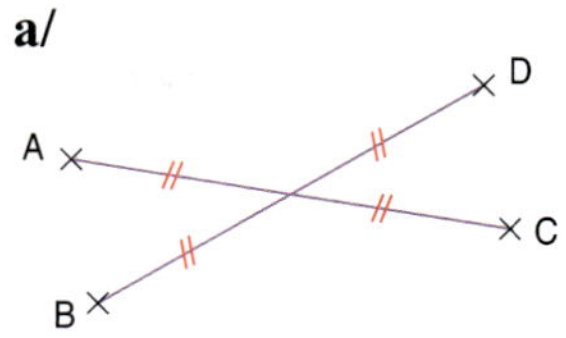

b/

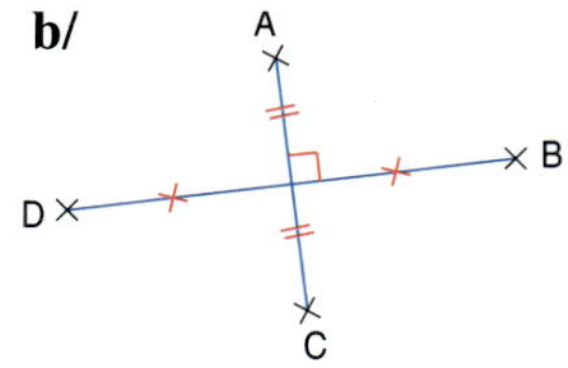

c/

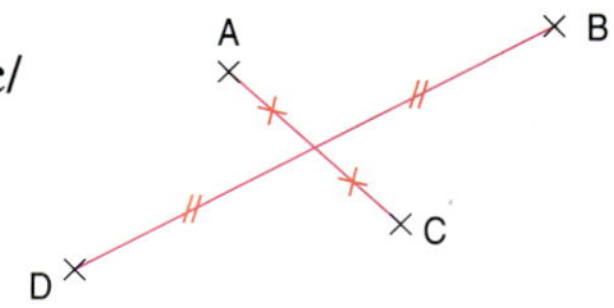

d/

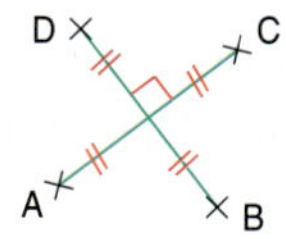

37. Compléter les chaînons suivants.

a/ On sait que ABCD est un parallélogramme.
Si ....
Donc AB = CD.

b/ On sait que RSTU est un ....
Si un quadrilatère est un rectangle alors ses diagonales ont le même milieu et sont de même longueur.
Donc RT = ...

c/ S est sur la médiatrice de [AB].
Si ....
Donc SA = SB.

38. Dans chacun des cas suivants, les longueurs AB et RX sont-elles égales ? Justifier la réponse.

a/ ABXR est un parallélogramme.

b/ ARBX est un losange qui n'est pas un carré.

c/ ARBX est un un carré.

d/ ARBX est un rectangle.

e/ R et X sont deux points de la médiatrice de [AB].

f/ Les triangles ARO et OXB sont symétriques par rapport à O.

g/ [AR] et [BX] sont deux cordes d'un même cercle.

S'ENTRAÎNER

Théorème de Pythagore

39. Écrire les égalités du théorème de Pythagore dans tous les triangles rectangles de cette figure.

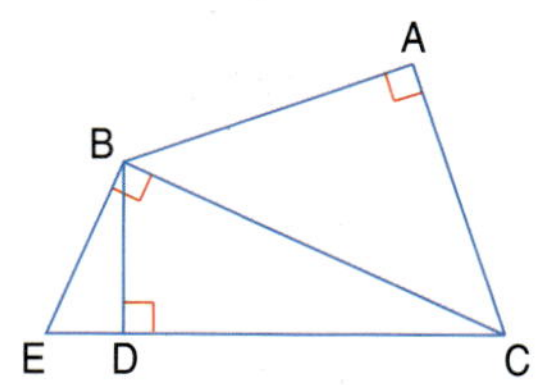

Exercices complémentaires

40. **a/** Tracer un triangle RTF rectangle en F tel que RT = 7,4 cm et FR = 2,4 cm.

b/ Calculer TF et vérifier la vraisemblance du résultat sur le dessin.

41. Compléter les démonstrations suivantes.

a/ On sait que ABC est un triangle rectangle en A, que AB = 13 mm et que AC = 84 mm.

…
$BC^2 = 13^2 + 84^2$
$BC^2 =$ …
Donc BC = ….

b/ On sait que ….
Si un triangle est rectangle alors le carré de la longueur de l'hypoténuse est égal à la somme des carrés des longueurs des deux autres côtés.
$MF^2 = RM^2 + RF^2$.
$11^2 = 2{,}8^2 + RF^2$.
$RF^2 =$ …
Donc RF = ….

42. Sur les triangles rectangles suivants, les longueurs sont données en centimètres. Calculer la longueur x. (Donner la valeur exacte ou un arrondi à 0,1 cm près.)

a/

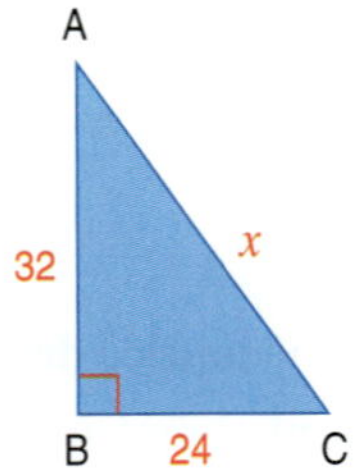

b/

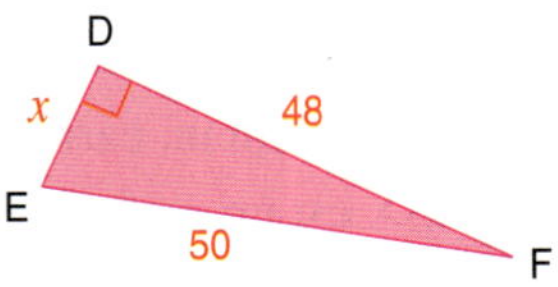

c/

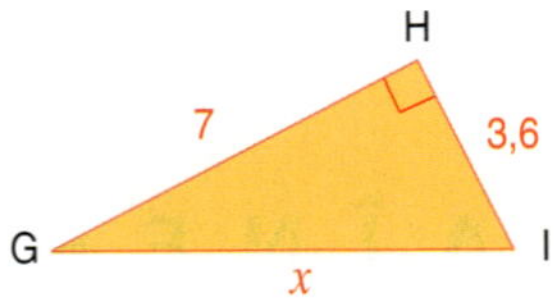

d/

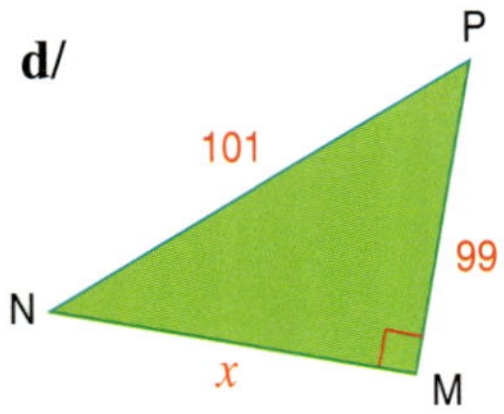

43. Compléter le tableau ci-dessous sachant que les triangles ABC sont rectangles en C. Les mesures sont données en centimètres. (Donner une valeur exacte ou un arrondi à 0,1 cm près.)

	a/	b/	c/	d/	e/
AB		3	25	85	
AC	11		20		112
BC	60	1		13	15

44. L'ordinateur du professeur a attrapé le virus « désorganisateur » qui change l'ordre des phrases. Remettre de l'ordre dans cette démonstration.

a/ Donc $FK^2 = FJ^2 + JK^2$. **b/** $JK^2 = 134{,}56 - 64$.

c/ On sait que FJK et un triangle rectangle en J tel que FJ = 8 cm et FK = 11,6 cm.

d/ $JK^2 = 70{,}56$. **e/** $11{,}6^2 = 8^2 + JK^2$.

f/ Si un triangle est rectangle alors le carré de la longueur de l'hypoténuse est égal à la somme des carrés des longueurs des deux autres côtés.

g/ $134{,}56 = 64 + JK^2$. **h/** JK = 8,4 cm.

45.

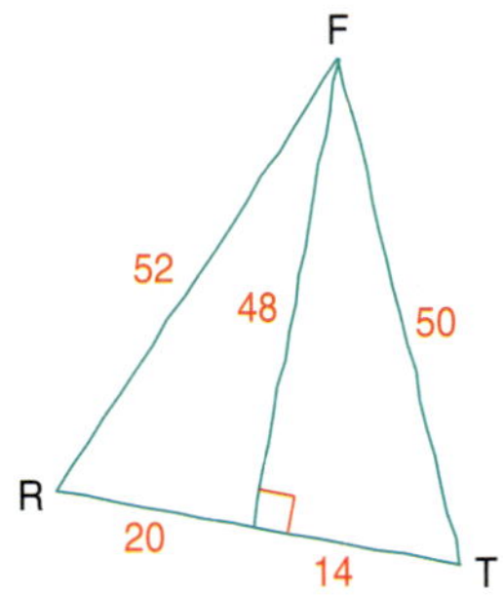

48^2	=	2 304
52^2	=	2 704
14^2	=	196
20^2	=	400
50^2	=	2 500

À l'aide des indications de la figure et du tableau, donner le résultat des calculs suivants, sans les effectuer. Les longueurs sont données dans la même unité.

a/ $48^2 + 20^2$; **b/** $50^2 - 14^2$;
c/ $52^2 - 48^2$; **d/** $50^2 - 48^2$.

Ce triangle est-il rectangle ?

46. Les triangles suivants sont-ils rectangles ? Si oui, citer les côtés perpendiculaires.

a/ AB = 63 mm ; AC = 1 984 mm ; BC = 1 985 mm.

b/ ZR = 5,5 cm ; ZE = 4,5 cm ; ER = 3,5 cm.

c/ FG = 975 m ; TG = 2 225 m ; FT = 2 000 m.

Résoudre des problèmes

47.

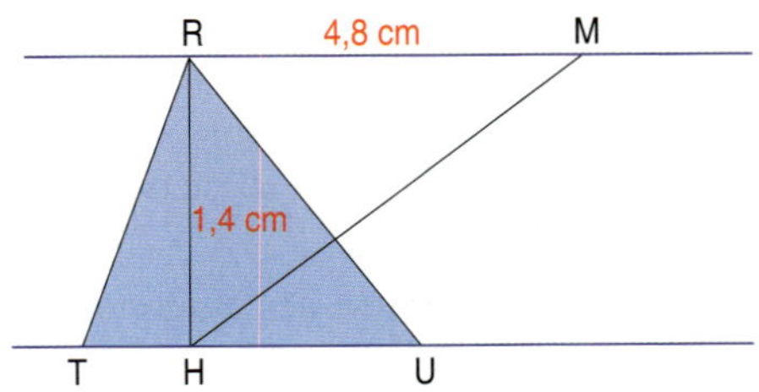

Sur la figure ci-dessus, [RH] est une hauteur du triangle RTU et les droites (RM) et (TU) sont parallèles. Calculer HM.

48. Calculer la longueur des diagonales d'un rectangle ABCD tel que AB = 144 m et AC = 270 m.

49. Calculer le périmètre et l'aire des figures suivantes. En donner un arrondi à 0,01 cm ou 0,01 cm^2 près.

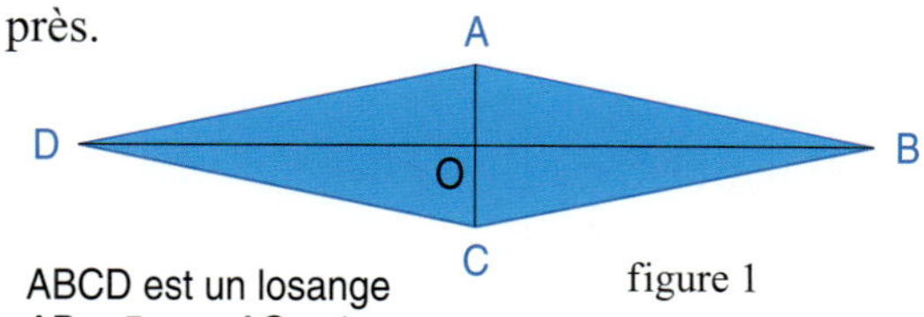

ABCD est un losange
AD = 5 cm ; AO = 1 cm

figure 1

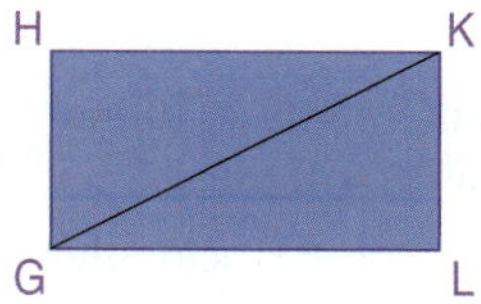

HKLG est un rectangle
HK = 7 cm ; GK = 8 cm

figure 2

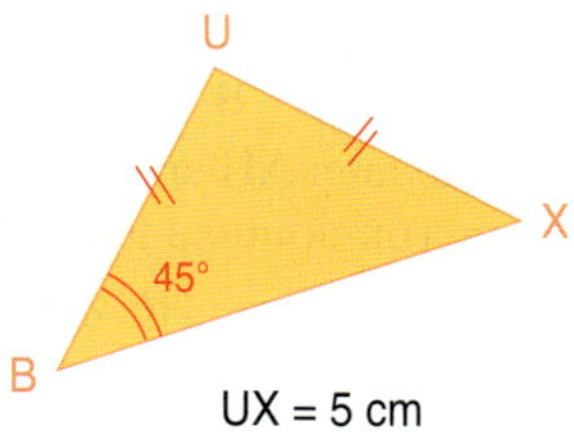

UX = 5 cm

figure 3

50. Tracer un segment [OO'] de 4 cm de longueur. Tracer un cercle ($\mathscr{C}$) de centre O et de 2,4 cm de rayon ainsi qu'un cercle ($\mathscr{C}$') de centre O' et de 3,2 cm de rayon. Les cercles ($\mathscr{C}$) et ($\mathscr{C}$') se coupent en M et N. Démontrer que les droites (OM) et (O'M) sont perpendiculaires.

51. RET est un triangle rectangle en E tel que RE = 12 cm et ET = 16 cm. Placer le point M tel que RM = 29 cm et MT = 21 cm. Démontrer que les droites (RT) et (MT) sont perpendiculaires.

DEVENIR UN CHAMPION

Résoudre des problèmes

52. ABC est un triangle rectangle en A tel que : AB = 20 mm et BC = 25 mm.
I est un point de [AB] tel que AI = 12,5 mm et M est un point de [AC] tel que IM = 32,5 mm. Démontrer que CA = CM.

53. Un rectangle a une aire de 29,52 cm^2 et un côté de 8 cm de long. Calculer la longueur de ses diagonales.

54. Si on double les dimensions des côtés de l'angle droit d'un triangle rectangle, double-t-on son hypoténuse ? son périmètre ? son aire ?

55. **a/** ABC est un triangle rectangle en A tel que AB = 6 cm et BC = 1 dm.
Démontrer que l'aire (en cm^2) et le périmètre (en cm) de ABC s'expriment par un même nombre.

b/ Même question pour le triangle RST rectangle en S tel que ST = 50 mm et SR = 12 cm.

56. Calculer un arrondi au dixième de centimètre du périmètre des triangles ABC et DEF.

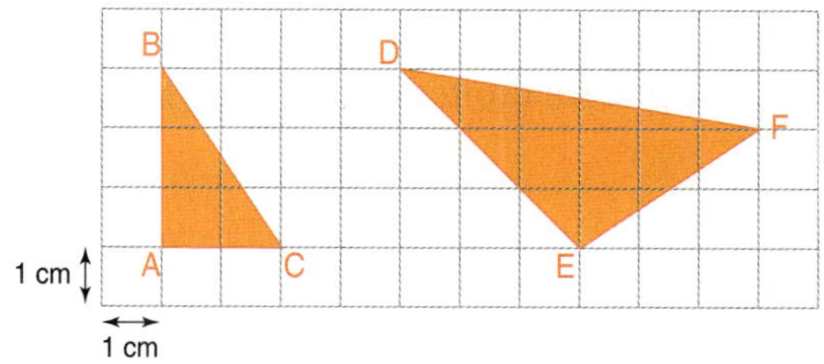

57. ZER est un triangle rectangle en Z dont l'aire est 2 520 mm^2 et tel que ZE = 90 mm. Calculer le périmètre de ce triangle.

58. Tracer un segment [AB] de 7 cm et de milieu I. Placer un point C sur la médiatrice de [AB] tel que le triangle ABC soit équilatéral. Donner un arrondi de CI au centimètre près.

59. Le triangle ABC a pour dimensions :
AB = 10,101 cm ;
AC = 11,111 cm ;
BC = 15,016 142 05 cm.
Est-il rectangle en A ?

60. Démontrer que le triangle RFG de dimensions (en dm) RF = $\frac{1}{3}$, FG = $\frac{1}{4}$ et RG = $\frac{5}{12}$ est rectangle.

61. ACB est un triangle rectangle en C. ABD est un triangle rectangle en B. Est-il vrai que l'aire de l'un des deux triangles est égale à 29 fois l'aire de l'autre ? (Le dessin n'est pas tracé à l'échelle.)

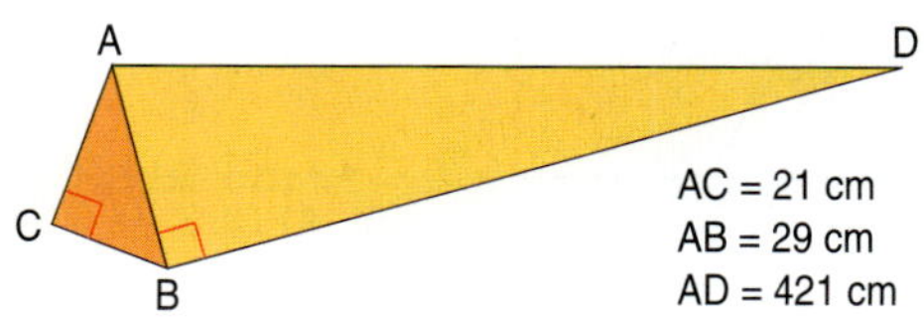

Exercices complémentaires

62. ABC est un triangle tel que :
AB = 5,4 cm, BC = 9 cm et AC = 7,2 cm.
B' est le symétrique de B par rapport à A.
Démontrer que BC = B'C.

63. ABCD est un rectangle tel que AB = 9,6 cm et AD = 4 cm.
La droite perpendiculaire à (BD) passant par A coupe [BD] en E. La droite perpendiculaire à (BD) passant par C coupe [BD] en F.
Calculer EF.

64. ABCD est un quadrilatère tel que AD = 2 cm ; AB = 5,2 cm ; DB = 4,8 cm ; BC = 1,4 cm et DC = 5 cm.
Démontrer que les droites (AB) et (CD) sont parallèles.

65. ABCD est un rectangle tel que AB = 4 cm et BC = 3 cm.
M est un point de [AB] tel que AM = 1 cm.
N est un point de [BC] tel que BN = 1 cm.

a/ Démontrer que les droites (MD) et (MN) sont perpendiculaires.

b/ La droite perpendiculaire à (DN) et passant par M coupe [DN] en H. Calculer MH.

66. Résoudre le problème suivant, datant de près de 4 000 ans, retrouvé sur une tablette lors de fouilles archéologiques en Mésopotamie.

Un roseau est placé verticalement contre un mur. S'il descend de 3 coudées, il s'écarte du mur de 9 coudées. Quelle est la longueur du roseau ? (Une coudée est une ancienne unité de longueur correspondant à 52,5 cm environ.)

Problèmes de synthèse

67. On donne AB = 6 cm, BH = 3 cm.
[AH] est la hauteur relative à l'hypoténuse [BC].

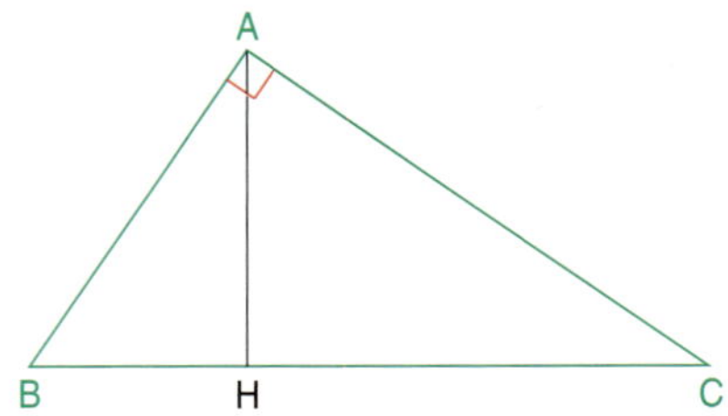

a/ Calculer AH en utilisant le théorème de Pythagore (on donnera le résultat à 0,1 cm près).

b/ Sachant que HC est le triple de BH, calculer BC.

c/ Calculer l'aire du triangle ABC.

d/ Reproduire ci-dessous le dessin à l'échelle 1 ; on se donne O milieu de [BC]. Construire le point A', symétrique de A par rapport à O.

e/ Quelle est la nature du quadrilatère ABA'C ?

(Brevet, 1999.)

68. **a/** Tracer un triangle ABC rectangle en A tel que BC = 7,4 cm et AB = 7 cm.

b/ Calculer AC.

c/ Placer le point D, symétrique de A par rapport à C. Puis placer le point F, symétrique de B par rapport à C.

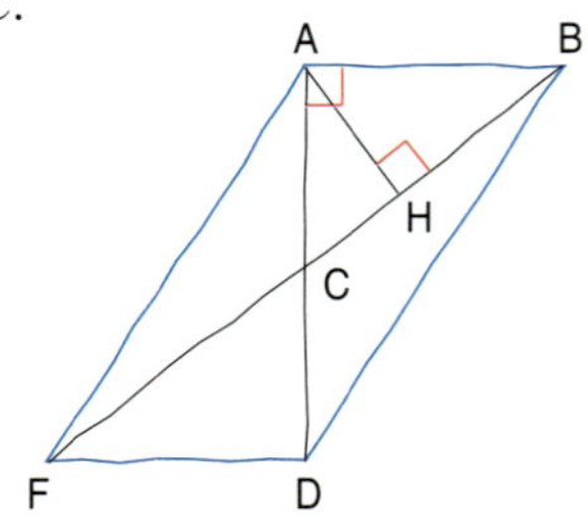

(La figure est faite à main levée et n'est pas tracée à l'échelle.)

d/ Quelle est la nature du quadrilatère ABDF ? Démontrer la réponse.

e/ Calculer l'aire du quadrilatère ABDF.

f/ Calculer l'aire du triangle ABF.

g/ La perpendiculaire à (BF) passant par A coupe [BF] en H ; calculer AH puis HB.

10

Triangle rectangle et cercle

Un créateur de jeu vidéo a prévu la règle suivante.
Un rayon laser est émis du point A.
Un miroir situé en un point M du cercle réfléchit le rayon à angle droit.
Où placer le point M pour que le rayon parvienne au point B ?

Repérer les obstacles

1. Existent-ils ?

➢ exercice 33 p. 168

Sans les tracer, préciser si les triangles ci-dessous existent ou non. Justifier la réponse.

a/ Le triangle ABC tel que AB = 6 cm, AC = 5 cm, BC = 4 cm.

b/ Le triangle DEF tel que EF = 8 cm, FD = 5 cm, ED = 3 cm.

c/ Le triangle IJK tel que IJ = 7 cm, JK = 2 cm, IK = 4 cm.

d/ Le triangle MNP tel que MN = 6 cm, NP = MP = 3,5 cm.

e/ Le triangle RST tel que RS = 8 cm, RT = TS = 3 cm.

2. Triangles particuliers

➢ exercice 34 p. 168

a/ Démontrer que le triangle CAP est un triangle isocèle.

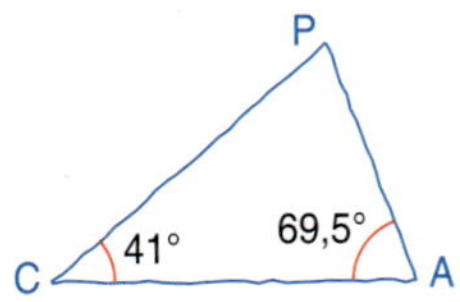

b/ Démontrer que le triangle BEP est un triangle rectangle.

3. Distances

➢ exercices 35 et 36 p. 168

a/ Placer un point A. Où se trouvent tous les points situés à 3 cm de A ?

b/ Placer deux points C et D. Où se trouvent tous les points équidistants de C et D ?

4. Chaînons à compléter

a/ On sait que M appartient à la médiatrice de [AB].
Si ...... alors .... Donc ....

b/ On sait que MA = MB.
Si ...... alors .... Donc M appartient à la médiatrice de [AB].

5. Cercle circonscrit

➢ exercice 37 p. 168

Tracer le triangle XYZ tel que $\widehat{XZY} = 130°$; XZ = 6 cm ; ZY = 3 cm.
Tracer le cercle circonscrit au triangle.

6. Bissectrice

➢ exercice 38 p. 168

Tracer un angle $\widehat{MNP}$ de mesure 67°. Tracer la bissectrice de cet angle sans utiliser le rapporteur.

Franchir les obstacles

Triangle rectangle et cercle

1. À la découverte de la médiane

➤ *exercice 1 p. 165*

Dans un triangle, la droite qui passe par un sommet et par le milieu du côté opposé à ce sommet est une médiane du triangle.

a/ Dans chacun des cas suivants, reconnaître si la droite (*d*) est une médiane du triangle ABC.

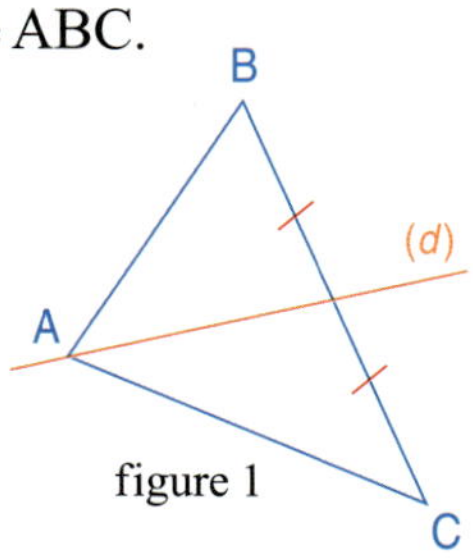

figure 1

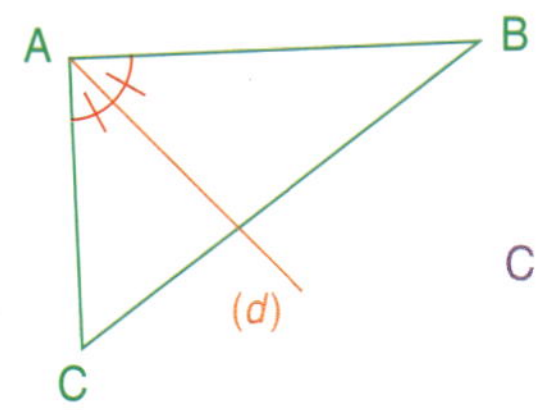

figure 2

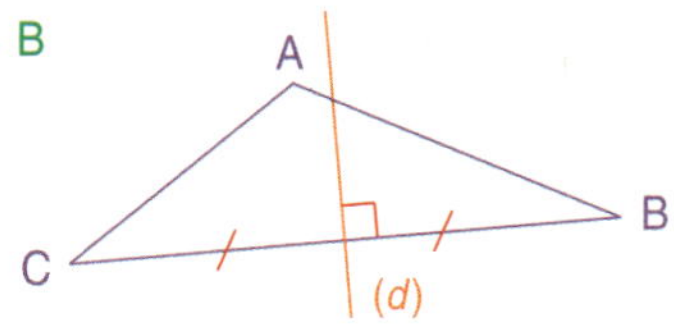

figure 3

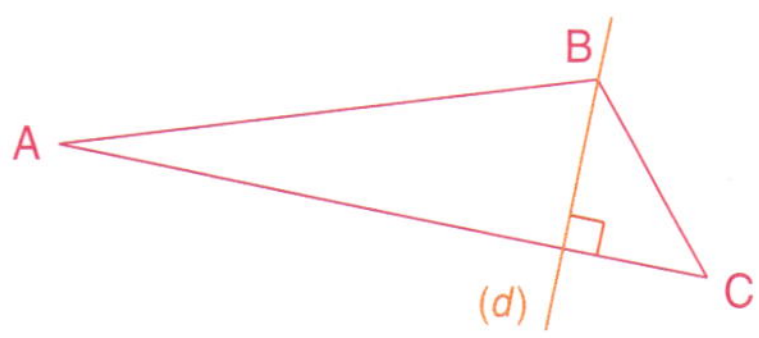

figure 4

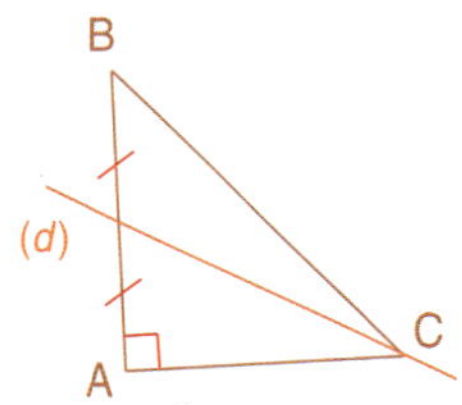

figure 5

b/ Tracer un triangle DEF. Tracer la médiane issue de D puis la médiane issue de E.

2. Triangle rectangle

➤ *exercices 2 à 4 p. 165*

a/ Conjecturer

Tracer trois triangles rectangles. Construire le cercle circonscrit à chaque triangle. Quelle conjecture peut-on faire concernant le centre du cercle ? Énoncer la conjecture sous la forme « Si … alors … ».

b/ Démontrer

Tracer un triangle EFG rectangle en E. Soit O le milieu de [FG] et E' le symétrique de E par rapport à O.

- Démontrer que EFE'G est un rectangle.
- Démontrer que le point O est le centre du cercle circonscrit à EFG.

c/ Quelle autre propriété concernant la médiane issue du sommet de l'angle droit d'un triangle rectangle peut-on déduire de la propriété démontrée au **b/** ?

d/ Appliquer

Soit un triangle CPR rectangle en C tel que CP = 1,6 cm et CR = 6,3 cm. Le point J est le milieu de [PR].
Calculer CJ.

3. Cercle

➢ exercices 5 à 8 p. 165

a/ Conjecturer

Tracer trois cercles et dans chacun d'eux tracer un diamètre [AB]. Placer un point M sur chaque cercle (autre que A et B). Quelle conjecture peut-on faire concernant les triangles ABM ? Énoncer la conjecture sous la forme « Si ... alors ... ».

b/ Démontrer

Tracer un cercle de centre O et de diamètre [AB]. Soit M un point du cercle et soit P le point tel que [MP] soit un diamètre du cercle.

- Démontrer que AMBP est un rectangle.
- Que peut-on encore en conclure pour le triangle AMB ?

c/ Quelle autre propriété concernant un triangle qui a une médiane dont la longueur est égale à la moitié de la longueur du côté opposé au sommet dont elle est issue peut-on déduire de la propriété démontrée au **b/** ?

d/ Reconnaître les triangles rectangles

Nommer les triangles rectangles à l'aide des points marqués sur les figures suivantes. (Tous les côtés des triangles à repérer ne sont pas forcément tracés.) Dans chaque cas le centre du cercle est le point O.

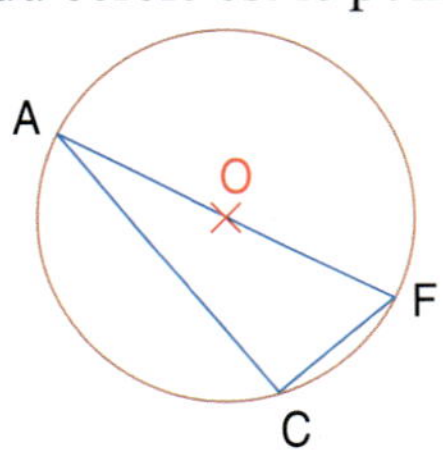

figure 1

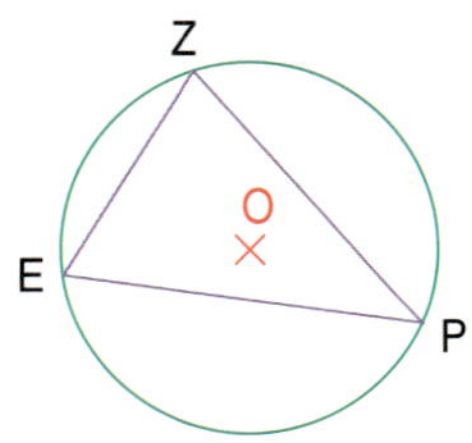

figure 2

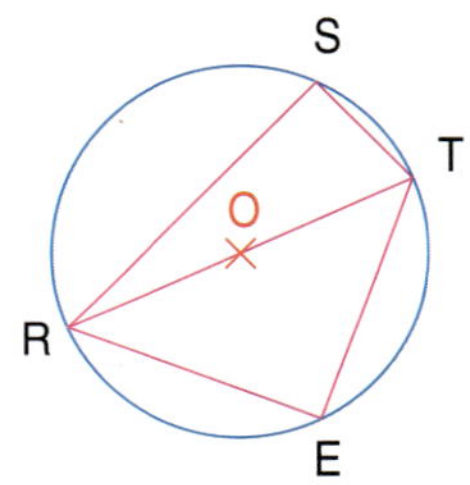

figure 3

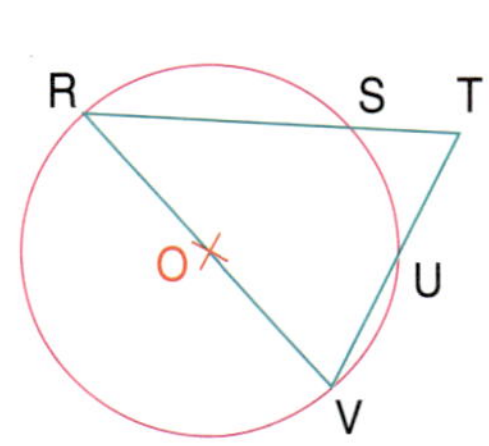

figure 4

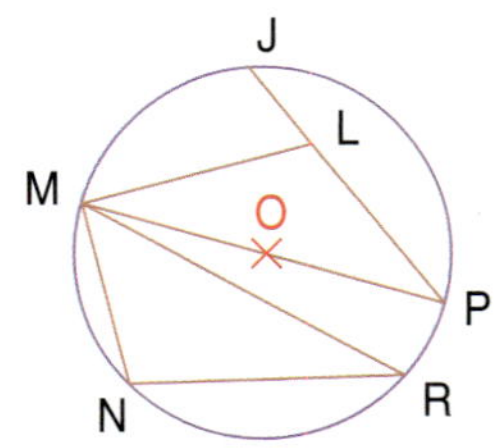

figure 5

e/ Appliquer

Dans un triangle ABC, on sait que la médiane issue de A coupe [BC] en M et que BC = 6 cm et AM = 3 cm. Démontrer que (AB) et (AC) sont perpendiculaires.

Distance d'un point à une droite

4. Le plus court chemin

➢ exercices 9 à 12 p. 165

a/ Conjecturer

Alexis veut se rendre au bord de la rivière le plus rapidement possible pour s'y baigner.
Quel est le plus court chemin pour aller du point A à la droite (*d*) ?
Quelle conjecture peut-on faire ?

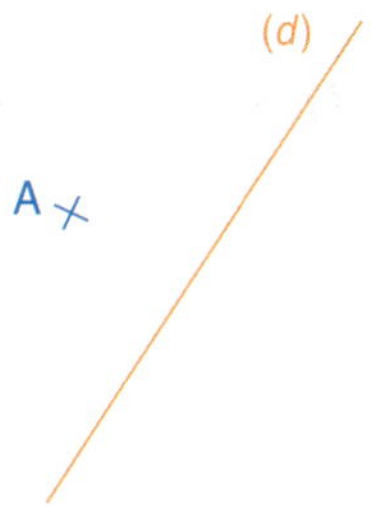

b/ Démontrer

Soit un point A et une droite (*d*) qui ne passe pas par A.
Construire le symétrique A' de A par rapport à la droite (*d*). La droite (AA') coupe (*d*) en H. Placer un point K sur (*d*) non confondu avec H. En utilisant l'inégalité triangulaire dans le triangle AKA', démontrer que AH < AK.

c/ Appliquer

Tracer deux droites (*d*) et (*d'*) parallèles. Soit un point M quelconque non situé sur (*d*) et (*d'*). Tracer la droite perpendiculaire à (*d*) passant par M ; elle coupe (*d*) en L et (*d'*) en M'. Démontrer que MM' est la plus courte distance de M à (*d'*).

5. Ensemble de points

a/ Tracer une droite (*d*). Tracer l'ensemble des points situés à 2 cm de la droite (*d*).

b/ Tracer une droite (*d*). Placer un point O dont la distance à la droite (*d*) est de 1 cm. Tracer en bleu l'ensemble des points situés à 2 cm de la droite (*d*). Tracer en vert l'ensemble des points situés à 4 cm du point O. Marquer en rouge les points situés à la fois à 2 cm de la droite (*d*) et à 4 cm du point O.

Tangente à un cercle en un point

6. Cercle et droites

➤ *exercices 13 à 15 p. 166*

a/ Tracer un cercle de centre O et de rayon *r*. Dans chacun des cas suivants, tracer une droite (*d*) telle que :
(1) la distance du point O à la droite (*d*) est plus petite que *r* ;
(2) la distance du point O à la droite (*d*) est égale à *r* ;
(3) la distance du point O à la droite (*d*) est plus grande que *r*.

b/ Dans chaque cas, préciser le nombre de points d'intersection de (*d*) avec le cercle.

c/ Lorsque une droite (*d*) a un seul point d'intersection avec un cercle, on dit que (*d*) est tangente au cercle en ce point

Soit une droite (*d*) tangente en A à un cercle de centre O.
Quelle conjecture peut-on faire concernant la droite (*d*) et le rayon [OA] ?

d/ Tracer une droite (*d*). Placer un point O à l'extérieur de la droite. Trouver une méthode, sans tracer de cercle, pour placer sur (*d*) le point d'intersection de la droite (*d*) et du cercle de centre O tangent à (*d*).

7. Tracé de la tangente à un cercle passant par un point

a/ À partir d'un point extérieur à un cercle, combien peut-on tracer de tangentes au cercle ? (On ne demande pas de les tracer.)

b/ Voici une méthode pour construire des tangentes à un cercle passant par un point extérieur au cercle :

– tracer un cercle ($\mathscr{C}$) de centre O ;

– placer un point E extérieur au cercle ;

– tracer le cercle ($\mathscr{C}$') de diamètre [EO]. ($\mathscr{C}$) et ($\mathscr{C}$') se coupent en A et en B.

Que représentent (EA) et (EB) pour le cercle ($\mathscr{C}$) ? Justifier la réponse.

Résoudre des problèmes

8. Démonstrations

➤ *exercices 16 à 28 p. 166*

a/ Tracer un triangle ABC tel que AB = 8 cm ; $\widehat{A} = 53°$; $\widehat{B} = 37°$. Placer I milieu de [AB]. Démontrer que I est le centre du cercle circonscrit au triangle ABC.

b/ Tracer un segment [CD] tel que CD = 7 cm. Placer le milieu I de [CD]. Placer un point B tel que le triangle CIB soit isocèle (CI = IB). Démontrer que CDB est un triangle rectangle.

c/ Tracer un triangle CTA tel que CT = 10 cm, CA = 6 cm et TA = 8 cm. Tracer la médiane issue de A. Elle coupe (CT) en I. Calculer AI.

d/ Le périmètre du triangle GIE est 18 cm. Démontrer que le triangle EGF est rectangle. (Toutes les longueurs sont en centimètres.)

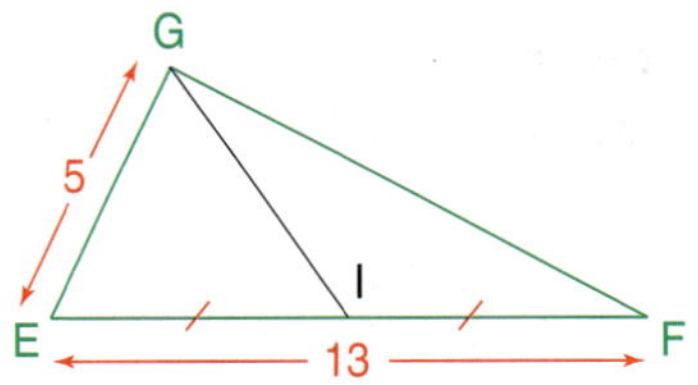

e/ Tracer un segment [AB]. Tracer sa médiatrice (d). Placer un point M sur (d). Tracer le point C symétrique de A par rapport à M. Démontrer que ABC est un triangle rectangle.

f/ Tracer un cercle de diamètre [MP] tel que MP = 5 cm. Placer sur le cercle un point R tel que MR = 1,4 cm.

Déterminer le périmètre du triangle MRP.

9. Construction

Tracer deux droites (d) et (d') sécantes en A. Construire les cercles de rayon 3 cm qui sont tangents à la fois à (d) et à (d').

Combien existe-t-il de cercles répondant à ces conditions ?

1 Médiane dans un triangle

Dans un triangle, une médiane est une droite qui passe par un sommet et par le milieu du côté opposé à ce sommet.

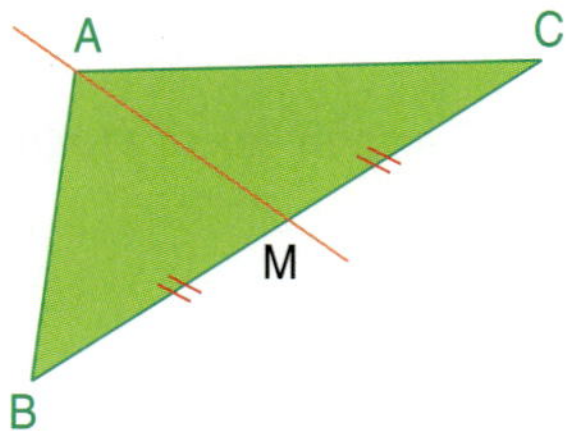

La droite (AM) est la médiane issue de A dans le triangle ABC.
Remarque. Le segment [AM] est aussi appelé médiane.

2 Triangle rectangle et cercle circonscrit

a/ Propriété

Si un triangle est rectangle alors son hypoténuse est un diamètre du cercle circonscrit à ce triangle (donc le milieu de l'hypothénuse est le centre du cercle).

Démonstration : voir l'activité 2 de *Franchir les obstacles*, p.157.

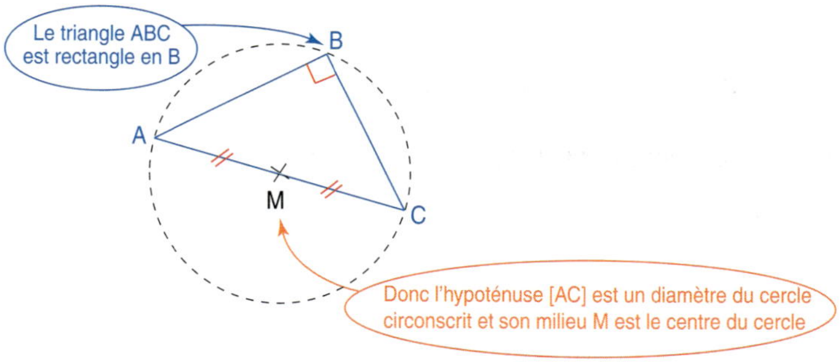

b/ Propriété réciproque

Si, dans un cercle, un triangle a pour sommets les extrémités d'un diamètre et un point du cercle alors ce triangle est rectangle en ce point.

Démonstration : voir l'activité 3 de *Franchir les obstacles*, p.158.

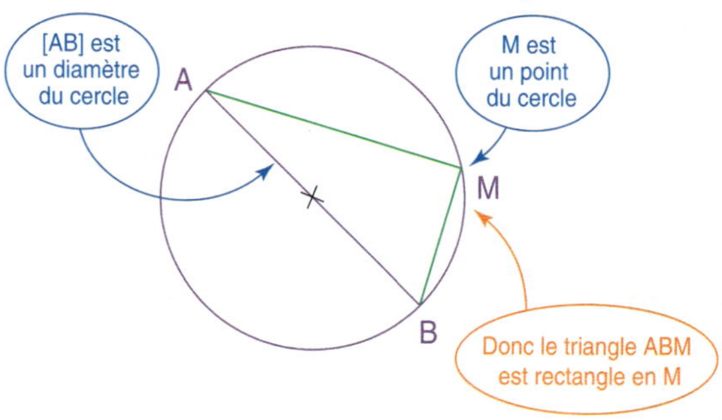

3 Triangle rectangle et médiane

a/ Propriété

Si un triangle est rectangle alors la longueur de la médiane issue de l'angle droit est égale à la moitié de la longueur de l'hypoténuse.

Démonstration : voir l'activité 2 de *Franchir les obstacles*, p.157.

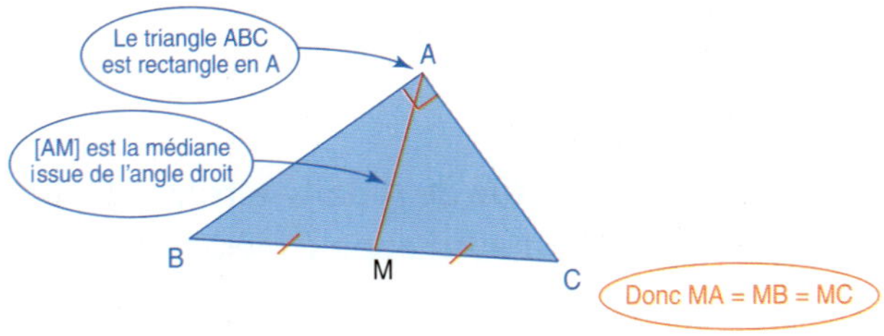

b/ Propriété réciproque

Si, dans un triangle, la médiane issue d'un sommet a une longueur égale à la moitié de la longueur du côté opposé alors le triangle est rectangle en ce sommet.

Démonstration : voir l'activité 3 de *Franchir les obstacles*, p.158.

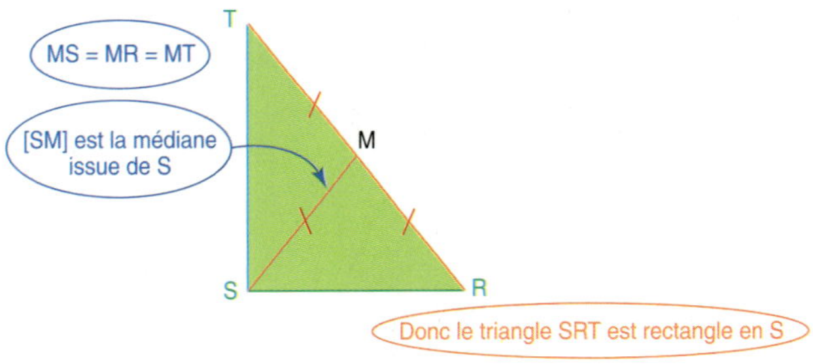

4 Distance d'un point à une droite

Soit un point A qui n'appartient pas à (*d*). Le point de (*d*) le plus proche de A est le point H tel que la droite (AH) est perpendiculaire à (*d*).
AH est appelée la distance du point A à la droite (*d*).

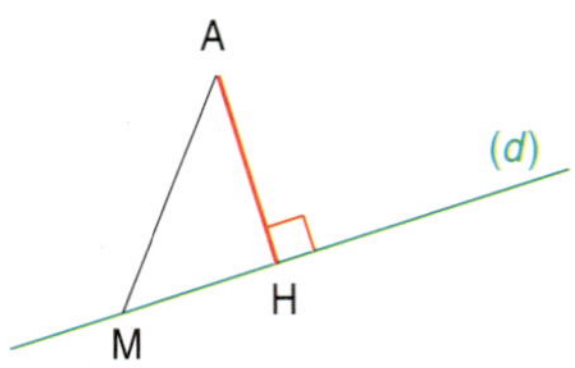

Pour tout point M de (*d*) non confondu avec H, on a AH < AM.

5 Tangente à un cercle en un point

Une droite (*d*) est tangente à un cercle ($\mathscr{C}$) de centre O en un point A si la droite (*d*) a un seul point d'intersection avec le cercle ($\mathscr{C}$) : le point A.
Dans ce cas, la droite (*d*) est perpendiculaire au rayon [OA].

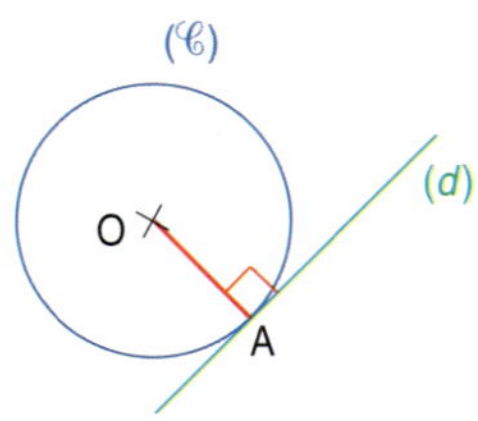

1. Démontrer que deux droites sont perpendiculaires

Méthode 1 ▸▸ Utiliser une propriété du cercle circonscrit

Si, dans un cercle, un triangle a pour sommets les extrémités d'un diamètre et un point du cercle alors ce triangle est rectangle en ce point.

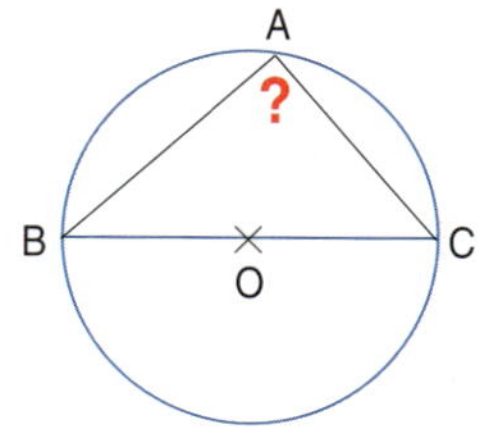

Conditions :

– avoir un triangle inscrit dans un cercle ;
– un côté du triangle est un diamètre du cercle ;
– le troisième sommet du triangle est un point du cercle.

Exemple. Soit un triangle OCD rectangle en O tel que OD = 4,8 et CD = 5,2. (Toutes les longueurs sont dans la même unité.) Le cercle de centre O et de rayon 2 coupe (OD) en E et F.
Démontrer que (CF) et (CE) sont perpendiculaires.

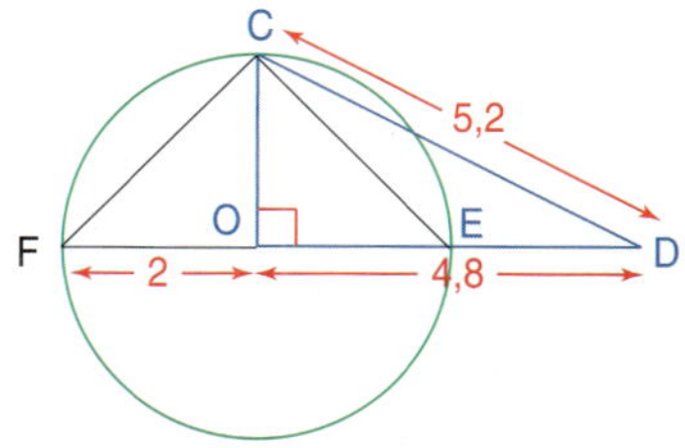

Recherche

Rédaction

• On sait que le triangle OCD est rectangle en O.
D'après le théorème de Pythagore :

$$CD^2 = OC^2 + OD^2$$
$$5,2^2 = OC^2 + 4,8^2.$$

Donc $OC^2 = 27,04 - 23,04 = 4$; donc $OC = 2$.
Donc le point C est sur le cercle.

• On sait que [FE] est un diamètre du cercle et que C est un point du cercle.
Si, dans un cercle, un triangle a pour sommets les extrémités d'un diamètre et un point du cercle alors ce triangle est rectangle en ce point.
Donc FCE est rectangle en C ; donc (CF) et (CE) sont perpendiculaires.

Méthode 2 ▶▶ **Utiliser la propriété de la médiane et du triangle rectangle**

Si, dans un triangle, la médiane issue d'un sommet a une longueur égale à la moitié de la longueur du côté opposé alors le triangle est rectangle en ce sommet.

Conditions :

– avoir un triangle et une médiane ;

– savoir que la longueur de la médiane issue d'un sommet est égale à la moitié du côté opposé à ce sommet.

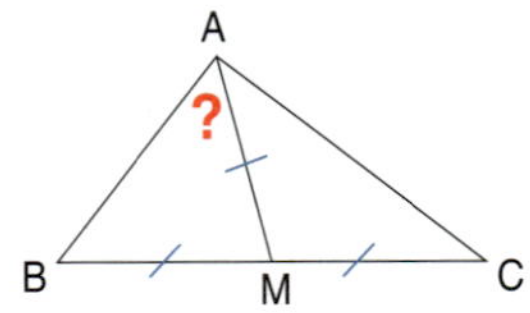

Exemple. Voir l'activité 8.b/ de *Franchir les obstacles*, p. 160.

2. Calculer la longueur d'un segment

Méthode ▶▶ **Utiliser la propriété du triangle rectangle et de la médiane**

Si un triangle est rectangle alors la longueur de la médiane issue du sommet de l'angle droit est égale à la moitié de la longueur de l'hypoténuse.

Conditions :

– avoir un triangle rectangle ;

– connaître la longueur de l'hypoténuse ou de la médiane (ou pouvoir les calculer).

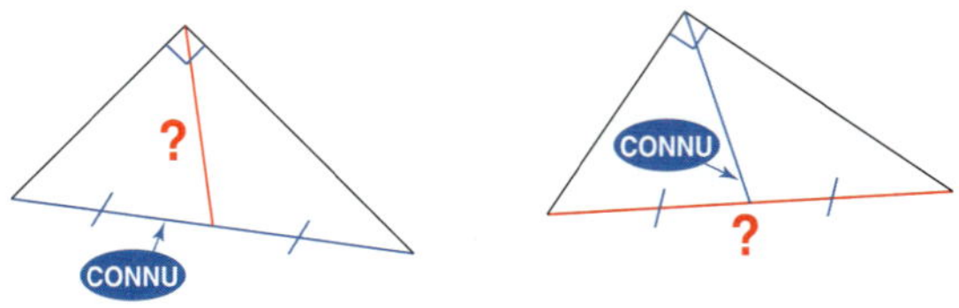

Exemple. Soit un triangle ABC tel que :
AB = 6 cm, BC = 8 cm et AC = 10 cm.
La médiane issue de B coupe [AC] en M. Calculer BM.

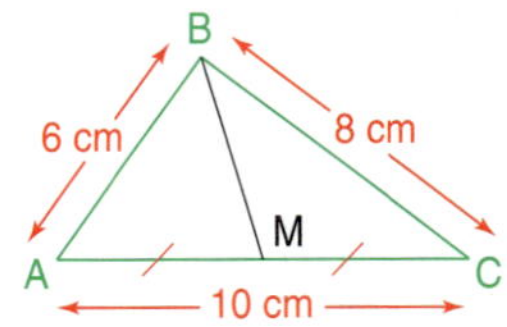

Rédaction

• On sait que AB = 6 cm, BC = 8 cm et AC = 10 cm.

On calcule $AC^2 = 100$ et $AB^2 + BC^2 = 36 + 64 = 100$; donc $AC^2 = AB^2 + BC^2$.

Si, dans un triangle, le carré de la longueur du plus grand côté est égal à la somme des carrés des longueurs des autres côtés alors ce triangle est rectangle et l'angle droit est l'angle opposé au plus grand côté (réciproque du théorème de Pythagore).

Donc le triangle ABC est rectangle en B.

• On sait que (BM) est la médiane issue de B dans le triangle ABC rectangle en B.

Si un triangle est rectangle alors la longueur de la médiane issue du sommet de l'angle droit est égale à la moitié de la longueur de l'hypoténuse.

Donc $BM = \dfrac{AC}{2}$.

D'où **BM = 5 cm**.

Exercices fondamentaux

Triangle rectangle et cercle

1. Compléter les phrases suivantes.

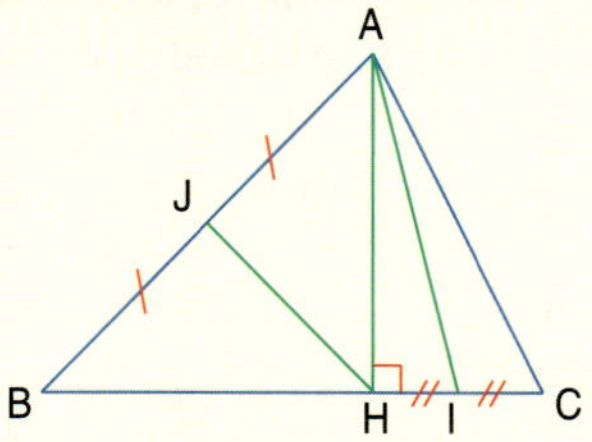

(HJ) est la ...... issue de ...... du triangle ....
(AH) est la ...... issue de ...... du triangle.......
(AI) est la ...... issue de ...... du triangle ....

2. Quel est le centre du cercle circonscrit au triangle EFH ? Quel est le centre du cercle circonscrit au triangle EHG ? Justifier la réponse.

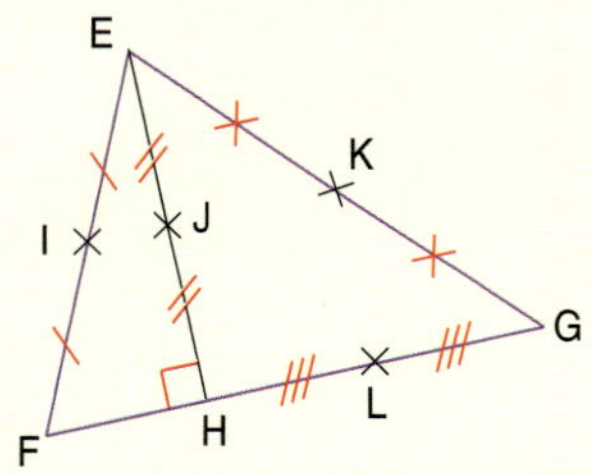

3. Compléter les chaînons suivants.

a/ On sait que RAS est un triangle rectangle en S, I milieu de [RA] et RA = 10 cm.
Si ...... alors ....
Donc $SI = \frac{10}{2} = 5$.

b/ On sait que RVI est un triangle rectangle en V et O milieu de [RI].
Si ...... alors ....
Donc le point ...... est ....

4. a/ Dans chacun des cas suivants, calculer AB. Justifier la réponse.

(1)

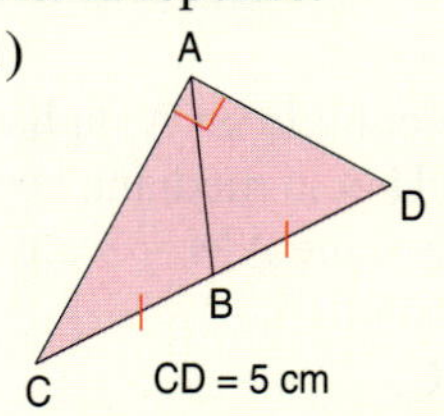

(2)

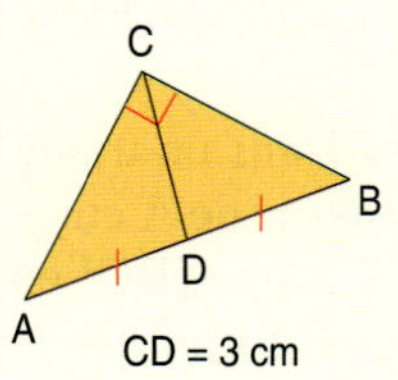

b/ Dans chacun des cas suivants, écrire AB en fonction de x.

(1)

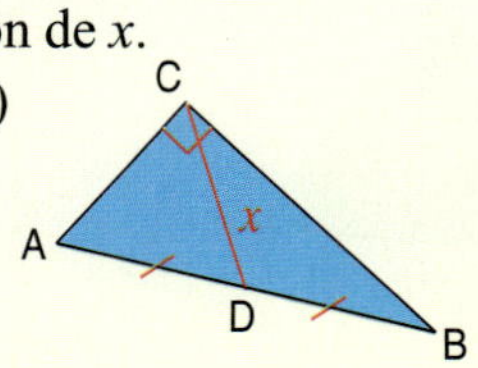

(2)

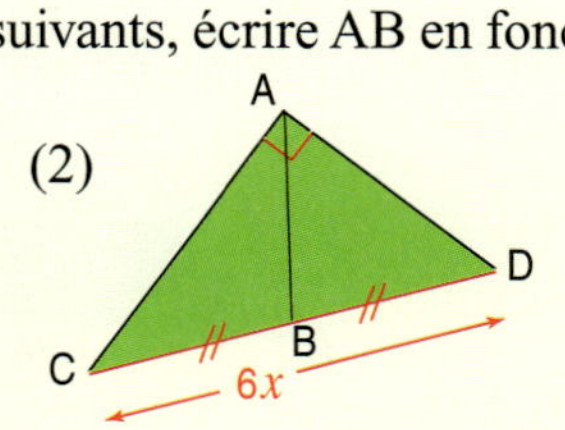

5. Nommer tous les triangles rectangles possibles à l'aide des points marqués sur la figure. (Tous les côtés des triangles ne sont pas tracés.)

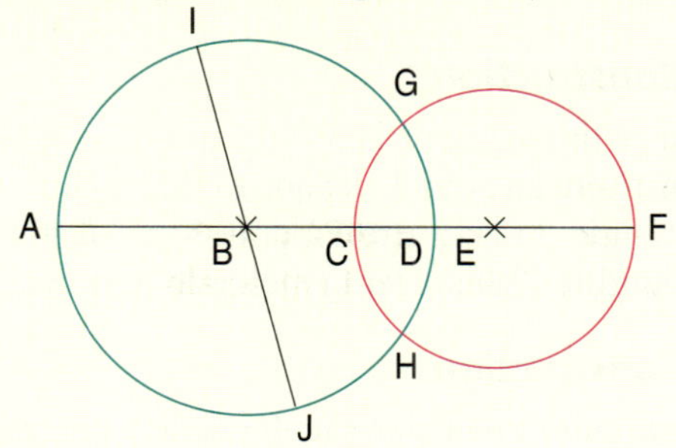

6. Compléter les chaînons suivants.

a/ On sait que, dans le triangle ABC, I est le milieu de [AB] et $CI = \frac{AB}{2}$.
Si ...... alors ....
Donc ....

b/ On sait que [MN] est le diamètre d'un cercle et P un point de ce cercle.
Si ...... alors ....
Donc le triangle ....

7. Parmi les triangles ci-dessous dont on a fait un croquis à main levée, lesquels sont rectangles ? Justifier la réponse.

a/

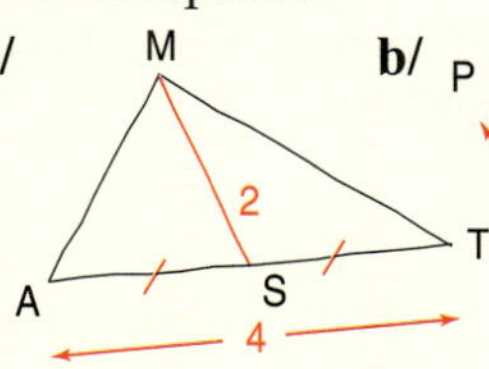

b/

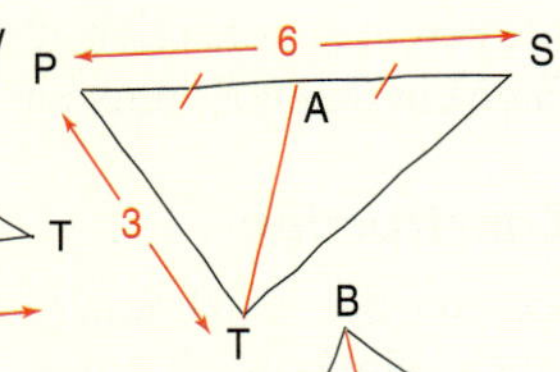

c/

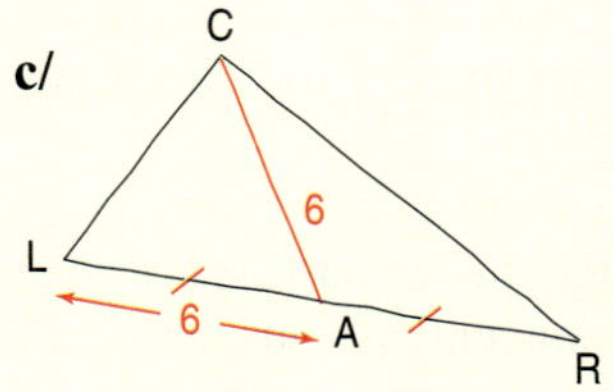

d/

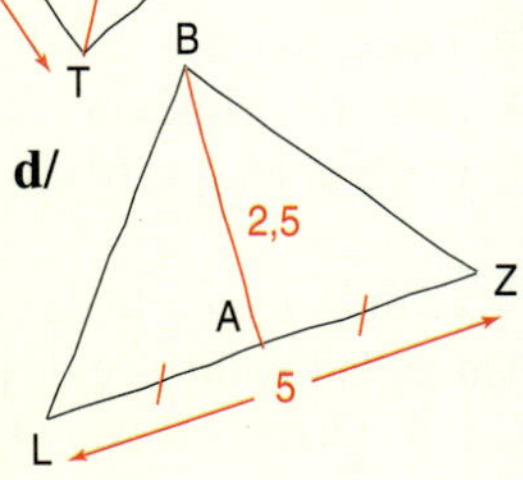

8. Soit EFG un triangle. La hauteur issue de E coupe (FG) en H, et la hauteur issue de F coupe (EG) en K. Par quels points passe le cercle de diamètre [EF] ? Justifier la réponse.

Distance d'un point à une droite

9. Un triangle EFG est tel que FG = 6 cm. Son aire est égale à 9 cm^2. Calculer la distance du point E à la droite (FG).

Exercices fondamentaux

10. Soit deux droites sécantes (*d*) et (*d'*). Trouver l'ensemble des points situés à la fois à 3 cm de (*d*) et à 4 cm de (*d'*).

11. *Construction*

Tracer un segment [PM] tel que PM = 11 cm. Construire un point U tel que PUM soit un triangle rectangle en U d'aire 22 cm². Y a-t-il plusieurs possibilités ? Justifier la méthode utilisée.

12. *Construction*

Reproduire une figure analogue à celle proposée ci-dessous. Construire les points qui sont à la fois équidistants de A et de B et qui sont situés à 3 cm de la droite (*d*). Combien existe-t-il de points répondant à ces conditions ?

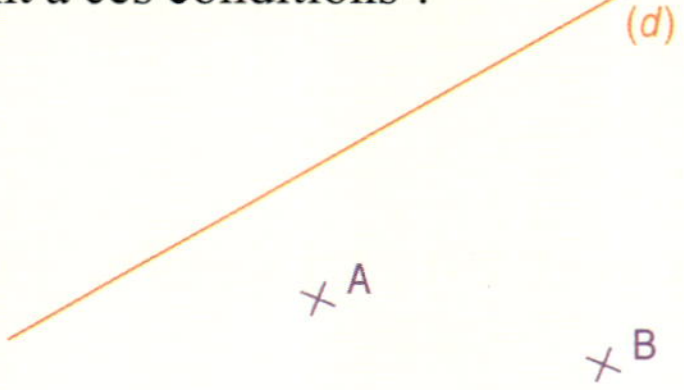

Tangente à un cercle en un point

13. Tracer un triangle RAF tel que :
RA = 8 cm ; RF = 6 cm ; AF = 7 cm.
Tracer le cercle circonscrit à ce triangle. Tracer la tangente à ce cercle en R, puis en A puis en F.

14. *Construction*

Tracer une droite (*d*). Soit A un point de (*d*) et B un point non situé sur (*d*). Construire un cercle passant par B et tel que (*d*) soit tangente à ce cercle en A.

15. Soit un cercle de centre O et de diamètre [RF]. Tracer la médiatrice de [RF] ; elle coupe le cercle en E et S. Démontrer que la tangente (*d*) au cercle en E est parallèle à (RF).

Résoudre des problèmes

16. Tracer un triangle CAP tel que :
CP = 13 cm ; CA = 5 cm ; AP = 12 cm.
Placer I milieu de [CP]. Démontrer que le point I est le centre du cercle circonscrit au triangle CAP.

17. Tracer un triangle FAT tel que :
FA = 10 cm ; $\widehat{F} = 32°$; $\widehat{A} = 58°$.
Calculer la longueur de la médiane issue de T.

18. *Construction*

Reproduire une figure analogue à celle proposée ci-dessous, puis, sans utiliser d'équerre, construire un point S sur la droite (*d*) tel que le triangle STV soit rectangle en S. Y a-t-il plusieurs possibilités ? Justifier la méthode utilisée.

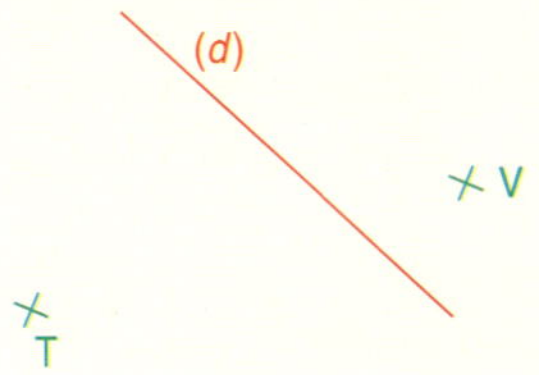

19. Démontrer que le triangle FIN est rectangle.

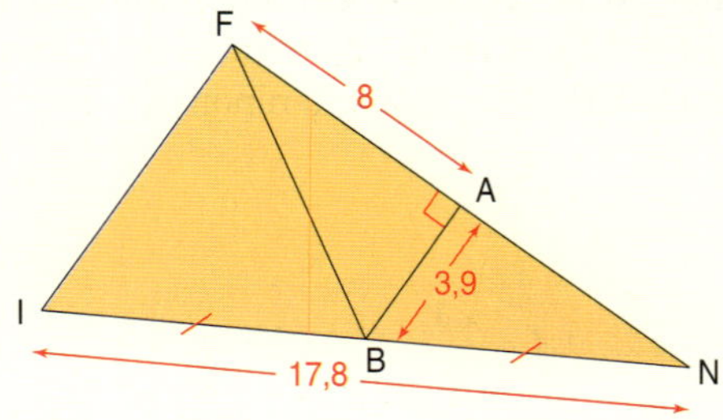

20. Soit un triangle ABC et M le milieu de [BC]. Tracer [AM]. Tracer la hauteur issue de C qui coupe [AB] en H.
Démontrer que le triangle BHM est isocèle.

21. Tracer deux triangles rectangles : ILJ rectangle en L et IJK rectangle en K. Soit O le milieu de [IJ]. Démontrer que KO = OL.

22. Soit un cercle de diamètre [RS] et T un point du cercle autre que R et S. Soit U un point extérieur au cercle situé sur la demi-droite [RT). La droite perpendiculaire à (RT) passant par U coupe (RS) en V. Démontrer que les droites (TS) et (UV) sont parallèles.

23. Dans un triangle ABC rectangle en A, la hauteur issue de A coupe [BC] en H et la médiane issue de A coupe [BC] en M. On sait que AM = 3 cm et AH = 2,5 cm.
Calculer l'aire du triangle ABC.

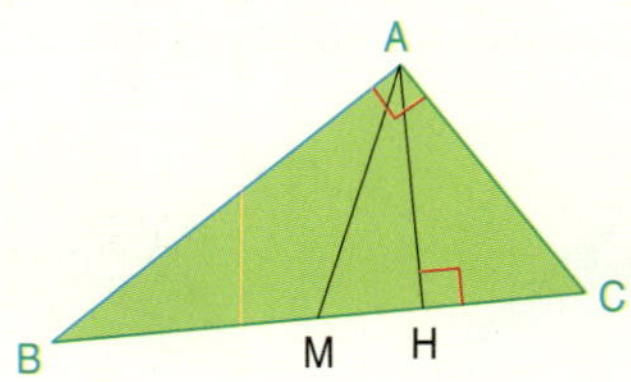

24. Soit ABCD un losange. Soit F le symétrique de A par rapport à D. Démontrer que les droites (AC) et (CF) sont perpendiculaires.

25. **Démontrer que deux droites sont perpendiculaires**

Soit un carré XYZT et V le symétrique de Y par rapport à X. Démontrer de trois façons différentes que (YT) et (VT) sont perpendiculaires.

26. **Démontrer que deux droites sont perpendiculaires**

Démontrer que les droites (RO) et (RE) sont perpendiculaires.

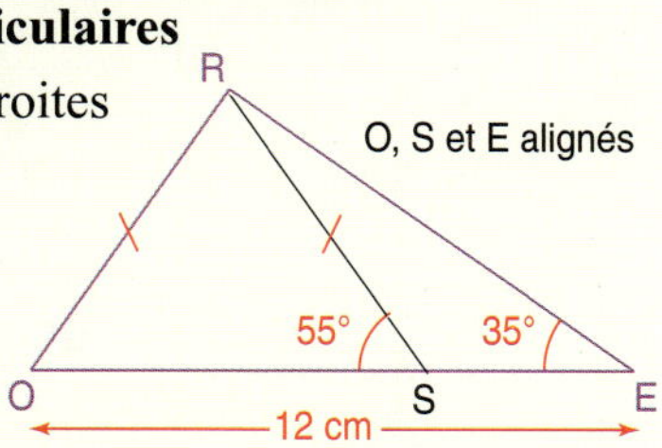

27. **Calculer la longueur d'un segment**

Soit [BC] un segment tel que BC = 5 cm.
Soit M le milieu de [BC] et A le point de [BC] tel que BA = 2 cm.
Soit (*d*) la droite perpendiculaire à (BC) passant par A. Soit D un point de (*d*) tel que BD = 3 cm.
Calculer un arrondi à 0,1 cm près de DM.

28. **Calculer la longueur d'un segment**

Calculer un arrondi à 0,1 cm près de CJ puis calculer AI.

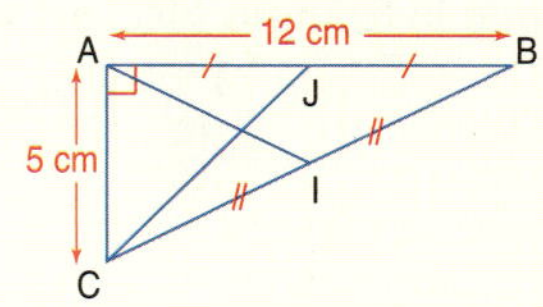

Faire le point à mi-parcours

Savez-vous...

29. ... *utiliser les propriétés des triangles rectangles et des cercles ?*

a/ Soit (𝒞) un cercle de diamètre [CD] et de centre O, et (𝒞') le cercle de diamètre [CO]. Soit A un point de (𝒞). La droite (CA) coupe (𝒞') en E. Démontrer que les droites (OE) et (AD) sont parallèles.

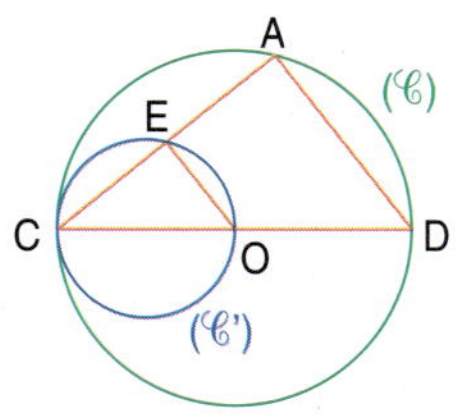

b/ Dans un triangle ABC rectangle en A, la médiane issue de A coupe [BC] en O. Soit A' le symétrique de A par rapport à O.
Quelle est la nature du quadrilatère ABA'C ? Justifier la réponse de deux façons différentes.

30. ... *utiliser la propriété de la distance d'un point à une droite ?*

Dans un triangle EFG, la hauteur issue de F coupe (EG) en H et la médiane issue de F coupe [EG] en K. Comparer FH et FK. Justifier la réponse.

31. ... *utiliser la propriété de la tangente à un cercle en un point ?*

Soit un cercle de diamètre [AB]. Tracer la droite (*d*) tangente au cercle en A et la droite (*d'*) tangente au cercle en B.
Démontrer que (*d*) et (*d'*) sont parallèles.

32. ... *résoudre des problèmes ?*

a/ Calculer AC dans le triangle ABC ci-contre. En donner un arrondi à 0,1 cm près.

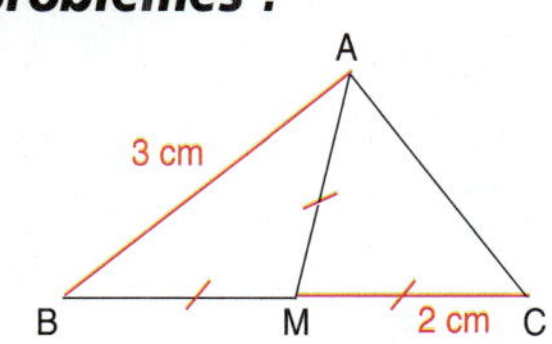

b/ Soit un cercle de diamètre [BC] et de centre O. Soit A un point de ce cercle. Soit (*d*) la droite parallèle à (AC) qui passe par O.
Démontrer que (*d*) est la médiatrice de [AB].

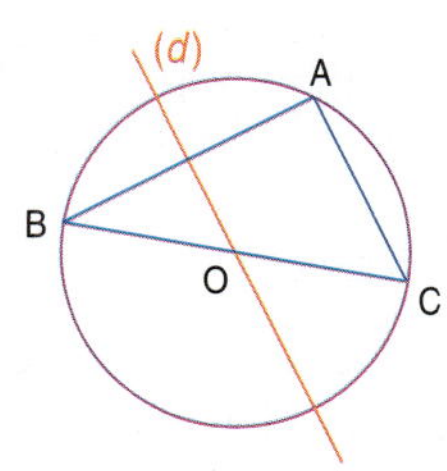

Exercices complémentaires

S'ÉCHAUFFER

33. Préciser si les triangles ci-dessous existent ou non et tracer ceux qui existent.

a/ AB = 10 cm, BC = 8,5 cm et AC = 1,5 cm.

b/ AB = 10 cm et BC = AC = 3,5 cm.

c/ AB = 10 cm, BC = 3 cm, et les droites (BC) et (AB) sont perpendiculaires.

d/ AB = 10 cm, BC = 12 cm et AC = 3 cm.

34. **a/** Démontrer que le triangle TUC est isocèle.

b/ Déterminer l'angle $\widehat{TUR}$.

c/ Démontrer que le triangle TRC est rectangle.

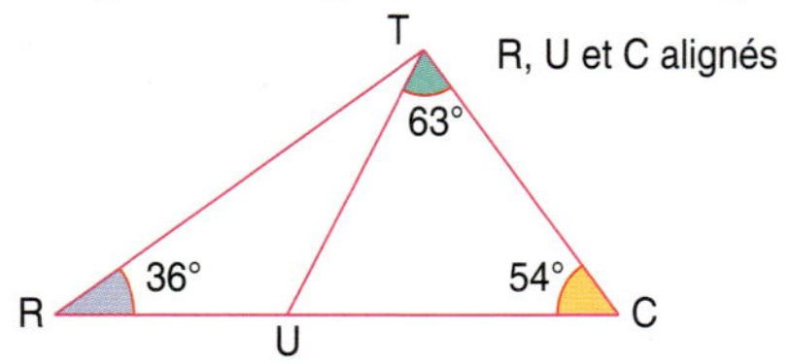

35. ***Construction***

Tracer un triangle ABC tel que :
AB = 3 cm ; AC = 4,5 cm ; BC = 6 cm.
Placer un point M tel que M soit équidistant de A et B et à 3 cm de C.
Y a-t-il plusieurs solutions ?

36. ***Construction***

a/ Reproduire la figure ci-dessous.
b/ Placer un point M qui soit à la fois équidistant de A et B et équidistant de C et B.

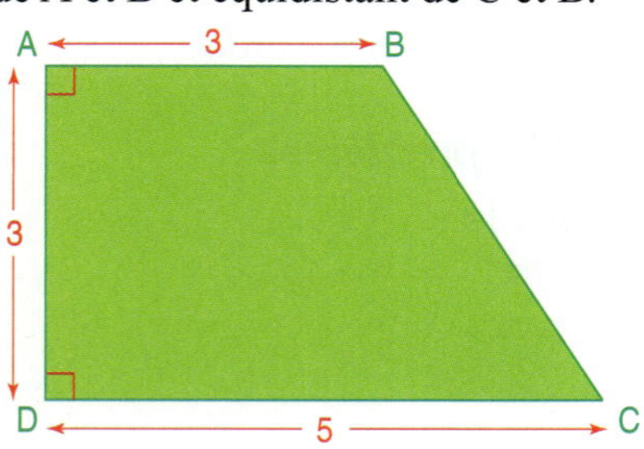

37. Tracer le cercle circonscrit au triangle RST tel que RS = 5 cm, TR = 6 cm et ST = 7 cm.

38. Tracer un triangle RAS tel que :

AS = 8 cm ; $\widehat{A} = 60°$; $\widehat{S} = 30°$.

Tracer la bissectrice de l'angle $\widehat{A}$ puis celle de $\widehat{S}$. Elles se coupent en B. Calculer la mesure de $\widehat{ABS}$.

S'ENTRAÎNER

Triangle rectangle et cercle

39. Dans chacun des cas suivants, énoncer une propriété qui semble pouvoir être utilisée.

a/

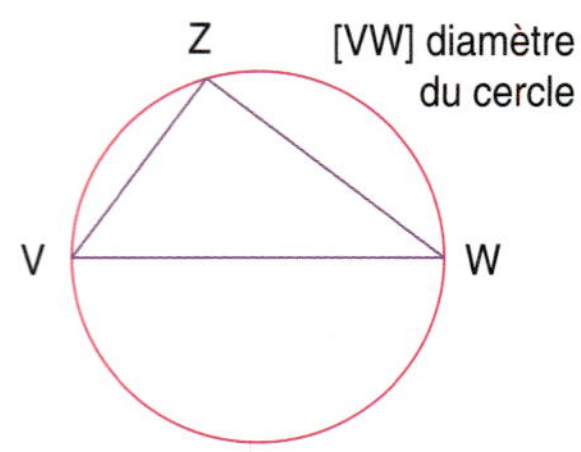

b/

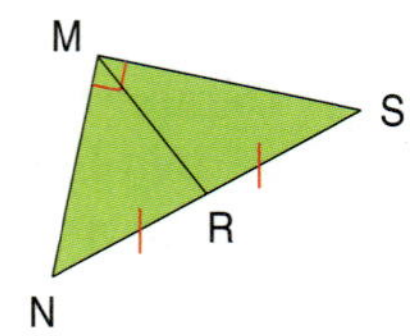

c/

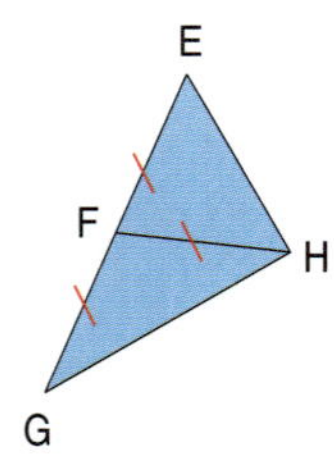

d/

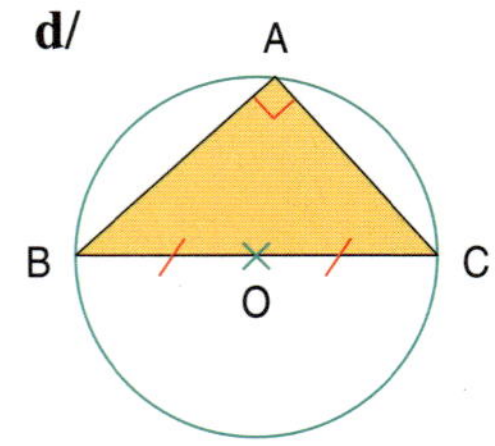

40. Tracer le triangle OAB tel que AB = 10 cm, $\widehat{OAB} = 50°$ et $\widehat{OBA} = 40°$. Tracer la médiane issue de O ; elle coupe [AB] en M.

Calculer OM.

41. Dans un triangle ABC, la hauteur issue de A coupe (BC) en H. Démontrer que le cercle de diamètre [AC] passe par H.

42. Les diagonales d'un parallélogramme ABCD se coupent en O. Le cercle de centre O et de rayon OA coupe (AB) en M. Démontrer que les droites (AB) et (CM) sont perpendiculaires.

43. Soit trois points alignés E, V et W, dans cet ordre. Tracer les cercles $(\mathscr{C})$ et $(\mathscr{C}')$ de diamètre [EV] et [VW]. Une droite (*d*) passant par V coupe $(\mathscr{C})$ en T et $(\mathscr{C}')$ en Y. Démontrer que les droites (ET) et (YW) sont parallèles.

44. Tracer un triangle RFI tel que RI = 6 cm, RF = 3 cm, FI = 4 cm. Tracer la médiane issue de F du triangle RFI. Elle coupe (RI) en M. Sur la demi-droite [MF) placer le point Z tel que MZ = 3 cm.

Démontrer que le triangle RIZ est rectangle en Z.

Distance d'un point à une droite

45. **a/** Tracer deux cercles concentriques de centre O et de rayons respectifs 3 cm et 5 cm. Tracer une droite (d_1) tangente à un des cercles et sécante à l'autre cercle. Que peut-on dire de la distance du point O à cette droite (d_1) ?

b/ Même question pour une droite (d_2) tangente à un cercle et qui ne coupe pas l'autre cercle.

c/ Même question pour une droite (d_3) sécante aux deux cercles.

d/ Même question pour une droite (d_4) sécante à l'un des cercles et pas à l'autre.

Tangente à un cercle en un point

46. Tracer un cercle de diamètre [AB]. Placer un point C sur le cercle. Tracer la tangente en B au cercle. On la nomme (*d*). Tracer la hauteur issue de C du triangle ABC. On la nomme (*d'*).
Démontrer que (*d*) est parallèle à (*d'*).

47. Tracer deux cercles de même centre O et de rayons respectifs 3 cm et 5 cm. Placer un point M sur le cercle de rayon 3 cm. Tracer la tangente en M à ce cercle. Elle coupe l'autre cercle en E et F.
Déterminer EM.

48. Soit un cercle ($\mathscr{C}$) de diamètre [BD]. On place un point A sur le cercle ($\mathscr{C}$) autre que B et D. On trace le cercle ($\mathscr{C}$') de diamètre [AB] et la droite (*t*) tangente au cercle ($\mathscr{C}$') en B.
Démontrer que les droites (*t*) et (AD) sont parallèles.

49. Sur un cercle de diamètre [BC], on place le point A tel que $\widehat{ACB} = 30°$. La droite (*d*) tangente au cercle en B coupe la droite (AC) en M.
Calculer la mesure de $\widehat{ABM}$.

Résoudre des problèmes

50. Soit un cercle de diamètre [MP] et un point N sur le cercle tels que MP = 10 cm et MN = 6 cm. Calculer l'aire du triangle MNP.

51. Calculer *x* sur la figure ci-contre.

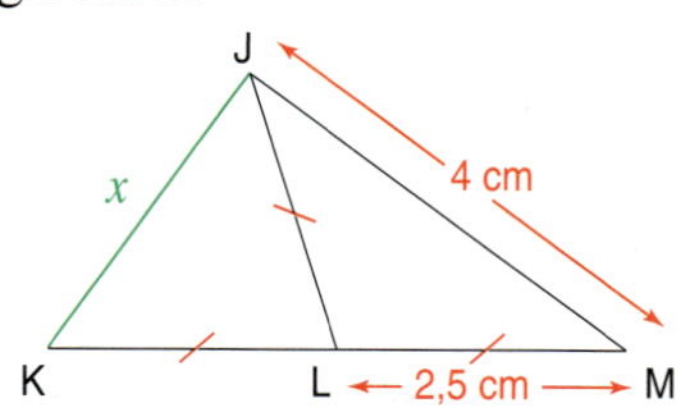

52. En utilisant la figure ci-dessous, tracée à main levée, démontrer que les points K, L, M et N sont sur un même cercle dont on précisera le centre.

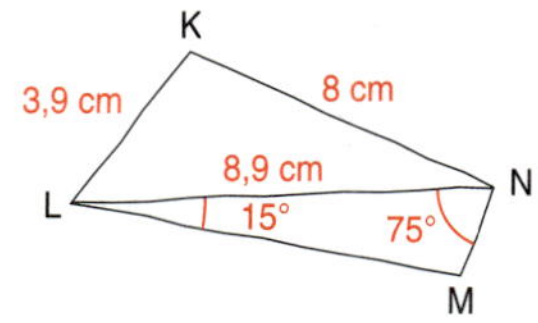

53. Soit un triangle ABC tel que AB = 8 cm et BC = 15 cm. Son périmètre est égal à 40 cm. La médiane issue de B coupe [AC] en J. Calculer BJ.

54. Soit un cercle de centre O. Tracer [OB] et [OC] deux rayons perpendiculaires. Tracer les tangentes au cercle en B et en C ; elles se coupent en A. Quelle est la nature du quadrilatère OBAC ? Justifier la réponse.

55. ***Au brevet***

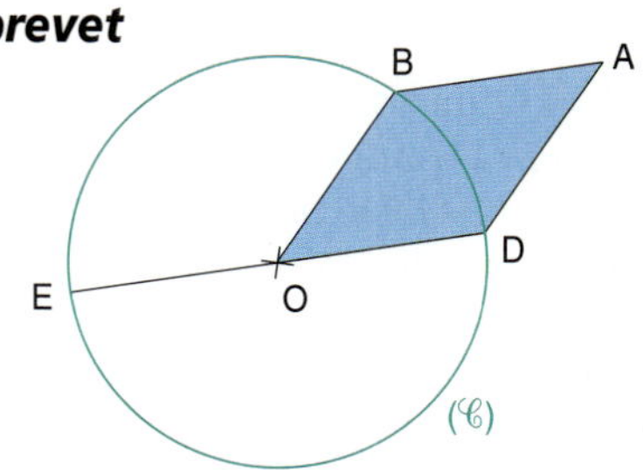

On sait que ($\mathscr{C}$) est un cercle de centre O, et ABOD un losange.
Démontrer chacune des affirmations suivantes.

a/ Le triangle DBE est rectangle en B.

b/ Les droites (OA) et (BD) sont perpendiculaires.

c/ Les droites (OA) et (EB) sont parallèles.

(Nantes, 1999.)

56. ***Au brevet***

Soit ABC un triangle tel que :
AB = 10,4 cm, AC = 9,6 cm, BC = 4 cm.

a/ Faire une figure qui sera complétée au fur et à mesure.

b/ Démontrer que ABC est un triangle rectangle.

c/ Soit D le point du segment [AB] tel que AD = 7,8 cm. Le cercle ($\mathscr{C}$) de diamètre [AD] recoupe le segment [AC] en E. Préciser la nature du triangle AED.

d/ Démontrer que les droites (BC) et (DE) sont parallèles.

(Inde, juin 2001.)

DEVENIR UN CHAMPION

Résoudre des problèmes

57. Soit un triangle RTV. La médiane issue de R coupe [TV] en U. La hauteur issue de V coupe [TR] en S et la hauteur issue de T coupe [RV] en W.
Démontrer que le triangle SUW est isocèle.

58. Soit un triangle IJK tel que :
IK = 5 cm, KJ = 7 cm et $\widehat{IKJ} = 24°$.
La bissectrice de $\widehat{IJK}$ coupe [KI] en L. On sait que $\widehat{LJK} = 33°$.
Calculer l'aire du triangle IJK.

59. Soit un quadrilatère TUVW tel que :
$\widehat{TUV} = \widehat{TWV} = 90°$.
Soit S le milieu de [TV].
Démontrer que le triangle USW est isocèle.

60. Soit EFG un triangle rectangle en G tel que EF = 2 GF. Soit J le milieu de [EF] et I le symétrique de J par rapport à G. Démontrer que les droites (EF) et (IF) sont perpendiculaires.

61. Soit un cercle de centre O et de rayon R. Placer un point A tel que OA = $2R$. Tracer les droites (d) et (d') passant par A et tangentes au cercle en B et C.

a/ Démontrer que le triangle ABC est équilatéral.

b/ Calculer la mesure de $\widehat{BOC}$.

62. Un triangle ABC rectangle en A est tel que AB = 8 cm et BC = 17 cm. La hauteur issue de A dans le triangle ABC coupe [BC] en H. La médiane issue de H dans le triangle AHC coupe [AC] en I. Calculer HI.

63. ***Problème ouvert***

Soit ABC un triangle rectangle en A. Soit I un point de [BC]. Tracer la droite perpendiculaire à [AB] qui passe par I. Elle coupe [AB] en M. De même, tracer la perpendiculaire à [AC] qui passe par I. Elle coupe [AC] en N.
Où faut-il placer le point I pour que la longueur MN soit la plus petite possible ? Faire des essais. Conjecturer et démontrer.

64. Un triangle MNP rectangle en M est tel que la mesure de l'angle $\widehat{P}$ est le double de celle de l'angle $\widehat{N}$. Démontrer que la longueur de [PN] est le double de celle de [MP].

Problèmes de synthèse

65. **a/** (1) Tracer un segment [BC] tel que : BC = 15 cm.
Placer un point A tel que :
AB = 9 cm et AC = 12 cm.
(2) Démontrer que ABC est un triangle rectangle.

b/ (1) Placer le milieu M de [BC]. Tracer le cercle de diamètre [AB]. Ce cercle recoupe le segment [BC] en D et le segment [AM] en E.
(2) Démontrer que les triangles ABE et ABD sont rectangles.

c/ (1) Construire le point F, symétrique du point E par rapport au point M.
(2) Démontrer que le quadrilatère BECF est un parallélogramme.
(3) En déduire que les droites (BE) et (CF) sont parallèles, et que les droites (AF) et (CF) sont perpendiculaires.

66. **a/** Soit $a = 6$ et $b = 2$.
Calculer :
VT = $a^2 - b^2$; TI = $2ab$; VI = $a^2 + b^2$.

b/ Soit $a = 8$ et $b = 2$. Calculer VR = $a^2 - b^2$.

c/ Utiliser les valeurs trouvées aux questions **a/** et **b/** pour tracer la figure suivante (les longueurs sont en mm).

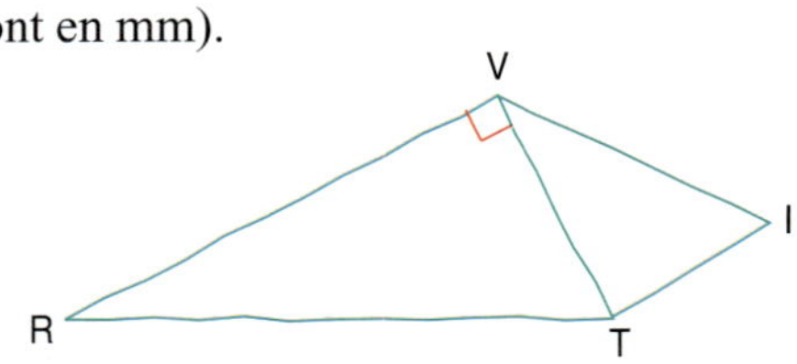

d/ Démontrer que les droites (VR) et (TI) sont parallèles.

e/ Déterminer le périmètre de VITR.

f/ Tracer la médiane issue de V du triangle VTR. Elle coupe [TR] en O. Tracer la médiane issue de T du triangle VIT. Elle coupe VI en O'. Déterminer la mesure de [VO] puis celle de [TO'].

g/ Calculer le périmètre du quadrilatère VOTO'.

h/ Démontrer que les diagonales du quadrilatère VOTO' sont perpendiculaires.

11

Droites remarquables du triangle

Tracer sur du carton un triangle dont les côtés mesurent 16 cm, 15 cm, et 11,5 cm.
Le découper. En plaçant le bout d'un crayon sur l'un des points du triangle, il peut tenir en équilibre.
Quel est ce point ? Comment le placer ?

Repérer les obstacles

1. Des droites déjà connues

➤ exercices 29 et 30 p. 182

En utilisant les informations portées sur les figures ci-dessous, dire ce que représente la droite (*d*) pour le triangle ABC.

a/

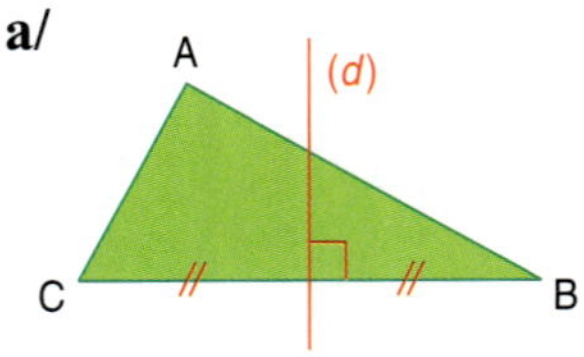

b/

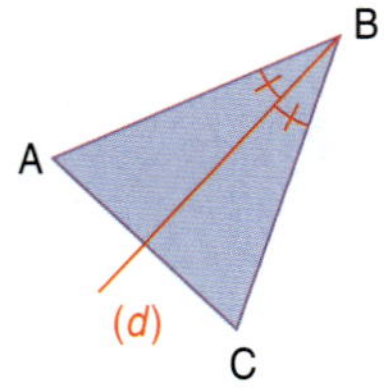

c/

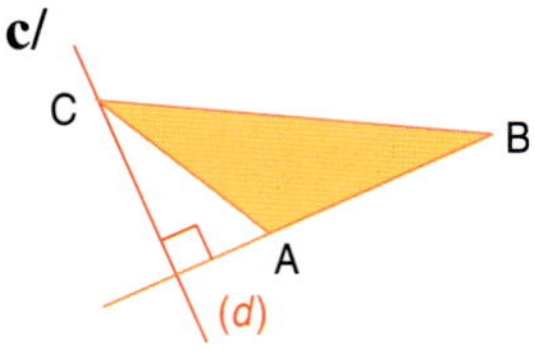

2. Tracés de droites dans un triangle

➤ exercices 31 et 32 p. 182

a/ Tracer un triangle ABC tel que AB = 7 cm, $\widehat{A} = 100°$ et $\widehat{B} = 30°$.
Tracer la hauteur issue de C, la bissectrice de l'angle $\widehat{A}$, la médiatrice de [BC].

b/ Tracer le cercle circonscrit au triangle ABC.

3. Programme de tracé

➤ exercice 33 p. 182

Écrire un programme de tracé des figures suivantes en commençant par « Tracer un triangle MSF… » et en utilisant les mots « hauteur », « médiatrice », « bissectrice ».

a/

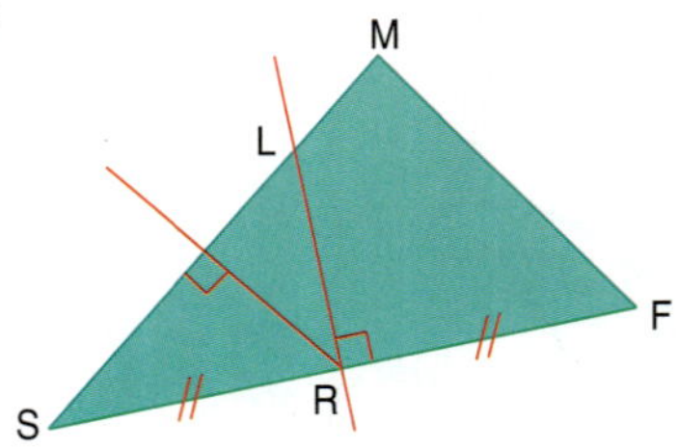

b/

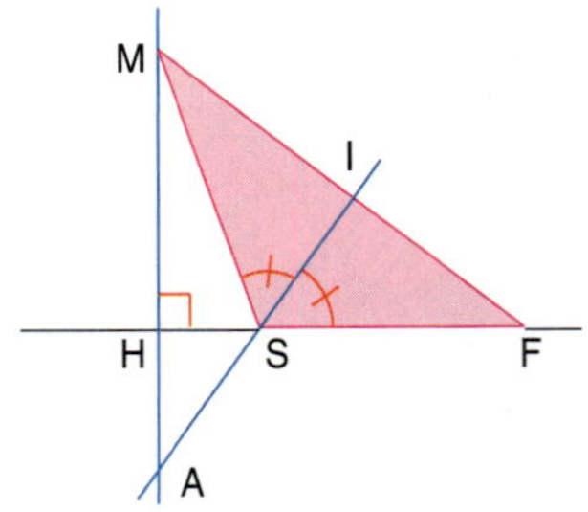

4. Milieu d'un segment

➤ exercice 34 p. 182

Dans chacun des cas suivants, écrire la propriété qui permet de démontrer que le point I est le milieu du segment [AB].

a/

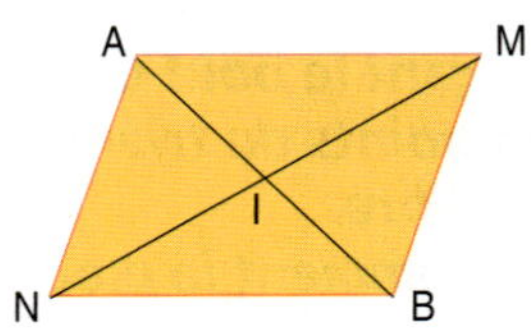

AMBN est un parallélogramme

b/

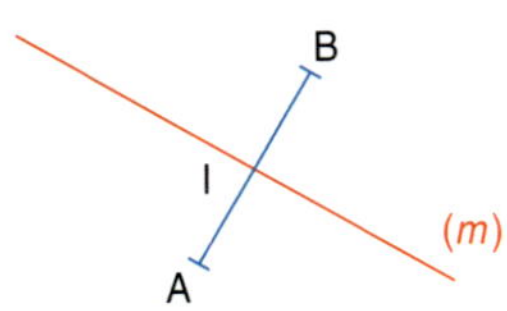

(*m*) est la médiatrice de [AB]

Franchir les obstacles

Médiatrice et milieu

1. De nouvelles propriétés

➤ exercice 1 p. 179

a/ Découvrir de nouvelles propriétés

Quelles sont, parmi les phrases suivantes, celles qui semblent vraies et celles qui sont fausses ? Justifier.

(1) Si une droite passe par un point équidistant des extrémités d'un segment alors c'est la médiatrice de ce segment.

(2) Si une droite passe par deux points équidistants des extrémités d'un segment alors c'est la médiatrice de ce segment.

(3) Si une droite est perpendiculaire à un segment alors c'est la médiatrice de ce segment.

(4) Si une droite passe par un point équidistant des extrémités d'un segment et est perpendiculaire à ce segment alors c'est la médiatrice de ce segment.

(5) Si une droite passe par le sommet d'un triangle et le milieu du côté opposé alors c'est une médiatrice de ce triangle.

b/ Appliquer

En utilisant les indications portées sur les figures ci-dessous, démontrer que la droite (RS) est la médiatrice du segment [AB].

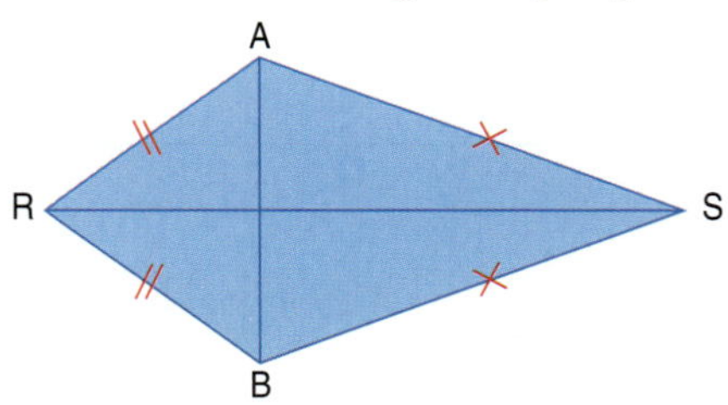

figure 1

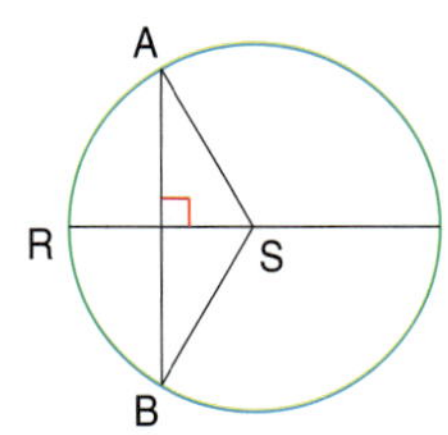

S est le centre du cercle

figure 2

2. Des démonstrations

➤ exercices 2 et 3 p. 179

a/ Tracer un parallélogramme ABCD de centre O. La perpendiculaire à [AC] passant par O coupe (AB) en R. Démontrer que RA = RC.

b/ Sur la figure ci-contre, le cercle ($\mathscr{C}$) de centre O et le cercle ($\mathscr{C}$') de centre O' se coupent en A et B. Les droites (OO') et (AB) se coupent en I. Démontrer que I est le milieu de [AB].

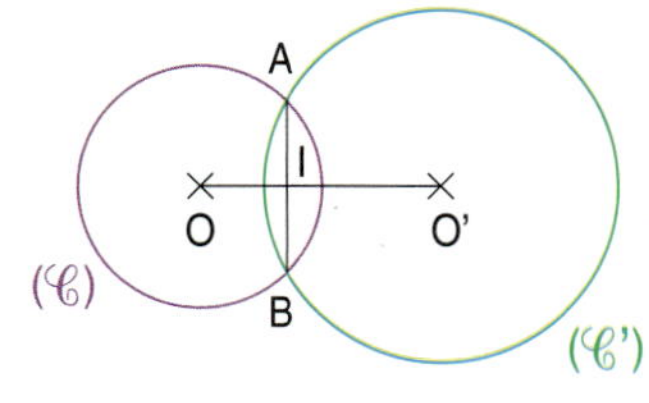

c/ Tracer un cercle ($\mathscr{C}$) de centre O. Placer deux points M et N sur ce cercle. La perpendiculaire à (MN) passant par O coupe [MN] en A.
Démontrer que A est le milieu de [MN].

Droites remarquables du triangle

3. Médianes et centre de gravité

➢ exercices 4 à 7 p. 179

a/ Conjecturer

Tracer trois triangles. Dans chacun d'eux, tracer les trois médianes.
Quelle conjecture peut-on faire ?

b/ Démontrer

Tracer un triangle ABC, placer le milieu I de [AB] et le milieu J de [BC]. Tracer les médianes [CI] et [AJ] de ce triangle ; elles se coupent en G. Placer le point D symétrique de B par rapport au point G.

- Démontrer que les droites (CI) et (DA) sont parallèles.
- Démontrer que les droites (AJ) et (CD) sont parallèles.
- Démontrer que le quadrilatère GADC est un parallélogramme.
- La droite (BG) coupe (AC) en O. Démontrer que (BG) est une médiane du triangle ABC.
- Démontrer les trois égalités suivantes :

(1) BG = 2 GO ; (2) $GO = \frac{1}{3}$ BO ; (3) $BG = \frac{2}{3}$ BO.

c/ Appliquer

Tracer un triangle ABC. Placer le milieu I de [AB] et le milieu J de [BC]. Les droites (CI) et (AJ) se coupent en T. La droite (BT) coupe [AC] en M. Démontrer que M est le milieu de [AC].

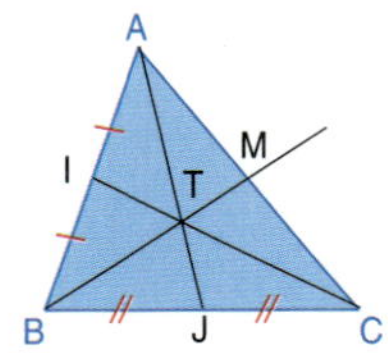

4. Hauteurs et orthocentre

➢ exercices 8 à 10 p. 179

a/ Admettre et tester

Les trois hauteurs d'un triangle sont concourantes. On appelle orthocentre leur point d'intersection.

Pour tester cette propriété, tracer les trois hauteurs des triangles AML et RFG :

- AM = 8 cm AL = 5,5 cm LM = 5 cm ;
- RF = 11 cm FG = 8 cm RG = 4 cm.

Les dessins réalisés ne sont pas des preuves, on admettra cependant cette propriété.

b/ Appliquer

Tracer un triangle ABC. Tracer le cercle de diamètre [BC]. Il coupe (AB) en M et (AC) en N. Les droites (BN) et (CM) se coupent en R.
Démontrer que les droites (AR) et (BC) sont perpendiculaires.

5. Bissectrice et distance

Tracer un angle $\widehat{xOy}$ et tracer la bissectrice de cet angle. Placer un point M sur cette bissectrice. Comparer la distance de M à [Ox) et la distance de M à [Oy). Refaire le même travail avec d'autres points de cette bissectrice.
Énoncer une conjecture concernant la distance d'un point aux côtés de l'angle.

6. Bissectrices et centre du cercle inscrit

➤ exercices 11 à 15 p. 179

a/ Conjecturer

Tracer trois triangles. Dans chacun d'eux, tracer les bissectrices des trois angles. Quelle conjecture peut-on faire ?

b/ Démontrer

- Tracer un triangle BTS. Tracer les bissectrices des angles $\widehat{B}$ et $\widehat{T}$ du triangle BTS. Elles se coupent en I.
- Démontrer que I est à égale distance des côtés [SB] et [ST] du triangle.
- Démontrer que [SI) est la bissectrice de l'angle $\widehat{S}$ du triangle BTS.

c/ Appliquer

(1) ABC est un triangle tel que $\widehat{ABC} = 40°$ et $\widehat{BAC} = 60°$. Les bissectrices de ces deux angles se coupent en I. Calculer la mesure de $\widehat{BIC}$.

(2) Tracer un triangle BTS tel que BT = 7 cm, BS = 6 cm et ST = 5 cm. Tracer le cercle tangent aux trois côtés du triangle.

7. Triangles particuliers et droites remarquables

➤ exercice 16 p. 180

a/ Tracer un triangle RST isocèle en R. Tracer la hauteur (*h*) issue de R. Démontrer que (*h*) est une médiane et une médiatrice du triangle RST.

b/ Tracer un triangle VIF isocèle en I. Tracer la médiane (*m*) issue de I. Démontrer que (*m*) est une hauteur du triangle VIF.

c/ Éric doit faire cet exercice :

> Tracer un triangle. Tracer ses 3 hauteurs, ses 3 médianes, ses 3 médiatrices et ses 3 bissectrices.

Éric, très astucieusement, a fait cet exercice en ne traçant que trois droites. Comment a-t-il fait ?

Résoudre des problèmes

8. Des démonstrations

➤ exercices 17 à 25 p. 180

a/ Tracer un parallélogramme ABCD de centre O. Placer le point M, symétrique de A par rapport à D. La droite (MO) coupe le segment [DC] en L. La droite (AL) coupe le segment [MC] en R. Démontrer que R est le milieu de [MC].

b/ Sur la figure ci-contre on a :
CM = 8,8 cm, MP = 10,5 cm et CP = 13,7 cm.
De plus (RL) est perpendiculaire à (CP).
Démontrer que (PU) est perpendiculaire à (CR).

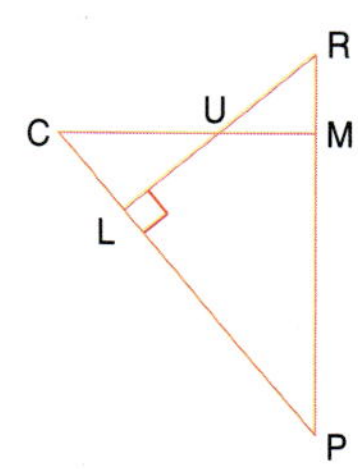

1 Droites remarquables du triangle

a/ Propriétés de la médiatrice d'un segment

Si une droite passe par deux points équidistants des extrémités d'un segment alors c'est la médiatrice de ce segment.

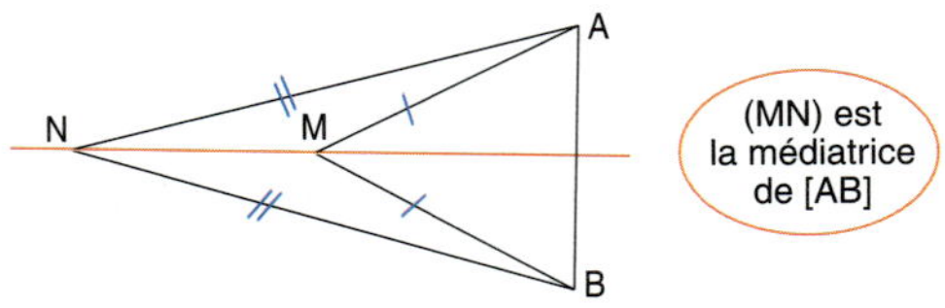

Si une droite passe par un point équidistant des extrémités d'un segment et est perpendiculaire à ce segment alors c'est la médiatrice de ce segment.

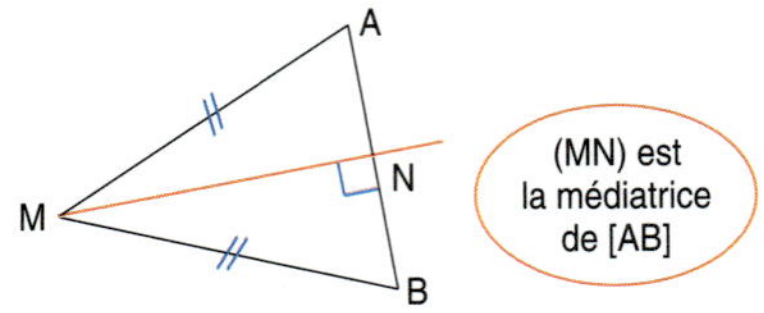

b/ Points d'intersection des droites remarquables

- Dans tout triangle, les **médiatrices** sont concourantes, c'est-à-dire qu'elles se coupent en un même point. Leur point d'intersection est le **centre du cercle circonscrit** au triangle.
- Dans tout triangle, les **médianes** sont concourantes. Leur point d'intersection est le **centre de gravité** du triangle. Il se trouve aux deux tiers de chaque médiane à partir du sommet.
- Dans tout triangle, les **bissectrices** sont concourantes. Leur point d'intersection est le **centre du cercle inscrit** dans le triangle. Ce cercle est tangent aux trois côtés du triangle.
- Dans tout triangle, les **hauteurs** sont concourantes. Leur point d'intersection est l'**orthocentre** du triangle.

- **Si une droite passe par un sommet et le centre de gravité d'un triangle alors c'est une médiane, elle coupe le côté opposé à ce sommet en son milieu.**
- **Si un point est le point d'intersection de deux médianes d'un triangle alors il est situé aux deux tiers de chaque médiane à partir des sommets.**
- **Si une droite passe par un sommet et l'orthocentre d'un triangle alors c'est une hauteur, elle est perpendiculaire au côté du triangle opposé à ce sommet.**
- **Si une droite passe par un sommet et l'intersection de deux bissectrices d'un triangle alors c'est une bissectrice de ce triangle.**

2 Droites remarquables des triangles isocèles et équilatéraux

Triangle isocèle

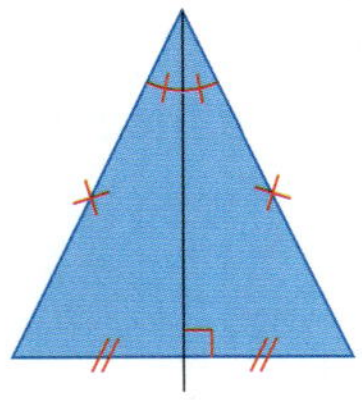

Si un triangle est isocèle alors la hauteur issue du sommet principal est aussi médiane, médiatrice et bissectrice.

Triangle équilatéral

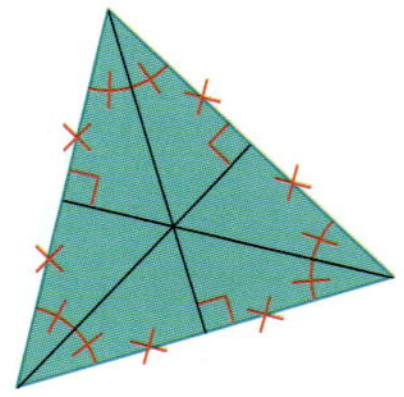

Si un triangle est équilatéral alors les hauteurs, les médianes, les médiatrices et les bissectrices sont confondues.

1. Démontrer que deux droites sont perpendiculaires

Méthode ▶▶ **Utiliser les hauteurs d'un triangle**

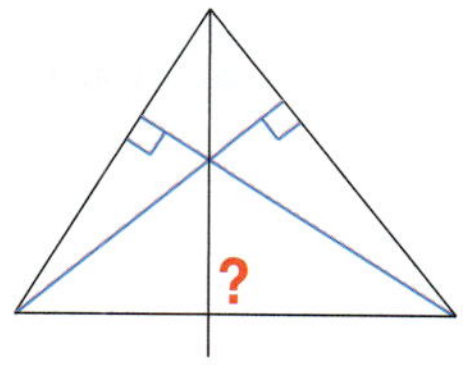

Conditions :
- avoir un triangle ;
- connaître son orthocentre ;
- avoir une droite qui passe par un sommet et l'orthocentre.

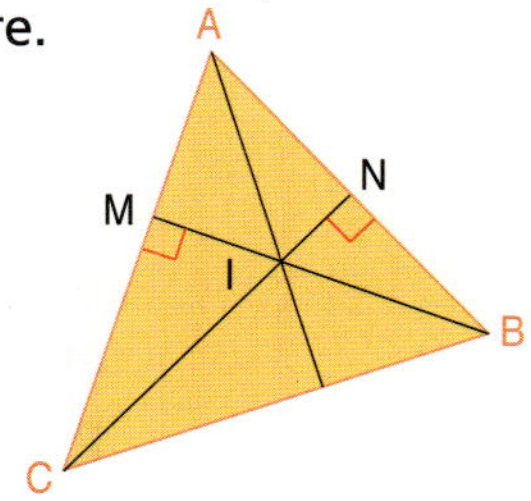

Exemple. Sur la figure ci-contre, CMB est un triangle rectangle en M et CNB est un triangle rectangle en N. Les droites (CN) et (MB) se coupent en I. Démontrer que les droites (AI) et (CB) sont perpendiculaires.

RédactioN

- On sait que MBC est un triangle rectangle en M ; donc les droites (MB) et (AC) sont perpendiculaires.
- On sait que NBC est un triangle rectangle en N ; donc les droites (NC) et (AB) sont perpendiculaires.

(NC) et (MB) sont donc deux hauteurs du triangle ABC. Elles se coupent en I qui est donc l'orthocentre du triangle ABC.
Si une droite passe par un sommet et l'orthocentre d'un triangle alors c'est une hauteur, elle est perpendiculaire au côté du triangle opposé à ce sommet.
Donc (AI) est **perpendiculaire** à (BC).

2. Calculer la longueur d'un segment

Méthode ▶▶ **Utiliser la propriété du centre de gravité d'un triangle**

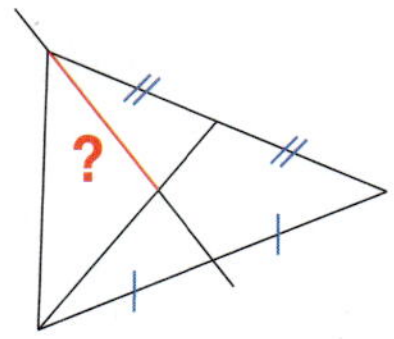

Conditions :
- avoir un triangle ;
- connaître son centre de gravité ;
- connaître la longueur d'une médiane.

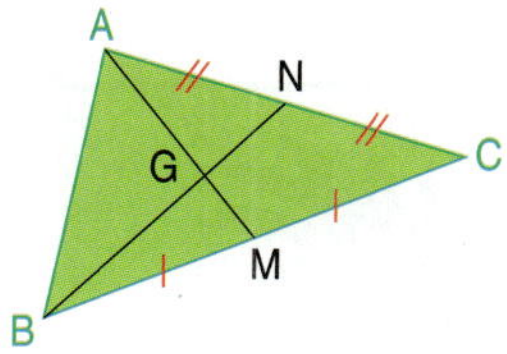

Exemple. ABC est un triangle. M est le milieu de [BC]. N est le milieu de [AC]. AM = 6 cm. G est le point d'intersection des droites (AM) et (BN). Calculer AG.

RédactioN

- On sait que M et N sont les milieux de [BC] et [AC] (*données*). [AM] et [BN] sont donc deux médianes du triangle ABC.

Si un point est le point d'intersection de deux médianes d'un triangle alors il est situé aux deux tiers de chaque médiane à partir des sommets.
Donc AG = $\frac{2}{3}$ AM. Comme AM = 6 cm, AG = $\frac{2}{3} \times 6$. Donc **AG = 4 cm.**

3. Démontrer qu'un point est le milieu d'un segment

Méthode ▶▶ **Utiliser les médianes d'un triangle**

Conditions :

– avoir un triangle et son centre de gravité ;

– avoir une droite qui passe par un sommet et le centre de gravité.

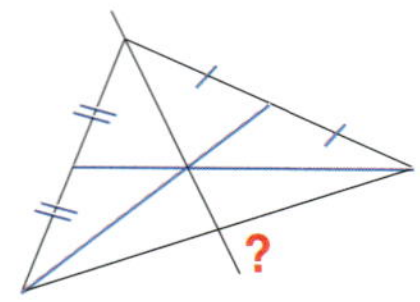

Exemple. ABC est un triangle. D est le symétrique de B par rapport à C. M est le milieu de [AD]. Les droites (AC) et (BM) se coupent en L. Les droites (DL) et (AB) se coupent en R. Démontrer que R est le milieu de [AB].

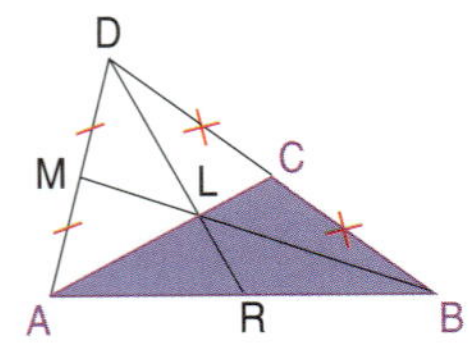

Recherche

Rédaction

• On sait que C est le milieu de [DB] car D est le symétrique de B par rapport à C.

• On sait que M est le milieu de [AD] (*donnée*).
Les droites (MB) et (AC) sont donc deux médianes du triangle ABD.
Elles se coupent en L ; donc L est le centre de gravité du triangle ABD.
Si une droite passe par un sommet et le centre de gravité d'un triangle alors elle coupe le côté opposé à ce sommet en son milieu.
Donc (DL) coupe [AB] en son milieu : R est le milieu de [AB].

Médiatrice et milieu

1. Compléter les chaînons suivants.

a/ On sait que AM = AN et BM = BN.
Si ……
Donc …… est la médiatrice de …….

b/ On sait que …… et ……
Si une droite passe par un point équidistant des extrémités de ce segment et est perpendiculaire à ce segment, alors c'est la médiatrice de ce segment.
Donc (RL) est la médiatrice de [ST].

2. Sur la figure ci-contre, I est le milieu de [AB].
IB = 1,6 cm ; IM = 3 cm ; BM = 3,4 cm.

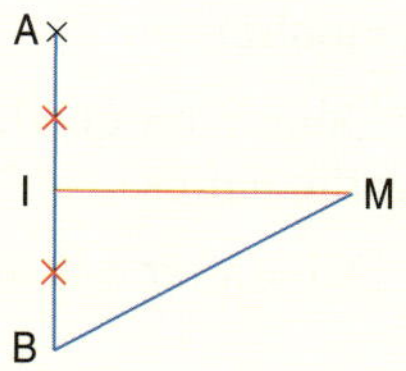

a/ Démontrer que (IM) est la médiatrice de [AB].

b/ Déterminer AM.

3. Sur la figure ci-contre, (AM) est une médiane du triangle rectangle ADC, et (AL) une médiane du triangle rectangle ABC.

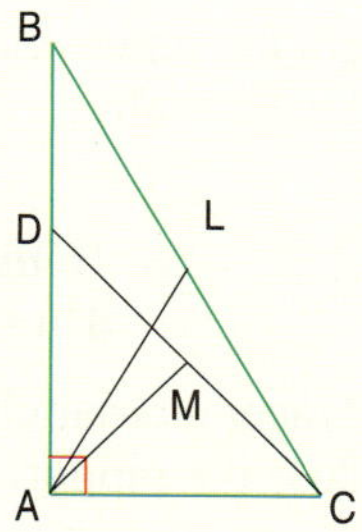

Démontrer que (ML) est la médiatrice de [AC].

Droites remarquables du triangle

4. Tracer un triangle ABC tel que AB = 4 cm, AC = 5 cm et BC = 6 cm.
Tracer son centre de gravité G.

5. Compléter les chaînons suivants.

a/ On sait que R est le centre de gravité du triangle MNS et que (RS) coupe [MN] en L.
Si ……
Donc L est le milieu de [MN].

b/ Dans le triangle ATK, on sait que I est le milieu de [TK], J est le milieu de [AK] et que les droites (AI) et (TJ) se coupent en ……
Si un point est le point d'intersection de deux médianes d'un triangle alors il est situé aux deux tiers de chaque médiane à partir des sommets.
Donc AC = …… AI et CJ = …… TJ.

6. ABC est un triangle rectangle en A tel que AB = 7,2 cm et AC = 13,5 cm.

a/ Calculer BC.

b/ Soit I le milieu de [BC] et G le centre de gravité du triangle. Calculer AG et GI.

7. Tracer un parallélogramme MNPQ de centre O.
Placer le point A, milieu de [NP] ; (QA) coupe (MP) en L et (NL) coupe [QP] en S.
Démontrer que S est le milieu de [QP].

8. **a/** Tracer un triangle MNP tel que NP = 6 cm, $\widehat{MNP} = 60°$ et $\widehat{MPN} = 40°$. Tracer son orthocentre H.

b/ Tracer un triangle RST tel que :
RS = 6 cm, $\widehat{TRS} = 100°$ et $\widehat{RST} = 50°$.
Tracer son orthocentre M.

9. Compléter le chaînon suivant.
On sait que H est l'orthocentre du triangle UVX.
Si ……
Donc les droites (UH) et …… sont ……

10. **a/** Sur la figure ci-dessous, quels sont les orthocentres des triangles BTR, BTC et BNT ?

b/ Démontrer que les droites (BC) et (TR) sont perpendiculaires.

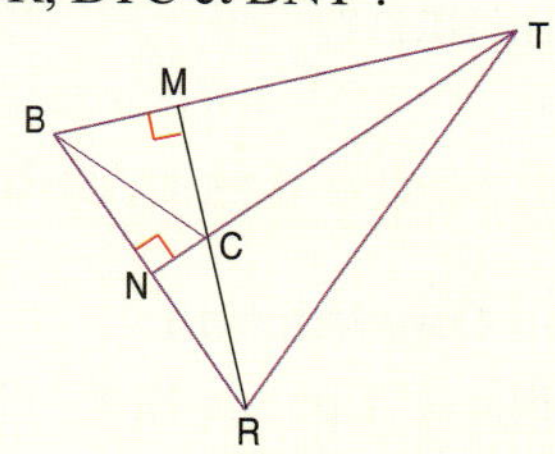

11. **a/** Tracer un triangle RST tel que RS = 6 cm, ST = 5 cm et $\widehat{RST} = 50°$. Tracer son cercle inscrit.

b/ Tracer un triangle POL tel que :
PO = 5,5 cm, PL = 6,5 cm et $\widehat{POL} = 35°$.
Tracer son cercle circonscrit.

12. Compléter le chaînon suivant.
On sait que [MI) et [NI) sont deux bissectrices du triangle MNP.
Si ……
Donc (PI) est …… et $\widehat{MPI}$ = ……

13. À partir des indications données sur la figure, déterminer $\widehat{MTC}$.
Justifier la réponse.

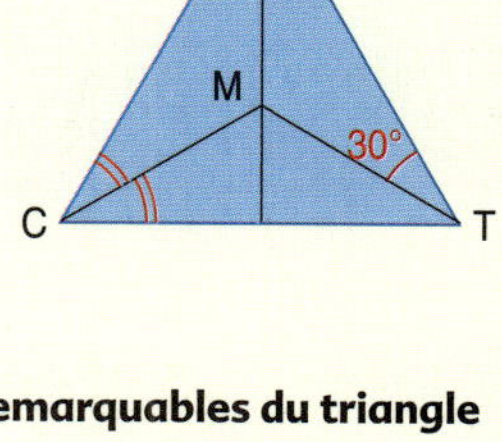

14. Sans faire de démonstration et en utilisant les informations données sur la figure ci-dessous, trouver les points suivants :

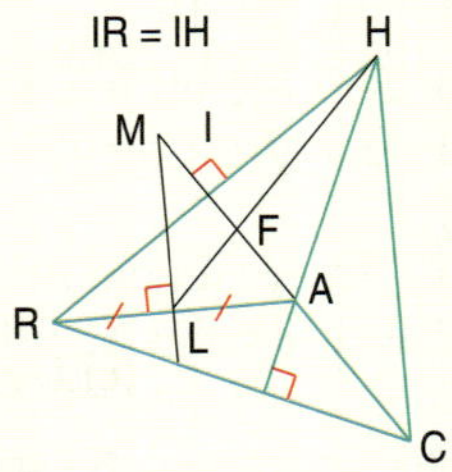

a/ l'orthocentre du triangle ARC ;

b/ le centre du cercle circonscrit au triangle ARH ;

c/ le centre de gravité du triangle ARH ;

d/ l'orthocentre du triangle RHC.

15. Tracer un triangle ABC tel que :
AB = 9 cm, BC = 8 cm et CA = 6,5 cm.
Tracer l'orthocentre H, le centre de gravité G et le centre O du cercle circonscrit au triangle.

16. Sur la figure ci-contre, BRL est un triangle isocèle en R ; et I est le milieu de [BL]. (BT) est une hauteur du triangle BRL.

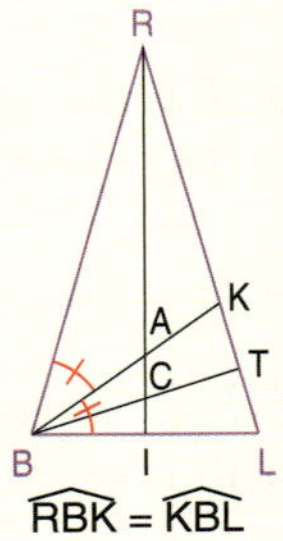

a/ Quel est le centre du cercle inscrit dans le triangle BRL ?

b/ Quel est l'orthocentre du triangle BRL ?

Résoudre des problèmes

17. ***Construction***

Placer 3 points B, C, G non alignés. Placer le point A tel que G soit le centre de gravité du triangle ABC.

18. ***Construction***

Tracer un triangle OBR tel que :
$\widehat{OBR} = 30°$, BR = 7 cm et $\widehat{ORB} = 20°$.
Tracer le triangle BRS dont O est le centre du cercle inscrit.

19. **a/** Démontrer que les triangles MSV et MTV sont rectangles.
b/ Démontrer que les droites (BU) et (MV) sont perpendiculaires.

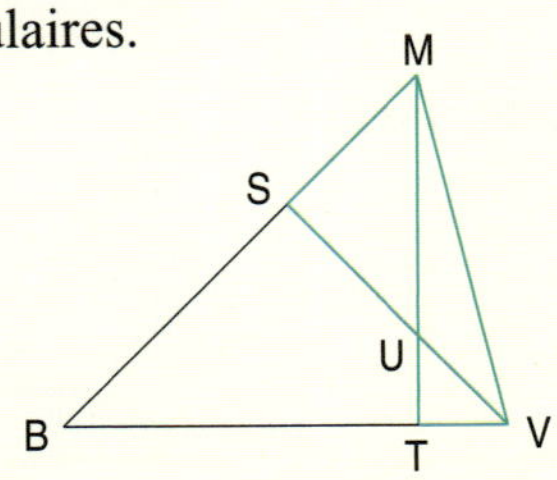

MT = 6,3 cm
TV = 1,6 cm
MV = 6,5 cm
MS = 3,3 cm
SV = 5,6 cm

20. Sur la figure, R est un point du cercle de diamètre [AB] et de centre M, C est le symétrique de A par rapport à R. La droite (IM) est la médiatrice de [AB].

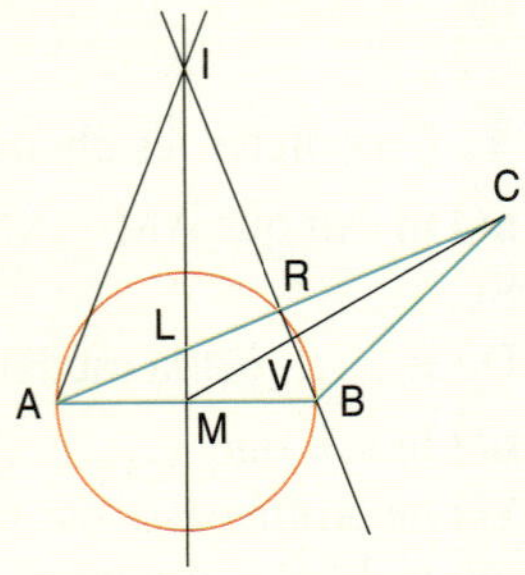

a/ Démontrer que les droites (AR) et (RB) sont perpendiculaires.

b/ Démontrer que les droites (IM) et (AB) sont perpendiculaires.

c/ Que représente le point L pour le triangle AIB ? Le démontrer.

d/ Démontrer que les droites (BL) et (AI) sont perpendiculaires.

e/ Démontrer que la droite (IR) est la médiatrice de [AC].

f/ Que représente le point I pour le triangle ABC ? Le démontrer.

g/ Que représente le point V pour le triangle ABC ? Le démontrer.

21. **Démontrer qu'un point est le milieu d'un segment**

Tracer un triangle AIC. Placer le point B, symétrique de C par rapport à I. Placer le point S, symétrique de B par rapport à A. Tracer la droite (SI) ; elle coupe [AC] en M. Tracer la droite (BM) ; elle coupe [SC] en J.
Démontrer que J est le milieu de [SC].

22. **Démontrer qu'un point est le milieu d'un segment**

Sur la figure ci-dessous :
– [RH] est une hauteur du triangle RAS ;
– les droites (RS) et (HU) sont parallèles ;
– les droites (AS) et SU) sont perpendiculaires.

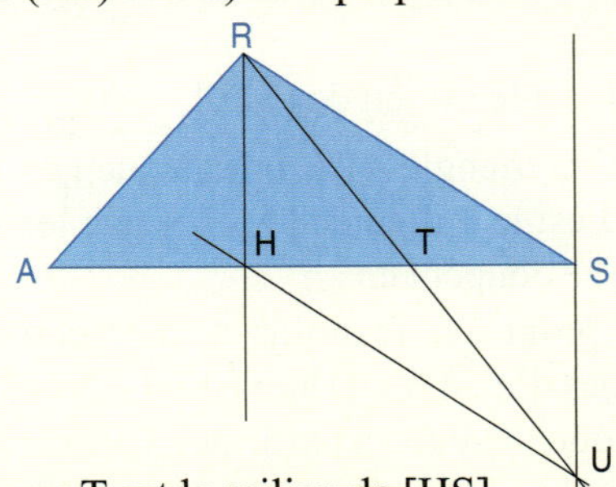

Démontrer que T est le milieu de [HS].

23. Démontrer que deux droites sont perpendiculaires

Tracer un triangle quelconque RCB. La perpendiculaire à (CB) passant par R coupe [CB] en U. Tracer le cercle de diamètre [BC] ; il coupe (RB) en S. Les droites (CS) et (RU) se coupent en E.
Démontrer que les droites (BE) et (RC) sont perpendiculaires.

24. Démontrer que deux droites sont perpendiculaires

ABCD est un parallélogramme. La hauteur issue de A du triangle ABC coupe [BC] en H.
Démontrer que les droites (AH) et (AD) sont perpendiculaires.

25. Calculer la longueur d'un segment

RST est un triangle rectangle en S ; SR = 32 mm, ST = 60 mm. I est le milieu de [RT] ; J est le milieu de [ST]. A est le point d'intersection de [RJ] et [SI].
Calculer les longueurs RT, SI, RJ, RA et AI.

Faire le point à mi-parcours

Savez-vous...

26. ... utiliser les propriétés de la médiatrice d'un segment ?

a/ Tracer un cercle de centre O et une corde [AB] de ce cercle. Placer le milieu I de [AB]. Démontrer que (OI) est la médiatrice de [AB].

b/ Sur la figure ci-contre, M est un point du cercle de diamètre [AC]. Démontrer que (MC) est la médiatrice de [AB].

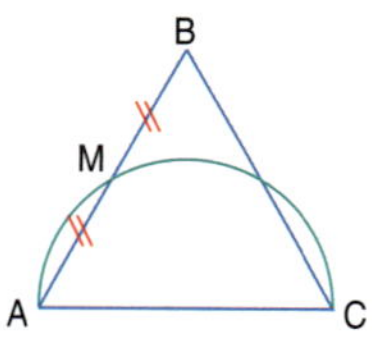

27. ... construire et reconnaître le centre de gravité, l'orthocentre, le centre des cercles inscrit et circonscrit d'un triangle ?

a/ Tracer un triangle MJL tel que :
MJ = 13 cm, JL = 9 cm et ML = 14 cm.
Placer le centre de son cercle circonscrit A, son centre de gravité B et son orthocentre C.

b/ Tracer un triangle RTD rectangle en R tel que : RT = 6 cm et RD = 8 cm.
Tracer le cercle inscrit dans le triangle RTD.

c/ À partir de la figure suivante, déterminer :
– l'orthocentre du triangle SUT ;
– l'orthocentre du triangle SUM ;
– le centre de gravité du triangle SUM.

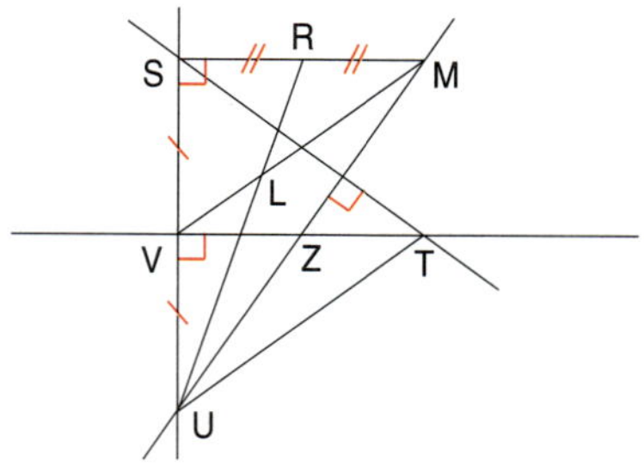

28. ... résoudre des problèmes ?

a/ Sur la figure ci-dessous, R est un point du cercle de diamètre [AB] ; et les droites (SL) et (AB) sont perpendiculaires. Démontrer que les droites (AL) et (SB) sont perpendiculaires.

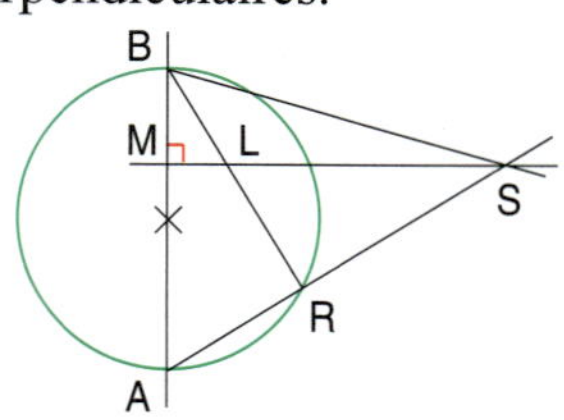

b/ Sur la figure ci-dessous, I est le milieu de [BC] ; L est le milieu de [AC] ; les droites (AI) et (BL) sont perpendiculaires ;
AI = 3,6 cm et BL = 4,8 cm.
Calculer AO, BO et AB.

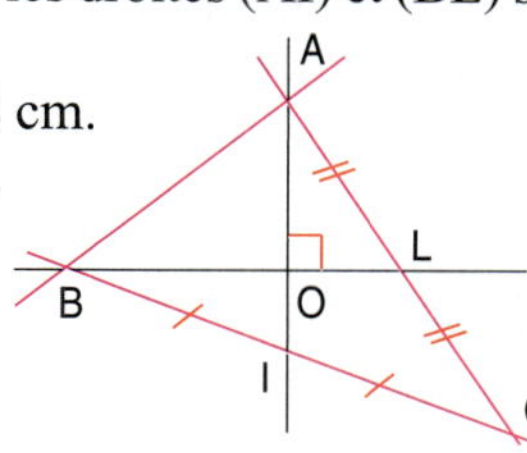

Exercices complémentaires

S'ÉCHAUFFER

29. *Maîtriser le vocabulaire*

Compléter les phrases suivantes en utilisant les informations du dessin ci-dessous.

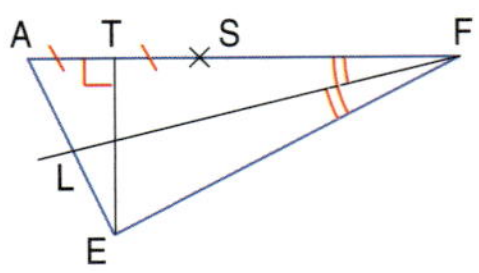

- (TE) est la médiatrice de …… .
- …… est une hauteur du triangle AFE.
- …… est une bissectrice de …… .

30. Sur la figure ci-dessous, I est le milieu de [BC] et de [RK]. Les droites (AI) et (RK) sont perpendiculaires.
De quel(s) triangle(s) la droite (AI) est-elle une médiatrice ? une médiane ? une hauteur ? une bissectrice ?

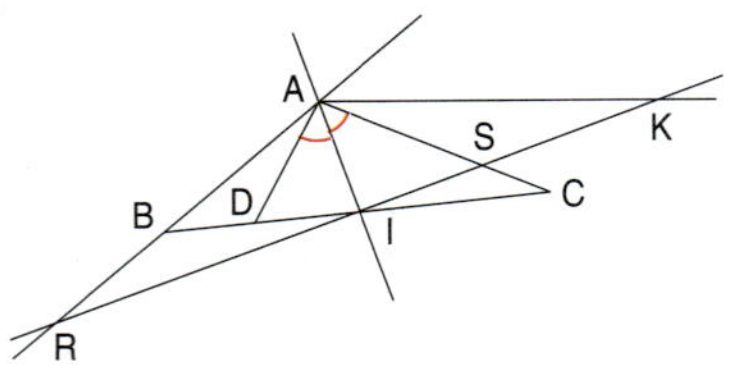

31. Sur la figure ci-dessous :

a/ citer, si possible, une hauteur, une médiane, une médiatrice du triangle ABT ;

b/ citer, si possible, une hauteur, une médiane, une médiatrice du triangle ABR.

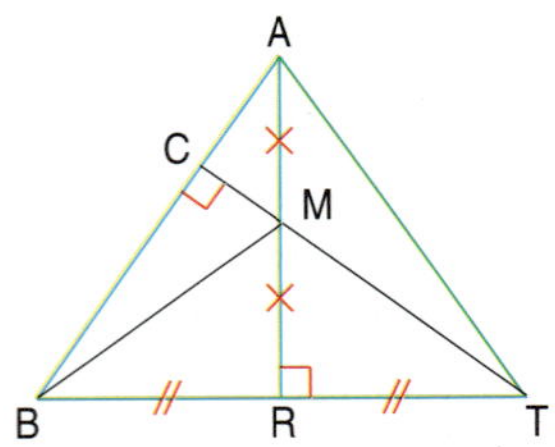

32. Tracer un triangle RST tel que :
RS = 6 cm ; ST = 8 cm ; RT = 9 cm.
Tracer la médiane issue de R. Tracer la médiatrice de [RT]. Tracer la bissectrice de $\widehat{RST}$. Tracer la hauteur issue de T.

33. Écrire un programme de tracé des figures suivantes en commençant par « Tracer un triangle PGD… » et en utilisant le plus souvent possible les mots « hauteur », « médiatrice », « médiane » et « bissectrice ».

a/

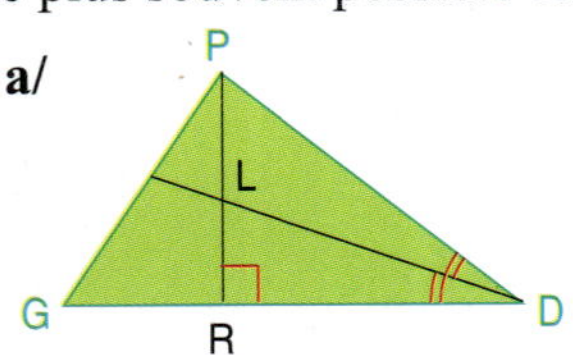

b/

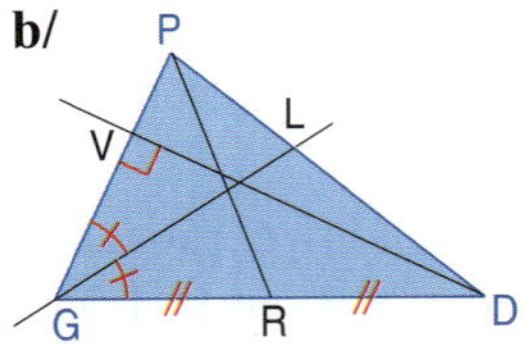

c/

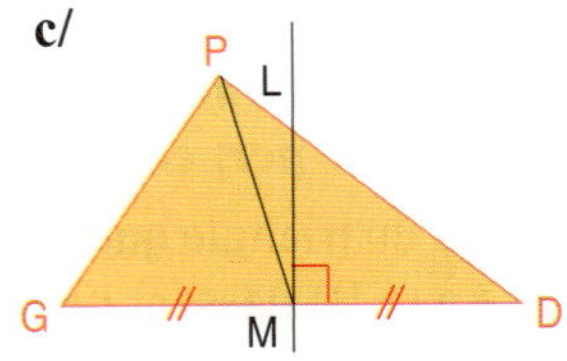

34. Compléter les chaînons suivants.

a/ On sait que ABCD est un parallélogramme …… .
Si …… .
Donc I est le milieu de [AD].

b/ On sait que (d) et [AB] se coupent en M et que …… .
Si une droite est la médiatrice d'un segment alors elle coupe ce segment en son milieu et elle est perpendiculaire au segment.
Donc M est …… .

S'ENTRAÎNER

Médiatrice et milieu

35. Dans chacun des cas suivants, la droite (RS) est-elle la médiatrice du segment [AB] ? Justifier la réponse.

a/

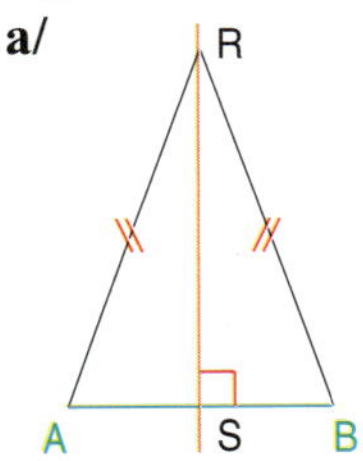

b/

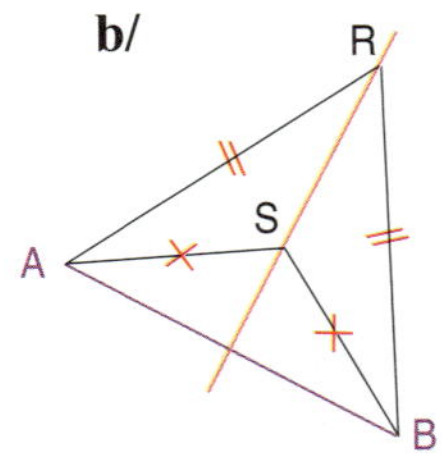

c/

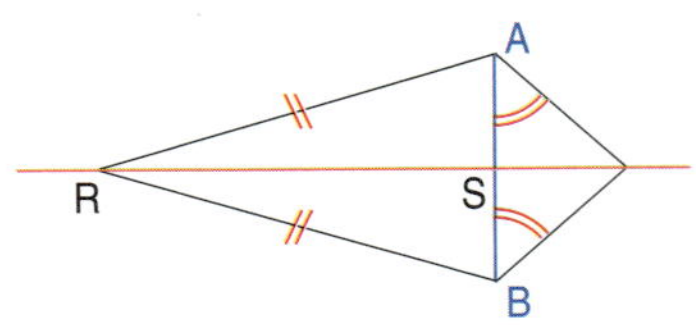

Droites remarquables du triangle

36. Retrouver sur quelle figure le point I est :
- le centre de gravité du triangle ABC ;
- l'orthocentre du triangle ABC ;
- le centre du cercle circonscrit au triangle ABC ;
- le centre du cercle inscrit dans le triangle ABC.

a/

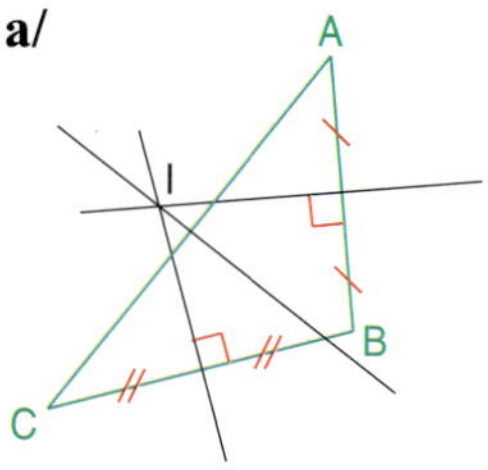

b/

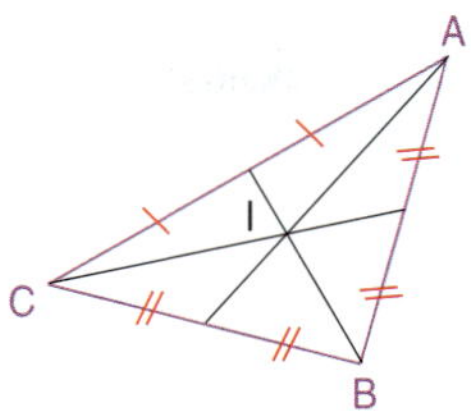

c/

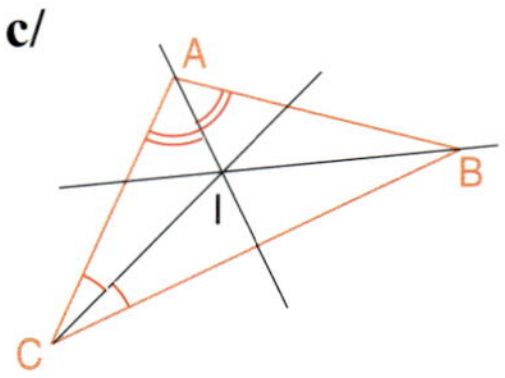

d/

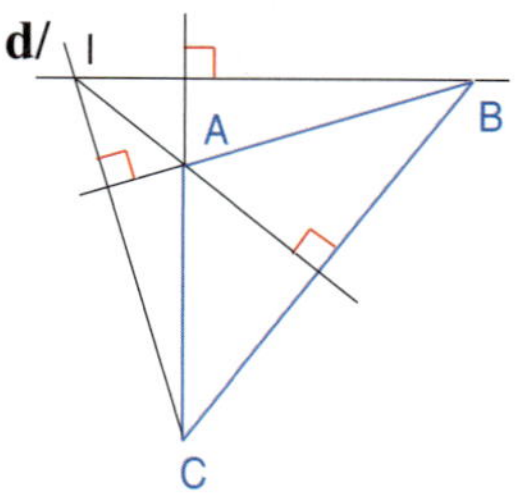

37. Sur la figure ci-dessous :

a/ quel est l'orthocentre du triangle ABC ?

b/ quel est le centre de gravité du triangle ABC ?

c/ quel est l'orthocentre du triangle AFB ?

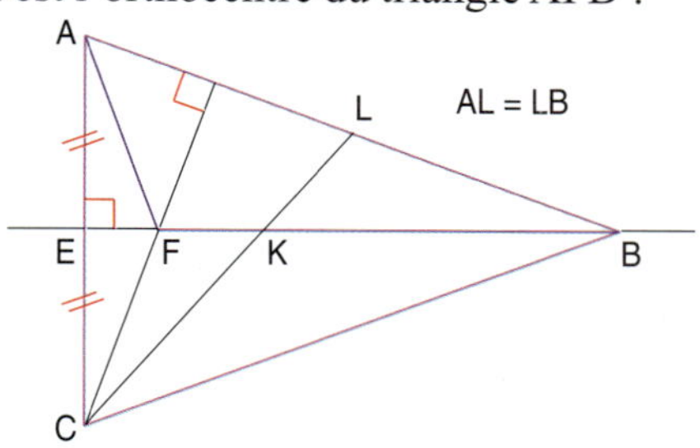

38. **a/** Tracer un triangle ABC tel que :
AB = 10 cm, AC = 8 cm et BC = 7 cm.
Tracer le centre de gravité du triangle ABC.

b/ Tracer un triangle MNP tel que :
MN = 10 cm, $\widehat{PMN} = 70°$ et $\widehat{PNM} = 80°$.
Tracer le cercle inscrit dans ce triangle.

c/ Tracer un triangle ABC tel que :
AB = 8 cm, BC = 6 cm et AC = 12 cm.
Tracer le cercle circonscrit au triangle ABC.

d/ Tracer un triangle RST tel que :
RS = 8 cm, $\widehat{TRS} = 110°$; $\widehat{TSR} = 30°$.
Tracer l'orthocentre du triangle RST.

Résoudre des problèmes

39. *Construction*

Construire un triangle GBH dont la médiane issue de G coupe [BH] en M et tel que GB = 5 cm, BH = 5 cm et GM = 5 cm.

40. **a/** D'après les indications portées sur la figure, démontrer que $KJ = \frac{1}{3}BJ$.

b/ La droite (AK) coupe [BC] en M. Démontrer que M est le milieu de [BC].

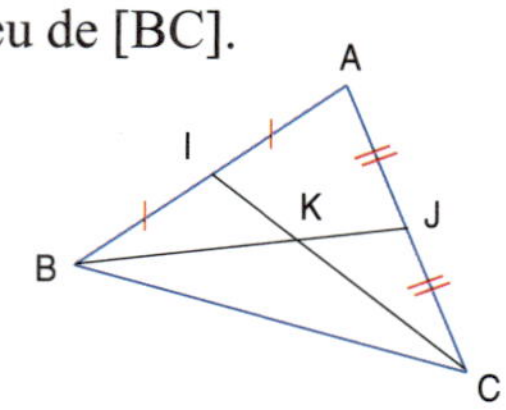

41. Tracer un triangle ABC tel que :
AB = 3,9 cm, BC = 8 cm et AC = 8,9 cm.

a/ Quelle est la nature de ce triangle ?

b/ Quel est son orthocentre ?

42. Tracer un triangle ABC, rectangle en A tel que $\widehat{B} = 30°$. Les bissectrices des angles $\widehat{B}$ et $\widehat{C}$ se coupent en I. Calculer la mesure de l'angle $\widehat{AIC}$.

43. Tracer un cercle (𝒞) de centre O et de 3 cm de rayon. Tracer un diamètre [RS] et placer un point M sur (𝒞). Placer le milieu L de [RM]. Les droites (MO) et (SL) se coupent en K.
Calculer MK.

DEVENIR UN CHAMPION

Résoudre des problèmes

44. *Construction*

(𝒞) est un cercle de diamètre [AB]. M est un point situé ni sur (𝒞) ni sur (AB).
Construire, avec une règle uniquement, la droite perpendiculaire à (AB) passant par M.

45. *Problème ouvert*

Tracer trois droites (*d*), (*e*), (*f*) concourantes en G. Placer un point A sur la droite (*d*), un point B sur la droite (*e*), un point C sur la droite (*f*) tels que le triangle ABC ait pour centre de gravité le point G.

46. RST est un triangle équilatéral de 10 cm de côté. Calculer le rayon et le périmètre des cercles inscrit et circonscrit de ce triangle. (On donnera un arrondi au dixième de centimètre.)

Exercices complémentaires

47. Sur la figure ci-dessous, A est un point du cercle ($\mathcal{C}$) de diamètre [BC]. Les points B, C, D sont alignés ainsi que les points B, A, E et A, C, F. La droite (FE) est tangente en D au cercle ($\mathcal{C}$'), de diamètre [BD]. Démontrer que les droites (EC) et (BF) sont perpendiculaires.

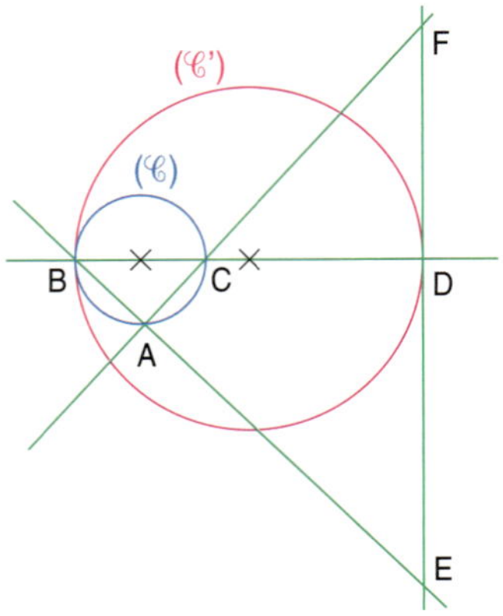

48. ABC est un triangle. La médiane issue de A coupe [BC] en M ; et G est le centre de gravité du triangle. F est le point de la droite (AM) extérieur au triangle tel que $MF = \frac{1}{3}AM$.
Démontrer que BGCF est un parallélogramme.

49. Sur la figure ci-contre, ABC est un triangle rectangle en A. Les droites (AB) et (BD) sont perpendiculaires, et BC = BD. Démontrer que [CD] est une bissectrice du triangle ABC.

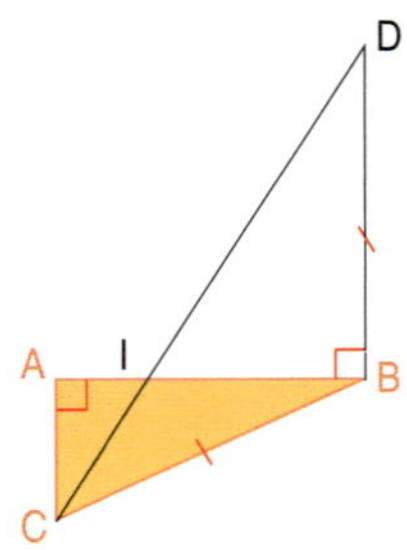

50. ABC est un triangle isocèle en C. Les deux hauteurs [AH] et [BK] se coupent en O. La droite (CO) coupe le côté [AB] en L.
On a BC = 13 cm et BL = 3,2 cm.

a/ Calculer CL.

b/ Déterminer l'aire du triangle ABC.

c/ En déduire AH et BH.

51. Tracer un triangle ABC rectangle en A tel que : AC = 12 cm et $\widehat{ACB} = 30$ °. Tracer la hauteur issue de A, elle coupe [BC] en H. Tracer la médiane issue de A, elle coupe [BC] en M. Tracer la bissectrice de $\widehat{CAB}$, elle coupe [BC] en P.
Démontrer que [AP] est la bissectrice de l'angle $\widehat{HAM}$.

Problèmes de synthèse

52. Tracer un cercle ($\mathcal{C}$) de centre O. Tracer un diamètre [BR] de ($\mathcal{C}$) et placer un point A sur ($\mathcal{C}$) autre que B et R. Placer le point T, symétrique de O par rapport à R. Tacer la droite (d) perpendiculaire à (BR) et passant par T.
Les droites (BA) et (AR) coupent la droite (d) respectivement en S et C.

a/ Démontrer que les droites (SR) et (BC) sont perpendiculaires.

b/ Soit V le symétrique de S par rapport à T. Démontrer que la droite (SR) passe par le milieu de [BV].

53. Tracer un triangle ART tel que :
AR = 4,5 cm, RT = 5,3 cm et AT = 2,8 cm.
Placer le point L, symétrique de T par rapport à A.

a/ Quelle est la nature du triangle ART ?

b/ Quelle est la nature du triangle LTR ?

c/ Tracer la médiane issue de T du triangle LTR ; elle coupe [AR] en F. Calculer AF.

d/ Placer le point M, symétrique de F par rapport à A. Quelle est la nature du quadrilatère LFTM ? Démontrer la réponse.

e/ Calculer l'aire A de LFTM et l'aire B de LMTR. Vérifier que $A = \frac{B}{2}$.

54. Tracer un demi-cercle ($\mathcal{C}$) de centre O et de diamètre [AB]. Placer un point R sur ce demi-cercle. Tracer la droite (t) tangente à ($\mathcal{C}$) en B. (AR) et (t) se coupent en S. Placer le point L symétrique de O par rapport à B. Tracer la droite parallèle à (RB) et passant par L ; elle coupe [AS] en C.

a/ Démontrer que (LC) est perpendiculaire à (AS).

b/ [SB] et [CL] se coupent en U. Démontrer que (AU) est perpendiculaire à (SL).

c/ Placer le point M symétrique de S par rapport à L ; (SB) coupe [AM] en I.
Démontrer que I est le milieu de [AM].

12

Triangles et droites parallèles

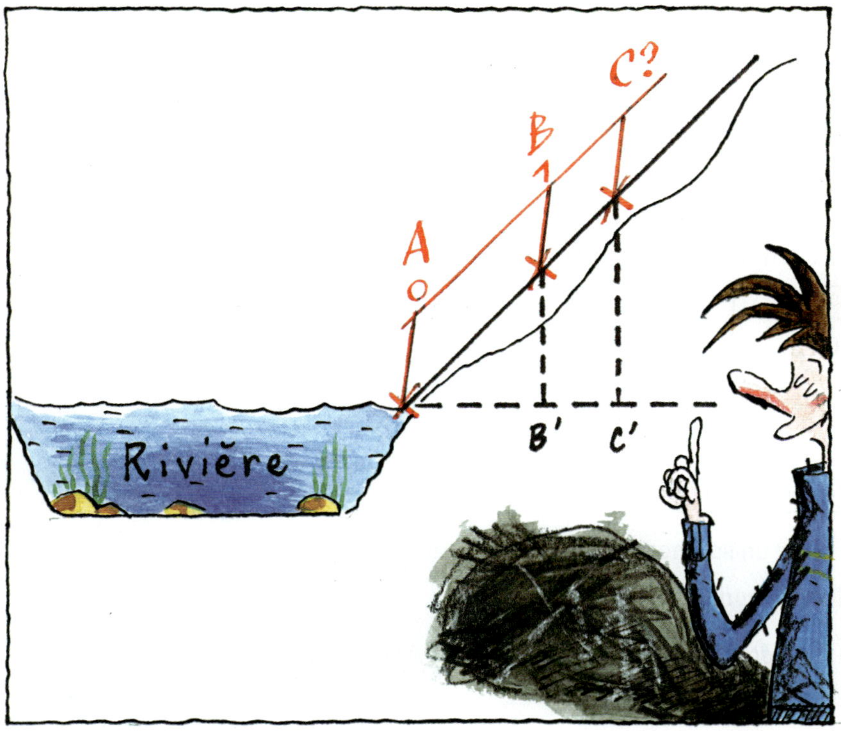

Le long d'une rivière, Clément lit en face de B sur une échelle graduée : 1 m. Il est intrigué car il mesure AB et trouve 1,41 m. Son père lui explique que 1 m représente la montée du niveau de l'eau depuis A (soit BB' = 1 m).
Si la longueur de AC est de 2,12 m environ, quelle graduation est indiquée en C ?

Test

Repérer les obstacles

1. Rapport de longueurs

exercices 28 et 29 p. 197

a/ À partir des indications figurant sur les dessins, compléter les égalités suivantes par un nombre.

(1)
- $AB = \square\, AI$;
- $AI = \square\, AB$;
- $\dfrac{AI}{AB} = \square$;
- $\dfrac{AB}{AI} = \square$.

(2)
- $\dfrac{OA}{OC} = \square$;
- $\dfrac{OB}{OC} = \square$;
- $AB = \square\, AC$;
- $OD = \square\, OF$.

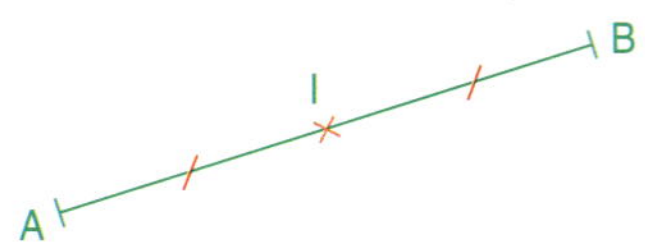

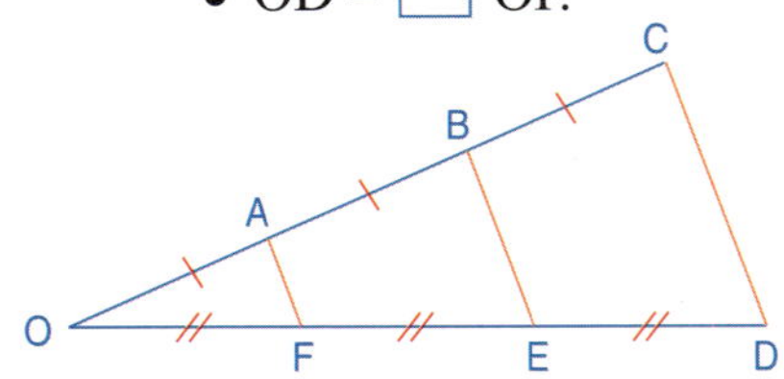

b/ Compléter les égalités suivantes par le nom d'un point.

$\dfrac{G\ ...}{GL} = \dfrac{1}{4}$; $\dfrac{HJ}{H\ ...} = \dfrac{1}{2}$; $\dfrac{JK}{...\ K} = \dfrac{1}{3}$; $\dfrac{GJ}{...\ L} = 1$.

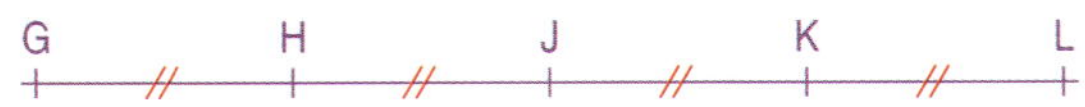

2. Placer un point

exercice 30 p. 197

Tracer un segment [AB] de 12 cm de longueur.

Sur ce segment :

- placer le point M tel que $AM = \dfrac{1}{3} AB$;
- placer le point R tel que $\dfrac{AR}{AB} = \dfrac{1}{2}$;
- placer le point N tel que $\dfrac{AN}{AB} = \dfrac{3}{4}$.

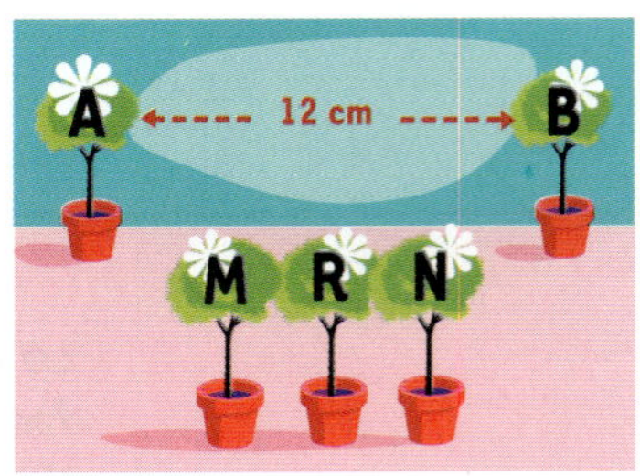

3. Équations

exercice 31 p. 197

Dans chacun des cas suivants, trouver la longueur AB.

a/ $\dfrac{AB}{5} = \dfrac{12}{10}$; **b/** $\dfrac{7}{5} = \dfrac{21}{AB}$; **c/** $\dfrac{15}{AB} = \dfrac{2}{5}$.

Franchir les obstacles

Milieux et droites parallèles dans un triangle

1. Un triangle et deux milieux

➤ exercices 1 à 3 p. 194

a/ Conjecturer

Effectuer plusieurs fois la construction suivante :
– tracer un triangle ABC ;
– placer le milieu I de [AB] ;
– placer le milieu J de [AC] ;
– tracer [IJ].
Quelles conjectures peut-on faire à partir de ces figures concernant la droite (IJ) et la longueur de [IJ] ?

b/ Démontrer

Compléter une des constructions précédentes en plaçant le point M symétrique du point I par rapport au point J.

- Démontrer que AMCI est un parallélogramme.
- Démontrer que IB = MC.
- Démontrer que IMCB est un parallélogramme (utiliser la propriété P6).
- Démontrer que les droites (IJ) et (BC) sont parallèles.
- Que peut-on dire des longueurs IJ et BC ? Le démontrer.

c/ Appliquer

Tracer un triangle EFG. Tracer la médiatrice(d) de [FG] ; elle coupe (FG) en H. Tracer la médiane issue de F qui coupe [EG] en R.
Démontrer que les droites (HR) et (EF) sont parallèles.

d/ Appliquer

Tracer un cercle de diamètre [AC] de 6 cm et de centre O. Placer un point B sur le cercle tel que BC = 5 cm. Placer le point M milieu de [AB]. Calculer OM.

2. Un triangle, un milieu et une droite parallèle

➤ exercices 4 et 5 p. 194

a/ Conjecturer

Effectuer plusieurs fois la construction suivante :
– tracer un triangle ABC ;
– placer le milieu I de [AB] ;
– tracer la droite (d) parallèle à (BC) et passant par I ; elle coupe (AC) en K.
Quelle conjecture peut-on faire concernant le point K ?

b/ Démontrer

Compléter une des constructions précédentes en plaçant le point J milieu de [BC].
Démontrer que IKCJ est un parallélogramme.

Démontrer que KC = IJ et que $IJ = \dfrac{AC}{2}$.

En déduire que K est le milieu de [AC].

c/ Appliquer

Tracer un triangle MNP. Construire le point Q symétrique de N par rapport à P. Tracer la droite (*d*) parallèle à (MN) passant par P ; elle coupe (QM) en S. Démontrer que S est le milieu de [QM].

Proportionnalité dans le triangle

3. Un triangle et une parallèle

➤ *exercices 6 et 7 p. 194*

a/ Conjecturer

En prenant les mesures nécessaires sur la figure ci-contre, calculer :

$$\frac{AM}{AB} \ ; \ \frac{AN}{AC} \ ; \ \frac{MN}{BC}.$$

Quelle conjecture peut-on faire ?

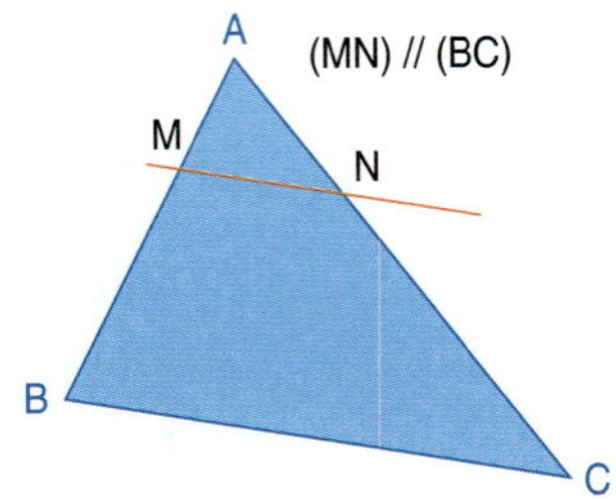

b/ Tester la conjecture

La conjecture du **a/** semble-t-elle confirmée pour les figures ci-dessous ?

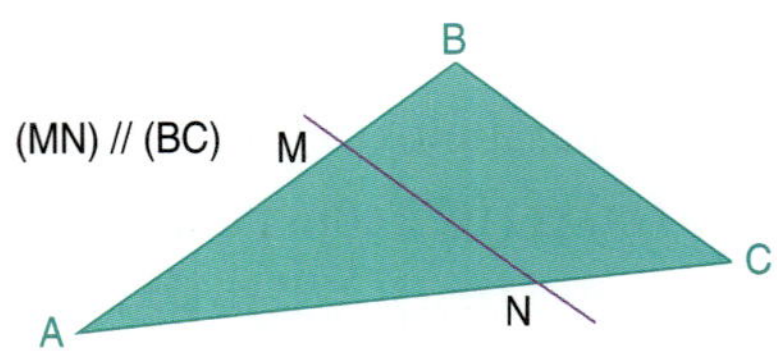

figure 1

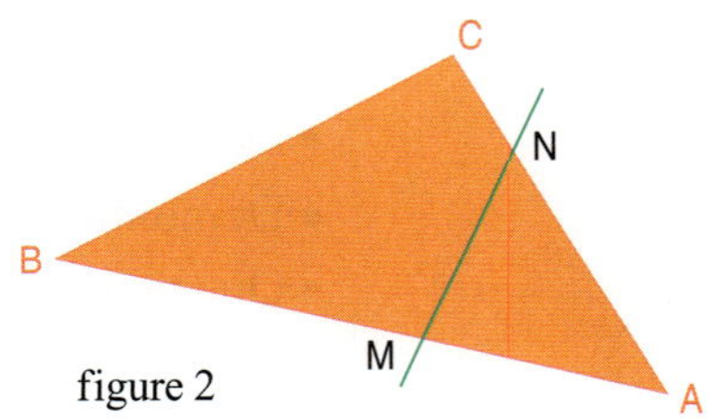

figure 2

c/ Appliquer

Dans chacun des cas suivants, écrire, si possible, des rapports de longueurs égaux en justifiant les réponses.

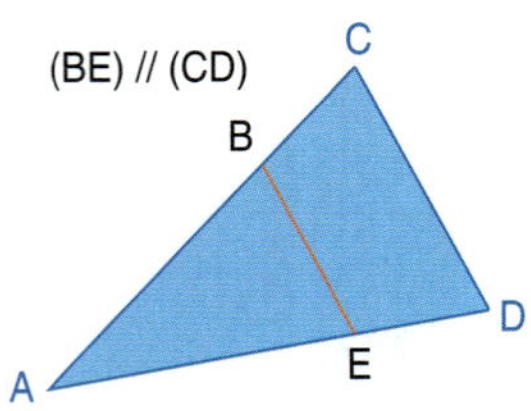

figure 1

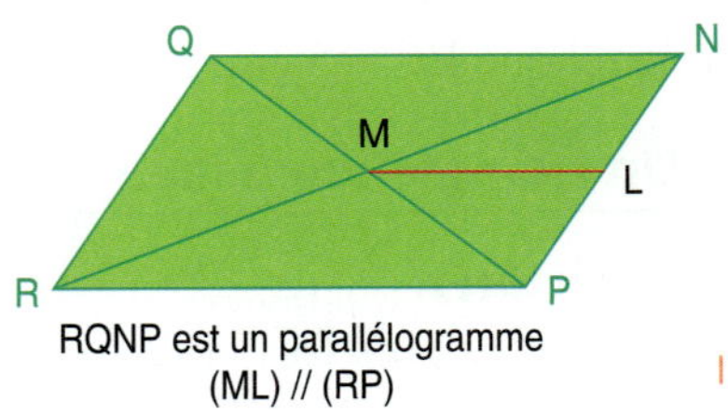

figure 2

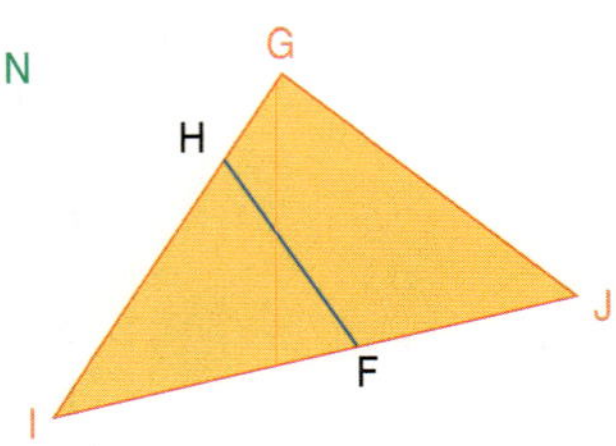

figure 3

d/ Appliquer

Calculer DC et OB dans le cas suivant.

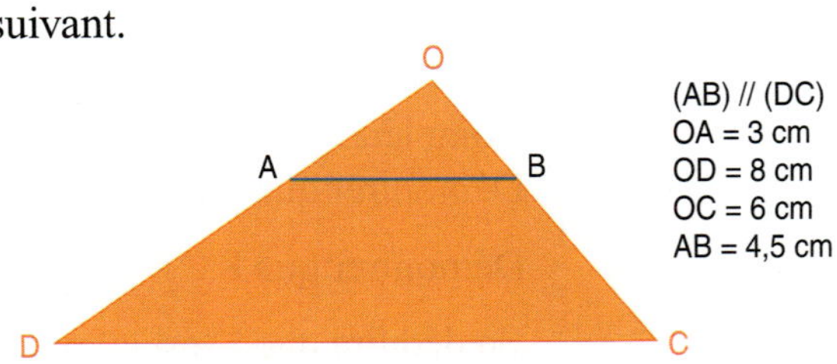

4. Contrôler les résultats

➤ exercice 8 p. 194

Nicolas, Baptiste et Arnaud ont à résoudre le problème ci-dessous.

Sur la figure ci-contre, les droites (AB) et (DC) sont parallèles et les longueurs sont données en centimètres. Calculer DC.

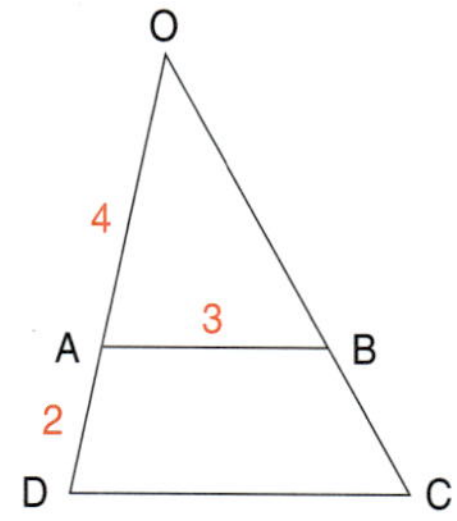

Voici leurs trois résultats :

Nicolas : DC = 1,5 cm **Baptiste :** DC = 4,5 cm **Arnaud :** DC = 2 cm.

a/ Immédiatement, sans effectuer de calculs et sans prendre de mesures sur le dessin, Carole affirme que deux réponses sur trois sont sûrement fausses. Expliquer comment elle a procédé.

b/ Calculer DC.

5. Des longueurs inconnues

En utilisant les indications portées sur chaque figure, déterminer, si possible, les longueurs x inconnues. Toutes les longueurs sont données en centimètres.

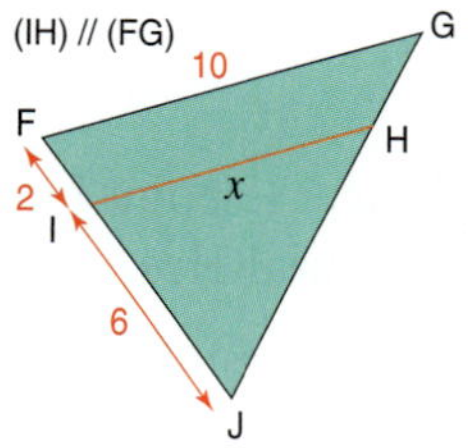

figure 1

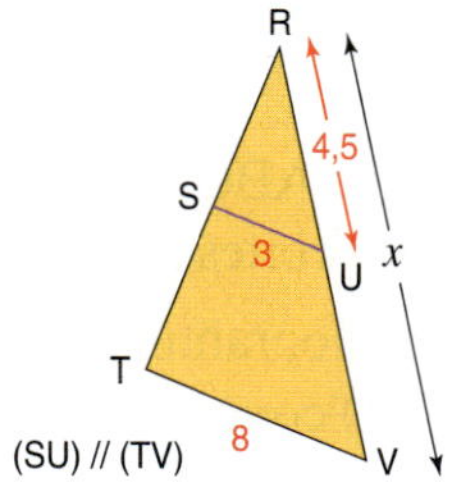

figure 2

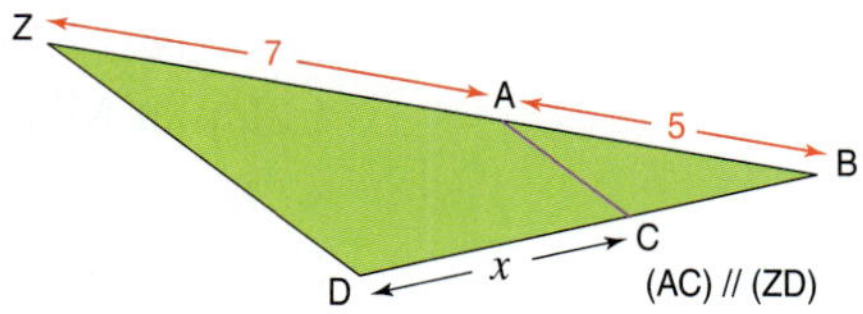

figure 3

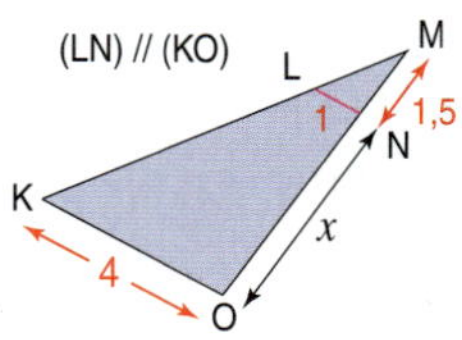

figure 4

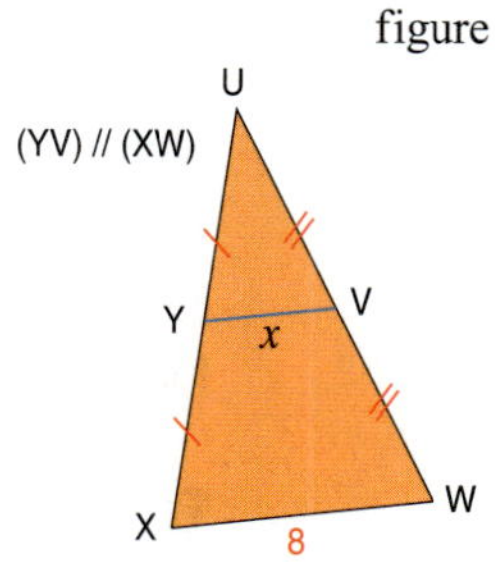

figure 5

6. Question de rédaction

➤ exercices 9 à 11 p. 195

a/ En utilisant les informations données sur la figure ci-contre, calculer RV.

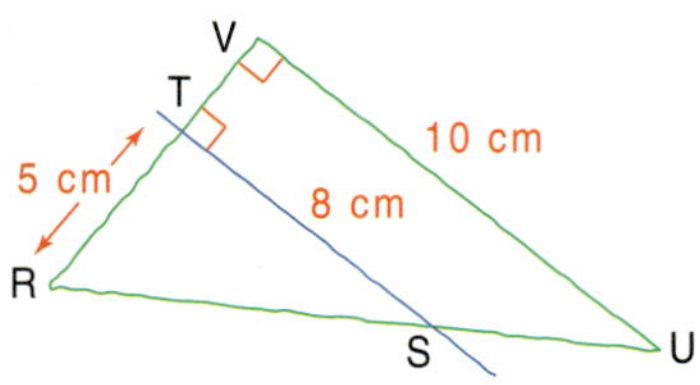

b/ Corriger les copies d'Audrey et de Stéphane en précisant ce qui est faux et/ou ce qui manque.

Audrey :

On sait que les droites (TS) et (UV) sont parallèles.
Les triangles RTS et RVU sont dans une situation où il y a proportionnalité entre les longueurs de leurs côtés.

Donc $\frac{RT}{RV} = \frac{RS}{RU} = \frac{TS}{VU}$.

On sait que RT = 5 cm ; TS = 8 cm ; VU = 10 cm.

Donc $\frac{5}{RV} = \frac{8}{10}$ soit $8 \times RV = 5 \times 10$.

$RV = \frac{50}{8}$ soit RV = 6,25 cm.

Stéphane :

On sait que les droites (TS) et (VU) sont perpendiculaires à (RV). Si deux droites sont perpendiculaires à une même troisième alors elles sont parallèles entre elles.
Donc (TS)//(VU).
On sait que RT = 5 cm ; TS = 8 cm ; VU = 10 cm et (TS)//(VU).

Donc $\frac{RT}{RV} = \frac{RS}{RU} = \frac{TS}{VU}$.

Donc $\frac{5}{RV} = \frac{8}{10}$ soit $8 \times RV = 5 \times 10$

$RV = \frac{50}{8}$ soit RV = 6,25 cm.

Résoudre des problèmes

7. Démonstrations et milieux

➤ exercices 12 à 15 p. 195

a/ Tracer un triangle EFG isocèle en F tel que EG = 4 cm et EF = 5 cm. Tracer la hauteur issue de F dans le triangle EFG ; elle coupe [EG] en N. Tracer la médiane issue de N dans le triangle NGF ; elle coupe [FG] en M.
Calculer MN.

b/ Tracer un losange ABCD de centre O. Placer le point I milieu de [BC].
Démontrer que les droites (OI) et (AB) sont parallèles.

c/ Tracer un parallélogramme KLMN. Placer le point E symétrique de K par rapport à N. La droite (EM) coupe la droite (KL) en F.
Démontrer que M est le milieu de [EF].

d/ Tracer un quadrilatère quelconque ABCD. Placer les points I, J, K, L milieux respectifs des côtés [AB], [BC], [CD], [DA].
Démontrer que IJKL est un parallélogramme.

8. Démonstrations et proportionnalité

➤ exercices 16 à 24 p. 195

a/ Un toboggan rectiligne est porté par deux solides poteaux verticaux. Le plus petit poteau mesure 1,20 m et il est placé à 1,80 m de l'arrivée. Le plus grand mesure 2,60 m. On désire, par sécurité, installer une barrière [AB] telle que ABNT soit un parallélogramme.
Quelle est la longueur de cette barrière ?

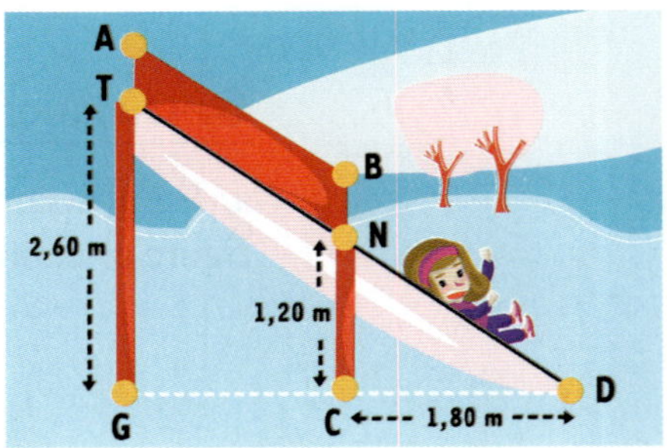

b/ À partir des indications portées sur la figure ci-contre, calculer AE.
(Les longueurs sont en cm.)

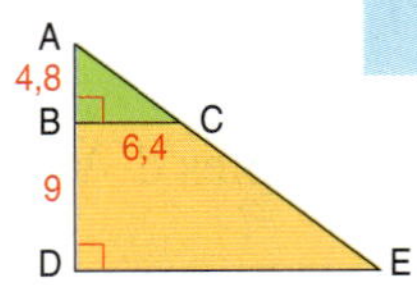

1 Milieux et droites parallèles dans un triangle

Si une droite passe par les milieux de deux côtés d'un triangle alors elle est parallèle au troisième côté du triangle.

Démonstration : voir activité 1 de *Franchir les obstacles*, p. 187.

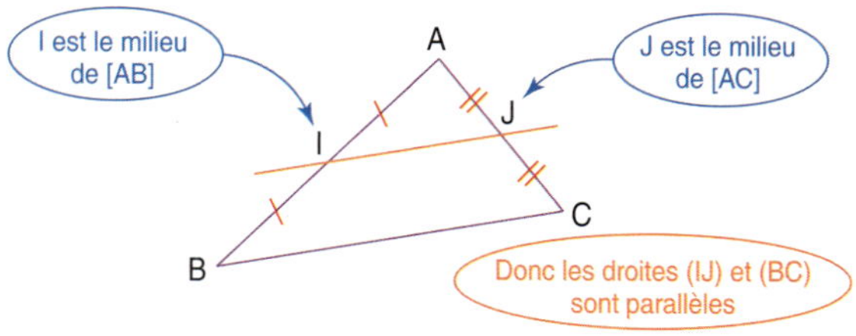

Si un segment joint les milieux de deux côtés d'un triangle alors sa longueur est égale à la moitié de la longueur du troisième côté du triangle.

Démonstration : voir activité 1 de *Franchir les obstacles*, p. 187.

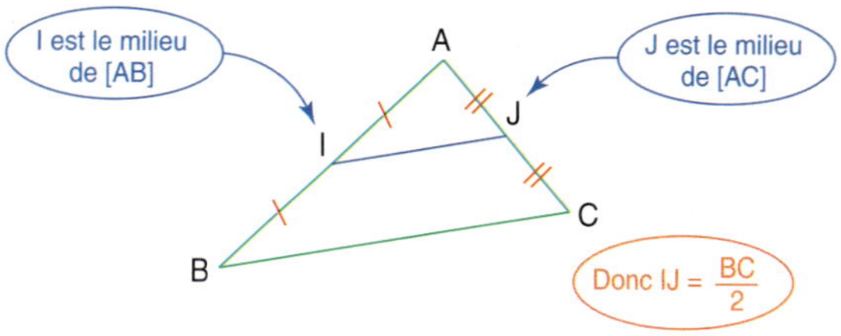

Si une droite passe par le milieu d'un côté d'un triangle et est parallèle à un deuxième côté alors cette droite passe par le milieu du troisième côté du triangle.

Démonstration : voir activité 2 de *Franchir les obstacles*, p. 187.

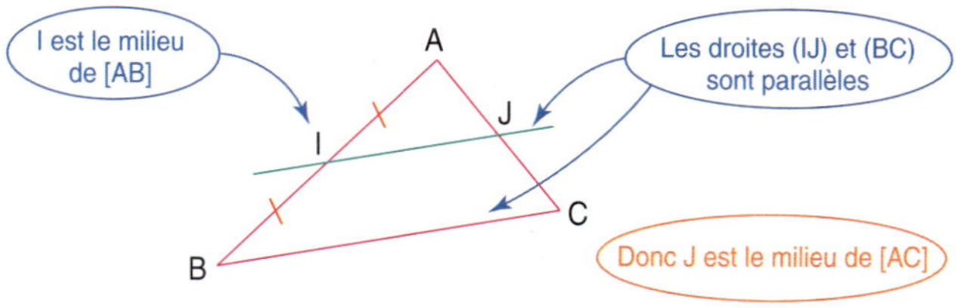

2 Proportionnalité des longueurs dans un triangle

La propriété de la proportionnalité des longueurs dans un triangle (ou propriété de Thalès dans le triangle) s'énonce ainsi :

Dans un triangle ABC, si M est un point du côté [AB] et N un point du côté [AC] et si les droites (MN) et (BC) sont parallèles, alors $\frac{AM}{AB} = \frac{AN}{AC} = \frac{MN}{BC}$.

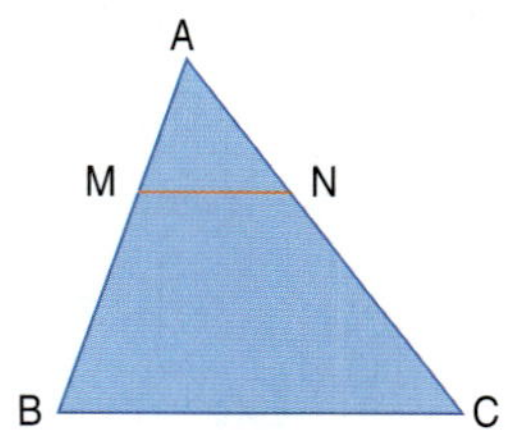

Méthodes

1. Calculer la longueur d'un segment

Méthode ▸▸ **Utiliser la proportionnalité des longueurs dans un triangle (ou la propriété du segment qui joint les milieux de deux côtés d'un triangle)**

Conditions :
- avoir un triangle ;
- avoir une droite parallèle à un côté du triangle ;
- avoir les mesures qui conviennent.

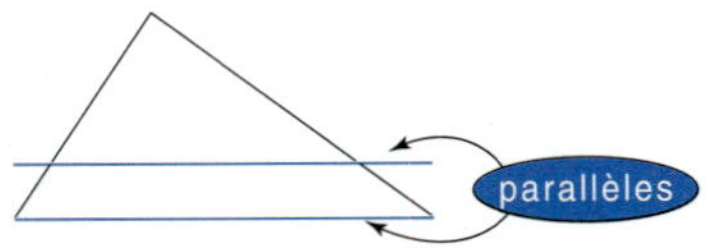

Exemple. ABCD est un parallélogramme tel que AD = 3 cm et DC = 6 cm.

Calculer AF sachant que AE = 5 cm.

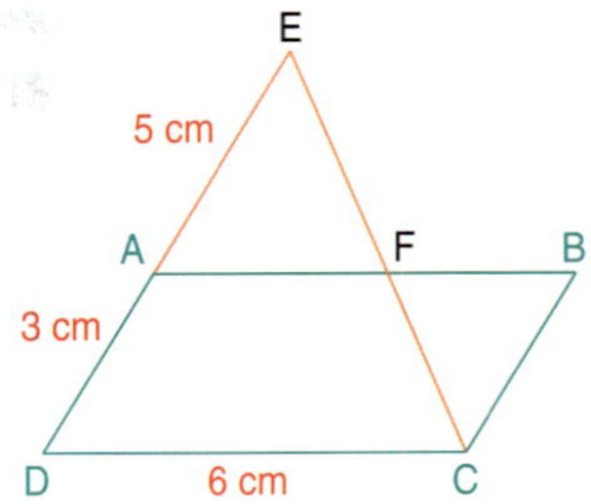

Rédaction

- On sait que ABCD est un parallélogramme.

Si un quadrilatère est un parallélogramme alors ses côtés opposés sont parallèles. Donc les droites (AB) et (DC) sont parallèles.

- On sait que les droites (AB) et (DC) sont parallèles.

D'après la propriété de proportionnalité des longueurs dans le triangle EDC :

$\frac{EA}{ED} = \frac{AF}{DC}$ donc $\frac{5}{8} = \frac{AF}{6}$ (car ED = 5 + 3 = 8).

$AF = 6 \times \frac{5}{8}$ donc **AF = 3,75 cm**.

2. Démontrer qu'un point est le milieu d'un segment

Méthode ▸▸ **Utiliser la propriété de la droite parallèle à un côté d'un triangle et qui passe par un milieu**

Conditions :
- avoir un triangle ;
- avoir le milieu d'un côté du triangle ;
- avoir la parallèle à un côté passant par ce milieu.

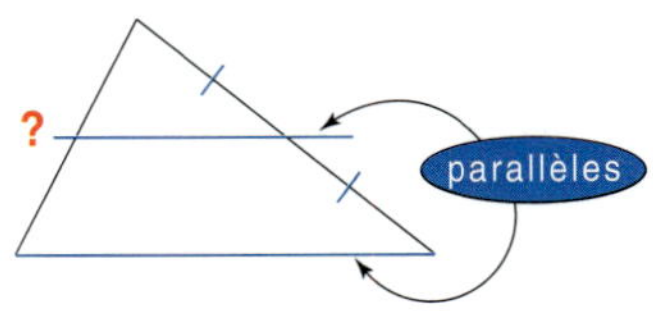

Exemple. Voir l'activité 2c/ de *Franchir les obstacles,* p. 188.

3. Démontrer que deux droites sont parallèles

Méthode ▶▶ **Utiliser la propriété de la droite qui passe par les milieux de deux côtés d'un triangle**

Conditions :

– avoir un triangle ;

– avoir une droite qui passe par les milieux de deux des côtés du triangle.

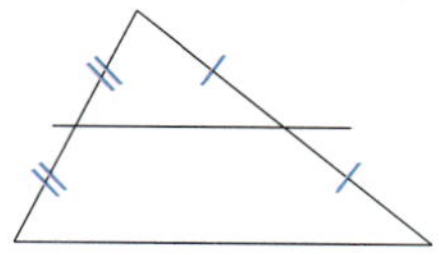

Exemple. ABCD est un parallélogramme de centre O. Soit K le milieu de [BC]. Démontrer que les droites (OK) et (DC) sont parallèles.

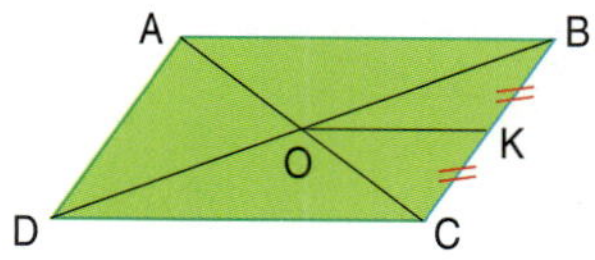

RecherchE

RédactioN

• On sait que ABCD est un parallélogramme de centre O.
Si un quadrilatère est un parallélogramme, alors ses diagonales ont même milieu.
Donc O est le milieu de [BD].

• On sait que O est le milieu de [BD] et que K est le milieu de [BC] (*données*).
Dans le triangle BCD, la droite (OK) passe par les milieux des côtés [BD] et [BC].
Si une droite passe par les milieux de deux côtés d'un triangle alors elle est parallèle au troisième côté du triangle.
Donc les droites (OK) et (DC) sont parallèles.

Exercices fondamentaux

Milieux et droites parallèles dans un triangle

1. D'après les indications portées sur les figures suivantes, dire dans quel cas les droites (KM) et (BC) sont parallèles. Justifier les réponses.

a/

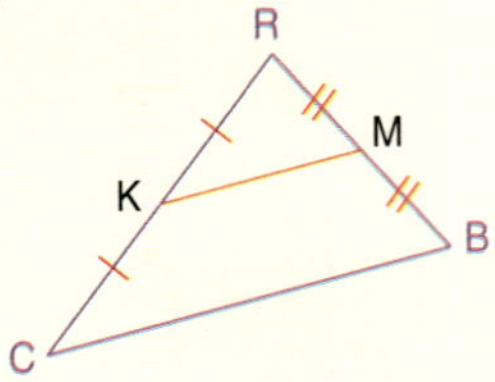

b/

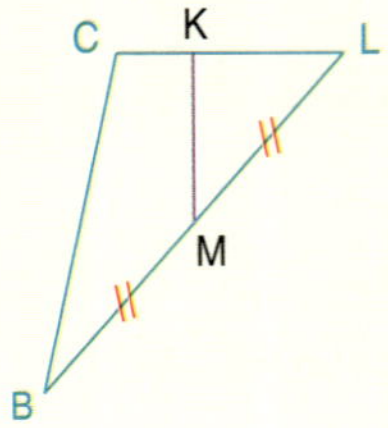

2. D est un point d'un cercle de centre O et de diamètre [AB]. M est le milieu de [AD]. Démontrer que les droites (OM) et (DB) sont parallèles.

3. ABC est un triangle tel que AB = 6 cm ; AC = 7 cm et BC = 3 cm. Placer le milieu R de [AB], le milieu S de [AC] et le milieu T de [BC].
Calculer le périmètre du triangle RST.

4. D'après les indications portées sur les figures suivantes, dire dans quel cas le point I est le milieu du segment [AB]. Justifier les réponses.

a/

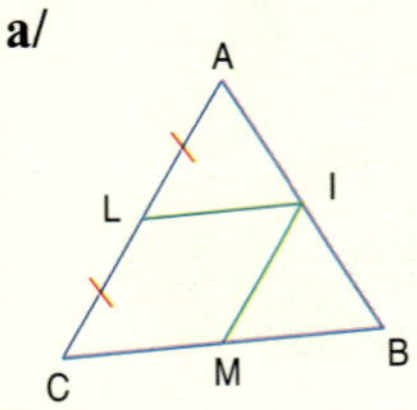

LIMC : parallélogramme

b/

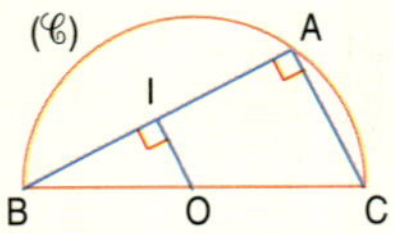

(𝒞) : cercle de centre O

c/

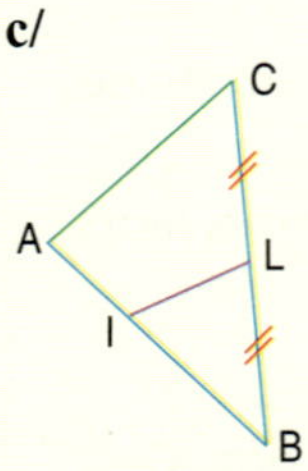

d/

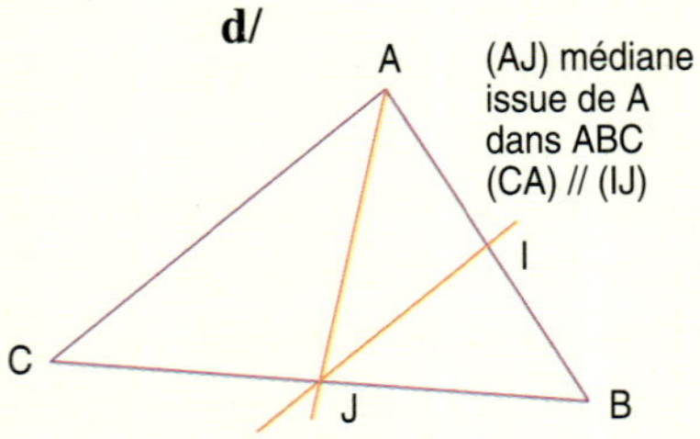

5. Compléter les chaînons suivants.

a/ On sait que ABC est un triangle, que M est le milieu de [AB] et que N est le milieu de [AC].
Si une droite passe par les milieux de deux côtés d'un triangle alors elle est parallèle au troisième côté du triangle.
Donc ....

b/ On sait que TYH est un triangle, que M est le milieu de [TY] et que ....
Si ... alors ....
Donc N est le milieu de [YH].

c/ On sait que CVB est un triangle, que K est le milieu de [CV], et que L est le milieu de [VB].
Si ... alors ....
Donc KL = $\frac{1}{2}$ ....

d/ On sait que RVM est un triangle avec B milieu de [RM] et A point de [RV] tel que les droites (AB) et (VM) sont parallèles.
Si ... alors ....
Donc A est le milieu de [RV].

Proportionnalité dans le triangle

6. D'après la figure ci-dessous où les droites (BE) et (CD) sont parallèles, indiquer si la propriété de proportionnalité dans un triangle permet de dire que les rapports suivants sont égaux.

a/ $\frac{AE}{AD}$ et $\frac{BE}{CD}$; **b/** $\frac{AB}{AC}$ et $\frac{AE}{AD}$;

c/ $\frac{AB}{AC}$ et $\frac{AD}{AE}$;

d/ $\frac{AB}{BC}$ et $\frac{BE}{CD}$.

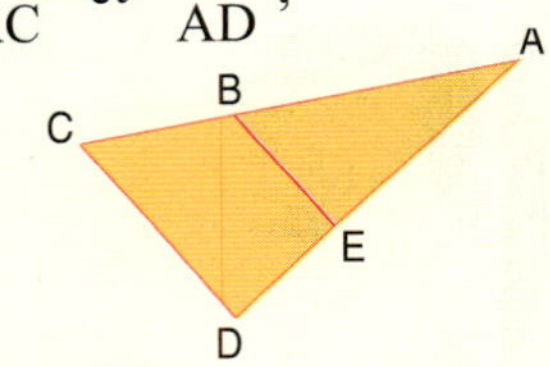

7. Sur la figure ci-contre, les droites (AB), (EC) et (DG) sont parallèles. Écrire les rapports qui sont égaux.

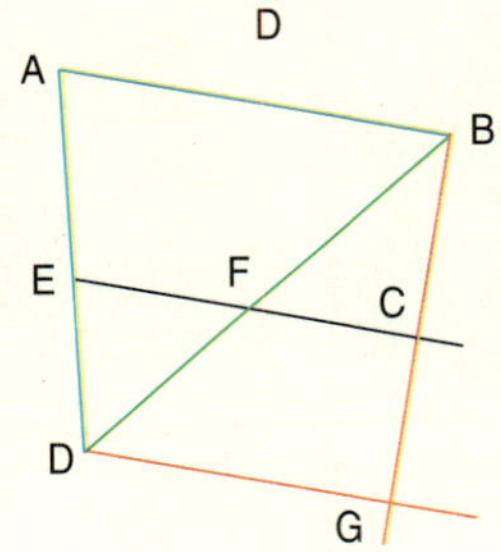

8. ***Contrôler***

a/ D'après la figure ci-dessous où les droites (TV) et (RW) sont parallèles, le professeur a demandé de calculer TV. Dire quelles sont les réponses qui sont sûrement fausses. Justifier.

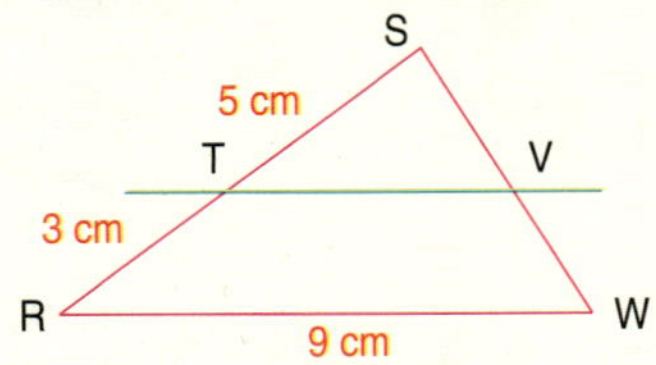

Voici les réponses de trois élèves :
Alex : TV = 15 cm ; Bill : TV = 5,625 cm ;
Carlo : TV = 14,4 cm.

b/ Calculer TV.

9. Dans les deux cas suivants, calculer la longueur demandée.

a/ GR ; **b/** KM.

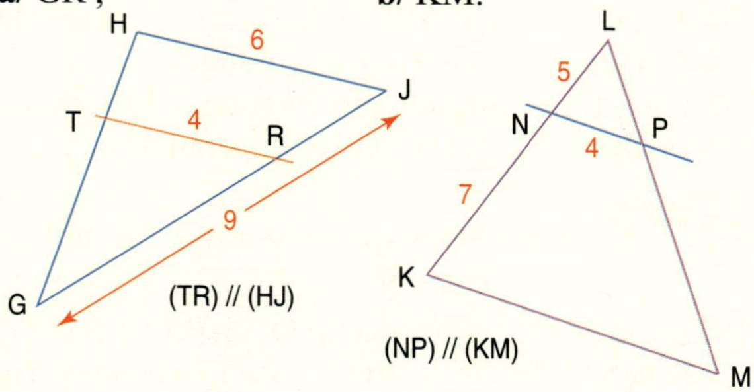

10. Relier les calculs suivants aux figures ci-dessous puis calculer x dans chacun des cas.

a/ $\frac{6}{x} = \frac{5}{7}$; **b/** $\frac{x}{6} = \frac{5}{7}$; **c/** $\frac{x-6}{x} = \frac{5}{7}$.

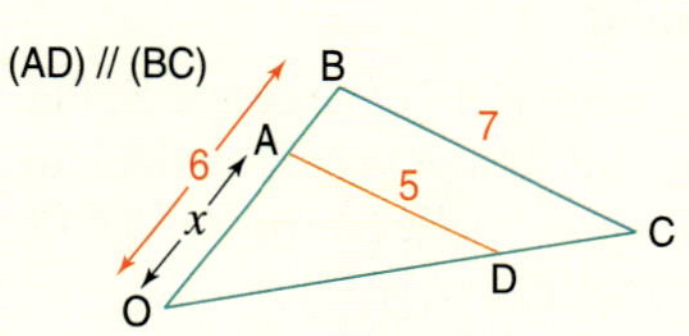

figure 1

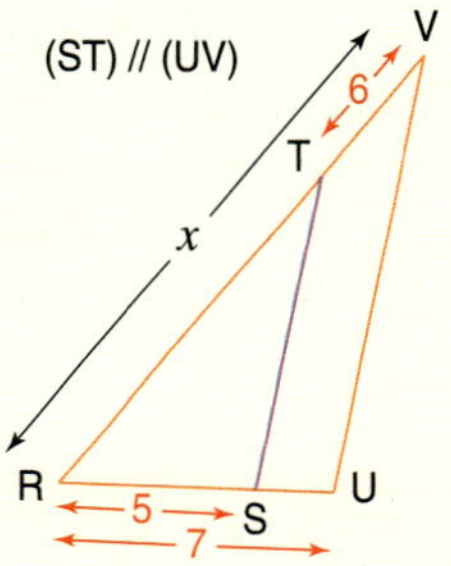

figure 2

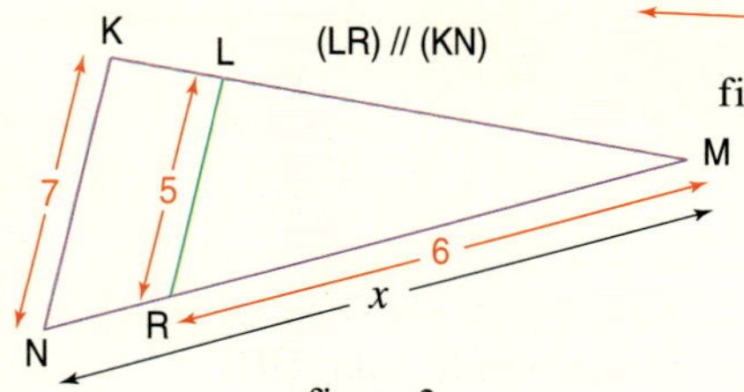

figure 3

11. ***Calcul littéral***

Écrire, en fonction de x, AD et AC en utilisant la figure ci-contre.

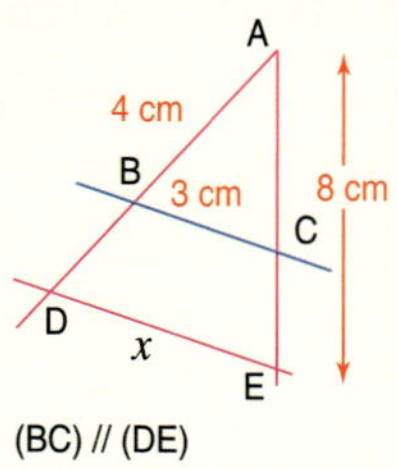

Résoudre des problèmes

12. À partir des indications portées sur la figure, calculer l'angle $\widehat{SRT}$.

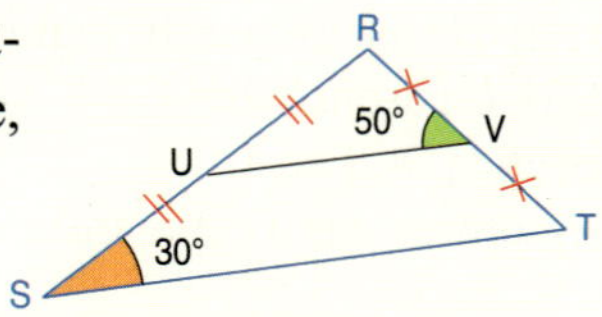

13. ABCD est un losange. M est le milieu de [AB] ; N est le milieu de [BC].
Démontrer que la droite (MN) est perpendiculaire à la droite (DB).

14. Sur la figure ci-contre, ABCD est un carré de centre O et (OI) est perpendiculaire à (BC).

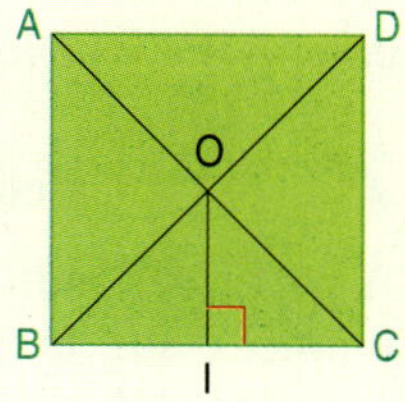

a/ Démontrer que les droites (OI) et (AB) sont parallèles.

b/ Démontrer que le point I est le milieu de [BC].

15. Y est le milieu de [ZW] et V le milieu de [ZX], YH = 2,8 cm et WX = 9 cm.
Calculer HV.

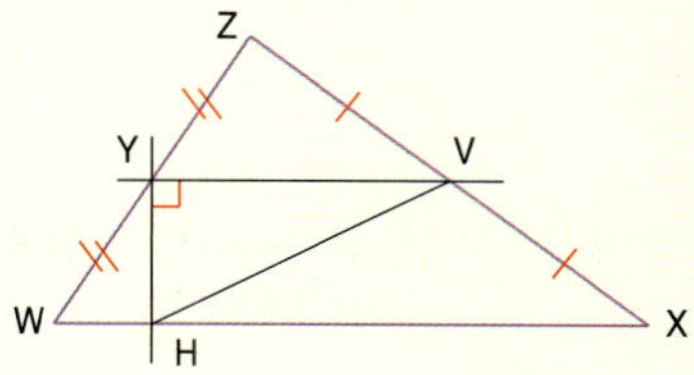

16. Sur la figure ci-contre, on sait que :
AB = 6 cm ; BC = 8 cm ;
MC = 4 cm ; NC = 3,2 cm.
Les droites (MN) et (AB) sont parallèles.
Démontrer que le triangle ABC est rectangle.

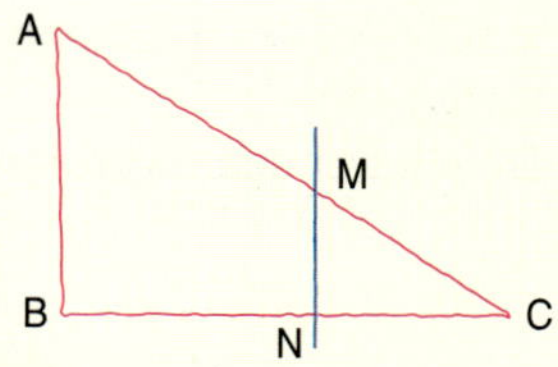

17. Sur la figure ci-contre, les droites (FJ) et (GH) sont parallèles. On a :
EF = 5 cm, FJ = 7,5 cm,
GH = 12 cm et JH = 3 cm.

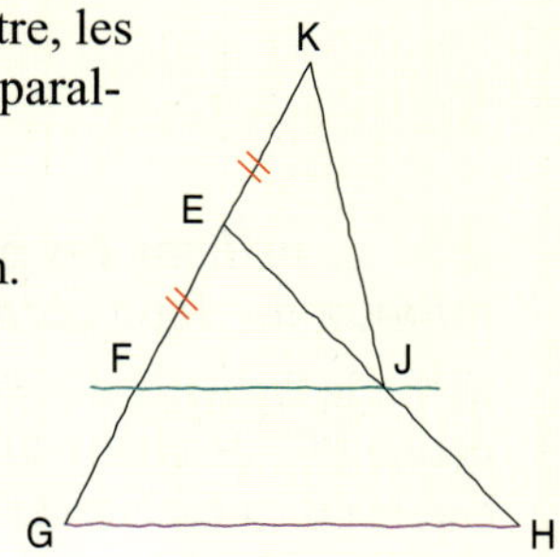

a/ Calculer EJ.

b/ Démontrer que les droites (FJ) et (JK) sont perpendiculaires.

18. ***Au brevet***

(La figure ci-dessous n'est pas en vraie grandeur. On ne demande pas de la reproduire.)
Le point R appartient au segment [FG] et le point P au segment [FH].
Les droites (RP) et (GH) sont parallèles et l'on a, en centimètres :

FR = 4,2 ; RP = 3,6 ;
HG = 18 ; FH = 10.

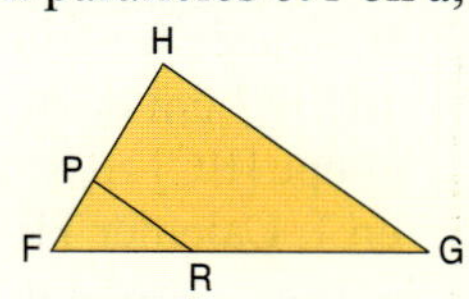

a/ Calculer FG.

b/ Calculer (en cm) le périmètre du triangle FHG.

(Caen, 1997)

Exercices fondamentaux

19. **Calculer la longueur d'un segment**

RST est un triangle rectangle en R tel que :
RS = 32 mm et RT = 60 mm.
A est le milieu de [RS] ; B est le milieu de [RT]. Calculer AB. (Trouver deux méthodes différentes.)

20. **Calculer la longueur d'un segment**

À partir des indications données sur la figure, calculer RH. (Les longueurs sont en cm.)

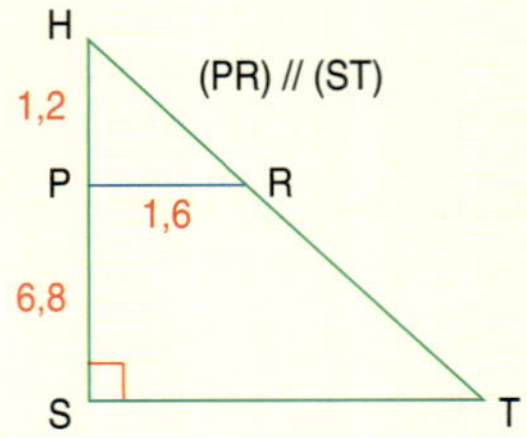

21. **Démontrer que deux droites sont parallèles**

RST est un triangle tel que RS = 8 cm, ST = 1,8 cm et RT = 8,2 cm. La droite (*m*) est la médiatrice du segment [RS].
Démontrer que les droites (*m*) et (ST) sont parallèles.

22. **Démontrer que deux droites sont parallèles**

Tracer un rectangle ABCD de centre O. Placer le point M tel que OBMC soit un losange.
Démontrer, en utilisant deux méthodes différentes, que les droites (OM) et (AB) sont parallèles.

23. **Démontrer qu'un point est le milieu d'un segment**

Tracer un cercle (𝒞) de centre O. Placer un point A sur ce cercle. Tracer la droite (*t*) tangente au cercle (𝒞) en A. Tracer la médiatrice de [OA] ; elle coupe (𝒞) en M et N. Les droites (OM) et (*t*) se coupent en L. Démontrer que M est le milieu de [OL].

24. **Démontrer qu'un point est le milieu d'un segment**

Tracer un cercle de diamètre [OP] et de centre S. Placer un point A sur ce cercle. Tracer la perpendiculaire à la droite (OA) passant par S ; elle coupe [OA] en T. Démontrer que T est le milieu de [AO].

Faire le point à mi-parcours

Savez-vous...

25. ***... utiliser les propriétés relatives aux milieux de deux côtés d'un triangle ?***

a/ Sur la figure ci-dessous, [AC] est un diamètre du cercle (𝒞) de centre O ; [AB] est un diamètre du cercle (𝒞') de centre O'. Démontrer que les droites (OO') et (BC) sont parallèles.

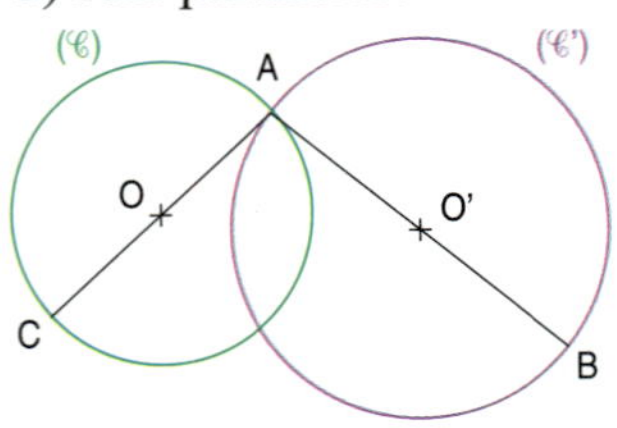

b/ Tracer un triangle ABC tel que AB = 10 cm, AC = 7 cm et BC = 8 cm. La médiatrice de [BC] coupe [BC] en R. La médiane issue de B coupe [AC] en T. Calculer TR.

c/ Dans un triangle RST, le point D est sur [RS]. U est le symétrique du point T par rapport au point D. La droite parallèle à (RT) passant par D coupe [UR] en X. Démontrer que X est le milieu de [UR].

26. ***... utiliser la proportionnalité des longueurs dans un triangle ?***

Sur la figure ci-contre, AC = 3 cm, AE = 7 cm, AB = 4 cm et DE = 6 cm.
Les droites (BC) et (DE) sont parallèles.
Calculer BC et BD.

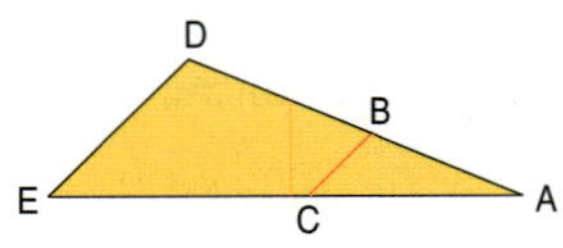

27. ***... résoudre des problèmes ?***

a/ Tracer un rectangle ABCD de centre O tel que AB = 8 cm et AD = 3,9 cm. Placer les points K milieu de [AB] et L milieu de [AD]. Calculer KL.

b/ ABCD est un parallélogramme. I est le milieu de [AB]. La droite parallèle à la droite (DA) passant par I coupe [DC] en J.
Démontrer que J est le milieu de [DC].

S'ÉCHAUFFER

28. En utilisant les codages, déterminer $\frac{OA}{OB}$ pour chacune des figures suivantes.

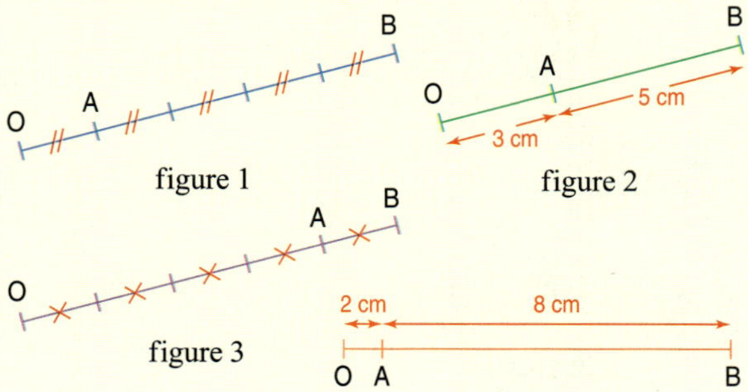

figure 1 figure 2 figure 3 figure 4

29. Compléter les égalités suivantes d'après la figure ci-dessous.

a/ $\frac{OA}{OB} = \ldots$;

b/ $\frac{OA}{OC} = \ldots$;

c/ OM = ... OP ;

d/ OB = ... OC.

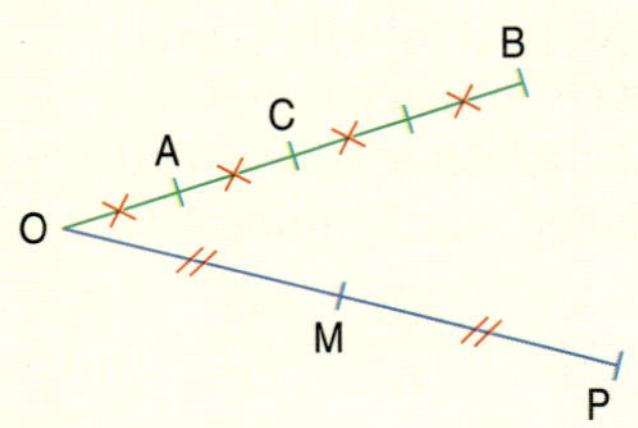

30. Tracer un segment [MN] de 14 cm de longueur et placer les points A, B, C tels que :

$MA = \frac{1}{2}$ MN $\quad \frac{NB}{NM} = \frac{3}{7}$ et $\frac{MC}{MA} = \frac{3}{2}$.

31. Trouver la longueur MN dans ces trois cas :

a/ $25 = \frac{1}{2}$ MN ; **b/** $\frac{MN}{12} = \frac{2,5}{4}$; **c/** $\frac{85}{MN} = \frac{17}{3}$.

S'ENTRAÎNER

Milieux et droites parallèles dans un triangle

32. Déterminer les erreurs dans les chaînons ci-dessous. (Ces erreurs ne portent pas sur les premières affirmations « on sait que... ».)

a/ On sait que ABC est un triangle, M est le milieu de [AB] et N le milieu de [AC].
Si un segment joint les milieux de deux côtés d'un triangle alors sa longueur est égale à la moitié de la longueur du troisième côté.
Donc (MN) et (BC) sont parallèles.

b/ On sait que KLM est un triangle avec R milieu de [KL] et S est un point de [KM], tel que (SR) et (LM) soient parallèles.
Si une droite passe par les milieux de deux côtés d'un triangle alors elle est parallèle au troisième côté.
Donc S est le milieu de [KM].

33. À partir des indications données sur les figures, démontrer dans les deux cas suivants que I est le milieu de [BC].

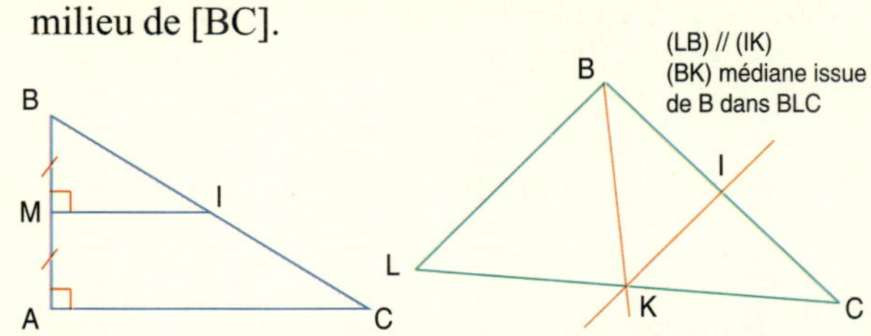

figure 1 figure 2

34. À partir des indications données sur les figures, démontrer dans les deux cas suivants que les droites (IJ) et (BC) sont parallèles.

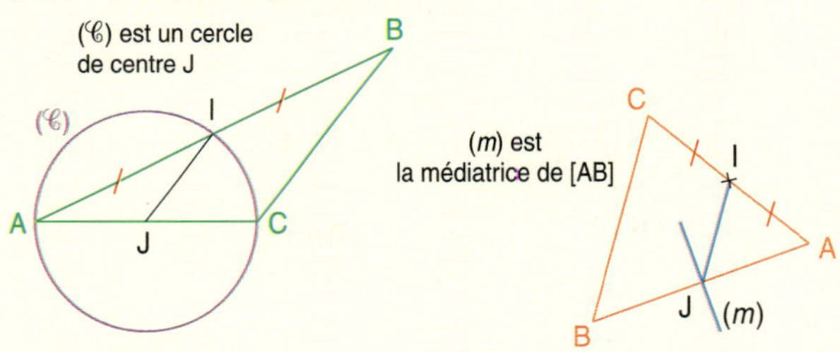

figure 1 figure 2

35. Tracer un rectangle ABCD de 8 cm de diagonale. Placer les milieux respectifs I, J, K, L des côtés [AB], [BC], [CD] et [DA].

a/ Démontrer que IJ = 4 cm.

b/ Quelle est la nature du quadrilatère IJKL ? Le démontrer.

36. (𝒞) et (𝒞') sont deux cercles de centre O. (𝒞) a pour rayon 2,5 cm et (𝒞') a pour rayon 5 cm. Démontrer que les droites (AA') et (BB') sont parallèles.

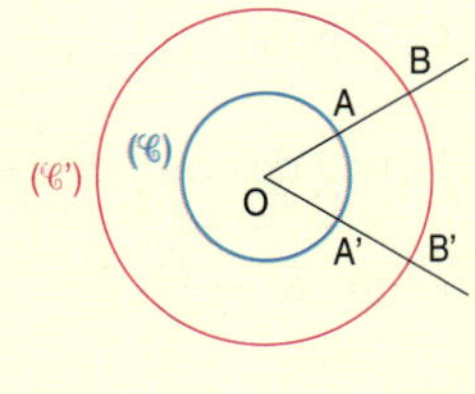

Exercices complémentaires

Proportionnalité dans le triangle

37. Reproduire le schéma ci-dessous et placer les points A, Z, E, R, T tels que $\frac{TA}{ZR} = \frac{ET}{EZ} = \frac{EA}{ER}$.

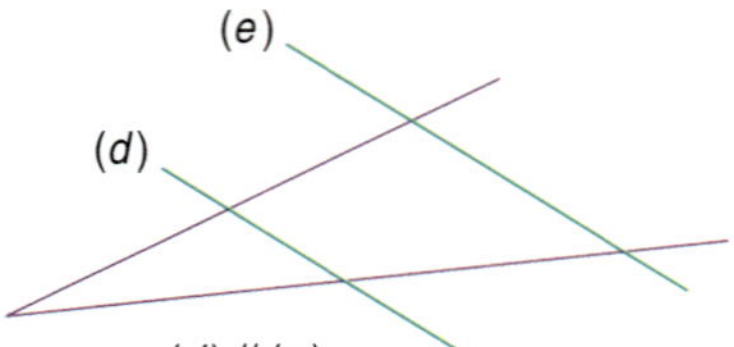

(d) // (e)

38. Dans les deux cas suivants écrire des rapports de longueurs égaux.

a/

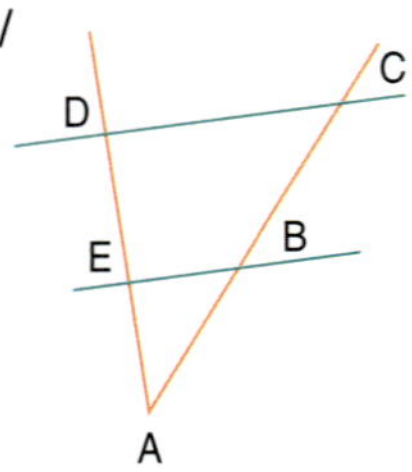

(EB) // (CD)

b/

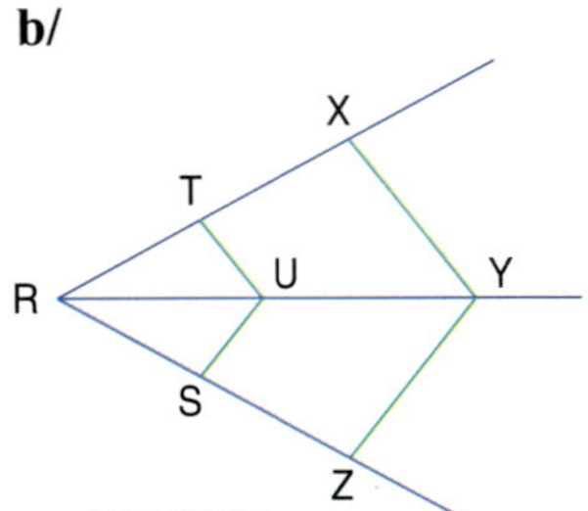

(TU) // (XY)
(SU) // (ZY)

39. Rebecca souhaite donner un exercice d'entraînement sur la proportionnalité dans le triangle. Pour cela, elle dessine un triangle EFG et une droite (KL) parallèle à (EF). Elle souhaite que sa camarade calcule KL.

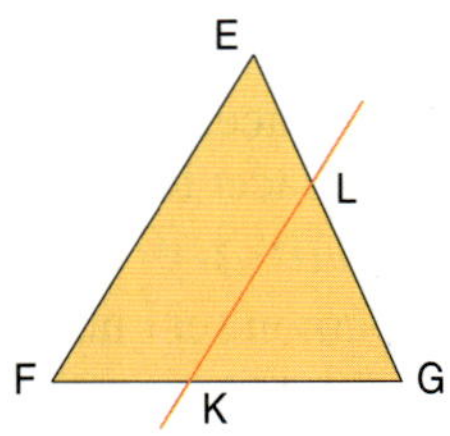

Quelles longueurs de segments doit-elle lui donner pour que cela soit possible ?

(Plusieurs cas sont possibles ; les donner tous.)

40. Sur la figure ci-contre, les droites (AB) et (MT) sont parallèles ainsi que les droites (RT) et (CM).

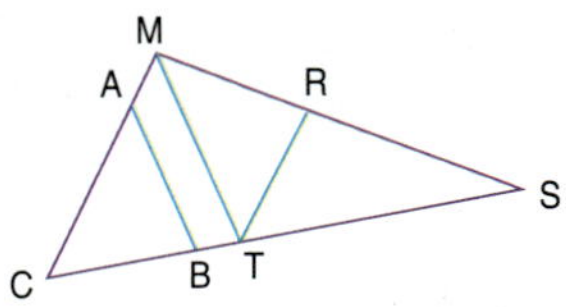

Écrire des rapports de longueurs égaux à $\frac{CA}{CM}$ puis égaux à $\frac{TR}{CM}$.

41. Dans les deux cas suivants déterminer la longueur x (en cm).

a/

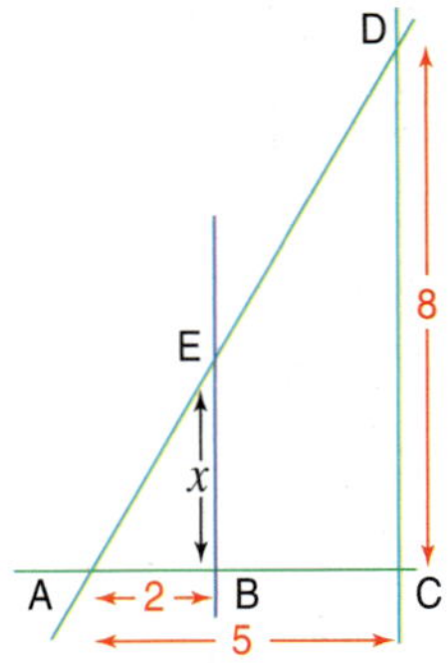

(EB) // (CD)

b/

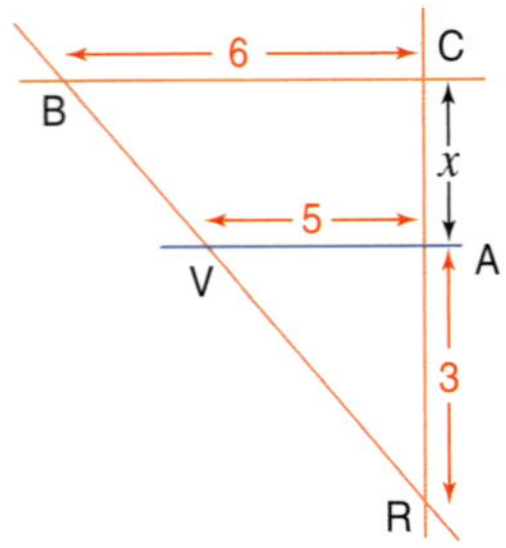

(VA) // (BC)

42. Dans les trois cas suivants, M et N sont des points des côtés [AB] et [AC]. Les droites (MN) et (BC) sont parallèles.

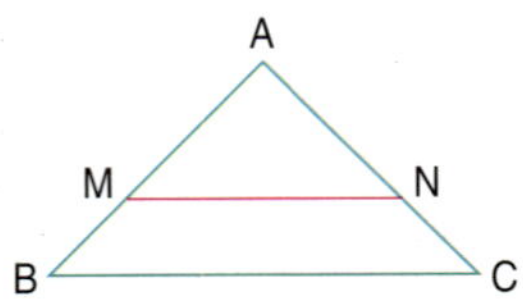

Compléter le tableau ci-dessous où les longueurs sont données en centimètres.

	AB	AC	BC	AM	MN	NC
a/	6	8	9	4		
b/	10	12	8		2	
c/	4	5	6			1

43. Sur la figure ci-dessous, AB = 1 cm, BG = 4 cm, BC = 2 cm, CD = 0,5 cm et AD = 2 cm. Calculer GF, FE et DE. (La figure n'est pas tracée à l'échelle.)

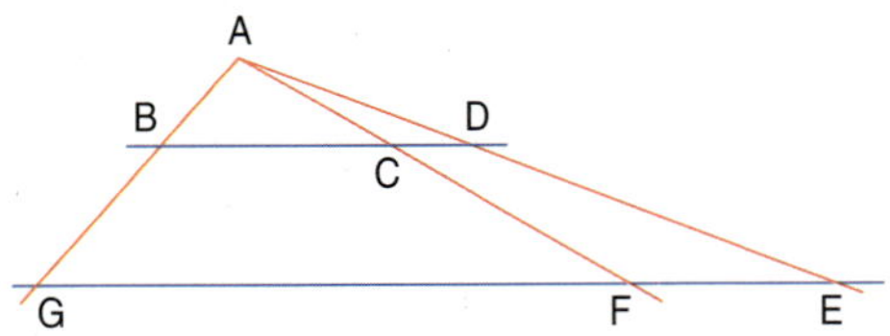

(BD) // (GE)

Résoudre des problèmes

44. DFG est un triangle rectangle en F. La médiatrice du segment [DF] coupe [DG] en T. Démontrer que T est le milieu de [DG].

45. Sur la figure ci-contre, O est le milieu de [AB]. (𝒞) est le cercle de diamètre [AO]. (𝒞') est le cercle de diamètre [AB]. M est un point de (𝒞) et N est un point de (𝒞').

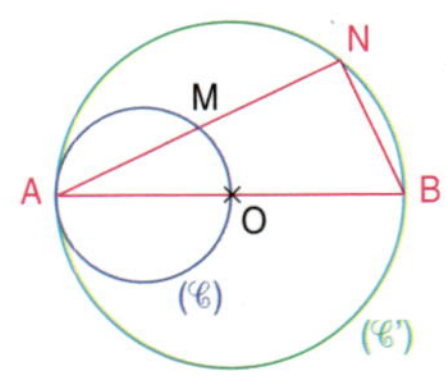

a/ Démontrer que les triangles AOM et ANB sont rectangles.

b/ Démontrer que : (OM) // (NB).

c/ Démontrer que M est le milieu de [AN].

46. XYZT est un trapèze ((XY) // (TZ)). P est le milieu de [XT] et B est le milieu de [TY].
Démontrer que les droites (PB) et (TZ) sont parallèles.

47. ***Au brevet***

Une personne observe une éclipse de Soleil. Cette situation est schématisée par le dessin ci-dessous.

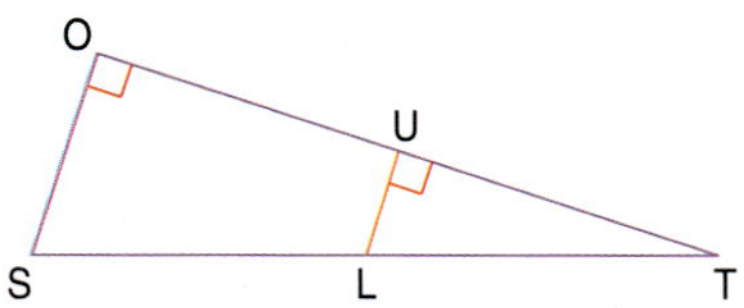

L'observateur est en T. Les points S (centre du Soleil), L (centre de la Lune) et T sont alignés.
Le rayon SO du Soleil mesure 695 000 km.
Le rayon LU de la Lune mesure 1 736 km.
La distance TS est 150 millions de km.
Calculer la distance TL (on donnera l'arrondi au kilomètre près).

(Grenoble, 1997.)

48. Voici une démonstration incomplète.

a/ Écrire l'énoncé du problème correspondant.

b/ Compléter la démonstration.

• Dans le triangle ABC, on sait que I est le milieu de ... et que L est le milieu de ....

Si ....

Donc $IL = \frac{BC}{2}$.

Comme BC = 12 cm, IL = ...

• Dans le triangle BIL, on sait que les droites (RM) et (IL) sont parallèles et que $\frac{BR}{BI} = \frac{1}{3}$.

D'après la propriété ... $\frac{RM}{IL} = ...$

Donc RM = ...

DEVENIR UN CHAMPION

Milieux et droites parallèles dans un triangle

49. En utilisant les informations portées sur la figure ci-contre, démontrer que le triangle OBN est isocèle.

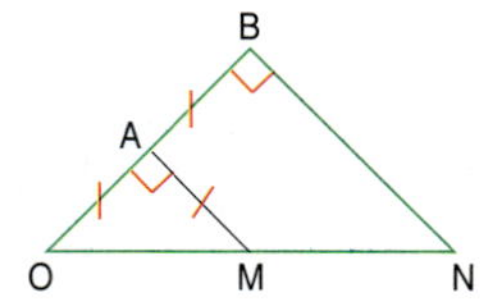

50. ***Construction***

Construire un triangle ABC avec I milieu de [AC] tel que AB = 5 cm, BC = 6 cm et BI = 4 cm.

51. Sur la figure ci-contre, le triangle RSM est équilatéral et le triangle SRT est rectangle en R. I est le milieu de [RT] et J est le milieu de [MT].

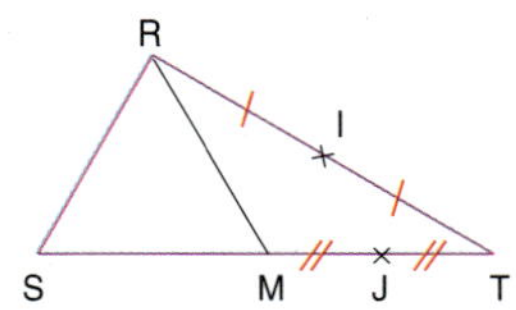

Démontrer que le triangle IJT est isocèle.

52. Sur la figure ci-contre, les droites (AC) et (BD) sont perpendiculaires ; AC = BD. Démontrer que les milieux des côtés du quadrilatère ABCD sont les sommets d'un carré.

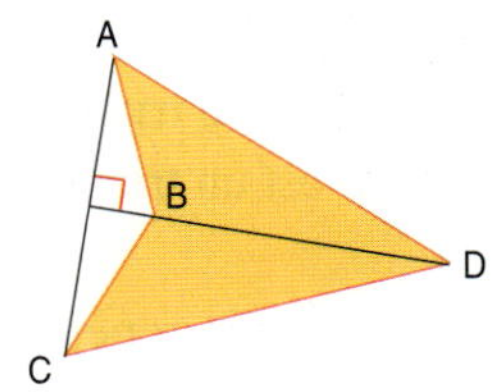

Proportionnalité dans le triangle

53. Sur la figure ci-dessous, on sait que les droites (AC) et (BD) sont parallèles.

$OA = \frac{4}{7} OB$

et OC = 24 cm.

Déterminer CD.

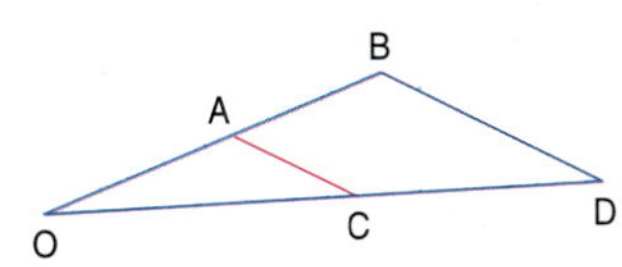

54. Sur la figure ci-dessous, les droites (AC) et (BD) sont parallèles ainsi que les droites (CE) et (DF). OA = 2,2 cm ;
OB = 13 cm ;
OE = 3,3 cm.
Calculer OF.

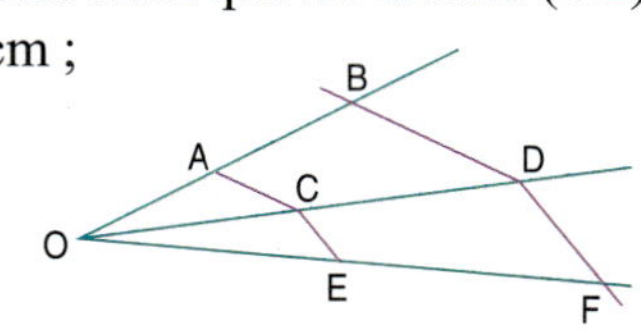

Exercices complémentaires

Résoudre des problèmes

55. ABCD est un rectangle de centre O, de côtés AB = 6 cm et AD = 8 cm. On trace la parallèle à la droite (DC) passant par O ; elle coupe [BC] en R. Calculer le périmètre et l'aire du trapèze ORCD.

56. ***Construction***

a/ Construire un triangle ABC où M et N sont les milieux de [AB] et de [BC] et tel que MN = 2 cm, AB = 9,6 cm et BC = 10,4 cm.

b/ Déterminer le périmètre et l'aire des triangles ABC et MNB.

57. Sur la figure ci-contre (IL) est la médiatrice du segment [TR]. Les droites (MR) et (TR) sont perpendiculaires.
LI = 4,2 cm et TR = 8 cm.
Calculer LM.

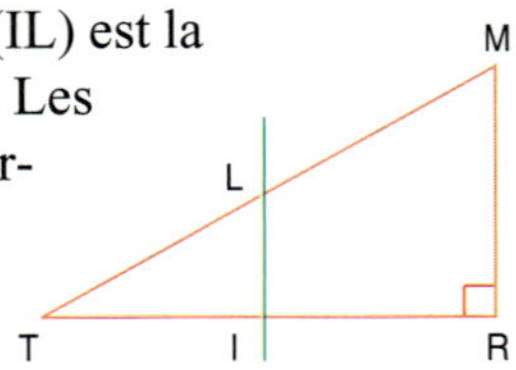

58. Dans un triangle ABC, I est le milieu de [AB], J est le milieu de [AC] et K est le milieu de [BC]. Quelle est la nature du triangle IJK dans les deux cas suivants ?

a/ ABC est un triangle équilatéral.

b/ ABC est un triangle rectangle en A.

59. Dans le repère d'origine O ci-contre, les points A, B, M et N ont pour coordonnées :
A (0 ; 9) ; B (6 ; 0) ;
M (x ; 3) ; N (2 ; y).

a/ Calculer l'abscisse x du point M.

b/ Calculer l'ordonnée y du point N.

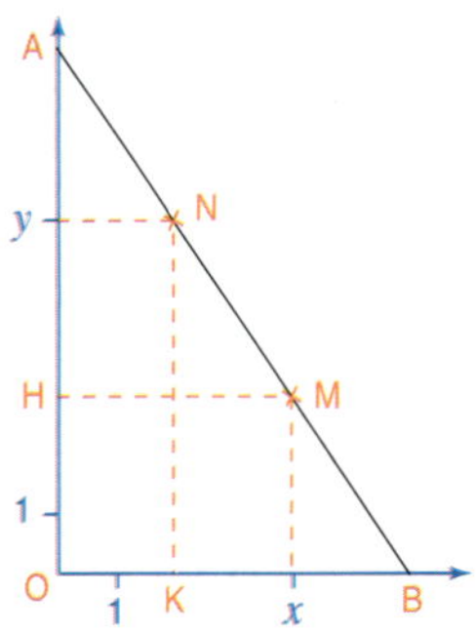

60. Tracer un triangle ABC. Placer le milieu I de [BC]. Placer un point P sur [AI]. La droite parallèle à (AB) passant par P coupe [BC] en M. La droite parallèle à (AC) passant par P coupe [BC] en N. Démontrer que I est le milieu de [MN].

61. Cet exercice a pour but de tracer des segments de longueur $\frac{a}{b}$ (a et b entiers non nuls).

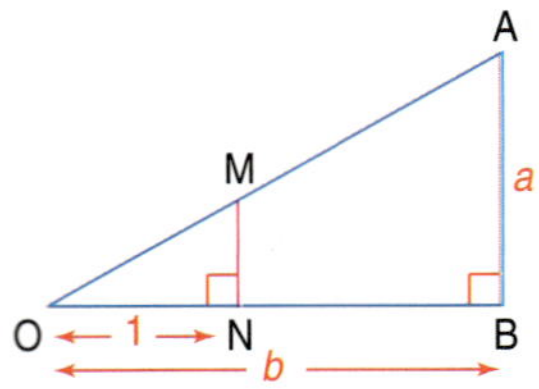

figure 1

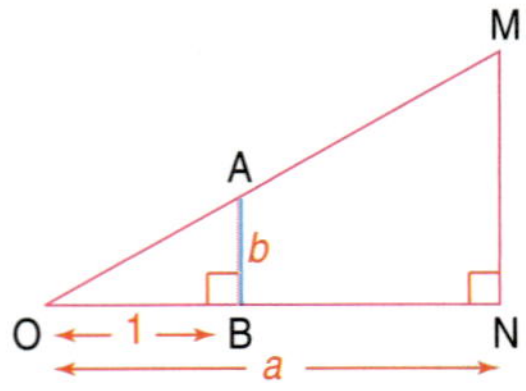

figure 2

a/ Pour chacune des figures ci-dessus, exprimer MN en fonction de a et de b.

b/ En déduire la construction d'un segment de $\frac{7}{9}$ cm de longueur.

Problèmes de synthèse

62. Tracer un carré MNAT de 8 cm de côté.

Placer le point R de [NA] tel que $\frac{NR}{NA} = \frac{1}{4}$.

Placer le point S de [MT] tel que $\frac{TS}{TM} = \frac{1}{4}$.

La droite (SR) coupe la droite (NM) en P.

a/ Calculer NP, PR et SR. Donner un arrondi au dixième de centimètre près pour PR et SR.

b/ Tracer le cercle circonscrit au triangle SMP. Soit O son centre.
Calculer le rayon de ce cercle. Donner un arrondi au dixième de centimètre près.

63. Sur la figure ci-dessous, les longueurs sont exprimées en centimètres et OB = a.

a/ Écrire BD en fonction de a.

b/ Écrire OD en fonction de a.

c/ Écrire BN en fonction de a.

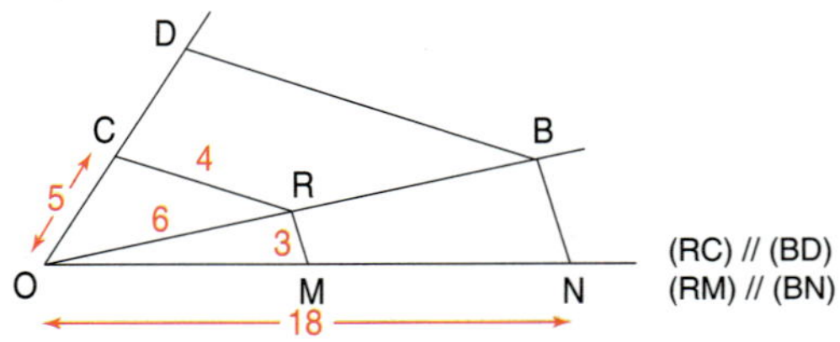

d/ Écrire en fonction de a le périmètre de ODBN.

e/ Calculer ce périmètre pour $a = \frac{19}{2}$.

f/ Quelle est la valeur de a si le périmètre est de 48 cm ?

g/ Faire le dessin avec la valeur de a trouvée en **f/**.

13

Cosinus d'un angle aigu

Vers 200 av. J.-C., Ératosthène, un mathématicien et astronome grec, réussit à calculer le périmètre de la Terre à partir de ceci :

- ***un jour dans l'année il remarque que le soleil éclaire le fond des puits dans la ville de Syène (actuellement Assouan), c'est-à-dire que les rayons sont verticaux ;***
- ***ce même jour à Alexandrie, située à 800 km de Syène, une tour de 25 m de haut fait une ombre de 3,1 m (voir exercice 66, p. 218).***

Repérer les obstacles

1. Tracer une figure

exercices 28 à 30 p. 214

a/ Tracer un triangle ABC tel que $\widehat{B} = 60°$, $\widehat{C} = 20°$ et BC = 7 cm.

b/ Tracer les deux figures ci-dessous.

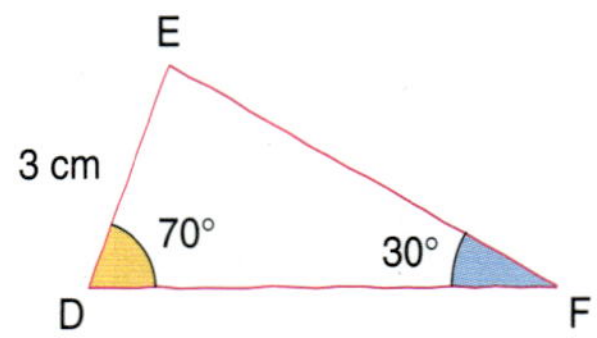

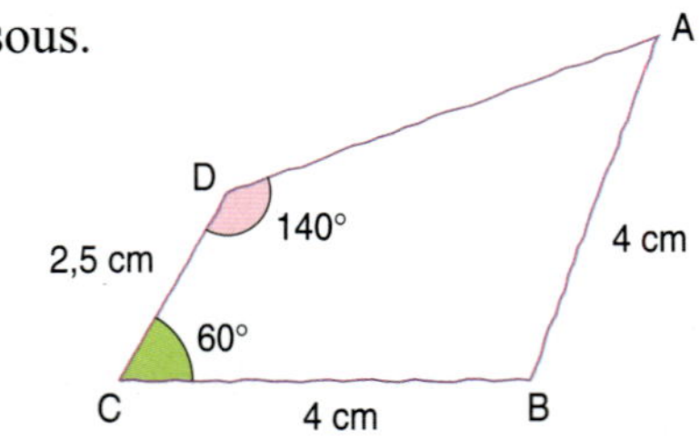

2. Calculer la mesure d'un angle

exercice 31 p. 214

Calculer la mesure de l'angle ABC pour chacune des figures suivantes. (On lira les alignements de points sur les figures.)

a/

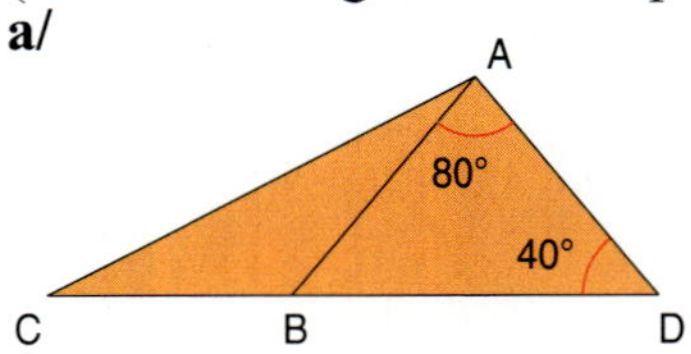

b/

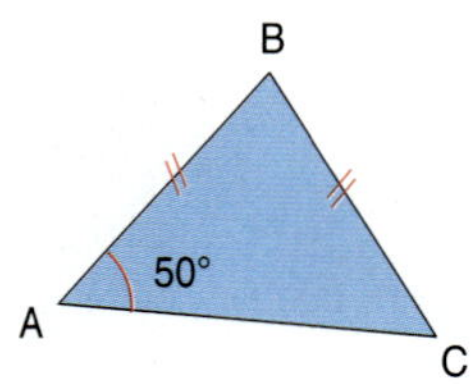

c/

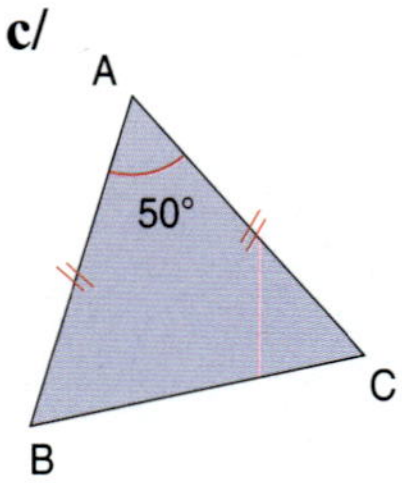

d/

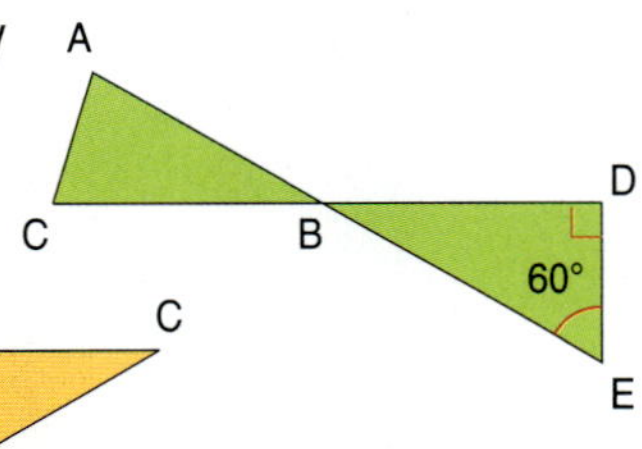

e/

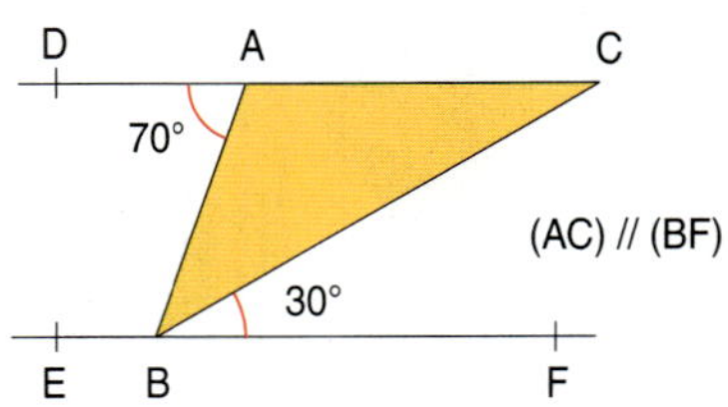

f/

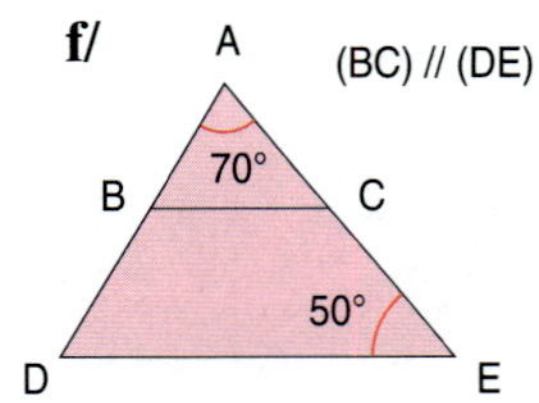

3. Quelle précision ?

Voici des réponses d'élèves à trois exercices. Que pensez-vous de la précision avec laquelle ces réponses sont données ?

Réponse 1 : Il a parcouru en 1 h en vélo 25,251 235 5 km.

Réponse 2 : La longueur d'une étagère est de 1,233 333 m.

Réponse 3 : Il a payé 12,245 342 €.

Franchir les obstacles

Équations

1. De nouvelles équations

➤ exercice 1 p. 211

Résoudre chacune des équations suivantes.

a/ $\dfrac{x}{3} = \dfrac{5}{2}$; b/ $\dfrac{3}{5} = \dfrac{4}{x}$; c/ $15 = \dfrac{5}{x}$; d/ $\dfrac{x}{7} = 8$.

Vocabulaire, formule

2. Côté adjacent

➤ exercice 2 p. 211

Dans un triangle ABC rectangle en A :
– [AC] est le côté adjacent à l'angle $\widehat{C}$;
– [AB] est le côté adjacent à l'angle $\widehat{B}$;
– [BC] est l'hypoténuse.

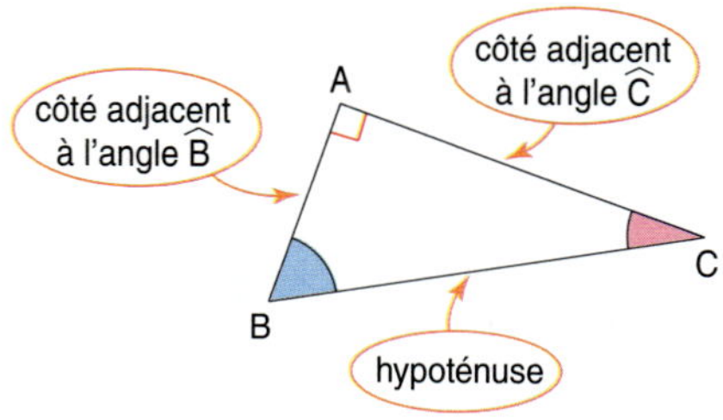

Recopier et compléter les phrases suivantes.
- L'hypoténuse du triangle PQR est … .
- Le côté adjacent à l'angle $\widehat{R}$ est … .

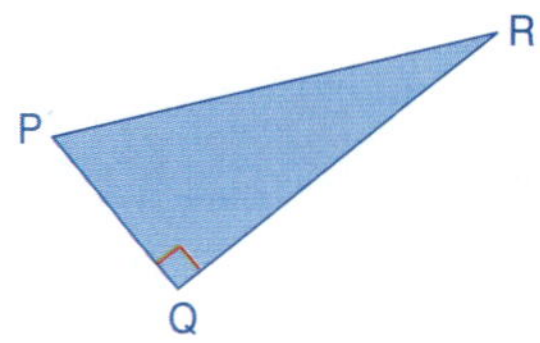

- [FG] est … .
- [GE] est … .
- Le côté adjacent à l'angle $\widehat{F}$ est … .

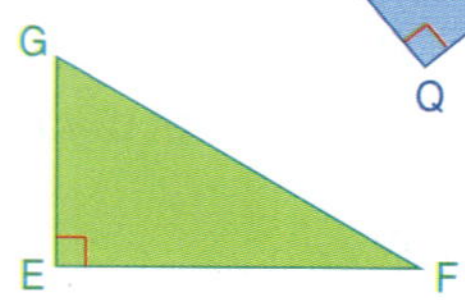

3. À la découverte du cosinus d'un angle

➤ exercices 3 et 4 p. 211

a/ Tracer trois triangles rectangles de mesures différentes dont un des angles mesure 50°. Pour chacun de ces triangles prendre les mesures nécessaires pour calculer le quotient :

$$\frac{\text{longueur du côté adjacent à l'angle de } 50°}{\text{longueur de l'hypoténuse}}.$$

Quelle remarque peut-on faire ?

b/ Recommencer le travail précédent avec trois autres triangles rectangles dont un des angles mesure 30°.

c/ Quelle conjecture peut-on faire, suite à ce travail (questions **a/** et **b/**) ?

d/ Démontrons cette conjecture : on considère les deux triangles rectangles ABC et AB'C' ci-contre.

Démontrer que $\dfrac{AB}{AC} = \dfrac{AB'}{AC'}$.

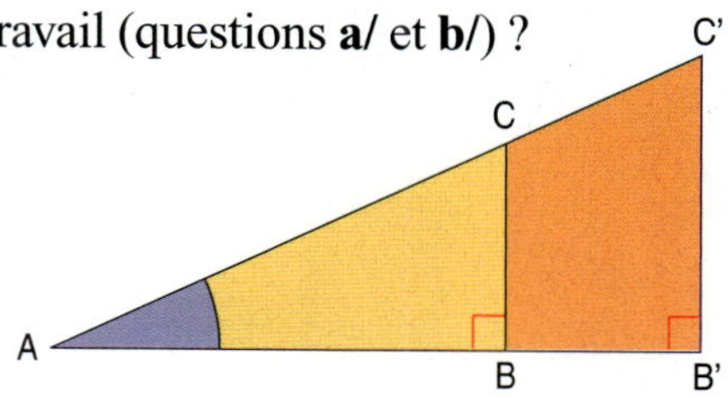

e/ Sur une calculatrice taper : [COS] [5] [0] (ou [5] [0] [COS]) puis [COS] [3] [0] (ou [3] [0] [COS]) après s'être assuré que la calculatrice est en mode « degré ». Comparer ces résultats avec les quotients trouvés au **a/** et au **b/**.

Calculatrice et cosinus

4. Utiliser les touches [COS] et [COS⁻¹]

➤ *exercices 5 à 7 p. 211*

a/ En utilisant une calculatrice, donner un arrondi à 0,000 1 près de : cos 30° ; cos 50° ; cos 0° ; cos 45° ; cos 90°.

b/ x représente la mesure d'un angle aigu. Déterminer, si possible, un arrondi de x à 0,1° près dans chacun des cas suivants :
(1) $\cos x = 0{,}5$; (2) $\cos x = 0{,}987$; (3) $\cos x = 0{,}425$; (4) $\cos x = 1{,}2$.

c/ Démontrer que, quelle que soit la mesure x d'un angle aigu, $\cos x$ est compris entre 0 et 1.

Utiliser le cosinus

5. Calculer la longueur d'un segment

a/ Tracer un triangle ABC rectangle en C tel que AC = 5 cm et $\widehat{BAC} = 40°$.

b/ Calculer AB, puis contrôler la vraisemblance du résultat obtenu en mesurant AB.

6. Possible, pas possible

Dans chacun des cas suivants, déterminer, si possible, l'arrondi à 0,1 cm près de la longueur demandée. (Les figures ne sont pas à l'échelle.)

a/

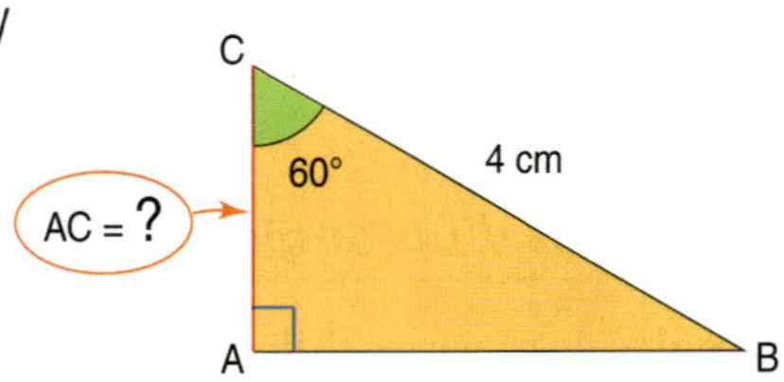

b/

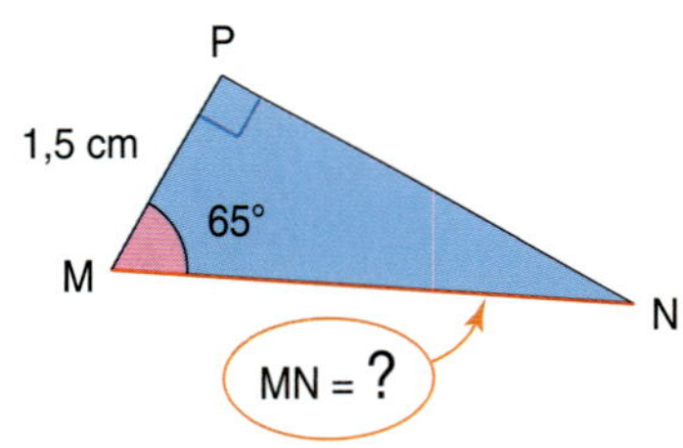

c/

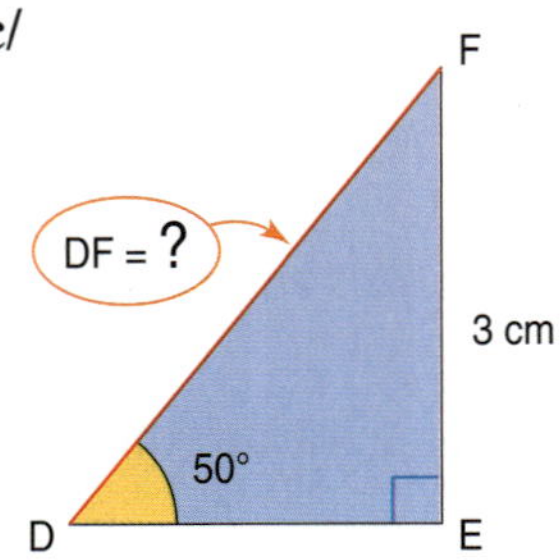

d/

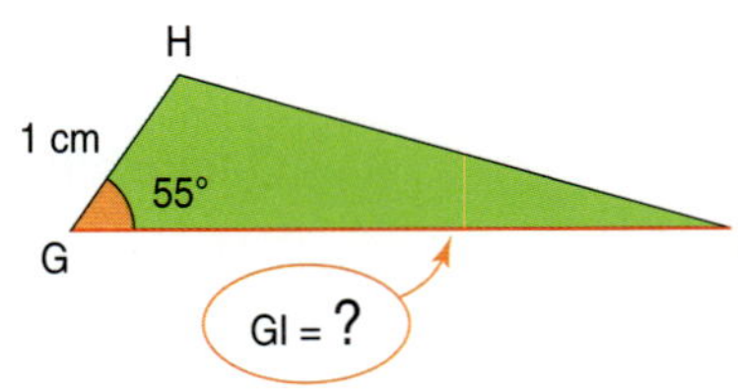

e/

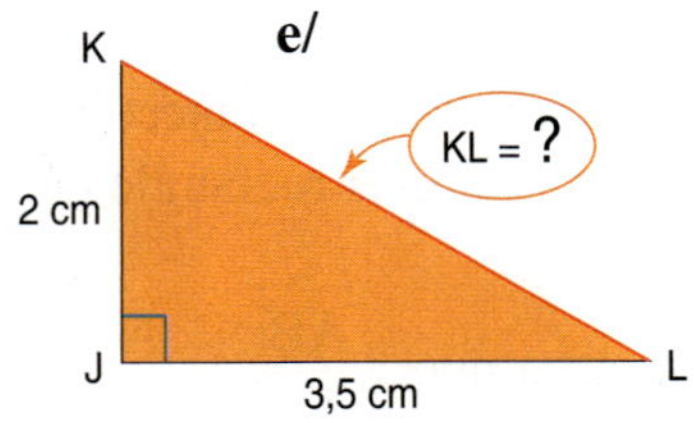

7. Contrôler

Voici un énoncé.

> En utilisant les informations figurant sur le dessin ci-contre, calculer un arrondi à 0,1 cm près de IJ.

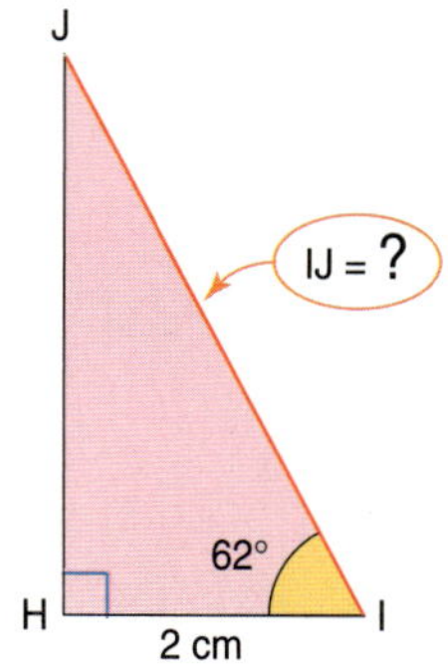

Cédric trouve 0,8 cm.

a/ Éric sans faire aucun calcul lui dit que son résultat est faux. Comment a-t-il procédé ?

b/ Effectuer le calcul.

8. Chercher l'erreur

➤ *exercices 8 à 10 p. 211*

a/ Calculer un arrondi à 0,1 cm près de DF.

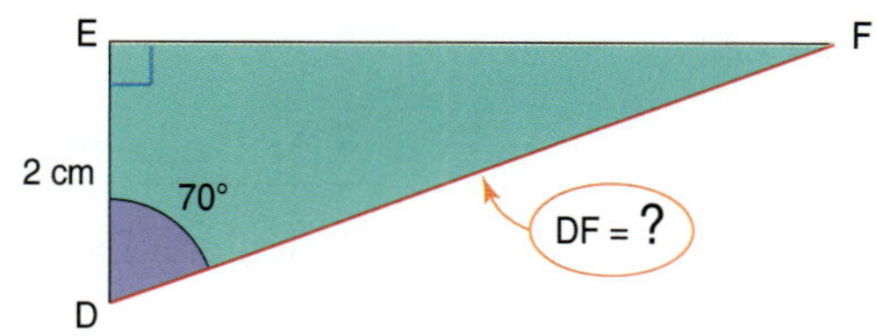

b/ Voici des réponses d'élèves, repérer ce qui est faux.

Bruno :

Dans le triangle rectangle EDF on a :

$\cos \widehat{D} = \frac{ED}{DF}$ donc $0{,}3 \approx \frac{2}{DF}$ donc $DF \approx \frac{2}{0{,}3}$ donc $DF \approx 6{,}7$ cm.

Alice :

Dans le triangle rectangle EDF on a :

$\cos \widehat{D} = \frac{ED}{DF}$ donc $\cos 70° = \frac{2}{DF}$ donc $DF = 2 \times \cos 70°$.

Donc $DF \approx 0{,}7$ cm.

Yohan :

Dans le triangle EDF on a :

$\cos \widehat{D} = \frac{ED}{DF}$ donc $\cos 70° = \frac{2}{DF}$ donc $DF = \frac{2}{\cos 70°} \approx 5{,}8$ cm.

9. Calculer la mesure d'un angle

a/ Tracer un triangle EFG rectangle en E tel que EF = 4 cm et FG = 7 cm.

b/ Calculer l'arrondi au degré près de la mesure de l'angle $\widehat{EFG}$.

c/ Contrôler la vraisemblance du résultat en mesurant l'angle $\widehat{EFG}$.

10. Possible, pas possible

Dans chacun des cas suivants, déterminer, si possible, l'arrondi à 0,1° près de l'angle demandé.

a/

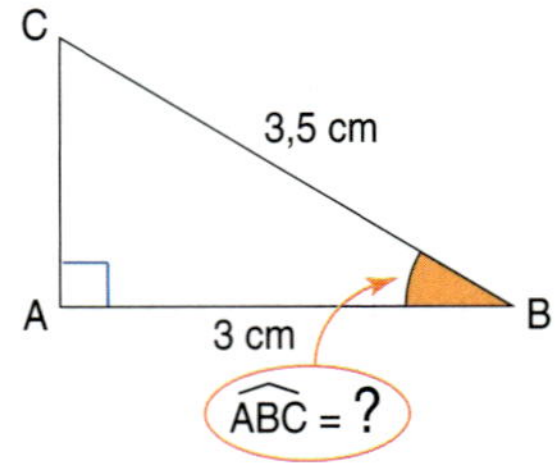

b/

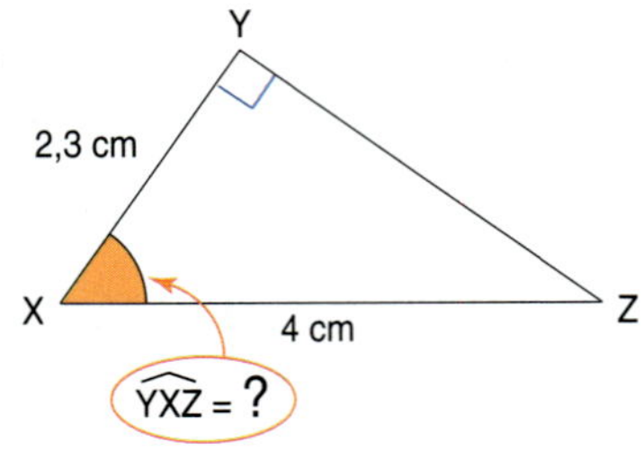

c/

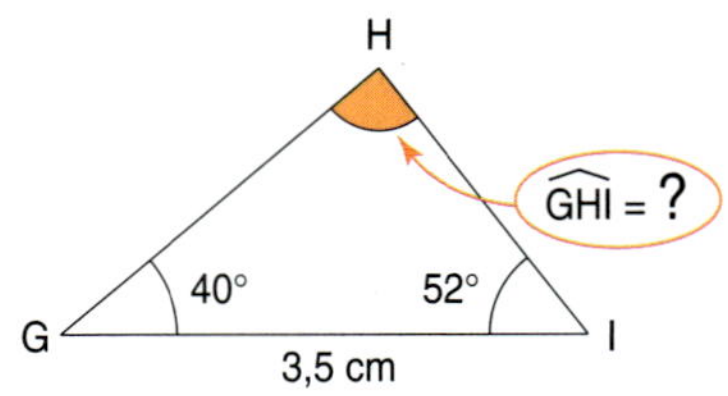

d/

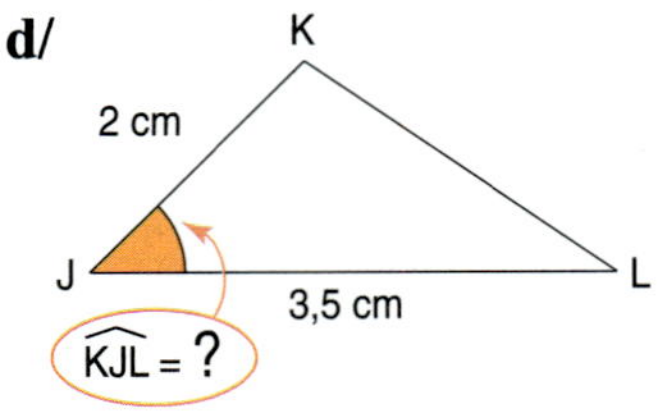

11. Deux méthodes différentes

Calculer à l'aide de deux méthodes différentes l'angle $\widehat{F}$ dans la figure ci-contre.

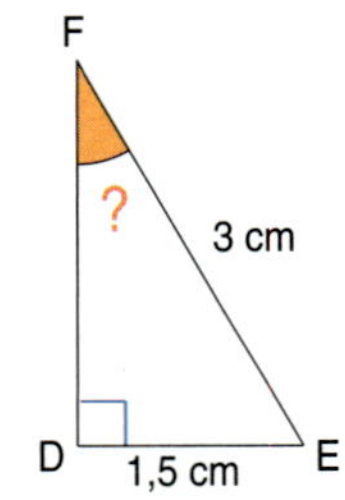

12. Question de rédaction

➤ *exercices 11 et 12 p. 212*

a/ Calculer un arrondi à 1° près de la mesure de $\widehat{BAC}$.

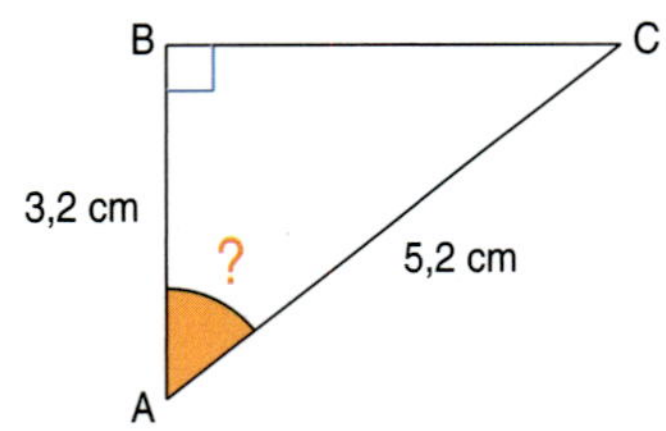

b/ Voici deux productions d'élèves, préciser pour chacune d'elles ce qui est faux et/ou ce qui manque.

Christine :

Dans le triangle rectangle ABC on a $\cos \widehat{BAC} = \dfrac{AB}{AC}$.

Donc $\cos \widehat{BAC} = \dfrac{3{,}2}{5{,}2} \approx 0{,}615\,3 \approx 52°$.

Loïc :

On a $\cos \widehat{BAC} = \dfrac{AB}{AC}$.

Donc $\cos \widehat{BAC} = \dfrac{3{,}2}{5{,}2} \approx 0{,}615\,3$ donc $\widehat{BAC} \approx 52°$.

Résoudre des problèmes

13. Calculer des mesures

➤ exercices 13 à 16 p. 212

a/ Calculer l'arrondi à 0,1° près de la mesure de l'angle $\widehat{BCA}$ dans les deux cas ci-dessous.

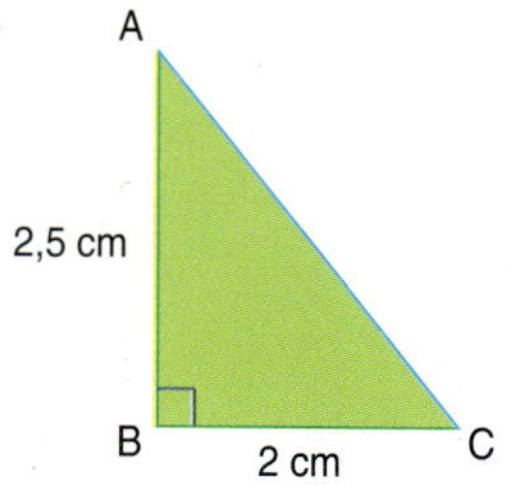

figure 1

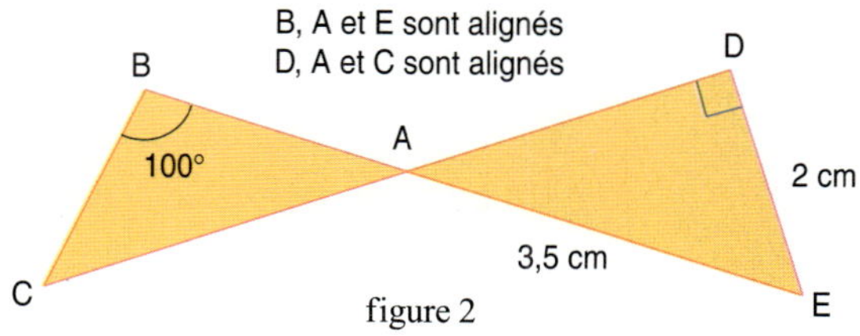

figure 2

b/ Calculer BC pour la figure ci-dessous. (La figure n'est pas tracée à l'échelle.)

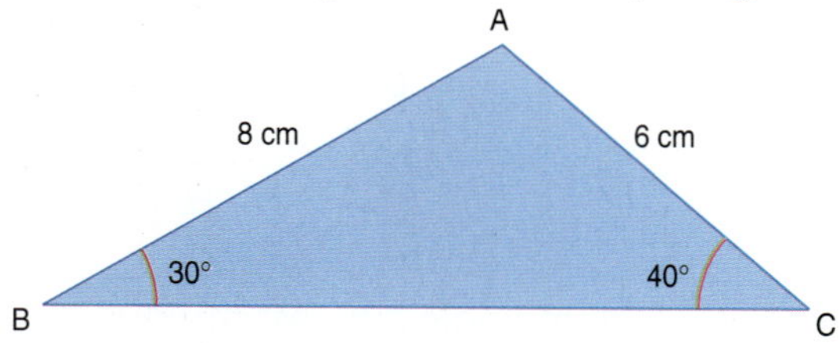

14. Mesurer sur l'eau

➤ exercices 17 à 22 p. 212

Il est parfois impossible de déterminer directement certaines distances ; c'est par exemple le cas pour la distance séparant deux points situés sur deux rives d'un lac. On peut alors utiliser des appareils de visée qui permettent de mesurer des angles avec une grande précision et ensuite calculer les distances.

Par exemple, pour déterminer la distance entre les points M et P de l'étang ci-dessous, on se place en un point N d'où l'on voit simultanément les points M et P. On mesure l'angle $\widehat{MNP}$, ainsi que les longueurs NP et NM.

On obtient $\widehat{MNP} = 65°$, MN = 500 m et NP = 400 m.

Calculer MP.

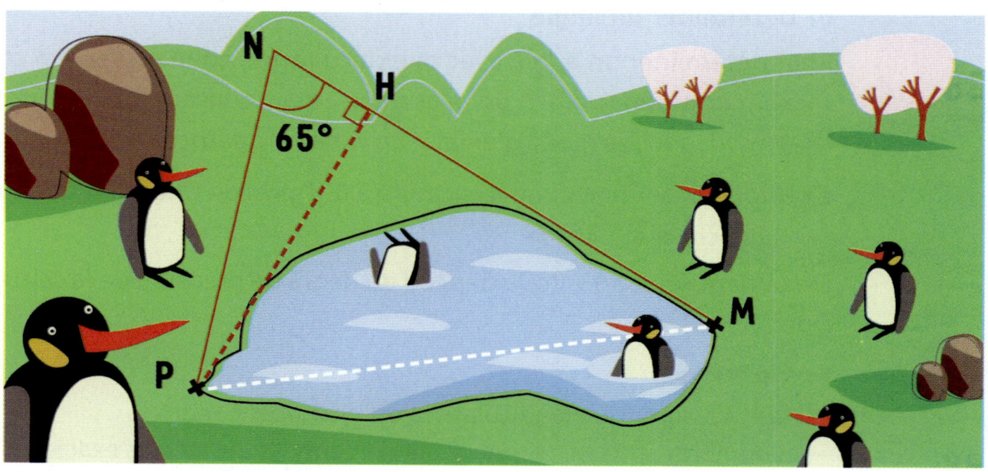

1 Cosinus d'un angle aigu

Le cosinus est un outil mathématique qui permet de calculer des longueurs de segments et des mesures d'angle.

Dans un triangle rectangle, le cosinus d'un angle aigu est égal au quotient :

$$\frac{\text{longueur du côté adjacent à l'angle}}{\text{longueur de l'hypoténuse}}$$

Ce quotient ne dépend que de l'angle.

On note $\cos \widehat{B} = \dfrac{AB}{BC}$.

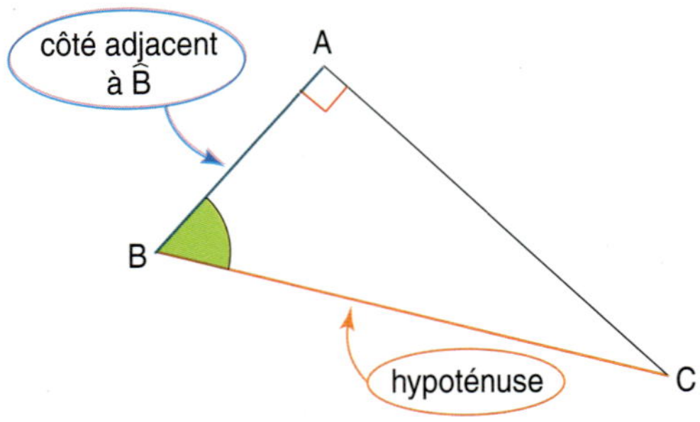

! Attention. Le cosinus d'un angle aigu est toujours compris entre 0 et 1, car l'hypoténuse d'un triangle rectangle est toujours le plus grand côté.

2 Calculatrice et cosinus

a/ Déterminer un cosinus

Pour déterminer avec une calculatrice le cosinus d'un angle dont on connaît la mesure on utilise la touche [cos].

Exemple. Déterminer un arrondi à 0,001 près de cos 43°.

On tape [cos] [4] [3] (ou [4] [3] [cos]).

On obtient 0,731 353 7 (cela dépend du degré de précision de la calculatrice).

Donc $\cos 43° \approx 0{,}731$.

b/ Déterminer un angle

Pour déterminer un angle avec une calculatrice, connaissant son cosinus, on utilise la touche correspondant à « $\cos^{-1}$ » que l'on atteint souvent avec la touche [INV] ou [2nd] ou [SCHIFT] ou… voir le mode d'emploi de votre calculatrice.

Exemple. Déterminer une troncature à 0,1° près de x, sachant que $\cos x = 0{,}67$.

On tape [$\cos^{-1}$] [0] [,] [6] [7].

On obtient 47,932 93 (cela dépend du degré de précision de la calculatrice).

Donc $x \approx 47{,}9°$.

! Attention.

– Il faut s'assurer que la calculatrice est en mode « degré ».
– Les nombres affichés ne sont généralement pas des valeurs exactes du cosinus de l'angle.

1. Calculer la longueur d'un segment

Méthode ▸▸ Utiliser le cosinus

Conditions :
– avoir un triangle rectangle dont un côté est le segment cherché ;
– connaître l'angle aigu qui a pour côté le segment cherché ;
– connaître la longueur de l'autre côté de cet angle.

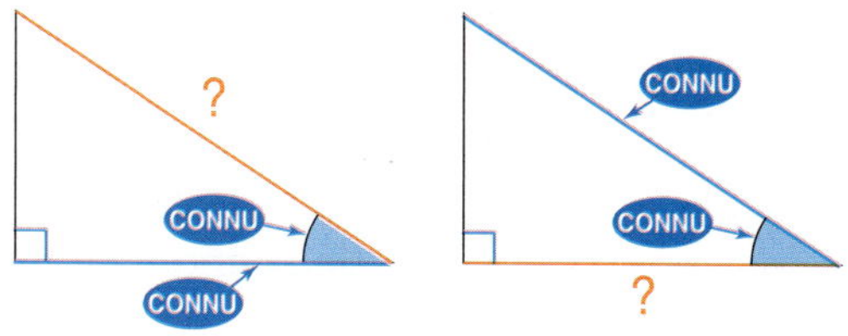

Exemple. En utilisant les informations données sur la figure ci-contre, calculer une valeur arrondie à 0,1 cm près de BE.

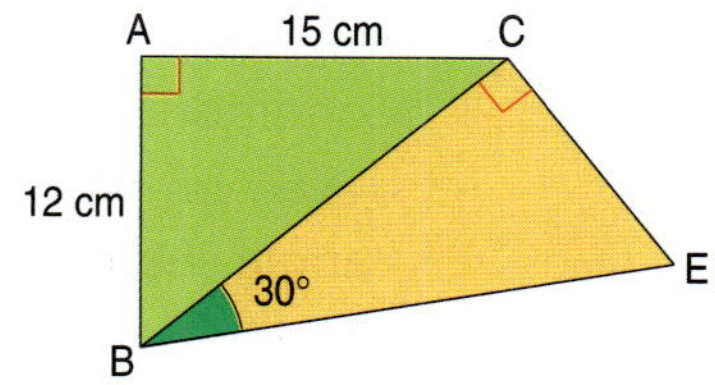

Recherche

Rédaction

On sait que ABC est un triangle rectangle, donc, d'après le théorème de Pythagore :
$AB^2 + AC^2 = BC^2$.
Donc $12^2 + 15^2 = BC^2$ donc $BC \approx 19{,}209\,3$.
On sait que BCE est un triangle rectangle, donc :
$\cos \widehat{CBE} = \dfrac{BC}{BE}$ donc $\cos 30° \approx \dfrac{19{,}209\,3}{BE}$.
Donc $BE \approx \dfrac{19{,}209\,3}{\cos 30°}$.
Donc $BE \approx 22{,}2$ cm.

! Attention.
– Si l'énoncé ne précise pas qu'il s'agit d'un triangle rectangle, il faut le démontrer.
– Pour écrire un résultat avec une précision convenable, il faut garder le plus de décimales possibles pour les résultats intermédiaires.

2. Calculer la mesure d'un angle

Pour calculer un angle, on dispose déjà de méthodes vues en 5e :
– démontrer qu'il est égal à un angle connu ou que l'on peut calculer (angles correspondants, angles alternes internes, angles opposés par le sommet) ;
– reconnaître qu'il est complémentaire ou supplémentaire d'un angle connu (ou que l'on peut calculer) ;
– utiliser la somme des angles d'un triangle dont on connaît (ou dont on peut calculer) deux angles.

Méthode ▸▸ **Utiliser le cosinus**

Conditions :
– avoir un triangle rectangle dont un des angles est l'angle cherché ;
– connaître la longueur des côtés de cet angle.

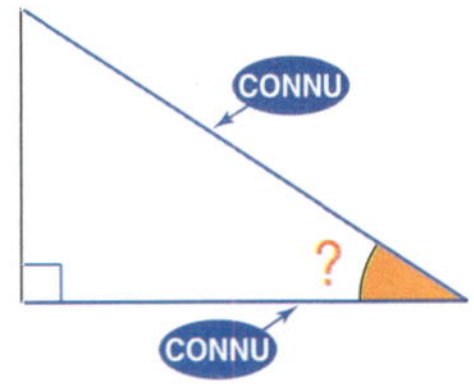

Exemple. En utilisant les informations données sur la figure ci-contre, calculer la mesure de l'angle $\widehat{ACB}$.

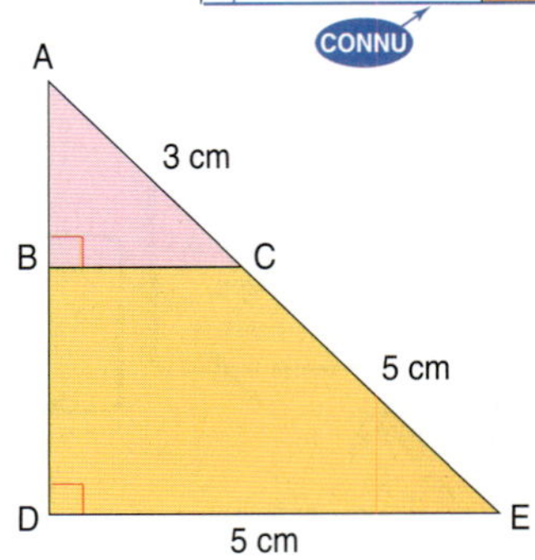

Rédaction

• On sait que (BC) et (DE) sont perpendiculaires à (AD).
Si deux droites sont perpendiculaires à une même troisième alors elles sont parallèles entre elles.
Donc la droite (BC) est parallèle à la droite (DE).

• Dans le triangle ADE on sait que les droites (BC) et (DE) sont parallèles, donc, d'après la propriété de proportionnalité des longueurs dans un triangle, on a :

$\frac{AC}{AE} = \frac{BC}{DE}$.

$\frac{3}{(3+5)} = \frac{BC}{5}$ donc $\frac{3}{8} = \frac{BC}{5}$.

D'où $BC = \frac{15}{8}$ donc $BC = 1{,}875$ cm.

• On sait que le triangle ABC est rectangle, donc :

$\cos \widehat{ACB} = \frac{BC}{AC}$ soit $\cos \widehat{ACB} = \frac{1{,}875}{3}$.

D'où $\cos \widehat{ACB} = 0{,}625$. Donc $\widehat{ACB} \approx 51{,}3°$.

Remarque. On pourrait aussi calculer l'angle $\widehat{AED}$ qui est égal à l'angle $\widehat{ACB}$ (angles correspondants).

Équations

1. **a/** Calculer x dans les cas suivants.

(1) $\frac{x}{3}=2$; (2) $\frac{5}{x}=2$; (3) $5=\frac{3}{x}$.

b/ Dans chacun des cas suivants, déterminer la valeur exacte ou un arrondi de AB à 0,01 près.

(1) $AB=\frac{5}{3}$; (2) $7=\frac{AB}{8}$; (3) $8=\frac{3}{AB}$.

Vocabulaire, formule

2. **a/** Dans le triangle rectangle LPM ci-dessous, quelle est l'hypoténuse ? quel est le côté adjacent à $\widehat{L}$? quel est le côté adjacent à $\widehat{M}$?

b/ Dans le triangle rectangle LNM ci-dessous, quelle est l'hypoténuse ? quel est le côté adjacent à $\widehat{N}$? quel est le côté adjacent à $\widehat{M}$?

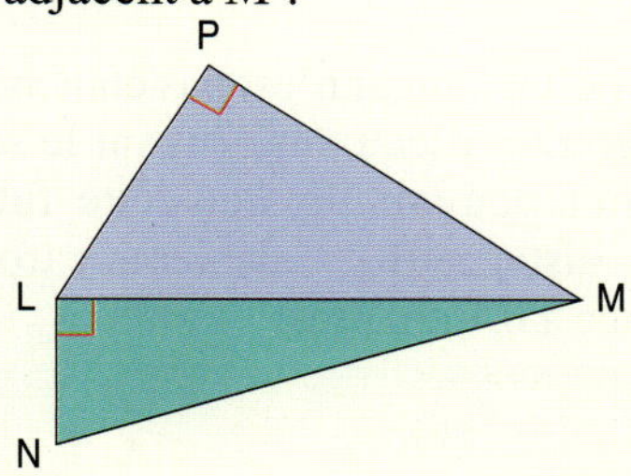

3. Dans chacun des cas suivants, écrire, si possible, cos $\widehat{B}$ avec les lettres des figures.

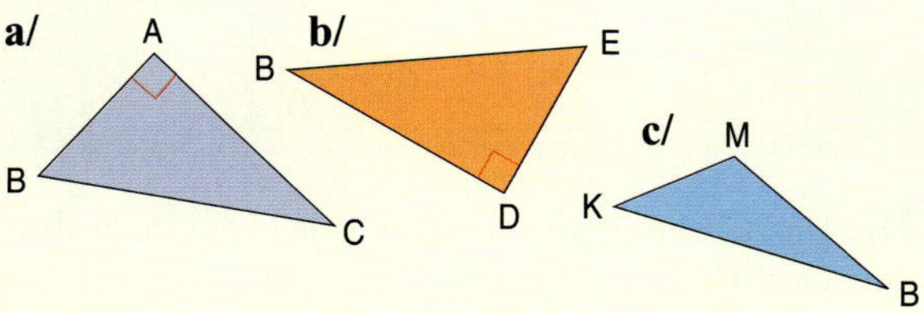

4. En utilisant la figure ci-dessous, recopier et compléter les phrases ci-dessous.

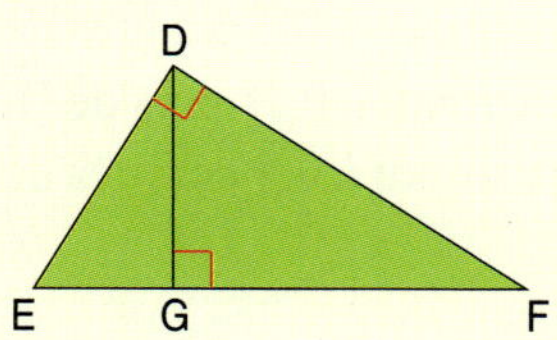

a/ Dans le triangle rectangle EDF on a cos $\widehat{DEF}$ = ...

b/ Dans le triangle rectangle GDE on a :
cos $\widehat{DEF}$ = ...

c/ Dans le triangle rectangle EDF on a $\frac{DF}{EF}$ = cos ....

d/ Dans le triangle rectangle ... on a cos ... = $\frac{FG}{DF}$.

Calculatrice et cosinus

5. Donner une troncature à 0,000 1 près de :
cos 25° ; cos 89° ; cos 1° ; cos 54°.

6. x est la mesure d'un angle aigu en degrés. Déterminer, si possible, un arrondi de x à 0,1° près dans chacun des cas suivants.

a/ $\cos x = 0{,}2$; **b/** $\cos x = \frac{1}{3}$;

c/ $\cos x = \frac{5}{9}$; **d/** $\cos x = 0{,}687\,3$;

e/ $\cos x = 1{,}7$; **f/** $\cos x = 1$.

7. **a/** Compléter le tableau suivant.

Angle (en degrés)	60	30
Cosinus		

b/ Le cosinus d'un angle est-il proportionnel à la mesure de cet angle ?

Utiliser le cosinus

8. Dans les deux cas suivants calculer, si possible, une troncature à 0,1 cm près de la mesure demandée.

a/ KM ; **b/** FG.

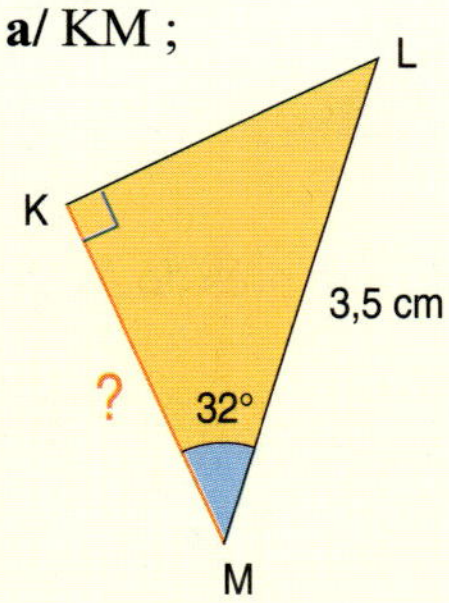

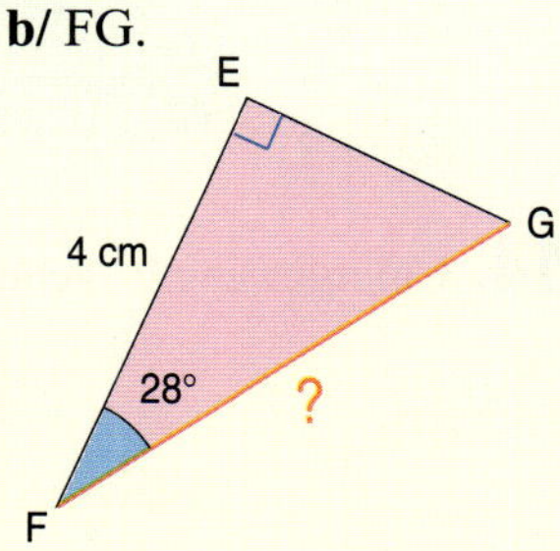

9. Tracer un triangle ABC rectangle en A, tel que BC = 3 cm et $\widehat{ABC}$ = 40°.

a/ Calculer la troncature à 0,1 cm près de AB et AC.

b/ Mesurer AB et AC, et contrôler la vraisemblance des résultats trouvés en **a/**.

10. Tracer un triangle DEF rectangle en E, tel que DE = 4 cm et $\widehat{EDF}$ = 55°.

a/ Calculer la troncature à 0,1 cm près de DF et EF.

b/ Mesurer DF et EF, et contrôler la vraisemblance des résultats trouvés en **a/**.

11. Dans les deux cas suivants déterminer, si possible, un arrondi à 0,1° près de la mesure demandée.

a/ $\widehat{KML}$; **b/** $\widehat{ACB}$.

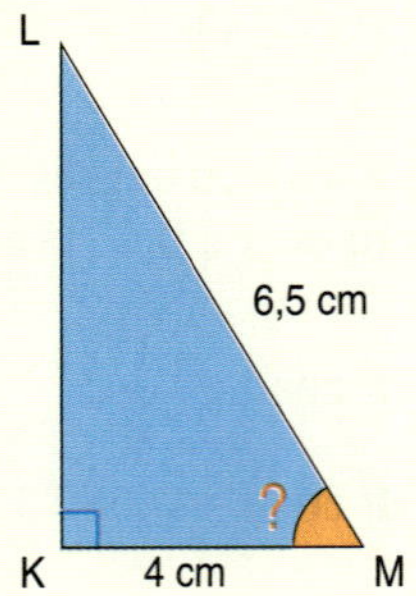

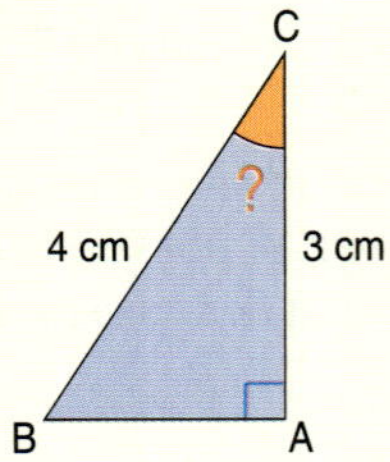

12. Tracer un triangle CDE rectangle en E tel que ED = 3 cm et CD = 5 cm.

a/ Calculer une troncature à 1 degré près de la mesure de l'angle $\widehat{D}$.

b/ Mesurer l'angle $\widehat{D}$ et contrôler la vraisemblance du résultat trouvé en **a/**.

Résoudre des problèmes

13. Calculer un arrondi à 1° près de $\widehat{DEF}$.

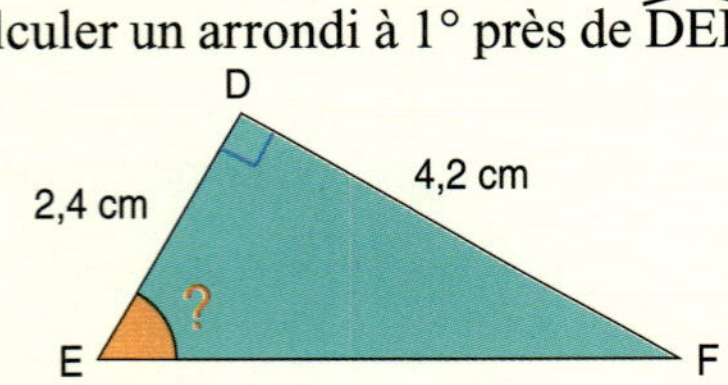

14. Calculer une troncature à 0,1 cm près de AC.

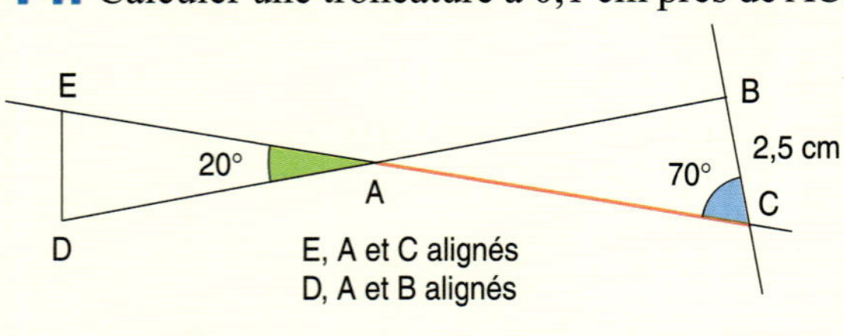

15. Calculer une troncature à 0,1 cm près de CH.

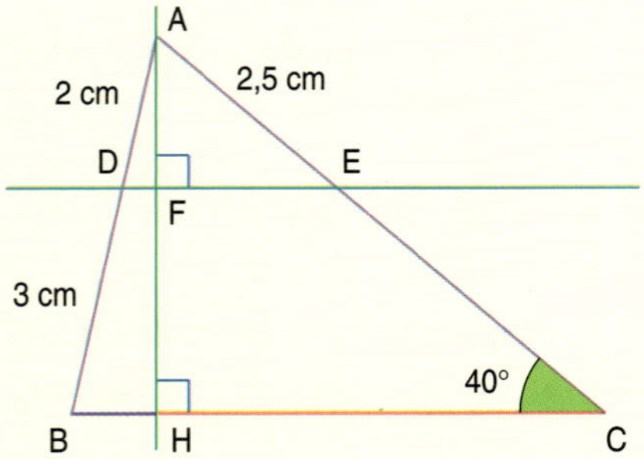

16. Tracer un losange ABCD de centre I tel que AC = 8 cm et BD = 4 cm. Calculer un arrondi à 0,1° près de la mesure de l'angle $\widehat{IAB}$.

17. En utilisant le codage ci-dessous et, sachant que MI = 2,5 cm et MC = 3 cm, calculer une troncature de la mesure de $\widehat{MCB}$ à 0,1° près.

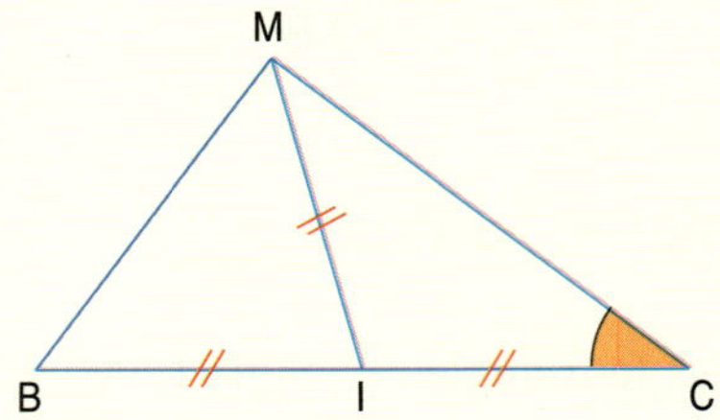

18. Soit STR un triangle dont les côtés mesurent : ST = 5 cm, TR = 12 cm et SR = 13 cm.
Calculer un arrondi à 1° près de la mesure des angles de ce triangle.

19. Le toit d'un hangar n'est pas étanche. Quand il pleut, des gouttes d'eau tombent sur le sol à 15 cm du mur. Pour pouvoir réparer cette fuite, il faut connaître la distance BC. Calculer une troncature de cette distance à 0,1 cm près.

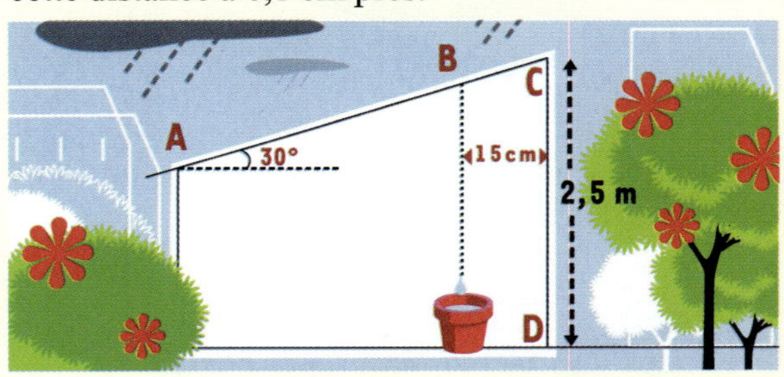

20. En utilisant les informations de la figure ci-dessous (les alignements seront lus sur le dessin, les mesures sont toutes exprimées en cm) :

a/ calculer un arrondi à 0,1 cm près de BE ;

b/ calculer un arrondi à 0,1 cm près de ED ;

c/ calculer un arrondi à 0,1° près de $\widehat{BED}$;

d/ calculer un arrondi à 0,1 cm près de EG ;

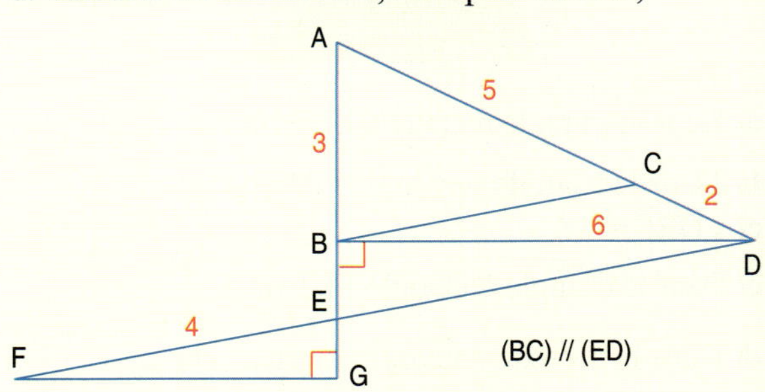

21. Calculer la longueur d'un segment

Calculer, si possible, l'arrondi à 0,1 cm près de AD dans chacun des cas suivants.

a/

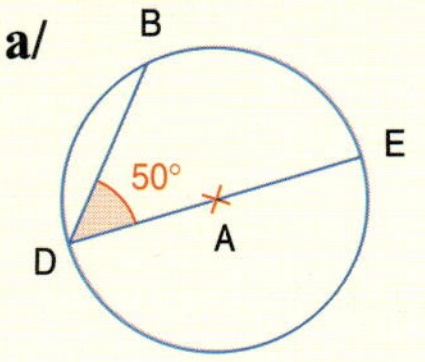

A est le centre du cercle
DB = 2 cm

b/

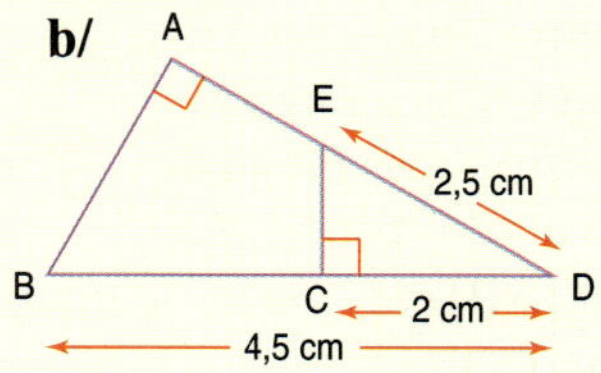

c/

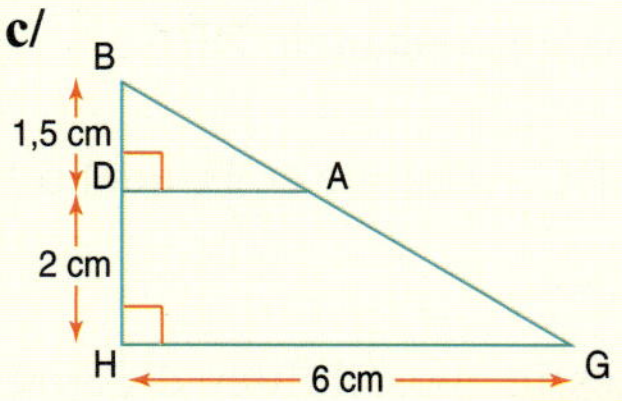

d/

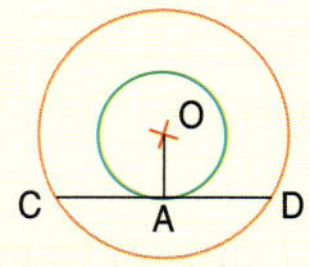

CD est tangente
au petit cercle en A
Rayon du petit cercle : 0,8 cm
Rayon du grand cercle : 1,5 cm

22. Calculer la mesure d'un angle

Calculer, si possible, un arrondi à 0,1° près de la mesure de l'angle $\widehat{ABC}$ dans chacun des cas suivants. (Toutes les longueurs sont exprimées dans la même unité.)

a/

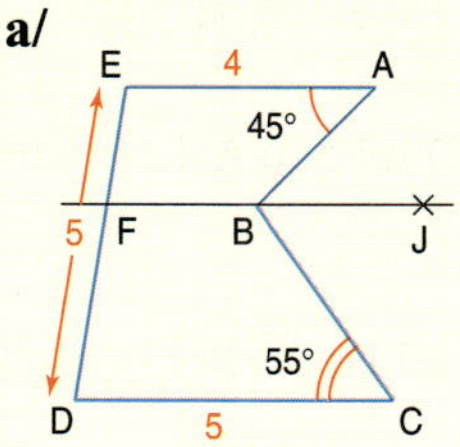

(AE) // (DC)
(FJ) // (EA)

b/

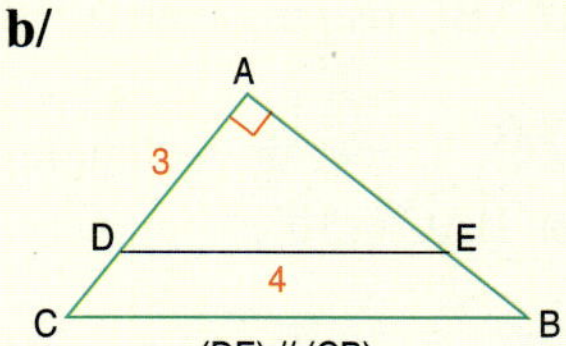

(DE) // (CB)

Faire le point à mi-parcours

Savez-vous…

23. … *résoudre des équations de la forme* $a = \frac{x}{b}$ *ou* $a = \frac{b}{x}$?

Résoudre les équations suivantes.

a/ $5 = \frac{x}{7}$; **b/** $8 = \frac{12}{x}$; **c/** $\frac{11}{5} = \frac{9}{x}$.

24. … *écrire le cosinus d'un angle ?*

En utilisant la figure, recopier et compléter :

a/ cos … = $\frac{AB}{BE}$;

b/ cos … = $\frac{AC}{DC}$;

c/ cos $\widehat{ADC}$ = … ;

d/ cos $\widehat{ACE}$ = … ;

e/ cos $\widehat{ADF}$ = ….

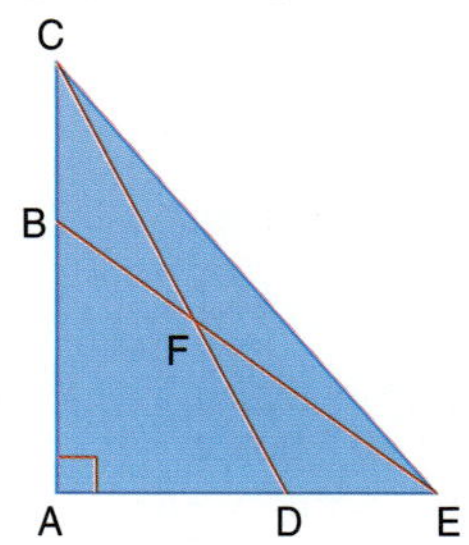

25. … *déterminer à l'aide d'une calculatrice un angle ou son cosinus ?*

a/ Donner un arrondi à 10^{-3} près de :
cos 12° ; cos 56° ; cos 17°.

b/ x représente la mesure en degré d'un angle aigu. Déterminer, si possible, la troncature de x à 0,1° près dans chacun des cas suivants.

(1) $\cos x = \frac{5}{2}$; (2) $\cos x = 0{,}985$; (3) $\cos x = 0{,}561$.

26. … *utiliser le cosinus pour calculer une longueur, un angle ?*

Déterminer la troncature à 0,1 cm ou 0,1° près des mesures demandées sur les triangles suivants.

a/ $\widehat{C}$; **b/** DE ; **c/** HM.

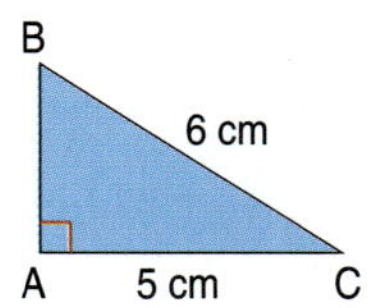

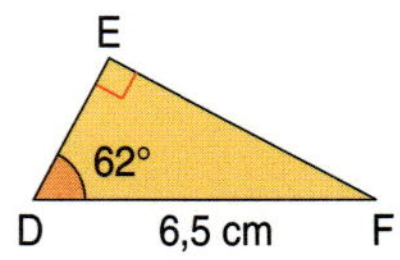

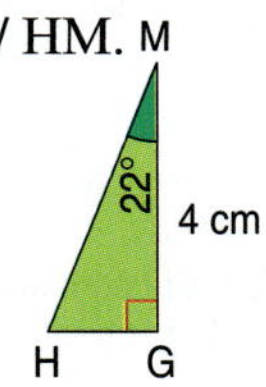

27. … *résoudre des problèmes ?*

a/ Calculer AE en utilisant les informations données sur le dessin ci-contre. Donner un arrondi à 0,1 cm près.

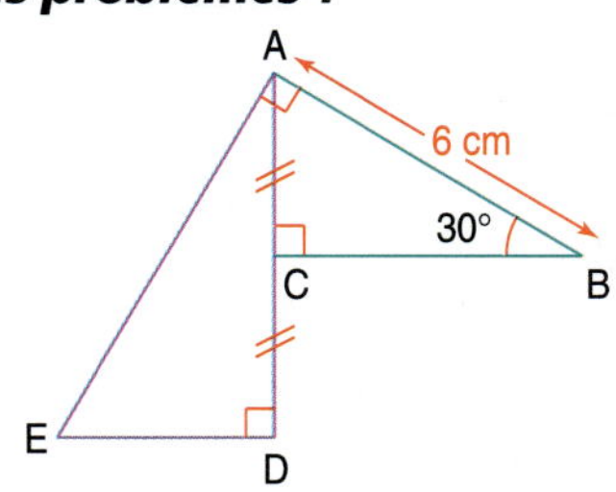

b/ On sait que le rayon du cercle du schéma ci-contre est de 2 cm. Calculer l'arrondi de l'angle $\widehat{BOH'}$ à 0,1° près.

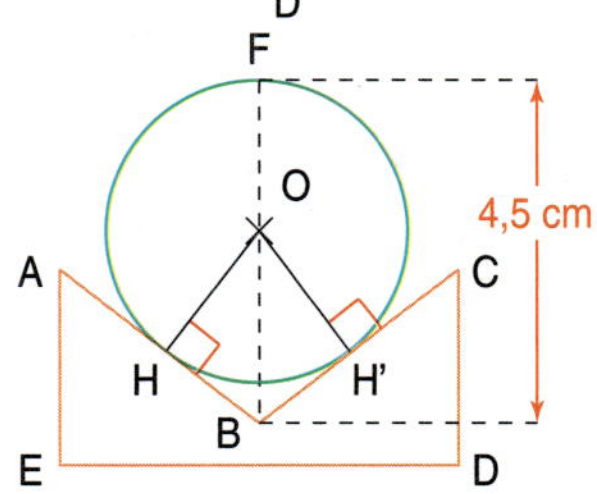

Exercices complémentaires

S'ÉCHAUFFER

28. Tracer le triangle ABC dans les cas suivants.

a/ AB = 5 cm, $\widehat{BAC} = 30°$ et $\widehat{ABC} = 70°$.

b/ AB = 4 cm, $\widehat{BAC} = 50°$ et $\widehat{ACB} = 40°$.

c/ ABC rectangle en A, BC = 7 cm et $\widehat{ACB} = 40°$.

29. Tracer un rectangle ABCD tel que AB = 7 cm et $\widehat{BAC} = 30°$.

30. Tracer un losange EFGH tel que $\widehat{EFG} = 120°$ et GH = 4 cm.

31. Dans chacun des cas ci-dessous calculer la mesure de l'angle $\widehat{ABC}$.

a/

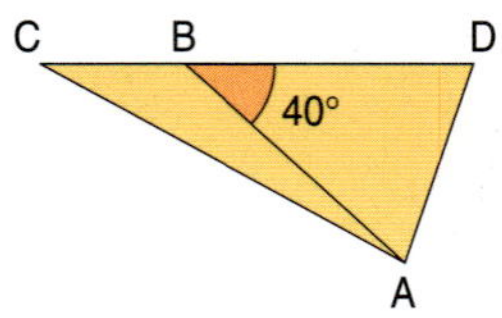

C, B et D sont alignés

b/

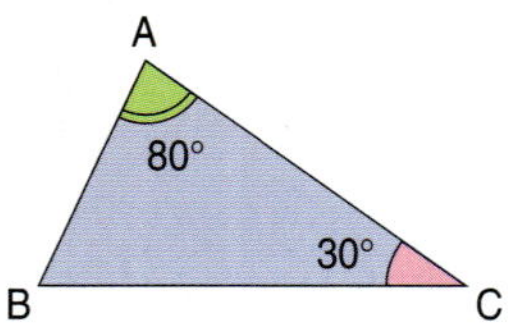

c/

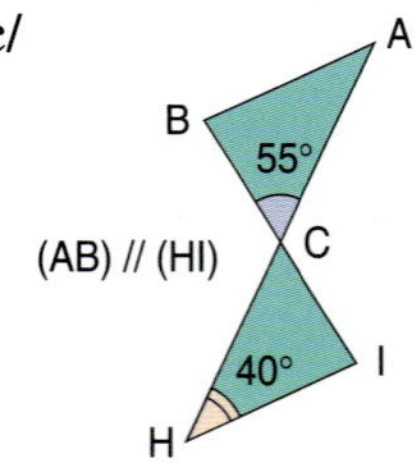

B, C et I sont alignés
A, C et H sont alignés

d/

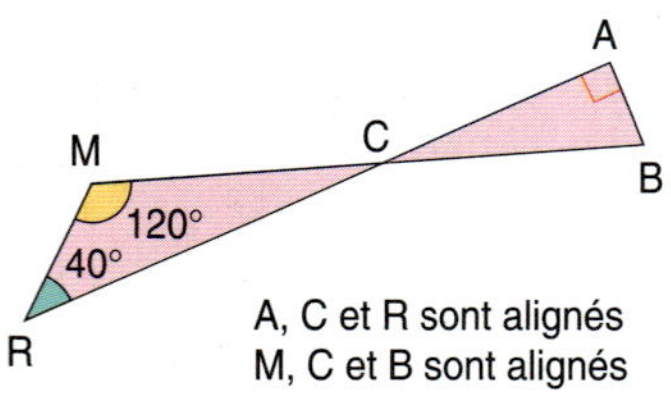

A, C et R sont alignés
M, C et B sont alignés

S'ENTRAÎNER

Équations

32. Dans chacun des cas suivants déterminer AB.

a/ $AB = \dfrac{4}{5}$; **b/** $6 = \dfrac{AB}{8}$; **c/** $8 = \dfrac{5}{AB}$.

33. Dans chacun des cas suivants déterminer la valeur exacte de CD ou une troncature à 0,01 près.

a/ $CD = \dfrac{5}{11}$; **b/** $0{,}12 = \dfrac{CD}{8}$;

c/ $0{,}5 = \dfrac{3}{CD}$; **d/** $\dfrac{5}{CD} = \dfrac{6}{11}$.

Vocabulaire, formule

34. Recopier et compléter en utilisant entre autres les expressions « l'hypoténuse », « le côté adjacent de l'angle… ».

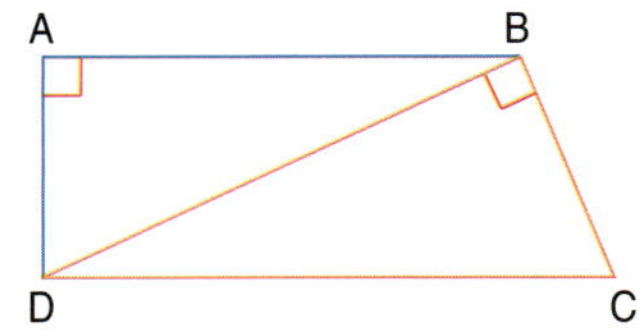

a/ [AB] est **…** dans le triangle rectangle **….**

b/ [CD] est **…** dans le triangle rectangle **….**

c/ [DB] est **…** dans le triangle rectangle ABD.

d/ [DB] est **…** dans le triangle rectangle DBC.

35. Dans un triangle ABC rectangle en B, quel est le côté adjacent à $\widehat{C}$?

36. Quelles sont toutes les possibilités d'écrire cos $\widehat{A}$ avec les lettres de la figure ?

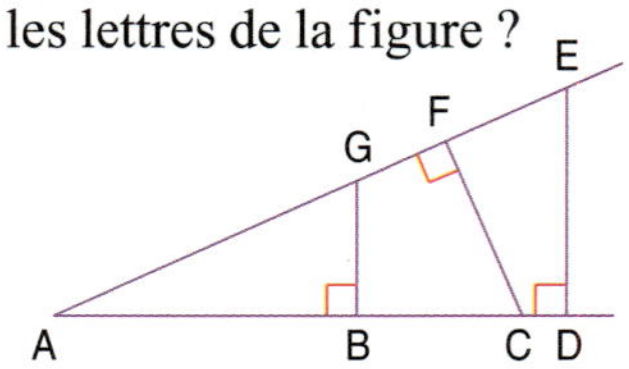

37. Compléter les phrases suivantes.

a/ Si $\cos 60° = \dfrac{AB}{12}$, alors AB = **….**

b/ Si $\cos 60° = \dfrac{7}{CD}$, alors CD = **….**

38. En utilisant le dessin ci-dessous dire, parmi les phrases suivantes, celles qui sont vraies.

a/ $PC^2 + PO^2 = OC^2$.

b/ $\cos x = \dfrac{OC}{PC}$.

c/ $\cos x = \dfrac{OP}{OC}$.

d/ $OC = \dfrac{OP}{\cos x}$.

e/ $PC = OC \times \cos x$.

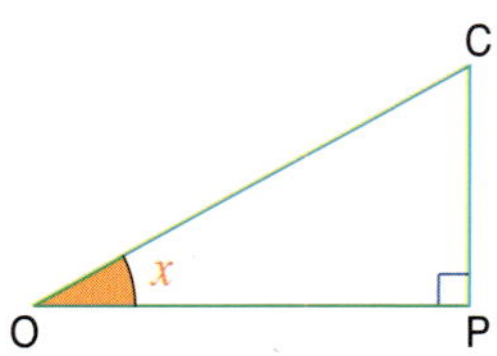

39. Pour quels dessins a-t-on $\cos \widehat{A} = \dfrac{AB}{AC}$?

a/

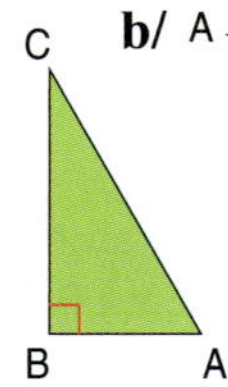

b/

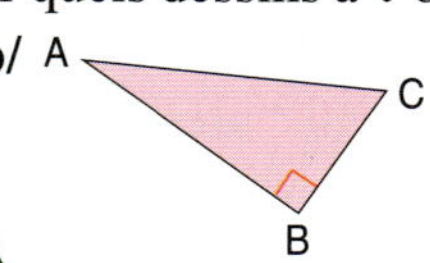

c/

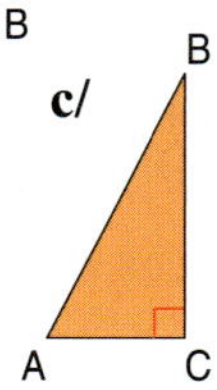

d/

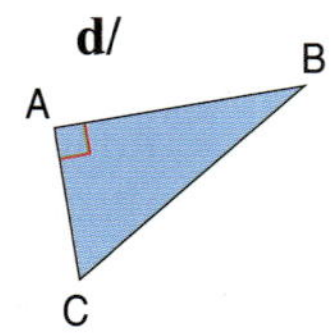

Calculatrice et cosinus

40. Recopier et compléter le tableau ci-dessous. (On donnera la troncature à 0,001 près des résultats.)

x (en degrés)	5		78		
cos x		0,875		0,705	0,512

41. **a/** Recopier et compléter le tableau ci-dessous de 10° en 10°. On donnera un arrondi à 0,01 près de cos x.

x (en degrés)	0	10	20	30	40	50	...	90
cos x								

b/ Faire un graphique représentant ces données. Sur l'axe des abscisses 1 cm correspond à 10°, et sur l'axe des ordonnées 10 cm correspondent à 1.

c/ En utilisant le graphique ci-dessus, préciser s'il y a proportionnalité entre x et cos x.

42. Recopier et compléter le tableau ci-dessous. (On donnera l'arrondi des longueurs à 0,1 cm près, des mesures d'angles à 0,1° près et des cosinus à 0,01 près.)

Côté adjacent à l'angle (en cm)	Hypoténuse (en cm)	Cosinus de l'angle	Mesure de l'angle (en degrés)
5	7		
	3,4	0,87	
6			25
5		0,56	

Utiliser le cosinus

43. **a/** Un élève a calculé un arrondi à 0,1 cm près des longueurs demandées sur les dessins :
AB ≈ 11,6 cm ; DF ≈ 3 cm ; GI ≈ 3,7 cm.
Sans effectuer les calculs, dire quels sont ceux qui sont certainement faux, expliquer pourquoi.

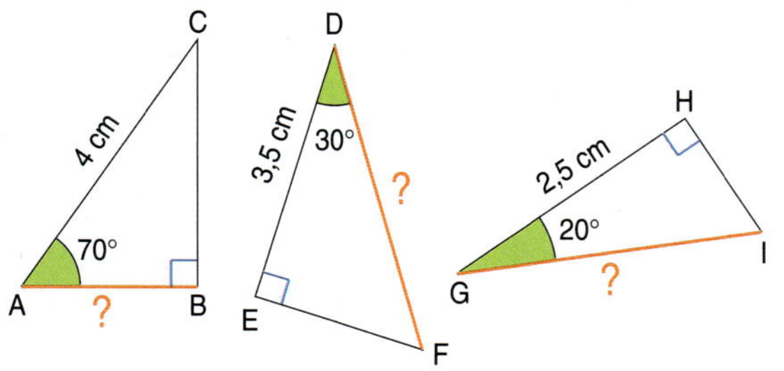

b/ Contrôler vos réponses à la question précédente en effectuant les calculs.

44. Calculer, si possible, dans chacun des cas suivants une troncature à 0,1 cm ou 0,1° près des mesures demandées. (Les dessins ne sont pas tracés à l'échelle.)

a/ BC ?

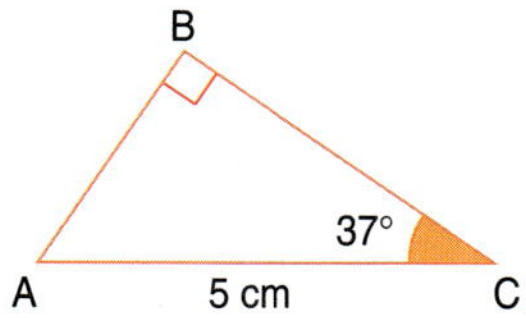

b/ DF ?

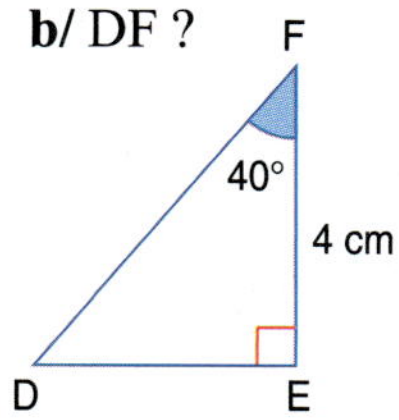

c/ HI ?

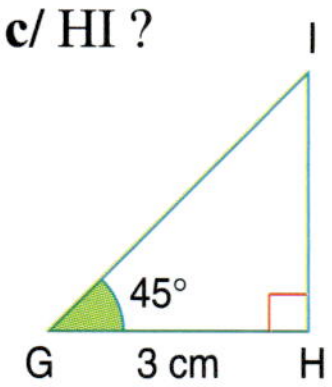

d/ JL et $\widehat{JLK}$?

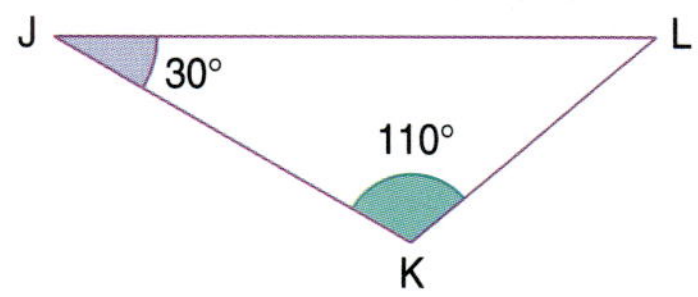

45. Vincent a oublié son rapporteur ; il n'a que sa règle graduée et sa calculatrice. Comment peut-il déterminer la mesure de l'angle $\widehat{CED}$? Utiliser cette méthode pour calculer cet angle.

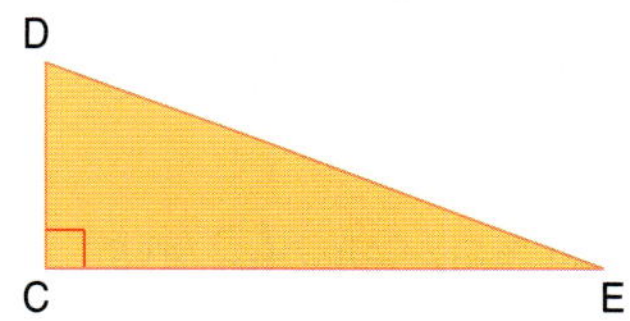

46. Tracer un triangle ABC rectangle en A tel que AB = 5 cm et AC = 7 cm. Calculer la troncature à 0,1 cm près de BC et à 0,1° près de la mesure des angles $\widehat{ABC}$ et $\widehat{ACB}$. Contrôler la vraisemblance des résultats à l'aide du dessin.

47. Calculer une troncature à 1 degré près de la mesure de l'angle $\widehat{AOT}$ sachant que le rayon du cercle est de 2 cm, que (AT) est la tangente au cercle en T et que OA = 5 cm.

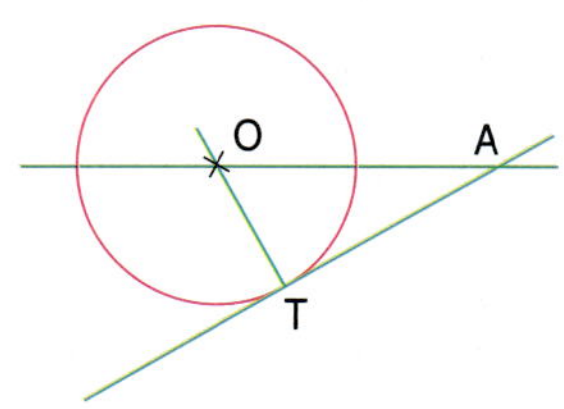

48. Virginie souhaite donner un exercice d'entraînement sur le cosinus à sa camarade. Pour cela, elle dessine un triangle ABC rectangle en A. Elle souhaite que sa camarade calcule BC. Quelles mesures doit-elle lui donner pour que ce soit possible ? (Plusieurs cas sont possibles ; les donner tous.)

Résoudre des problèmes

49.

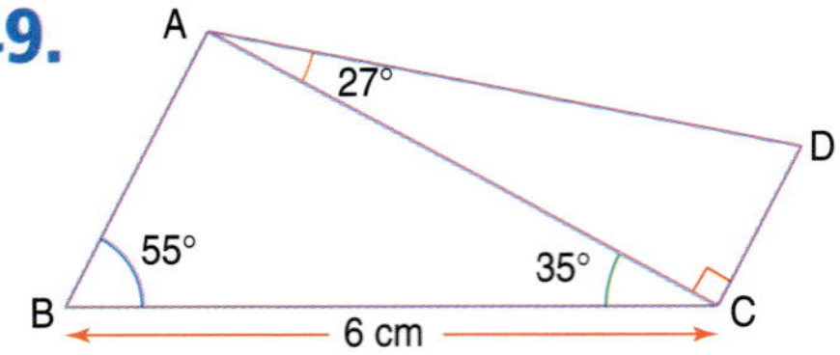

a/ Calculer un arrondi à 0,1 cm près de AD.

b/ Voici des réponses d'élèves, pour chacune d'elles repérer ce qui ne va pas et/ou ce qui manque.

Bruno. On a $\cos 35° = \dfrac{AC}{BC}$.

Donc $0{,}819\,1 \approx \dfrac{AC}{6}$ donc $AC \approx 6 \times 0{,}819\,1$

donc $AC \approx 4{,}914\,9$.

$\cos 27° = \dfrac{AC}{AD}$ donc $0{,}891\,0 \approx \dfrac{4{,}914\,9}{AD}$.

Donc $AD \approx \dfrac{4{,}914\,9}{0{,}891\,0}$ donc $AD \approx 5{,}5$ cm.

Fabrice. Dans le triangle rectangle ABC on a :

$\cos \widehat{C} = \dfrac{AC}{BC}$ donc $\cos 35° = \dfrac{AC}{BC}$.

Donc $\cos 35° = \dfrac{AC}{6}$ donc $AC = 6 \times \cos 35°$

donc $AC \approx 4{,}914\,9$.

Dans le triangle rectangle ACD on a :

$\cos 27° = \dfrac{AC}{AD}$ donc $\cos 27° \approx \dfrac{4{,}914\,9}{AD}$.

Donc $AD \approx \cos 27° \times 4{,}9149$ donc $AD \approx 4{,}4$ cm.

Lydie. Dans le triangle ABC on a :

$\widehat{A} = 180° - (55 + 35) = 90°$

donc ce triangle est rectangle.

Dans le triangle rectangle ABC on a :

$\cos \widehat{C} = \dfrac{AC}{BC}$ donc $\cos 35° = \dfrac{AC}{BC}$

Donc $0{,}8 \approx \dfrac{AC}{6}$ donc $AC \approx 6 \times 0{,}8$

donc $AC \approx 4{,}8$.

Dans le triangle rectangle ACD on a :

$\cos 27° = \dfrac{AC}{AD}$ donc $0{,}9 \approx \dfrac{4{,}8}{AD}$

Donc $AD \approx \dfrac{4{,}8}{0{,}9}$ donc $AD \approx 5{,}3$ cm.

50. Calculer une troncature à 0,1° près de la mesure de l'angle $\widehat{ABC}$ sachant que BC = 5 cm, que le rayon du cercle mesure 3 cm et que O est le centre du cercle.

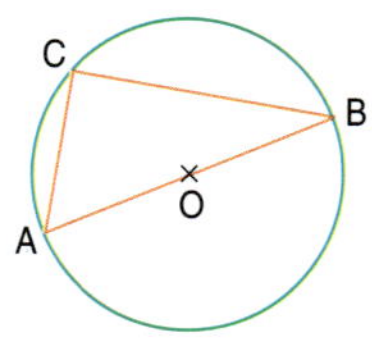

51. Calculer le périmètre et l'aire des figures :

a/

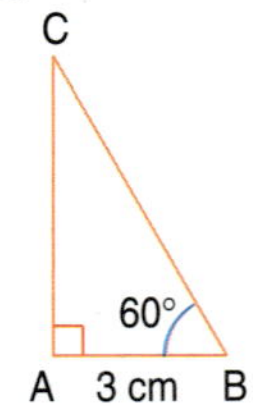

b/

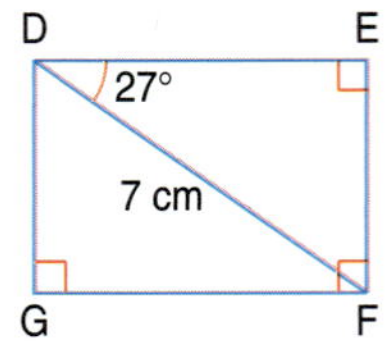

c/

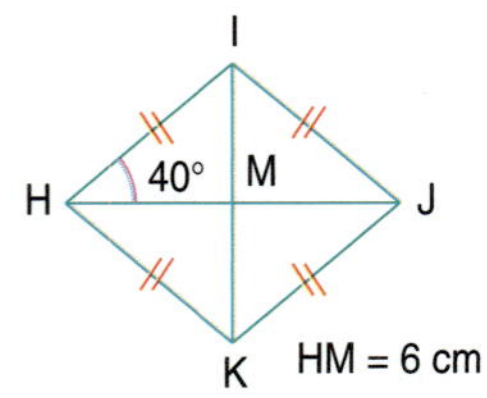

52. ***Au brevet***

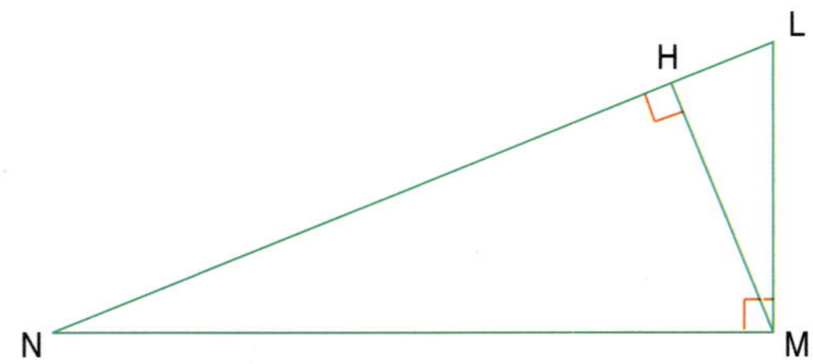

Le triangle LMN est rectangle en M et [MH] est sa hauteur issue de M. On donne ML = 2,4 cm et LN = 6,4 cm.

a/ Calculer la valeur exacte du cosinus de l'angle $\widehat{MLN}$. On donnera le résultat sous forme d'une fraction simplifiée.

b/ Sans calculer la valeur de l'angle $\widehat{MLN}$, calculer LH. Le résultat sera écrit sous forme d'un nombre décimal.

(Clermont, 1999.)

53. En utilisant les informations ci-dessous, calculer une troncature à 0,1 cm près de PN, PK, KL, LP et LN.

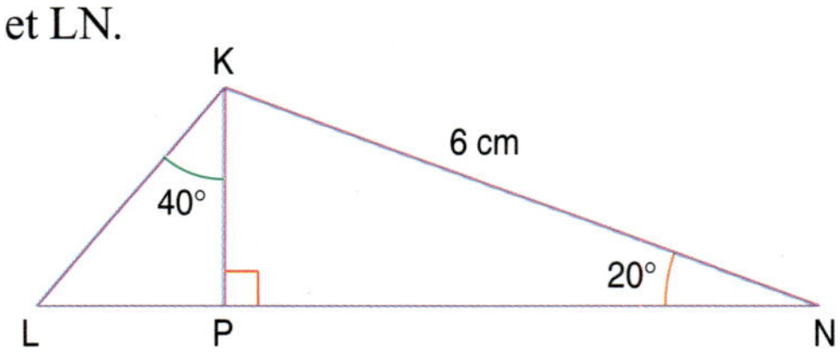

54. ***Au brevet***

a/ Paul veut installer chez lui un panier de basket. Il doit le fixer à 3,05 m du sol. L'échelle dont il se sert mesure 3,20 m de long.

À quelle distance du pied du mur doit-il placer l'échelle pour que son sommet soit juste au niveau du panier ? (Donner une valeur approchée au centimètre près.)

b/ Calculer l'angle formé par l'échelle et le sol. (Donner une valeur approchée au degré près.)

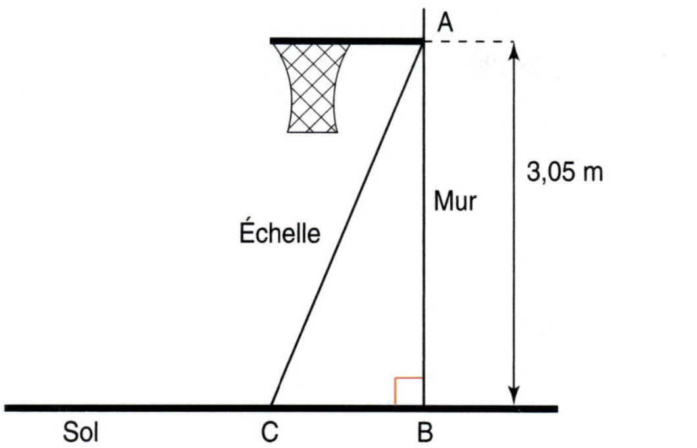

(Rennes, 1999.)

55. Loïc désire installer un « téléphérique » (voir dessin ci-dessous) pour pouvoir communiquer avec son camarade qui n'a plus le droit de sortir de chez lui depuis que ses parents ont reçu son bulletin scolaire !... Le fil ne peut être parfaitement tendu, il faut 15 % de plus que la distance AB. Quelle longueur de fil doit-il prévoir ?

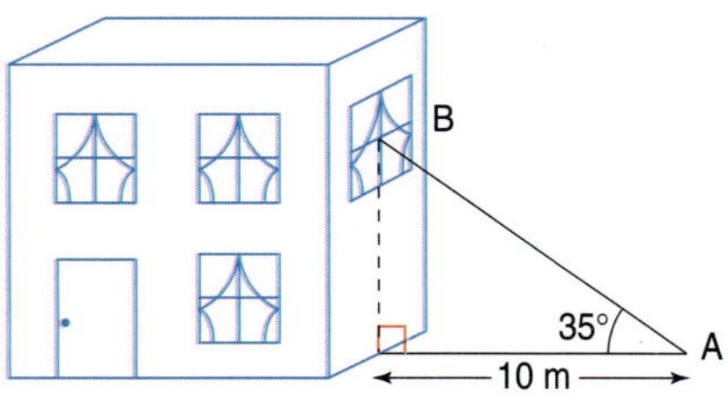

56. Indiana Gones est poursuivi par ses ennemis lorsqu'il arrive au bord d'un canyon. Il dispose de 30 m de corde. En aura-t-il assez pour relier les piquets A et B et ainsi s'échapper ? (Il lui faut 3,50 m de corde supplémentaires pour les nœuds.)

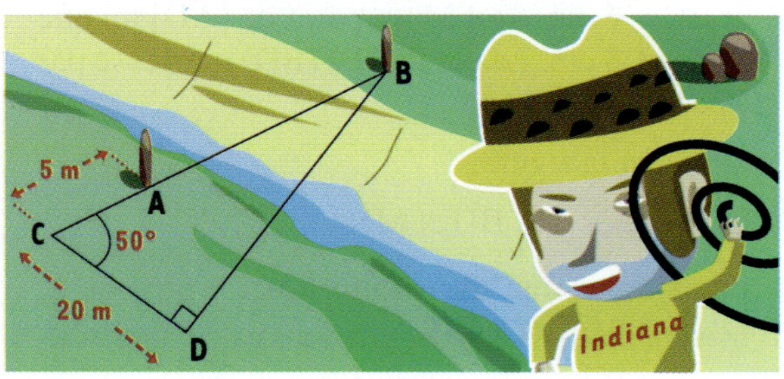

DEVENIR UN CHAMPION

Résoudre des problèmes

57. En plus des informations de la figure on sait que $\widehat{BDA} = 58°$, AC= 6 cm, E est le milieu de [BC] et D est le milieu de [AC]. Calculer GD.

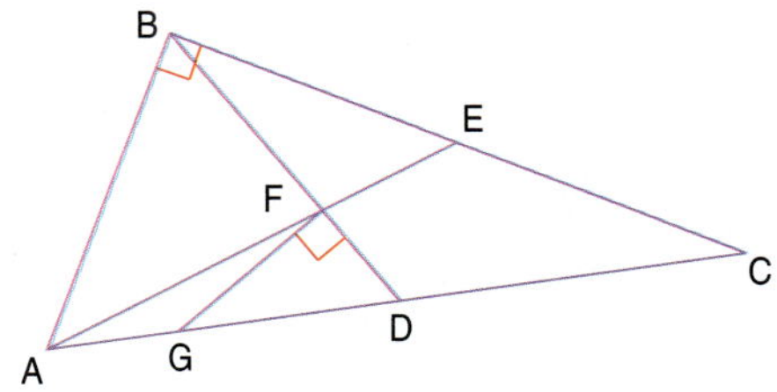

58. Calculer une troncature à 0,1 cm près de FA.

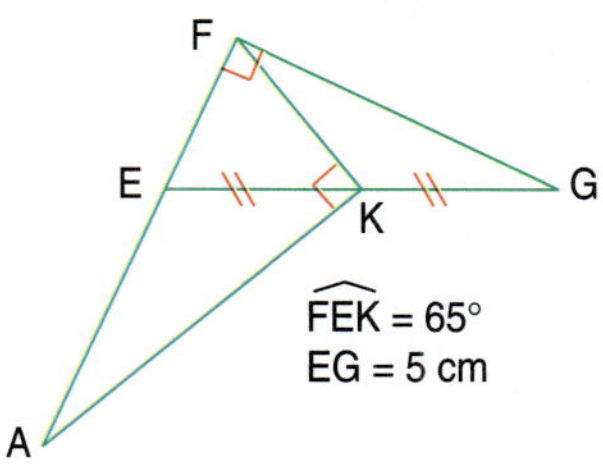

59. En utilisant le codage ci-dessous et sachant que PS = 5 cm et SJ = 4,5 cm, calculer une troncature de $\widehat{PSJ}$ à 0,1° près.

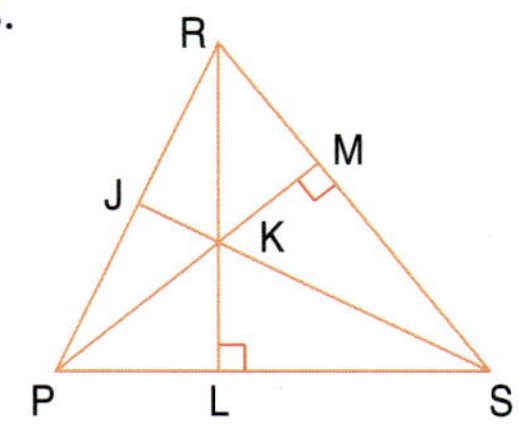

60. Déterminer l'aire de la surface bleue ci-dessous. (O est le centre du quart de cercle.)

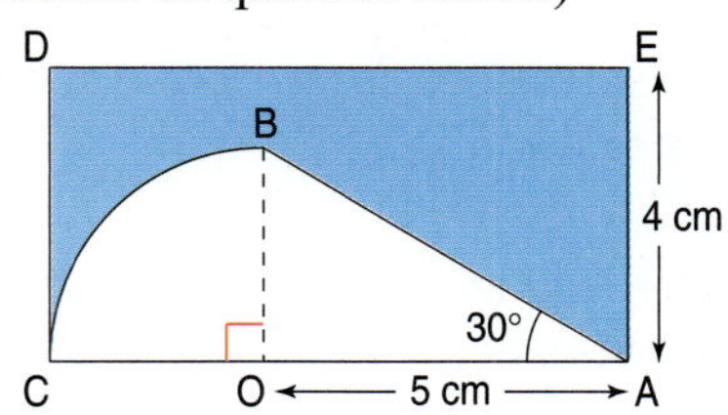

61. Parti de A, un rameur dans une barque traverse la rivière. Le courant le déporte, et finalement il arrive en B. À chaque coup de rame il avance en moyenne de 5 m. Combien a-t-il donné environ de coups de rame ?

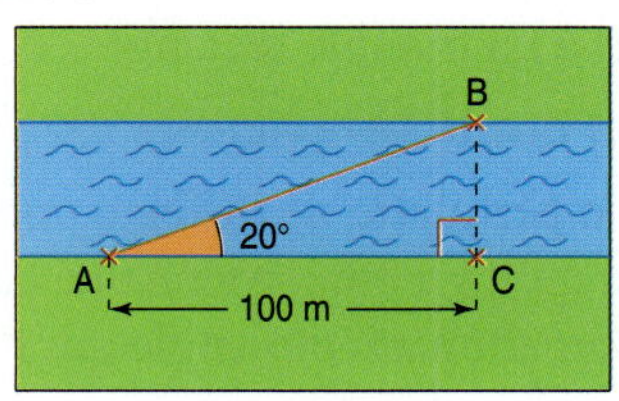

62. ABC est un triangle rectangle en A. Démontrer que $(\cos \widehat{B})^2 + (\cos \widehat{C})^2 = 1$.

63. Calculer un arrondi à 0,1 m près de la distance entre les récifs situés en R et un voilier situé en V.

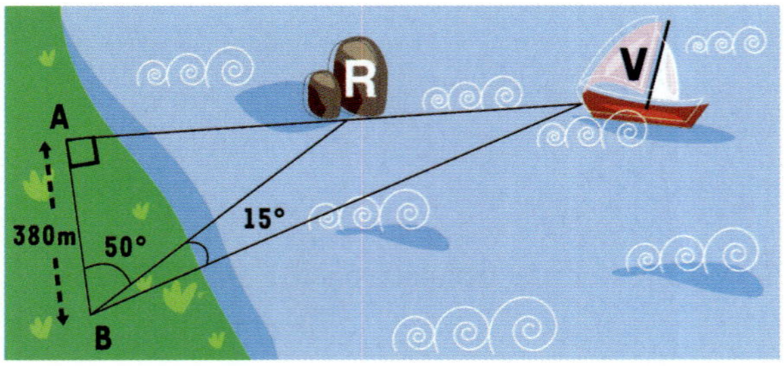

(D'après EVAPMEP, 4e.)

64. Avec un théodolite (c'est un appareil utilisé par les géomètres pour mesurer les angles), on obtient les mesures suivantes. Quelle est la hauteur de cet arbre ?

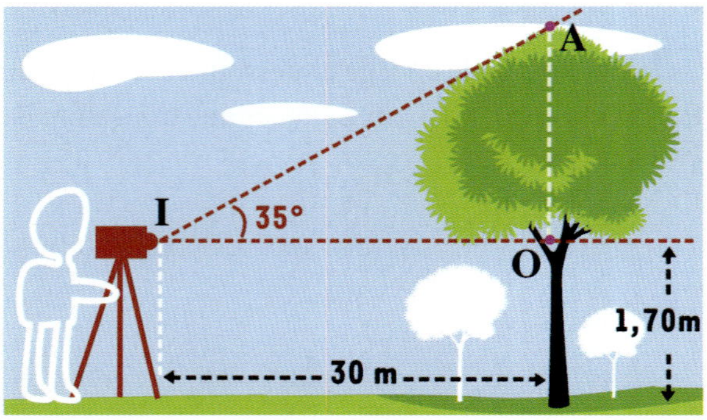

65. ***Calcul littéral***

a et *b* étant des mesures en degrés d'angles aigus, les deux expressions $\cos a + \cos b$ et $\cos (a + b)$ sont-elles égales ?

66. Environ 200 ans avant Jésus-Christ, Ératosthène, un mathématicien et astronome grec, réussit à calculer le périmètre de la Terre grâce à la trigonométrie.

À partir des informations données page 201 calculer le rayon de la Terre. Pour cela, répondre aux questions suivantes.

a/ Calculer l'angle $\widehat{BOA}$ (assimiler l'arc $\overset{\frown}{BA}$ à un segment et OAB à un triangle rectangle en A).

b/ Démontrer que $\widehat{BOA} = \widehat{AO'S}$.

c/ Calculer le périmètre de la Terre puis son rayon. (On admettra qu'il y a proportionnalité dans un cercle entre la mesure d'un arc et l'angle qui l'intercepte.)

d/ Contrôler le résultat en cherchant dans une encyclopédie le rayon de la Terre calculé actuellement par les scientifiques.

Problèmes de synthèse

67.

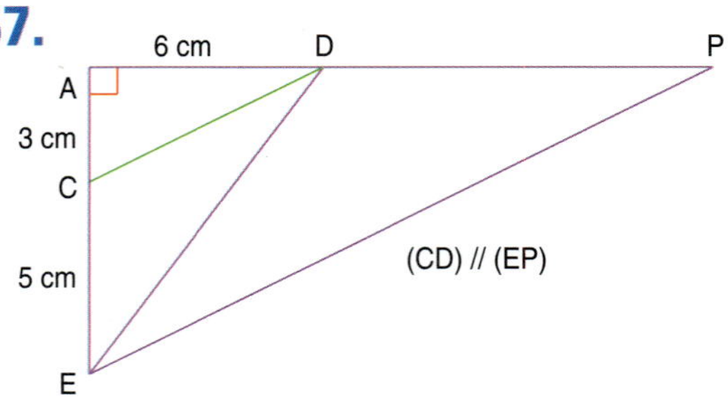

a/ En utilisant les informations ci-dessus, tracer cette figure à l'échelle 1.

b/ Mesurer les angles $\widehat{ADC}$ et $\widehat{CDE}$. Ces mesures permettent-elles d'affirmer que (DC) est la bissectrice de l'angle $\widehat{ADE}$?

c/ (1) Calculer DC et DE.

(2) Calculer les mesures des angles $\widehat{ADC}$ et $\widehat{CDE}$. Ces calculs permettent-ils d'affirmer que (DC) est la bissectrice de l'angle $\widehat{ADE}$?

d/ (1) Calculer DP. En déduire que $\widehat{DEP} = \widehat{DPE}$.

(2) Démontrer que $\widehat{ADC} = \widehat{DPE}$.
Démontrer que $\widehat{CDE} = \widehat{DEP}$.

(3) En déduire que (DC) est la bissectrice de l'angle $\widehat{ADE}$.

68. ABCD est un rectangle tel que AB = 8 cm et BC = 6 cm. Soit M un point de [AD] tel que AM = 1,5 cm. La parallèle à (BD) qui passe par M coupe (AB) en N.

a/ Tracer la figure.

b/ Calculer AN, BD et MN.

c/ Calculer une troncature à 0,1 ° près de la mesure de $\widehat{ADB}$; en déduire sans calcul une troncature à 0,1 ° près de la mesure de $\widehat{AMN}$.

d/ Calculer l'aire des triangles AMN et ADB ; en déduire l'aire du trapèze MNBD.

e/ Tracer sur la figure la droite perpendiculaire à (DB) qui passe par M, elle coupe (DB) en H.
Calculer MH en utilisant deux méthodes, l'une des méthodes utilisera l'aire du trapèze MNBD trouvée dans la question **d/**.

14

Pyramides et cônes

De nombreuses pyramides furent construites en Égypte à partir de 2 700 av. J.-C. La pyramide de Khéops est la plus grande de toutes. Elle a une base carrée de 230 m environ et sa hauteur atteignait à l'origine 147 m. Actuellement, elle ne mesure plus que 138 m de haut car elle est privée de son sommet appelé pyramidion. Elle pèse environ 6 millions de tonnes et elle est constituée de plus de 2 300 000 blocs de pierre (voir exercice 67 page 235).

Repérer les obstacles

1. En perspective

exercices 25 et 26 p. 231

a/ Représenter en perspective un prisme droit dont la base est un triangle.

b/ Représenter en perspective un cylindre de rayon 2 cm et de hauteur 5 cm.

2. Patron

exercices 27 à 30 p. 231

a/ Construire le patron d'un prisme droit de hauteur 5 cm et dont la base est un triangle de côtés 4 cm, 5,5 cm et 6 cm.

b/ Construire le patron d'un cylindre de hauteur 4 cm et de diamètre 3 cm.

3. Perpendiculaires et parallèles

exercice 31 p. 231

En utilisant ce dessin qui représente un prisme droit, préciser parmi les phrases suivantes celles qui sont vraies.

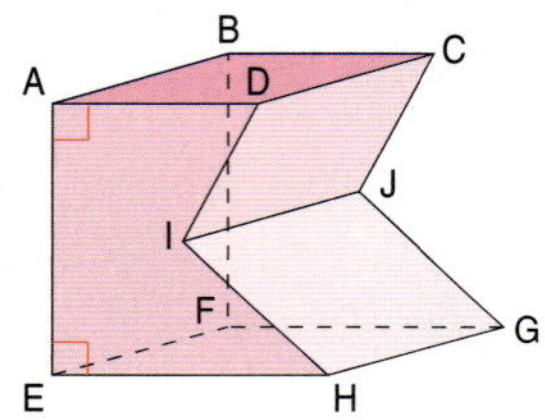

a/ Les arêtes [AD] et [AB] sont perpendiculaires.

b/ Les arêtes [CJ] et [IJ] sont perpendiculaires.

c/ Les arêtes [JG] et [GF] sont perpendiculaires.

d/ Les faces ADIHE et BFGJC sont parallèles.

4. Conversions

exercice 32 p. 231

a/ 4,5 m = ☐ cm ;

b/ 3 452 m = ☐ km ;

c/ 25,4 m^2 = ☐ cm^2 ;

d/ 3 450 250 m^2 = ☐ ha ;

e/ 2 300 000 cm^3 = ☐ m^3 ;

f/ 4,57 dm^3 = ☐ cm^3 ;

g/ 304,3 cL = ☐ L ;

h/ 4,57 hL = ☐ cL ;

i/ 3 400 cm^3 = ☐ L ;

j/ 3,4 cL = ☐ cm^3.

5. Volume et aire

exercices 33 à 35 p. 231

a/ Calculer le volume des solides suivants.

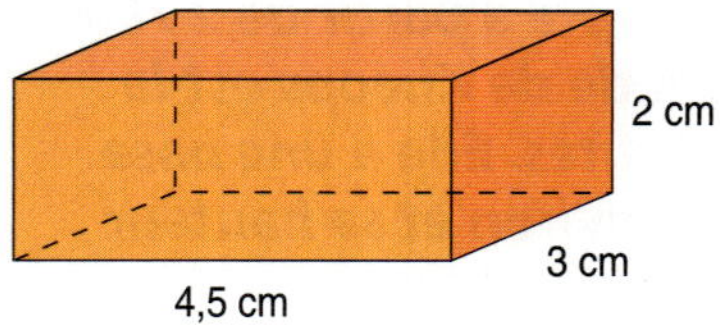

(1)

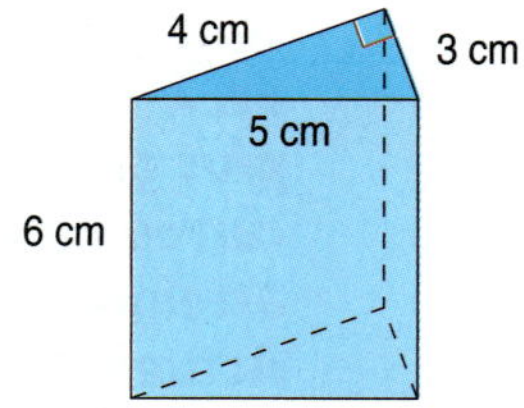

(2)

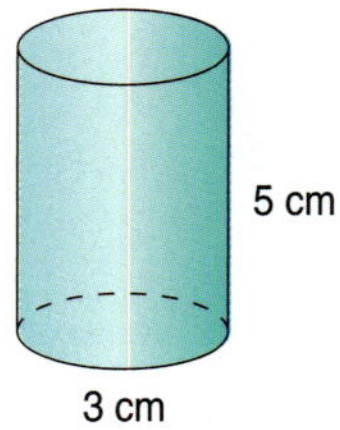

(3)

b/ Calculer l'aire totale de ces solides.

Franchir les obstacles

Perspective

1. Calculer des longueurs dans l'espace

➤ exercice 1 p. 228

> Si une droite est perpendiculaire à deux droites d'une face d'un solide qui se coupent en un point alors elle est perpendiculaire à toutes les autres droites de cette face passant par ce point. On dit que cette droite est perpendiculaire à cette face.

Par exemple, sur le cube ci-dessous, (BF) est perpendiculaire à (FE) et à (FG) ; donc (BF) est perpendiculaire à la face EFGH et donc, par exemple, à (FH).

a/ À partir du cube ci-dessous, dire si les phrases suivantes sont vraies ou fausses.

(1) (AE) est perpendiculaire à EFGH.
(2) (BH) est perpendiculaire à EFGH.
(3) (FH) est perpendiculaire à ADHE.
(4) (AE) et (EG) sont perpendiculaires.
(5) (BF) et (BC) sont perpendiculaires.
(6) Le triangle DHF est rectangle.

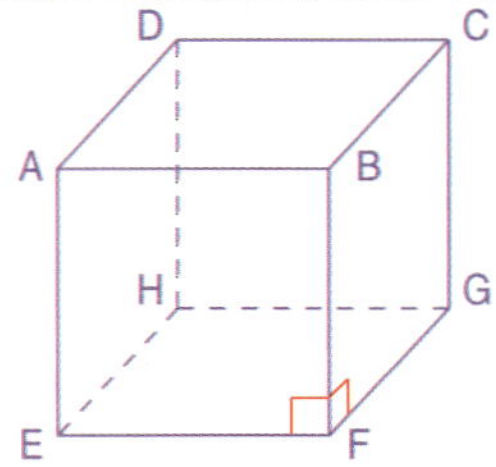

b/ Les arêtes de ce cube mesurent 12 cm. Calculer un arrondi à 0,01 cm près de HF et HB.

2. Solides en vrac

➤ exercices 2 à 5 p. 228

a/ Parmi les solides représentés ci-dessous en perspective, quels sont ceux que vous connaissez ? Les nommer.

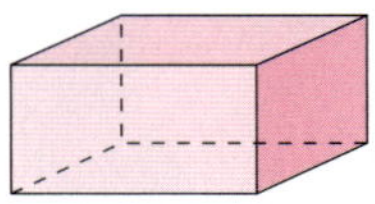
(1)

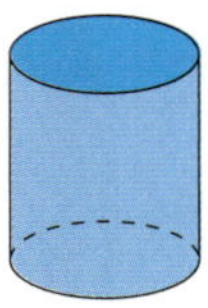
(2)

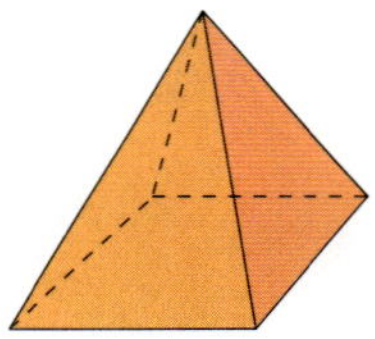
(3)

(4)

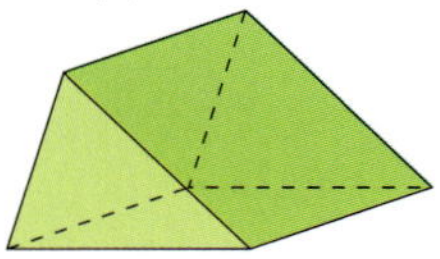
(5)

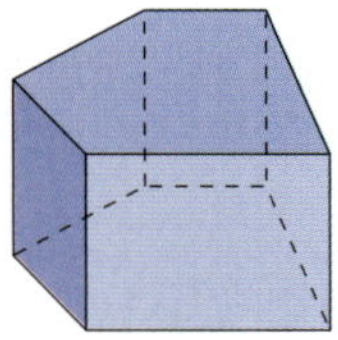
(6)

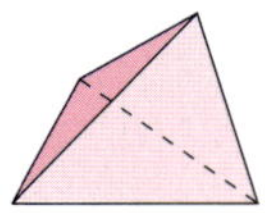
(7)

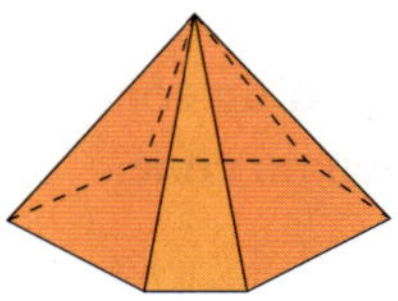
(8)

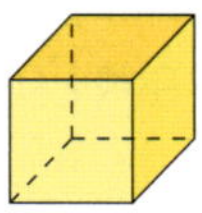
(9)

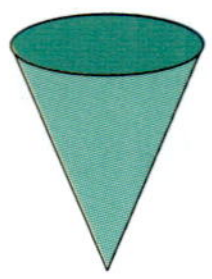
(10)

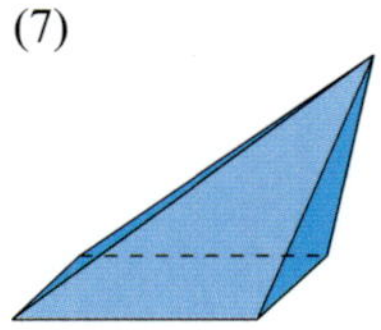
(11)

b/ Les solides (3), (7), (8) et (11) sont appelés pyramides. Proposer une définition d'une pyramide. Tracer en perspective une pyramide à base carrée.

c/ Les solides (4) et (10) sont appelés cônes (de révolution). Citer des objets de la vie courante qui sont des cônes. Dessiner en perspective un cône de révolution de rayon 1,5 cm et de hauteur 4 cm.

3. Des pyramides dans un cube

➤ exercice 6 p. 228

Les solides suivants sont-ils des pyramides ?
Si c'est le cas, préciser la nature des bases.

a/ ADHC ; b/ EBFHCG ;

c/ EDHC ; d/ ABFGC.

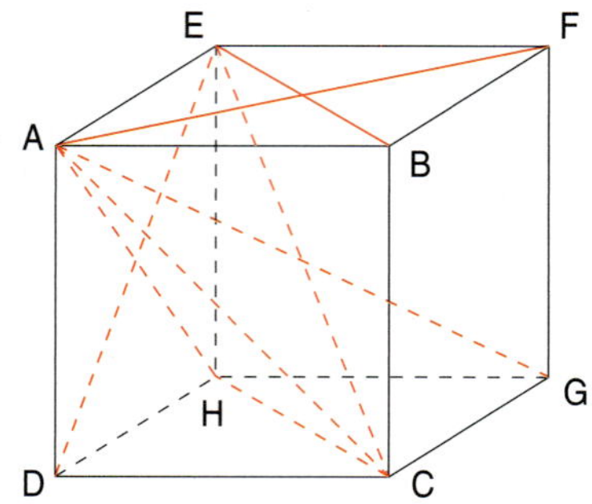

Patron

4. Patron à tracer

➤ exercice 7 p. 228

a/ Tracer, sur une feuille à découper, un patron d'une pyramide de sommet S dont la base est un carré de 7 cm de côté et dont les faces latérales, toutes identiques, sont des triangles isocèles dont chaque hauteur issue de S mesure 4 cm.

b/ Lionel pense que cette pyramide a une hauteur de 4 cm. A-t-il raison ? Vérifier son pronostic en découpant le patron et en constituant la pyramide.

5. Patron à plier

➤ exercice 8 p. 228

Parmi les dessins ci-dessous, préciser ceux qui ne sont pas des patrons de pyramides. Justifier les réponses.

a/

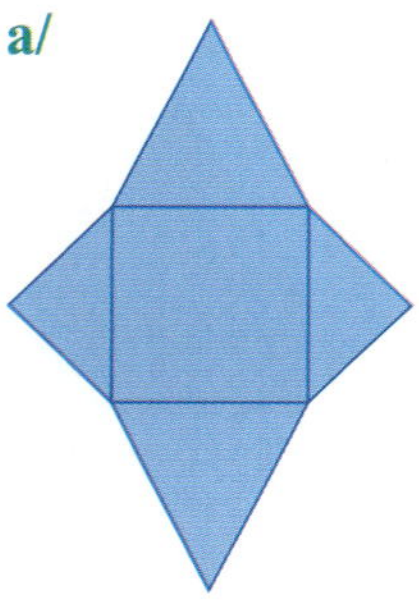

b/

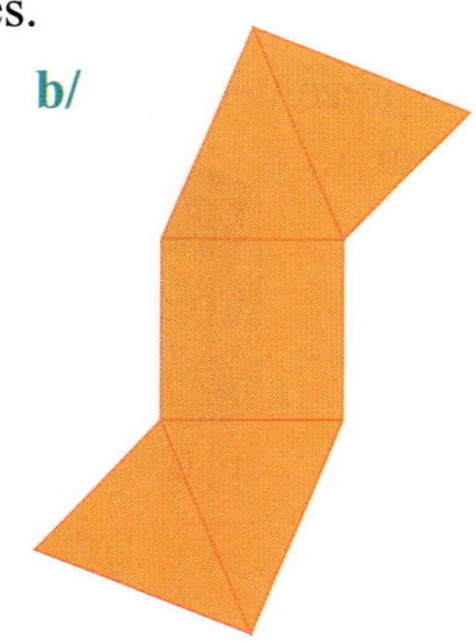

c/

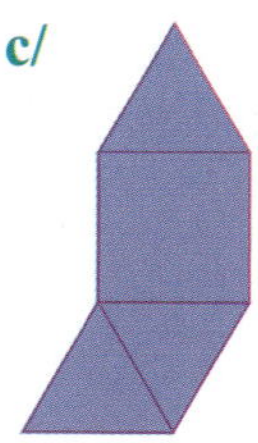

d/

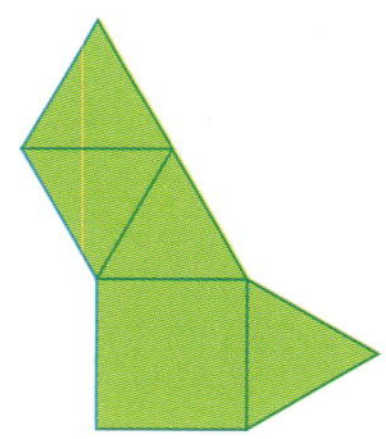

6. Patron d'un cône

➤ exercice 9 p. 228

Sur une feuille de brouillon, tracer le patron d'un cône (en choisissant les mesures). Le découper et vérifier que l'on obtient bien un cône.

Volume

Une même formule permet de calculer le volume V d'une pyramide et celui d'un cône :

$$V = \frac{1}{3} \times B \times h$$

où B est l'aire de la base et h la hauteur du solide.

7. Volume de pyramides et de cônes

➢ *exercices 10 à 13 p. 229*

a/ Déterminer le volume d'une pyramide à base carrée de 3 cm de côté et de 5 cm de hauteur.

b/ Calculer une troncature à 0,1 cm^3 près du volume d'un cône de 4 cm de rayon et de 5 cm de hauteur.

Résoudre des problèmes

8. Volume et hauteur

➢ *exercices 14 et 15 p. 229*

a/ Calculer la hauteur d'une pyramide qui a un volume de 48 cm^3 et dont la base est un carré de 4 cm de côté.

b/ Un cône a une base de rayon 3 cm et un volume de 113 cm^3. Calculer sa hauteur.

9. Autour du cône

➢ *exercices 16 et 17 p. 229*

a/ Calculer un arrondi à 0,1 cm^3 près du volume du cône ci-contre.

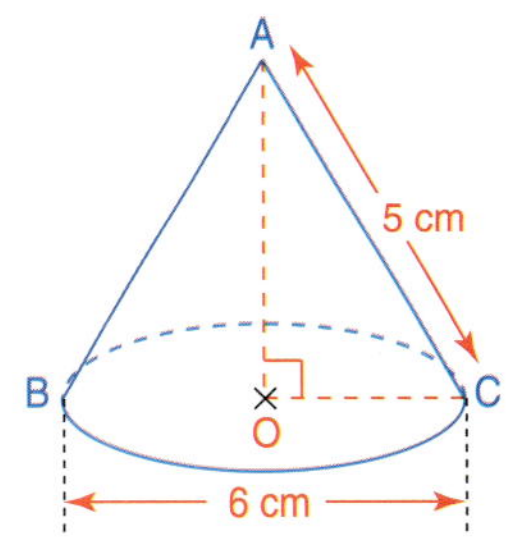

b/ On dispose d'un verre qui a la forme d'un cône de hauteur 12 cm et de rayon 4 cm. On verse dans ce verre de l'eau qui arrive à une hauteur de 10 cm. Quel est le volume d'eau dans ce verre ?

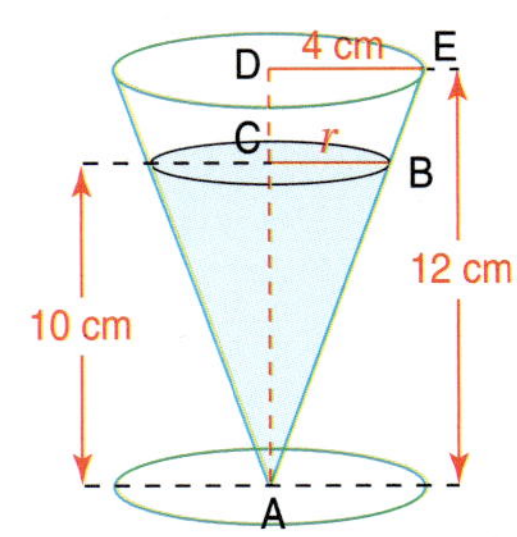

10. Autour de la pyramide

➢ *exercice 18 à 20 p. 00*

a/ Déterminer le volume de la pyramide à base carrée ci-dessous sachant que BC = 2 cm, AH = 4 cm, et que (AI) est perpendiculaire à la base. On admettra que toutes les faces latérales sont des triangles isocèles.

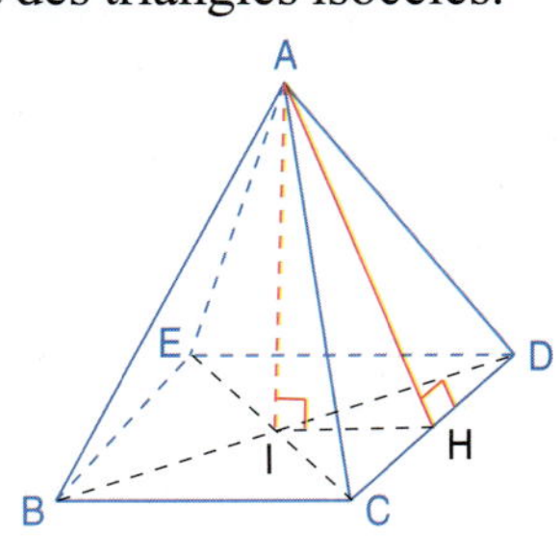

b/ SABCD est une pyramide de sommet S et de base carrée ABCD. I est le centre de ce carré. (SI) est la hauteur de la pyramide. On sait que AB = 5 cm et SB = 10 cm. Déterminer le volume de cette pyramide.

c/ (SH) est la hauteur de la pyramide représentée en perspective ci-dessous. Sa base est un carré de côté 4 cm et SH = 6 cm. Les faces sont toutes des triangles isocèles superposables.

(1) Calculer HH'.

(2) Calculer SH'.

(3) Calculer l'aire latérale de cette pyramide.

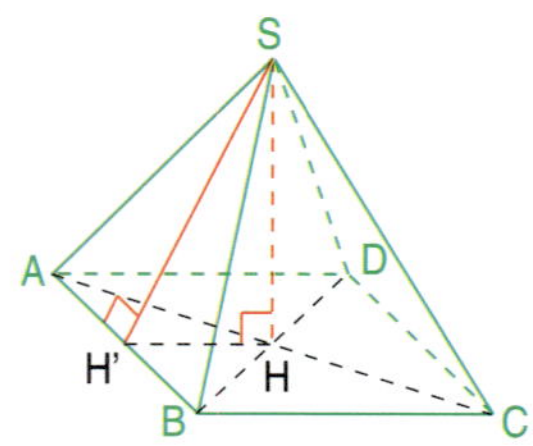

11. Sectionner un cube

ABCDEFGH est un cube d'arête 4 cm.

a/ Quelle est la nature du solide AFCB et la nature de ses faces ?

b/ Calculer le volume du solide AFCB.

c/ Tracer un patron du solide AFCB.

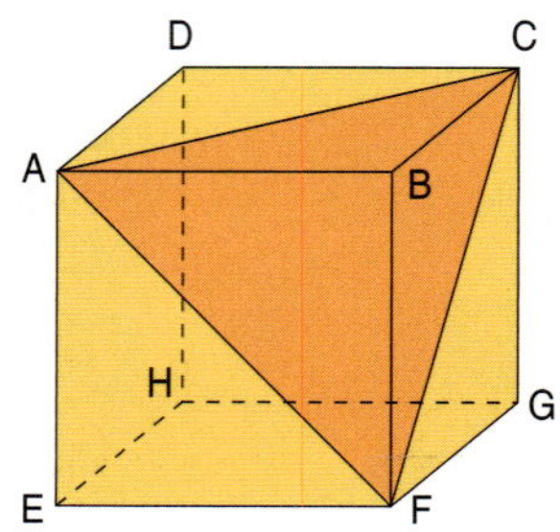

12. Chapeau conique pour clown comique

Pour le carnaval, Céline veut fabriquer un chapeau de clown conique. Pour cela elle mesure son tour de tête : 55 cm. Elle construit ensuite le patron de son chapeau comme cela est représenté sur le dessin ci-dessous.

a/ Pourra-t-elle mettre ce chapeau ? Sinon, quelle doit être la mesure de l'angle $\widehat{AOB}$ pour que le chapeau convienne ?

b/ Quelle est alors l'aire du patron de ce chapeau ?

1 Perpendiculaires dans l'espace

Si une droite est perpendiculaire à deux droites sécantes d'une face d'un solide alors elle est perpendiculaire à toutes les droites de cette face passant par le point d'intersection des deux droites. On dit que cette droite est perpendiculaire à la face.

Exemple. Dans le parallélépipède rectangle ci-contre, on sait que :
- (BF) ⊥ (AB) (car ABFE est un rectangle) ;
- (BF) ⊥ (BC) (car BCGF est un rectangle).

Donc (BF) est perpendiculaire à toute droite de la face ABCD qui passe par B ; donc par exemple : (BF) ⊥ (DB).

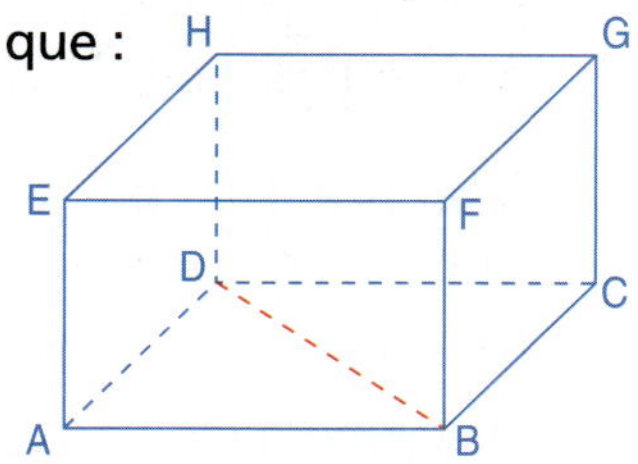

! Attention. Un angle droit dans l'espace n'est pas toujours représenté par un angle droit en perspective.

2 Pyramide

Une pyramide est un solide dont :
– une face est un polygone appelé base,
– toutes les autres faces sont des triangles qui ont un sommet commun appelé sommet de la pyramide.
(Ces faces sont appelées faces latérales.)

La droite qui passe par le sommet de la pyramide et qui est perpendiculaire à la base est appelée hauteur de la pyramide.

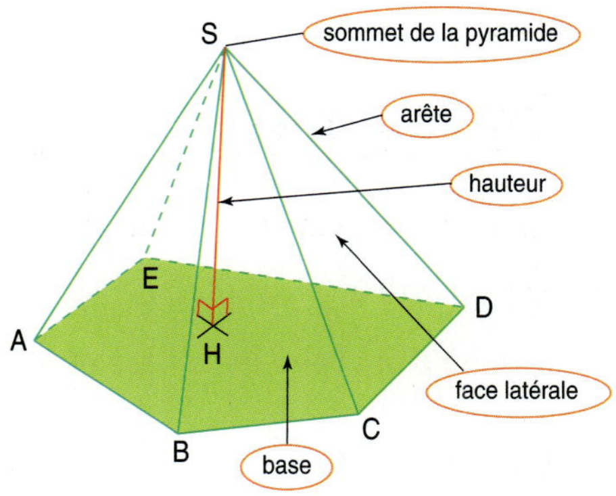

Cas particulier. Une pyramide dont la base est un triangle est un **tétraèdre**.

! Attention. Toutes les faces d'un tétraèdre sont des triangles ; donc toutes ses faces peuvent être considérées comme des bases.

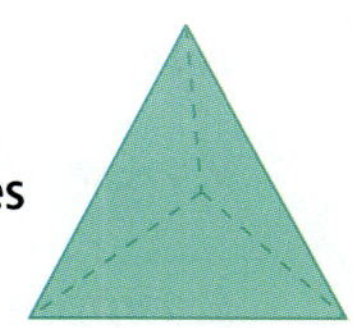

3 Cône

La figure ci-contre représente un **cône de révolution**.

Dans un cône de révolution, la droite qui passe par le sommet du cône et par le centre du cercle de base est perpendiculaire à la base. C'est la hauteur du cône.

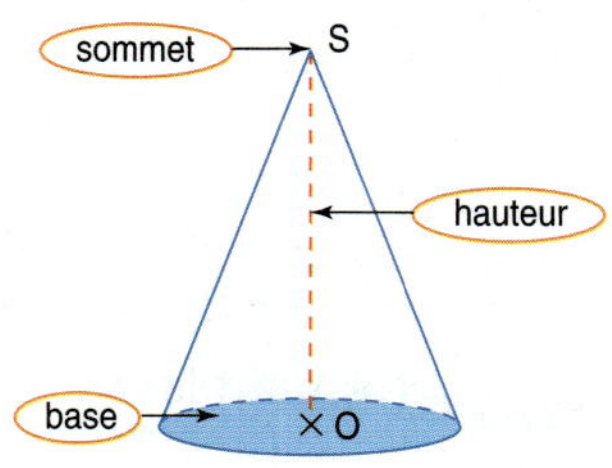

4 Patron d'un cône

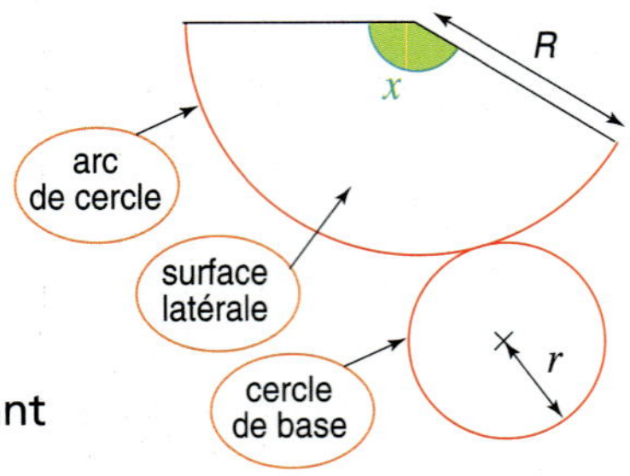

Le patron d'un cône a la forme ci-contre. La longueur de l'arc de cercle rouge doit être égale au périmètre du cercle de base.

Il y a **proportionnalité** entre la mesure de l'angle et la longueur de l'arc de cercle correspondant.

Exemple. En reprenant le dessin ci-dessus, et en supposant que $R = 2{,}5$ cm et $r = 1$ cm, calculer x.

- Il y a proportionnalité entre la mesure x de l'angle et la longueur de l'arc de cercle rouge. La longueur de l'arc de cercle rouge vaut $2\pi \times 1$ (périmètre du cercle de base).
- D'autre part, le périmètre du cercle de rayon R (= 2,5 cm) correspond à un angle de 360°.
- On peut donc établir le tableau de proportionnalité ci-dessous :

Mesure de l'angle (en degré)	360	x
Longueur de l'arc de cercle (en cm)	$2\pi \times 2{,}5$	$2\pi \times 1$

Donc $x = \dfrac{360 \times 2\pi \times 1}{2\pi \times 2{,}5}$ donc $x = \dfrac{360}{2{,}5}$ soit $x = 144°$.

5 Volume

Une même formule permet de calculer le volume V d'une pyramide, et celui d'un cône :

$$V = \frac{1}{3} \times B \times h$$

où B est l'aire de la base et h la hauteur du solide.

Exemple 1. Calculer un arrondi à 0,1 cm^3 près du volume d'une pyramide à base carrée de 4 cm de côté et de 5 cm de hauteur.

Aire de la base (en cm^2) : 16 (car $4 \times 4 = 16$).

$V = \dfrac{1}{3} \times 16 \times 5$ donc $V \approx 26{,}7$ cm^3.

Exemple 2. Calculer une troncature à 0,1 cm^3 près du volume d'un cône de rayon de base 3 cm et de hauteur 4 cm.

Aire de la base (en cm^2) : $3 \times 3 \times \pi = 9\pi$.

$V = \dfrac{1}{3} \times 9\pi \times 4$ donc $V \approx 37{,}6$ cm^3.

! Attention. Dans une pyramide, ne pas confondre la hauteur de la pyramide et la hauteur des triangles formant les faces latérales.

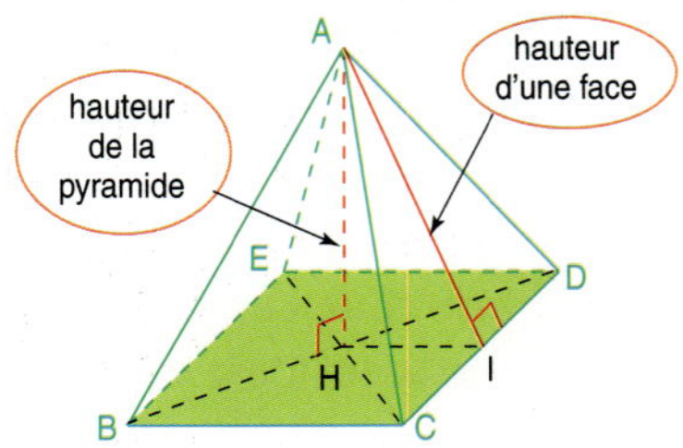

Calculer la longueur d'un segment dans l'espace

Méthode 1 ▸▸ Se placer dans un triangle ou un quadrilatère et utiliser les méthodes connues pour calculer la longueur d'un côté

Exemple. Dans la pyramide ci-contre, on sait que AB = 5 cm, SH = 6 cm. On sait aussi que (SH) est perpendiculaire à la base carrée ABCD.
Calculer une troncature à 0,1 cm près de SC.

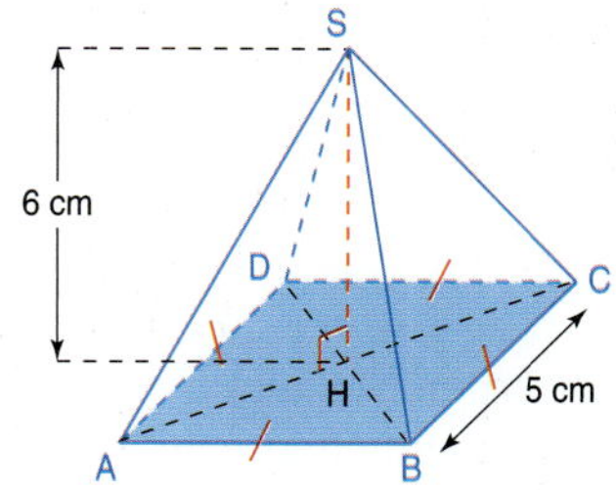

RecherchE

RédactioN

On sait que ABCD est un carré.
Si un quadrilatère est un carré alors ses diagonales sont perpendiculaires, de même longueur, et se coupent en leur milieu.
Donc HBC est un triangle rectangle et isocèle en H.
Donc d'après le théorème de Pythagore on a :
$HB^2 + HC^2 = BC^2$.
Donc $2\ HC^2 = 25$ donc $HC^2 = 12{,}5$.
On sait que (SH) est perpendiculaire à la face ABCD donc elle est perpendiculaire à (AC).
Dans le triangle rectangle SHC on a, d'après le théorème de Pythagore, $SC^2 = SH^2 + HC^2$.
Donc $SC^2 = 6^2 + 12{,}5 = 48{,}5$ donc $SC \approx 6{,}9$ cm.

Méthode 2 ▸▸ Utiliser les formules de calcul du volume d'un solide

Exemple. Voir l'activité 8 de *Franchir les obstacles*, p. 223.

Exercices fondamentaux

Perspective

1. **a/** À partir du parallélépipède rectangle ci-dessous, préciser si les phrases suivantes sont vraies ou fausses.

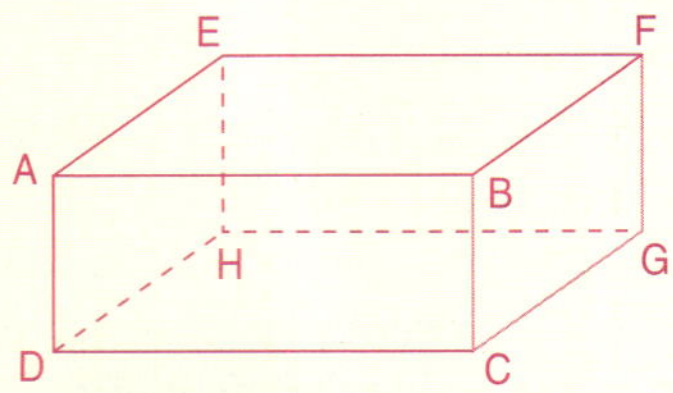

(1) (EH) est perpendiculaire au plan DHGC.
(2) (CH) est perpendiculaire au plan AEHD.
(3) ADG est un triangle rectangle.
(4) BFG est un triangle rectangle.

b/ On sait que AB = 8 cm, BC = 6 cm et BF = 5 cm. Calculer CH et CE.

2. ***Maîtriser le vocabulaire***

Pour la pyramide représentée ci-dessous, nommer la base, le sommet, la hauteur, les arêtes, les faces latérales.

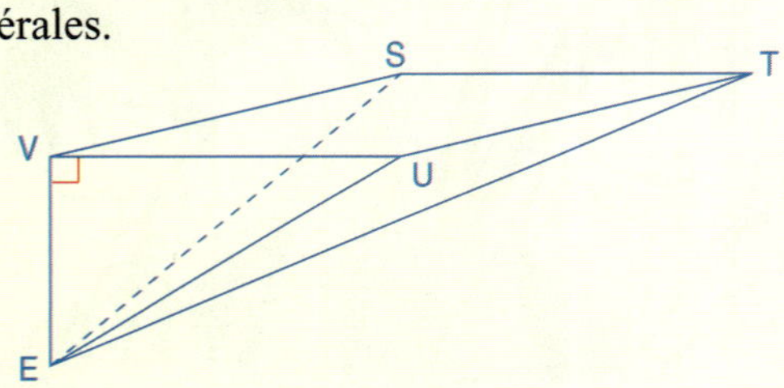

3. À vue d'œil, repérer quelles sont les pyramides parmi les solides ci-dessous. Préciser si leur base est un triangle, un quadrilatère ou un autre polygone, ainsi que le nombre de leurs faces latérales.

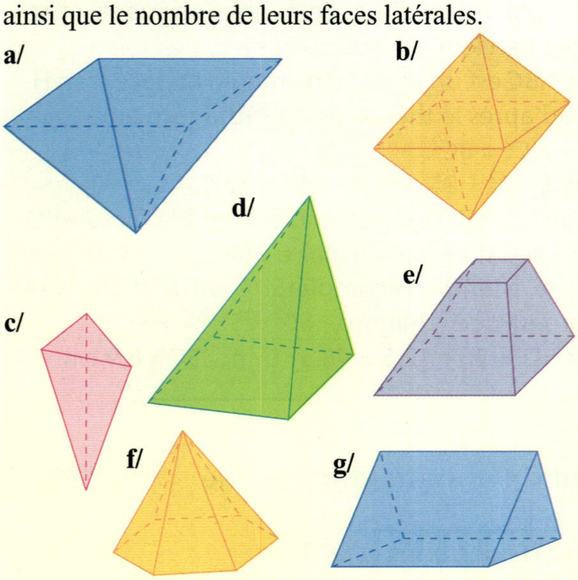

4. **a/** Tracer en perspective une pyramide à base carrée de 3 cm de côté et de 4 cm de hauteur.

b/ Tracer en perspective un cône de hauteur 3 cm et de rayon 2 cm.

5. ***Calcul littéral***

Soit x le nombre de côtés de la base d'une pyramide. Écrire en fonction de x le nombre de sommets, d'arêtes et de faces de cette pyramide.

6. Le solide ci-dessous est un parallélépipède rectangle. Quelle est la nature des solides suivants ?

a/ EKFHLG ;
b/ EFGHD ;
c/ AEHF ;
d/ AEFKDHGL ;
e/ EFHB.

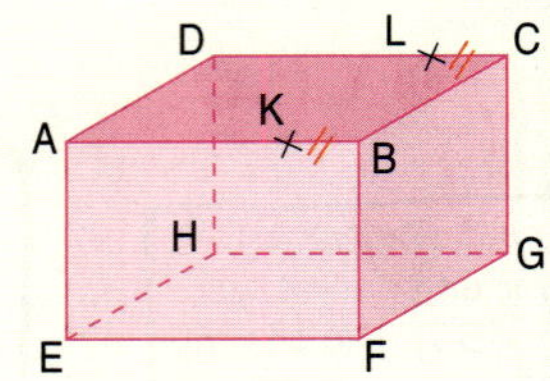

Patron

7. Tracer le patron d'une pyramide dont la base est un triangle équilatéral de côté 3 cm et dont les faces latérales sont des triangles isocèles superposables dont les côtés de même longueur mesurent 5 cm.

8. Préciser parmi les dessins ci-dessous ceux qui sont des patrons de pyramide.

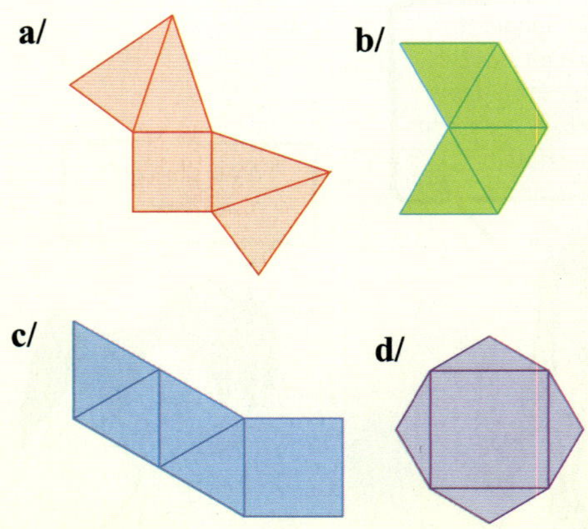

9. Le dessin ci-contre est-il le patron d'un cône ?

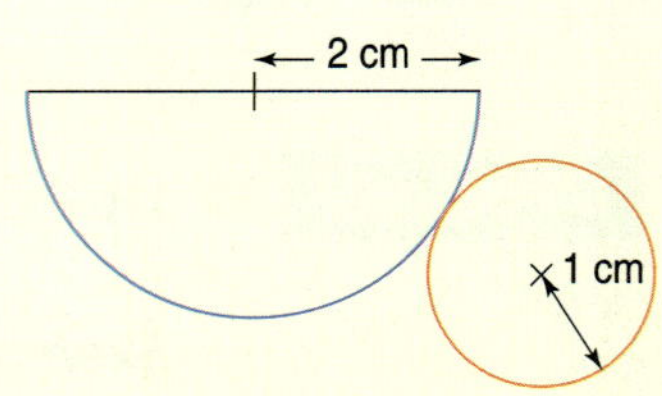

Volume

10. Calculer le volume des solides suivants.

a/ Une pyramide dont la base a une aire de 15 cm^2 et de hauteur 10 cm.

b/ Une pyramide dont la base est un rectangle de 5 cm par 3 cm et de hauteur 4 cm.

c/ Un cône de rayon 3 cm et de hauteur 5 cm.

11. Le solide ci-contre est un cube d'arête 4 cm. Déterminer le volume des solides :

a/ BCGFD ; **b/** EHFA ;

c/ HGFA.

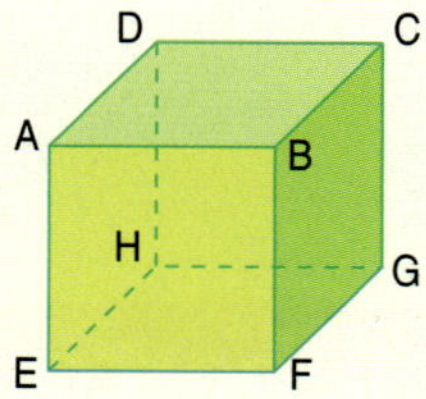

12. Calculer le volume des solides suivants.

a/

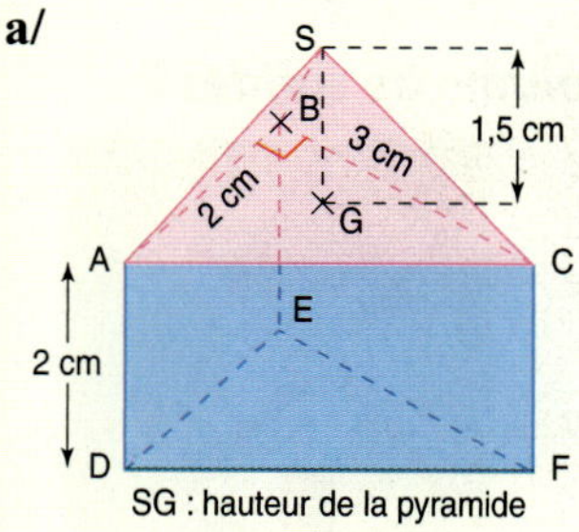

b/

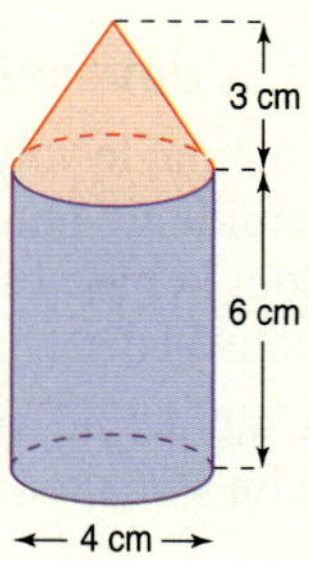

13. **a/** On considère des pyramides dont l'aire de base est de 25 cm^2. Écrire, en fonction de la hauteur h, le volume de ces pyramides.

Y a-t-il proportionnalité entre le volume de ces pyramides et leur hauteur ?

b/ On considère des pyramides à base carrée qui ont toutes des hauteurs de 5 cm. Écrire, en fonction de la longueur du côté c, le volume de ces pyramides.

Y a-t-il proportionnalité entre le volume de ces pyramides et la longueur du côté de la base ?

Résoudre des problèmes

14. Une pyramide a un volume de 20 cm^3. Sa base est un losange dont les diagonales mesurent 6 cm et 4 cm. Quelle est la hauteur de cette pyramide ?

15. ABCDE est une pyramide à base carrée de 4 cm de côté et de sommet E. Soit I le centre du carré de base. (EI) est perpendiculaire à la base et telle que EI = 5 cm. On admettra que les faces latérales sont des triangles isocèles superposables.

a/ Représenter cette pyramide en perspective.

b/ Calculer la hauteur issue de E du triangle ABE.

c/ Tracer un patron de ce solide.

16. Les cônes représentés ci-dessous ont le même rayon (1 cm). Ont-ils le même volume ? Sinon, quel est celui qui a le plus grand volume ? Calculer le volume des deux cônes.

a/

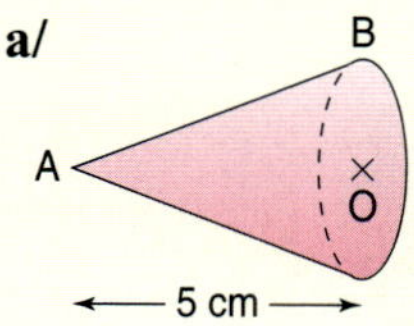

b/

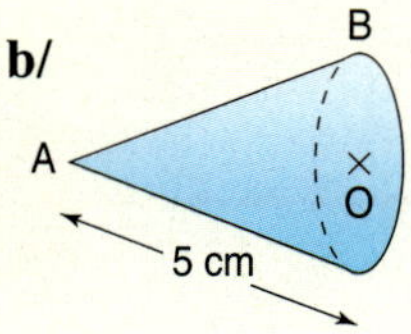

17. ***Au brevet***

On considère le verre ci-contre, ayant la forme d'un cône de révolution, de hauteur OS = 12 cm et de rayon OA = 3 cm.

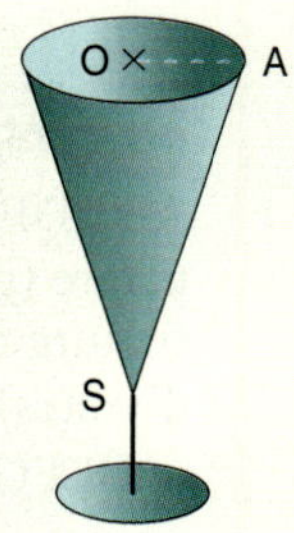

a/ Montrer que le volume de ce verre (en cm^3) est égal à 36π.

b/ Avec un litre d'eau, combien de fois peut-on remplir ce verre entièrement ?

c/ Si on remplit ce verre d'eau aux 5/6 de sa hauteur, quel est alors le volume d'eau utilisé ? On donnera le résultat arrondi au cm^3 près.

d/ Calculer la mesure de l'angle $\widehat{OSA}$ (donner la valeur arrondie au degré près). (Bordeaux, 1996)

18. Les pyramides suivantes sont des pyramides à base carrée de 3 cm de côté telles que (AO) est perpendiculaire à la base. Les faces de chacune de ces pyramides sont des triangles isocèles superposables. Ces deux pyramides ont-elles le même volume ? Sinon, quelle est celle qui a le plus grand volume ? Calculer le volume des deux pyramides.

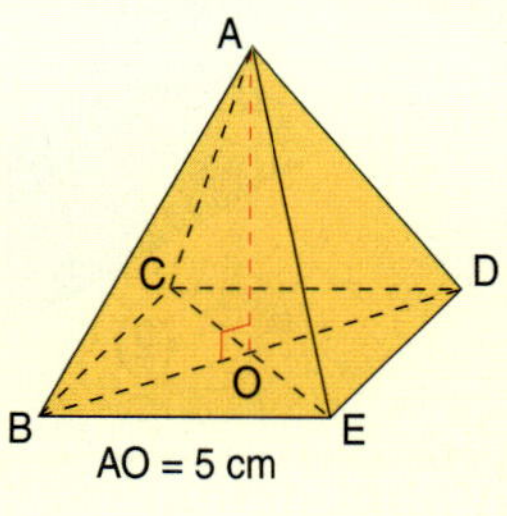

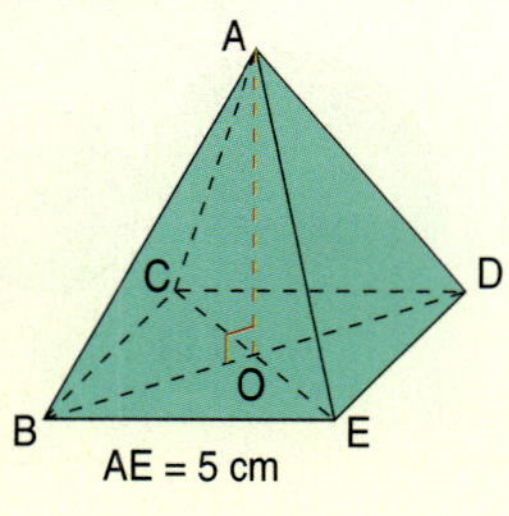

19. ***Calcul littéral***

Trouver x pour que les volumes de ces deux solides soient égaux :

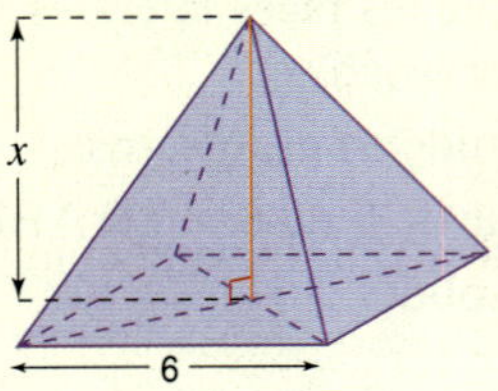

Pyramide à base carrée

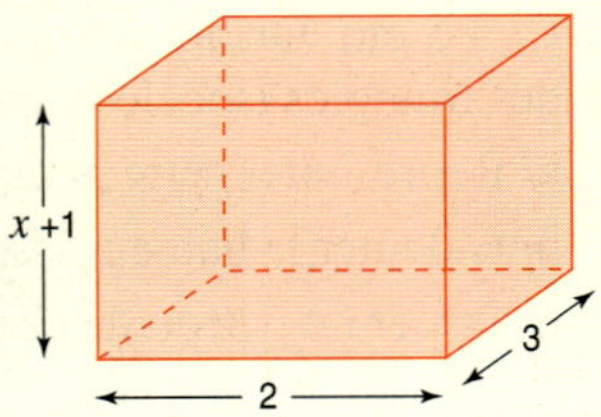

Parallélépipède rectangle

Les mesures sont exprimées dans la même unité.

20. La pyramide ci-contre a une base ABCD, carrée, de 6 cm de côté et de centre O. Ses autres faces sont des triangles équilatéraux.

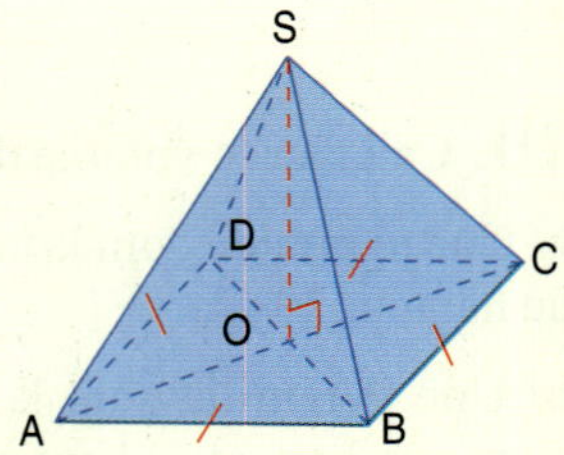

a/ Démontrer que DBS est un triangle rectangle isocèle.

b/ Calculer la hauteur SO de la pyramide.

Faire le point à mi-parcours

Savez-vous…

21. ***… caractériser, nommer et représenter en perspective une pyramide, un cône ?***

ABCDEFGH est un prisme droit. Déterminer la nature (pyramide, prisme…) et les caractéristiques (nature des faces, nombre de faces, de sommets, d'arêtes) des solides suivants :

a/ BEFG ; **b/** ABCDH ; **c/** ABCEFG.

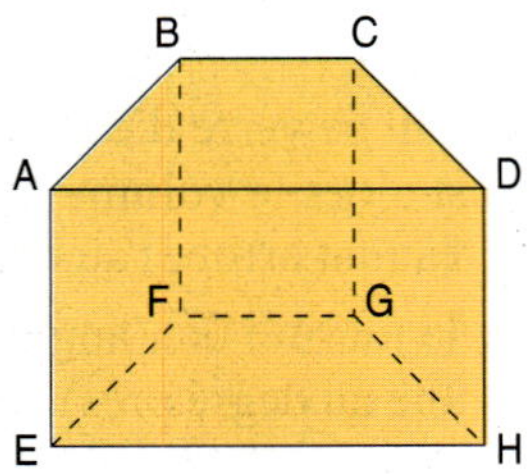

22. ***… reconnaître et construire le patron d'une pyramide, d'un cône ?***

a/ Le dessin (1) ci-après est-il le patron d'un cône ? (On prendra les mesures nécessaires sur le dessin.)

b/ Le dessin (2) ci-dessous est-il le patron d'une pyramide ?

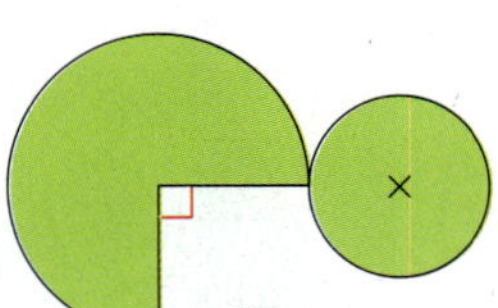

(1)

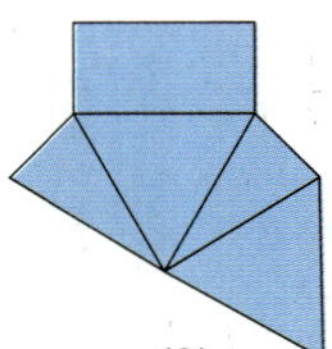

(2)

23. ***… déterminer le volume de solides ?***

a/ Calculer le volume d'une pyramide de hauteur 9 cm et dont la base est un carré de côté 5 cm.

b/ Calculer le volume du moulin à vent ci-contre.

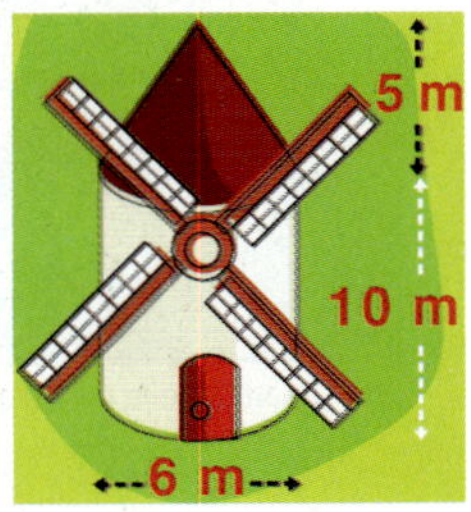

24. ***… résoudre des problèmes ?***

a/ ABCDEFGH est un parallélépipède tel que ABCD est un carré de 4 cm de côté.
BF = 5 cm.
Calculer IF.

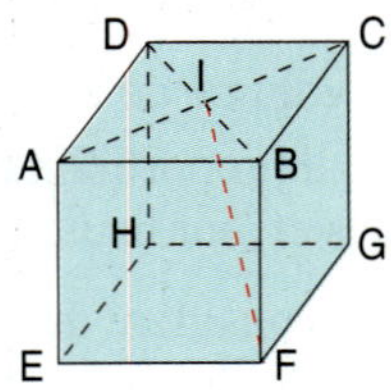

b/ Une station spatiale a la forme d'un cône, et l'habitacle des cosmonautes celle d'un cylindre (voir dessin ci-contre) :
SO = 10 m ;
IO = 5,4 m ;
OA = 6 m.
Déterminer le volume de l'habitacle.

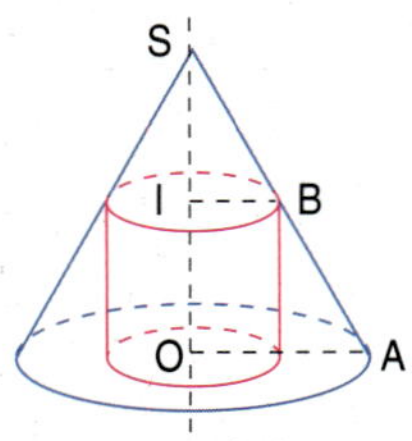

(IB) // (OA)

Exercices complémentaires

S ' É C H A U F F E R

25. Parmi les solides représentés ci-dessous, repérer à vue d'œil ceux qui sont des prismes droits et ceux qui sont des cylindres.

a/

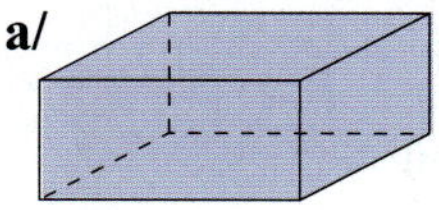

b/

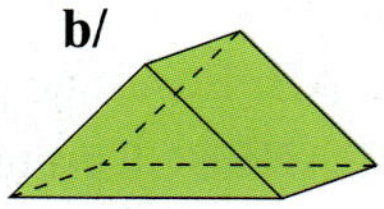

c/

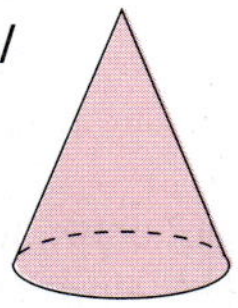

d/

e/

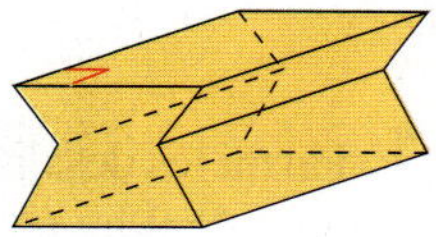

26. Reproduire et compléter les trois dessins ci-dessous pour qu'ils représentent des prismes droits à base triangulaire en perspective.

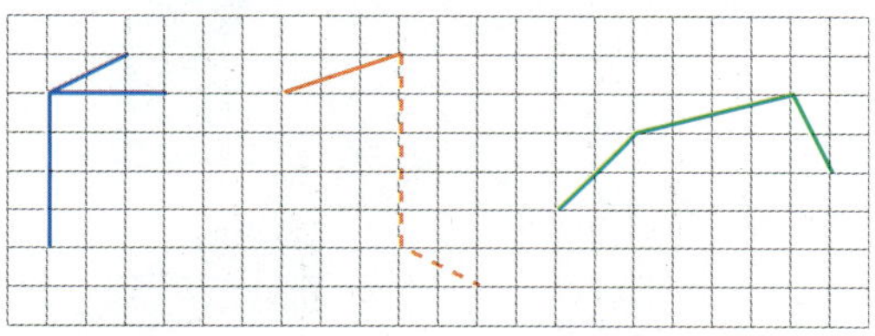

27. Les dessins ci-dessous sont-ils les patrons de prismes droits à base triangulaire ? (Prendre les mesures nécessaires sur le dessin.)

a/

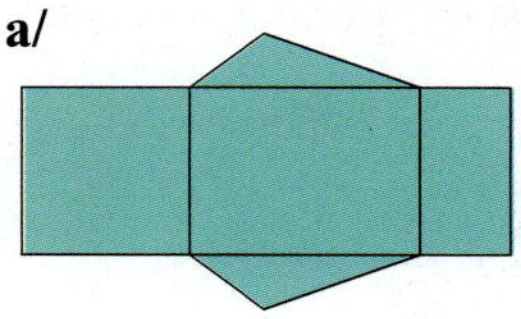

b/

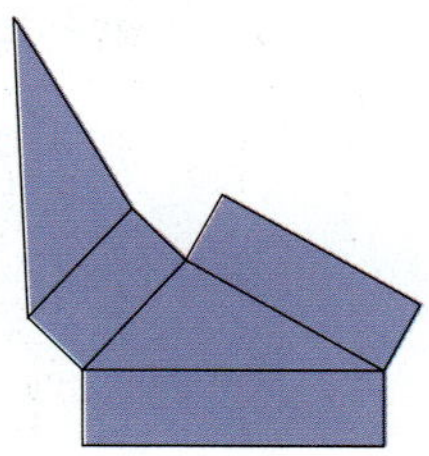

28. Tracer le patron d'un prisme droit dont la hauteur est de 3 cm et dont la base est un losange dont les diagonales mesurent 6 cm et 4 cm.

29. Le dessin ci-dessous est-il le patron d'un cylindre ? (Prendre les mesures nécessaires sur le dessin.)

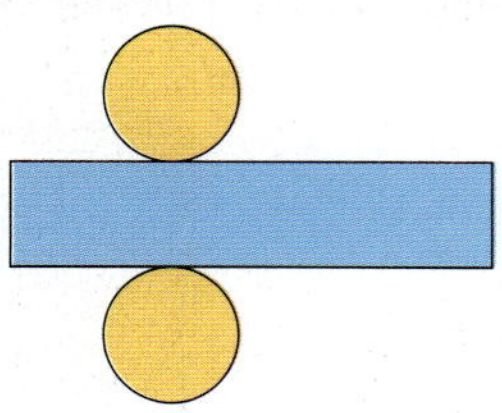

30. Tracer le patron d'un cylindre de rayon 2 cm et de hauteur 4 cm.

31. ***Vrai ou faux ?***

On a représenté ci-contre un prisme droit à base triangulaire. Quelles sont parmi les affirmations suivantes celles qui sont exactes ?

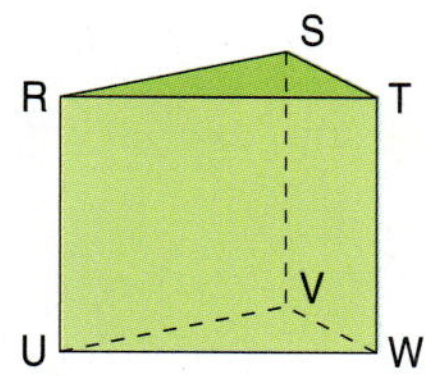

a/ Les arêtes [RT] et [RU] sont perpendiculaires.

b/ Les arêtes [RS] et [RU] sont perpendiculaires.

c/ Les arêtes [RS] et [UV] sont parallèles.

d/ Les faces RST et UVW sont parallèles.

32. Effectuer les conversions suivantes :

a/ 25,7 cm^3 = ☐ dm^3 ;

b/ 0,0051 m^3 = ☐ cm^3 ;

c/ 3 500 L = ☐ hL ;

d/ 0,051 daL = ☐ dL ;

e/ 25,4 hL = ☐ m^3 ;

f/ 358 cm^3 = ☐ mL.

33. **a/** Calculer le volume de ces prismes droits :

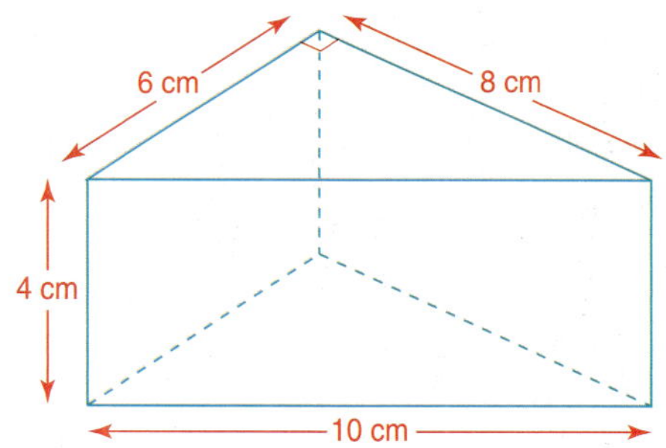

Prisme 1

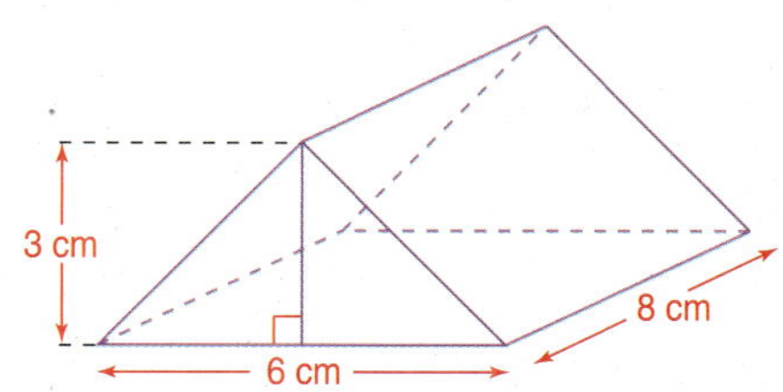

Prisme 2

b/ Calculer, si possible, l'aire latérale et l'aire totale de ces deux prismes.

34. **a/** Calculer un arrondi à 0,1 cm^3 près du volume du solide ci-après. Le rayon du petit cylindre est de 1 cm et celui du grand cylindre est de 4 cm.

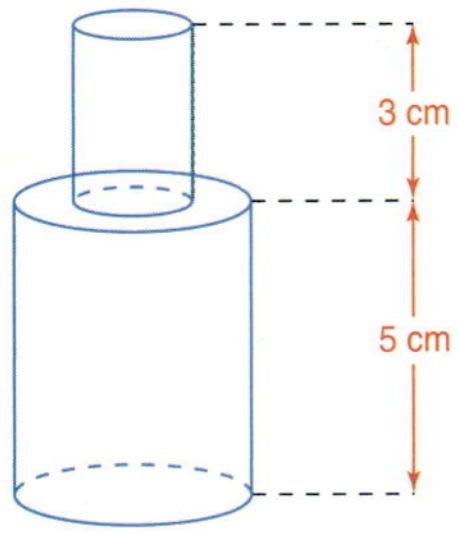

b/ Ce solide peut-il contenir 1/4 de litre d'eau ?

35. Déterminer le volume des solides suivants.

a/

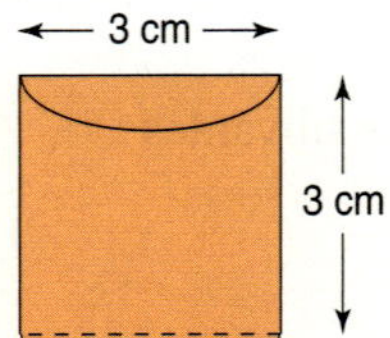

La base est un demi-disque

b/

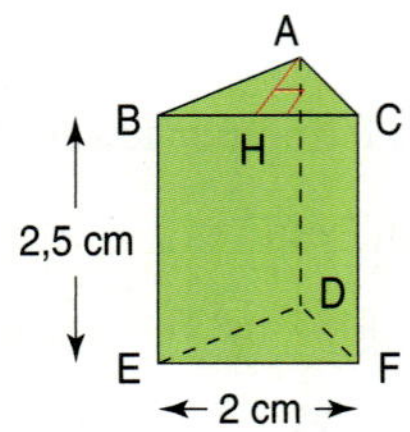

AH = 1,5 cm

S'ENTRAÎNER

Perspective

36. **a/** Tracer à main levée une pyramide à base triangulaire en perspective.

b/ Même question pour une pyramide dont la base est un carré.

37. Donner, si possible, les noms des faces dans lesquelles on peut tracer chacun des segments suivants : [PM], [HN], [HM], [MN], [HR] et [HP].

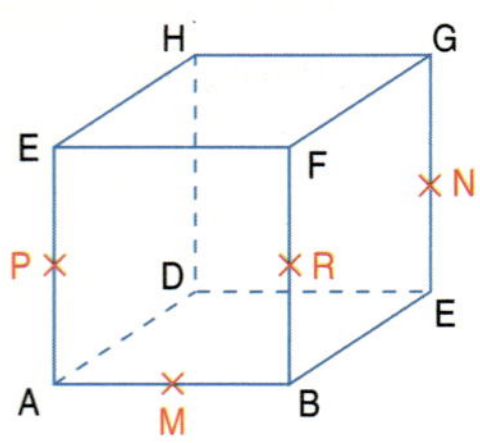

38. Citer des objets qui ont la forme d'une pyramide. Préciser la nature de leur base.

39. Compléter le tableau suivant qui concerne des pyramides.

Nombre de sommets	5	7		
Nombre de faces			9	
Nombre d'arêtes				6

40. ***Vrai ou faux ?***

ABCDEFGH est un cube.

a/ BEFGH est une pyramide de sommet B.

b/ DCHE est une pyramide.

c/ ABFEG est un prisme droit.

d/ AHEBGF est un prisme droit.

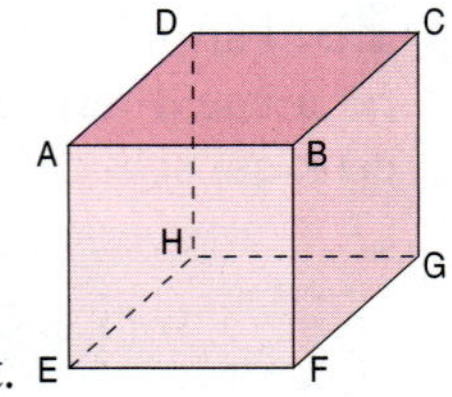

Patron

41. Parmi les dessins ci-dessous quels sont ceux qui correspondent au patron d'une pyramide ? Prendre les mesures nécessaires sur les dessins.

a/

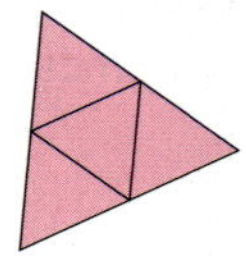

b/

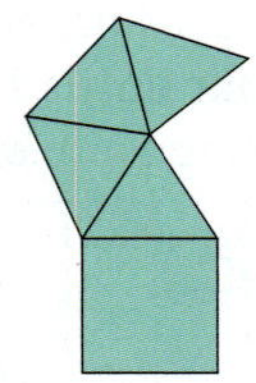

c/

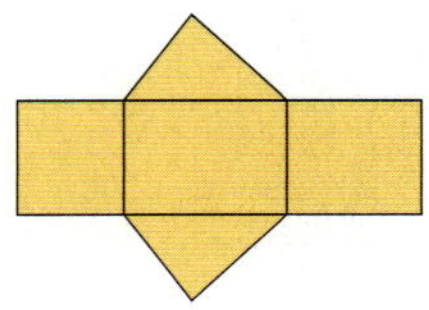

d/

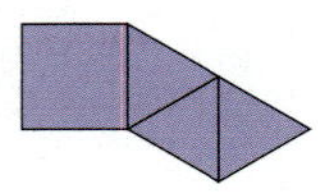

42. Parmi les dessins ci-dessous, quels sont ceux qui correspondent à des surfaces latérales de cône ?

a/

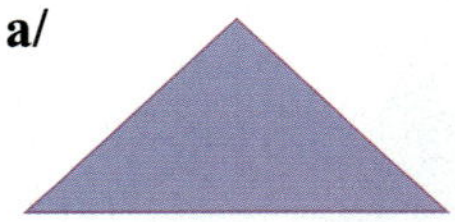

b/

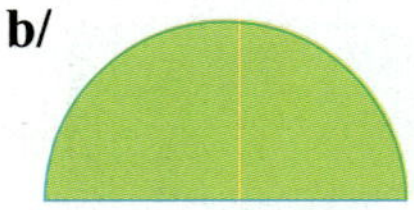

c/

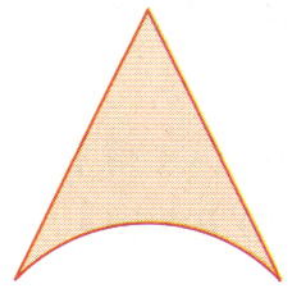

d/

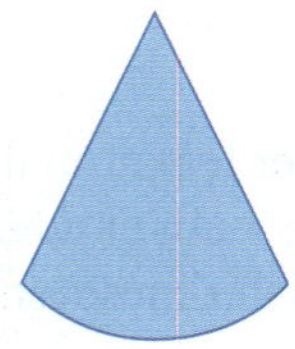

43. Les dessins ci-dessous peuvent-ils être les patrons d'un cône ? Justifier la réponse.

a/

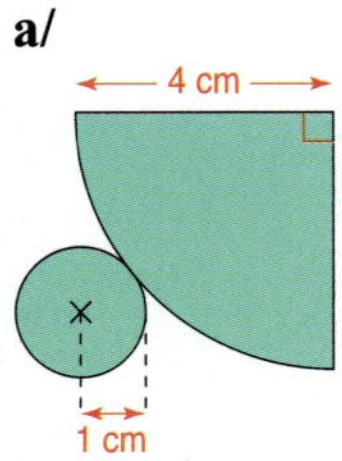

b/

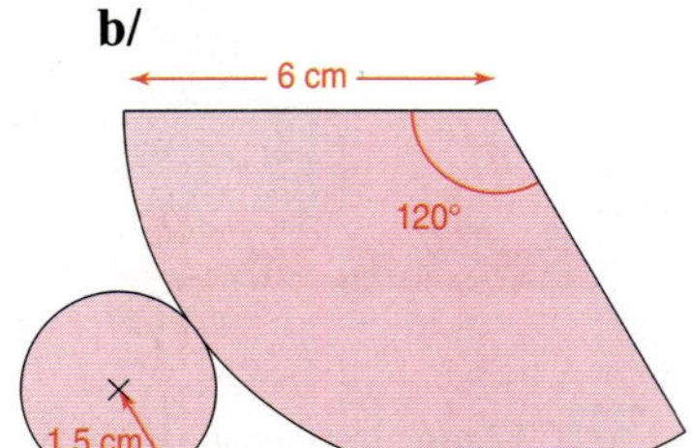

Volume

44. Déterminer le volume des pyramides suivantes :

a/ pyramide ayant une hauteur de 12 cm et dont l'aire de base est de 125 cm^2 ;

b/ pyramide ayant pour base un carré de 5 cm de côté et une hauteur de 8 cm.

45. **a/** Calculer un arrondi à 1 cm^3 près du volume d'un cône de 2 cm de hauteur et de rayon 10 cm.

b/ Mentalement trouver le volume d'un cylindre de même rayon et de même hauteur que ce cône.

46. Calculer le volume du solide ci-dessous.

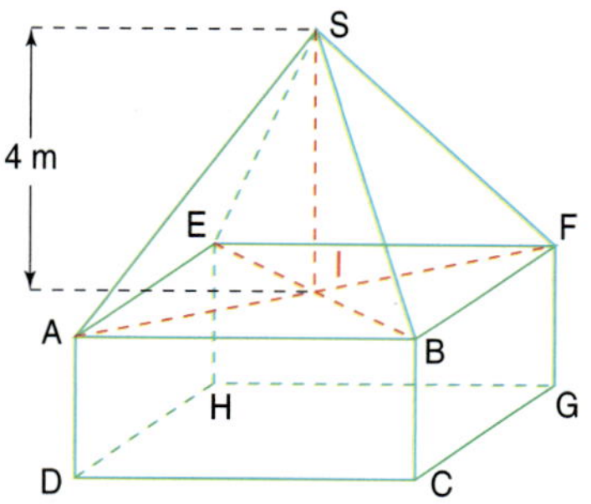

AB = 5 m
BC = 2 m
BF = 3 m
SI : hauteur de la pyramide

47. Voici un cube de 3 cm d'arête.
Calculer, le plus simplement possible, le volume des pyramides :

a/ KLMJF ;

b/ KLHGJ ;

c/ KMJF ;

d/ IMNJ.

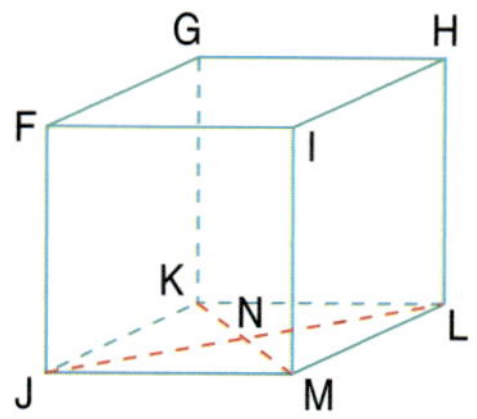

48. Parmi ces bougies décoratives, quelle est celle qui nécessite le plus de cire pour la réaliser ? (Toutes les mesures sont en centimètres.)

a/ **b/** **c/** **d/**

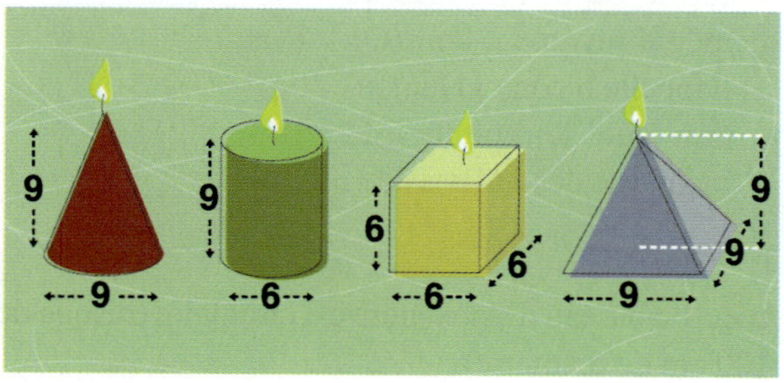

49. *À faire de tête*

Lionel a un seau cylindrique de 10 cm de rayon et de 15 cm de hauteur.

Claude a un seau conique de même rayon de base et de même hauteur. Combien Claude doit-il verser de seaux coniques pour remplir le seau de Lionel ?

Résoudre des problèmes

50. ABCDEFGH est un parallélépipède de hauteur 5 cm. Sa base ABCD est un carré de 3 cm de côté.

a/ Tracer à l'échelle 1 le triangle KBC. Calculer KC.

b/ Tracer à l'échelle 1 le triangle KCI. Calculer IK.

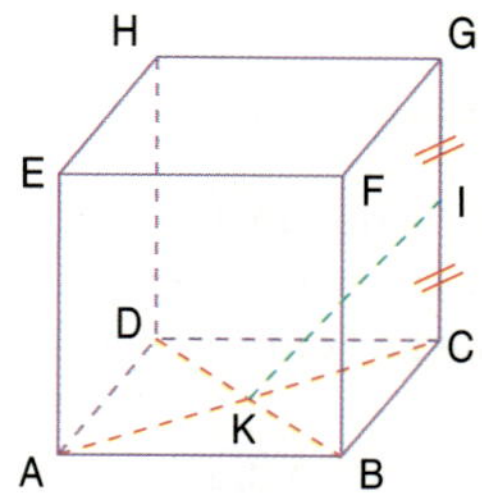

51. Compléter le tableau suivant qui concerne des cônes. (On prendra pour valeur approchée de π : 3,14.)

Cône	Hauteur (en cm)	Rayon (en cm)	Volume (en cm^3)
a/	15	5	
b/		3	113,04
c/	23		866,64

52. Compléter le tableau suivant qui concerne des pyramides.

Aire de la base	Hauteur	Volume
351 000 cm^2	150 cm	... cm^3
... dm^2	250 dm	23 500 m^3
45 720 cm^2	... cm	54 864 L

53. Le bac ci-dessous est rempli aux 3/4 de glace. Combien de cônes peut-on remplir à ras bord avec le contenu de ce bac (longueurs en cm) ?

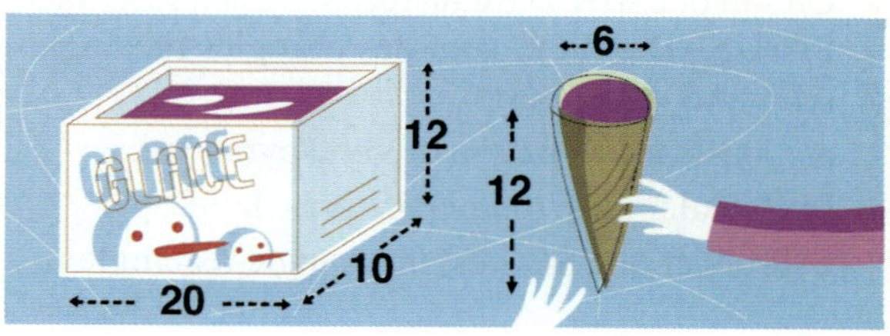

Exercices complémentaires

DEVENIR UN CHAMPION

Perspective

54. ***Calcul littéral***

a/ Une pyramide a 495 sommets. Quel est son nombre de faces ? Quel est son nombre d'arêtes ?

b/ Une pyramide a x sommets. Écrire en fonction de x son nombre de faces, d'arêtes.

c/ Une pyramide a 176 arêtes. Quel est son nombre de sommets ? Quel est son nombre de faces ?

d/ Une pyramide peut-elle avoir un nombre impair d'arêtes ?

Patron

55. Réaliser si c'est possible sur une feuille de papier de dimensions 21 cm par 7 cm le patron d'une pyramide à base carrée de côté 4 cm et de hauteur 4 cm.

56. Déterminer un arrondi à 0,1 cm ou 0,1° près de la mesure manquante pour que ces dessins soient les patrons de cônes.

a/

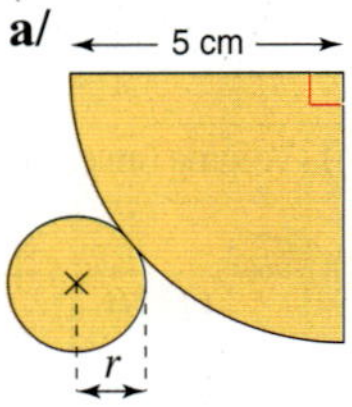

$r = ?$

b/

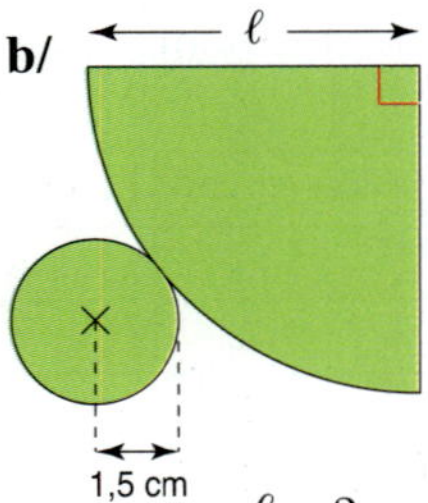

$\ell = ?$

c/

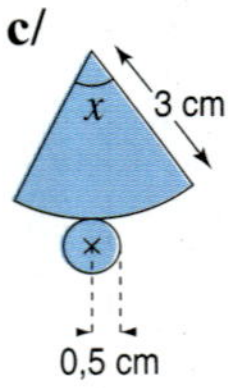

$x = ?$

57. ***Au brevet***

On considère la pyramide SABCD suivante :

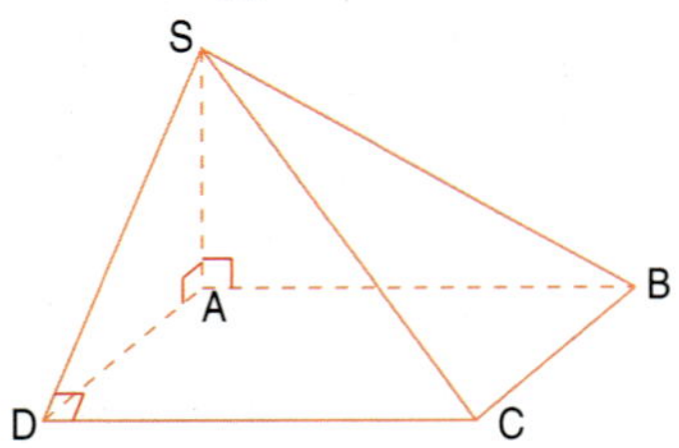

On sait que ABCD est un rectangle et que les faces SAB, SAD et SDC sont des triangles rectangles. AD = AS = 3 et AB = 7.

a/ Construire le patron de cette pyramide.

b/ Calculer un arrondi à 0,1 près de SD.

c/ Prouver que SBC est un triangle rectangle.

(Aix, 1999.)

58. Tracer le patron d'un cône de rayon de base 2 cm et de hauteur 4 cm.

Volume

59. Calculer un arrondi à 0,1 cm^3 près des volumes du cône et de la pyramide ci-dessous. La pyramide est à base carrée et telle que (AO) est perpendiculaire à la face BCDE.

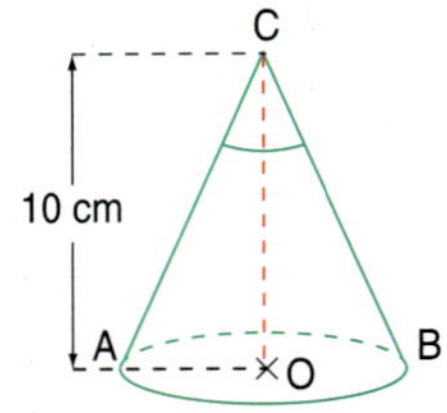

$\widehat{ACB} = 70°$

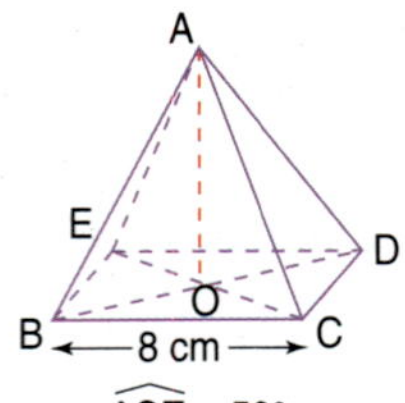

$\widehat{ACE} = 50°$

Résoudre des problèmes

60. SABCD est une pyramide à base carrée de côté 4 cm et de hauteur 5 cm. I est le centre de la base ; J est le milieu de [BC] ; et (SI) est perpendiculaire à la base ABCD. Le but de cet exercice est de comparer les angles $\widehat{SJI}$ et $\widehat{SCI}$. Faire un pronostic puis le vérifier en calculant ces angles.

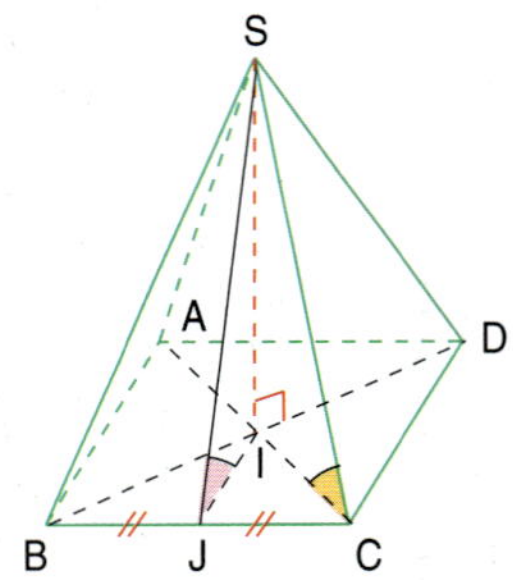

61. ***Calcul littéral***

Le solide ci-contre est formé de deux cônes de même rayon : 2 cm. (On l'appelle bicône.) Démontrer que le volume du bicône ne dépend pas de x.

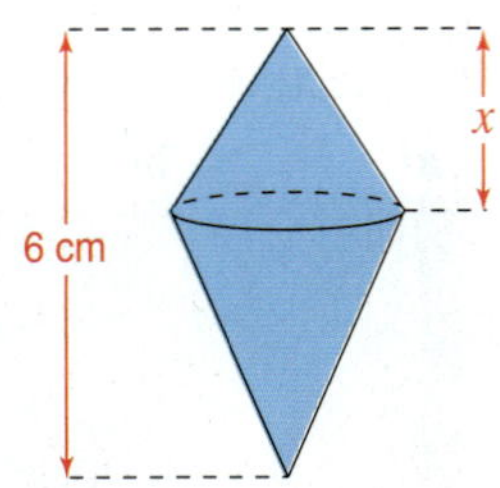

62. Le bureau d'Alexandre est circulaire (disque de 100 cm de diamètre).

Il dispose d'une lampe située juste au-dessus du centre de son bureau. Cette lampe est réglable en hauteur. Le faisceau lumineux est un cône d'angle 60°. À quelle hauteur minimale h doit-il placer cette lampe pour qu'elle éclaire totalement son bureau ?

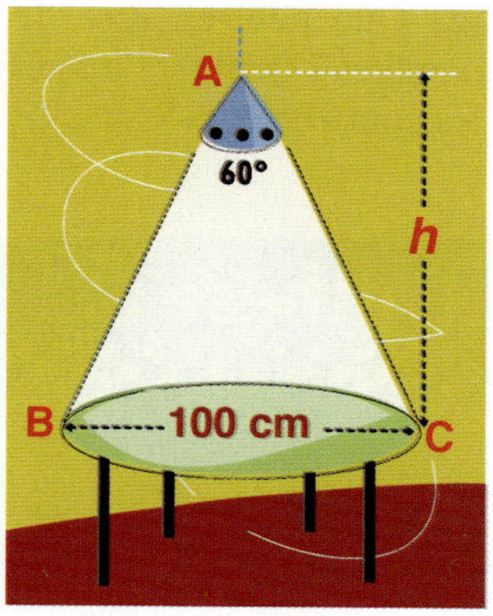

63. La zone de bruit d'un avion qui vole à mach 2 (c'est-à-dire deux fois plus vite que la vitesse du son, soit 666 m/s) est un cône d'angle 60°. Cette zone de bruit se déplace à la même vitesse que l'avion.
On considère un avion qui vole à 1 000 m d'altitude. Au moment où l'avion passe juste au-dessus d'un observateur celui-ci déclenche son chronomètre. Au bout de combien de temps entendra-t-il le « bang » ?

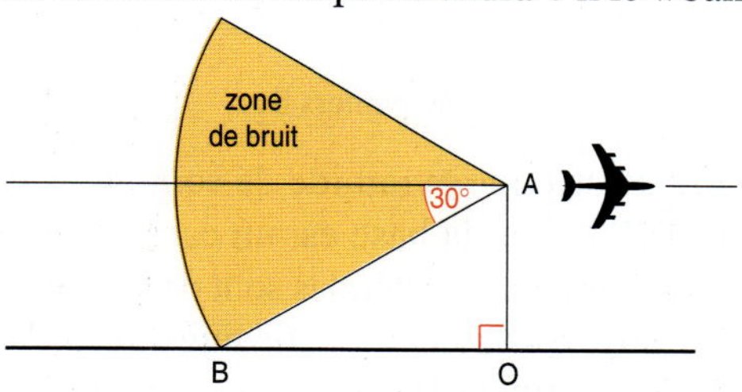

(D'après document APMEP.)

64. ABCDEFGH est un cube d'arête 4 cm. M est le milieu de [AB] et N est le milieu de [CG]. Le triangle HNM est-il rectangle ?

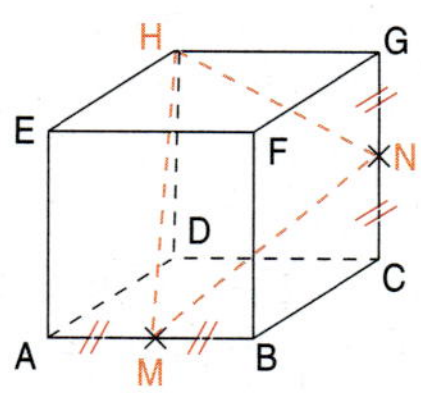

65. Un fabricant de fromage désire réaliser des emballages plastiques. Il a le choix entre les solides suivants :
– des parallélipipèdes rectangles dont une face est un carré de 10 cm de côté,
– des cylindres dont la base est un disque de rayon 8 cm,
– des cônes dont la base est un disque de rayon 10 cm.

a/ Déterminer la hauteur de chacun de ces solides pour qu'ils puissent contenir 600 cm^3 de fromage.

b/ Quel est, de ces trois solides, celui qui nécessite le moins de plastique pour le réaliser ?

66. ***Au brevet***

Un réservoir d'eau est formé d'une partie cylindrique et d'une partie conique.

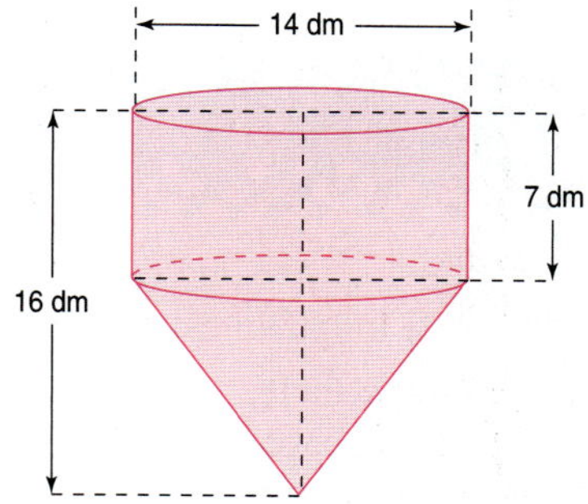

a/ Donner, en dm^3, le volume exact de la partie cylindrique en utilisant le nombre π.

b/ Donner, en dm^3, le volume exact de la partie conique en utilisant le nombre π.

c/ Donner le volume exact du réservoir, puis sa valeur arrondie à 1 dm^3 près.

d/ (1) Ce réservoir peut-il contenir 1 000 L ?

(2) Si oui à quelle hauteur par rapport au sommet du cône arrivera l'eau ? On donnera un arrondi à 1 cm.

(Amiens, 1999.)

67. Lire le texte page 219 et répondre aux questions suivantes.

a/ On considère que la pyramide est pleine. Si l'on construisait un mur de 30 cm de large et de 1 mètre de haut avec les matériaux de la pyramide, quelle serait la longueur de ce mur ? (On prendra 147 m comme hauteur de la pyramide.) Pourrait-il faire le tour de la France, comme l'affirmait Bonaparte lors de sa campagne d'Égypte ? (Le périmètre de la France est d'environ 5 670 km.)

b/ Calculer mentalement le poids moyen d'un bloc.

c/ Un nombre surprenant : à l'intérieur de la pyramide, la « chambre du roi » a la forme d'un parallélépipède rectangle de 20 coudées de long sur 10 coudées de large et sur 11,18 coudées de hauteur (une coudée est une ancienne unité de longueur correspondant à 52,5 cm environ). Cette dernière mesure non entière (11,18) a beaucoup intrigué les chercheurs.

Les questions à la page suivante vont vous aider à comprendre la raison de cette valeur.

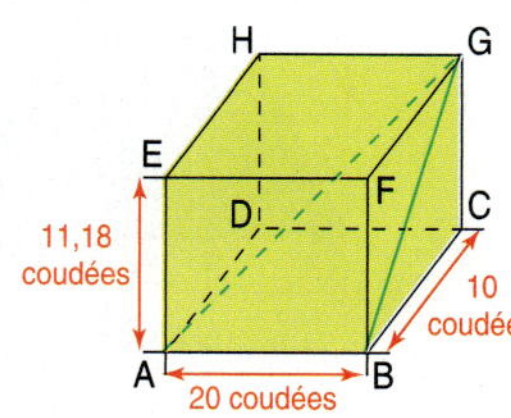

(1) Déterminer la longueur BG en coudées. Déterminer la longueur AG en coudées.

(2) Que peut-on dire de la nature de ces deux nombres ? Quel est l'intérêt de cette particularité pour les constructeurs ?

Problèmes de synthèse

68. (L'unité de longueur est le mètre.)

Pour abriter un spectacle, on a construit un chapiteau dont la forme est un cône représenté par le schéma ci-contre.

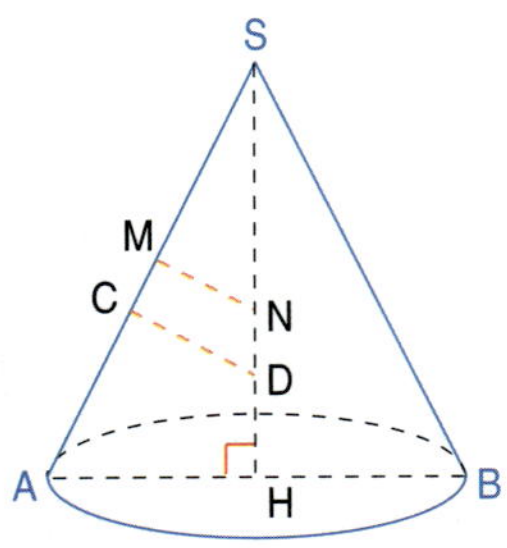

Sur le sol horizontal, la toile du chapiteau dessine un cercle de rayon AH = 10 m.

Le mât, vertical, a pour longueur SH = 15 m.

a/ Calculer le volume du chapiteau (on donnera la valeur exacte, puis la valeur arrondie au m^3).

b/ Calculer une valeur arrondie au centimètre de la longueur SA.

c/ Déterminer la mesure en degrés de l'angle $\widehat{ASH}$ arrondie à l'unité.

d/ Pour accrocher des affiches, on a tendu deux câbles : l'un entre les points M et N et l'autre entre les points C et D tels que (CD) et (MN) sont parallèles. M et C sont sur (SA) et N et D sont sur (SH).

On donne SM = 8 m, SC = 12 m et MN = 3 m. Calculer CD.

(Brevet, Créteil, juin 1999.)

69. On considère deux presse-papiers S_1 et S_2.

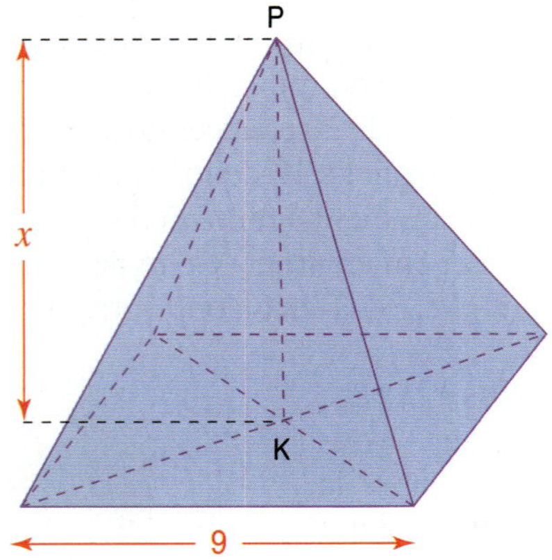

Presse-papiers S_1

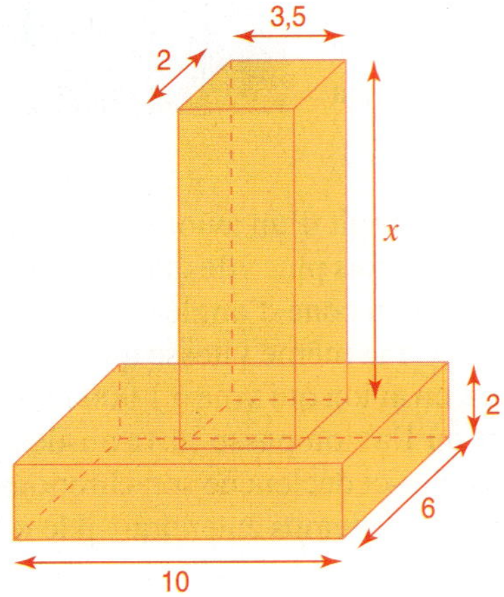

Presse-papiers S_2

Le solide S_1 est une pyramide de sommet P, de hauteur [PK], dont la base est un carré de côté 9 cm. Les quatre faces latérales sont des triangles isocèles superposables. On désigne par x la mesure de la hauteur [PK] exprimée en cm. Le solide S_2 est constitué de deux parallélépipèdes rectangles posés l'un sur l'autre. L'unité étant le centimètre, les dimensions de l'un des parallélépipèdes sont : 2 ; 6 ; 10. Les dimensions de l'autre sont : x ; 2 ; 3,5.

a/ Dans cette question, on se place dans le cas particulier où $x = 8$ cm.

Calculer le volume V_1 du presse-papiers S_1 et le volume V_2 du presse-papiers S_2.

b/ On se place maintenant dans le cadre général où la valeur de x n'est pas donnée.

(1) Montrer que le volume V_1 du presse-papiers S_1 est donné par la formule $V_1 = 27x$.

(2) Montrer que le volume V_2 du presse-papiers S_2 est donné par la formule :

$V_2 = 120 + 7x$.

(3) Calculer la valeur de x pour laquelle les deux presse-papiers ont le même volume. Calculer alors ce volume.

(Brevet, Paris, septembre 1998.)

15 Translation

Dessin périodique 35.
M.C. Escher, 1941. Cordon Art, Baarn, Hollande.

Paver une surface consiste à recouvrir complètement cette surface à l'aide de motifs ou de figures sans laisser de vide et sans superposer les motifs.
Maurits Cornelis Escher, né en 1898 aux Pays-Bas et mort en 1972, a réalisé un grand nombre de pavages à motifs très originaux.

Sur l'œuvre d'Escher ci-dessus, repérer des translations entre deux lézards.

Repérer les obstacles

1. Tracés de symétriques

➢ exercices 18 et 19 p. 248

a/ Construire le symétrique de chaque figure par rapport à la droite (*d*).

(1)

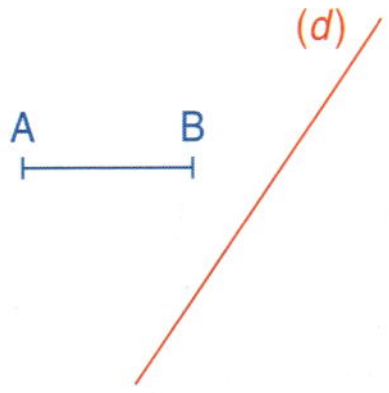

(2)

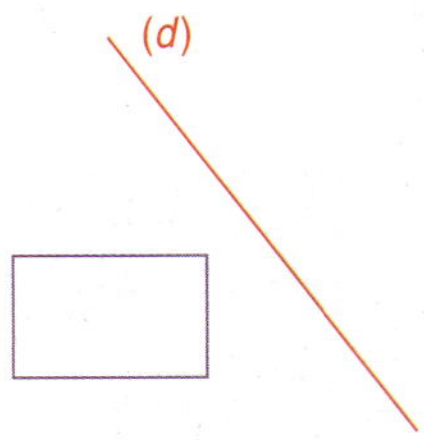

b/ Construire le symétrique de chaque figure par rapport au point O.

(1)

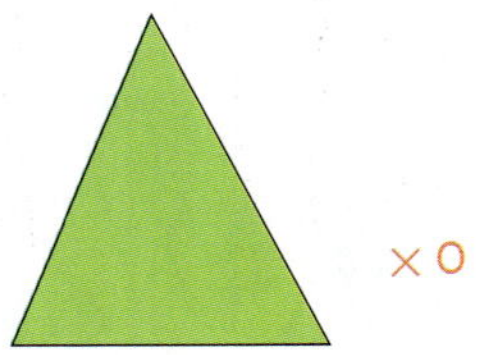

(2)

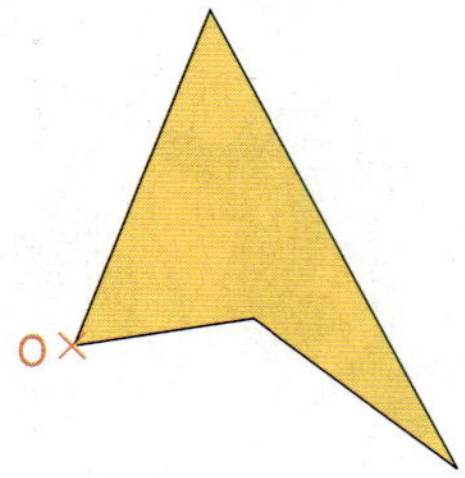

2. Propriétés des symétries

➢ exercice 20 p. 248

a/ On souhaite terminer le tracé du triangle A'B'C' symétrique du triangle ABC par rapport à un point. Décrire une méthode de construction du point B' sans placer le centre de symétrie.

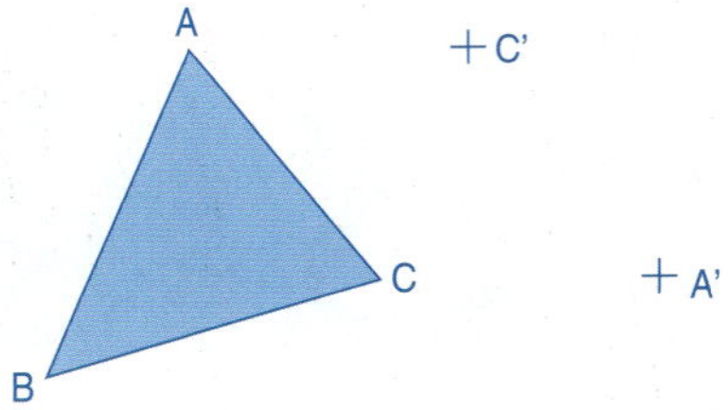

b/ Tracer le triangle EFG tel que EF = 5 cm, $\widehat{EFG} = 30°$ et $\widehat{FEG} = 50°$. Construire le symétrique E'F'G' du triangle EFG par rapport à la droite (FG). Quelles sont les mesures des angles $\widehat{E'F'G'}$ et $\widehat{F'E'G'}$? Justifier la réponse.

Franchir les obstacles

Reconnaître une translation

1. Déplacement d'une télécabine

Une télécabine se déplace le long d'un câble de A vers A'.

a/ Reproduire la télécabine et la dessiner lorsqu'elle sera arrivée au terminus A'.

b/

On appelle ce déplacement la translation qui transforme A en A'.
Si on appelle E'F'G'H' la représentation de la cabine arrivée au terminus, on dit que E'F'G'H' est l'**image** de EFGH par la translation qui transforme A en A'.

Quelles semblent être les propriétés de ce déplacement ?

2. Déplacements par translation

➢ *exercices 1 et 2 p. 245*

a/ Dans chacun des cas suivants, reproduire la figure proposée et tracer son image par la translation qui transforme A en A'.

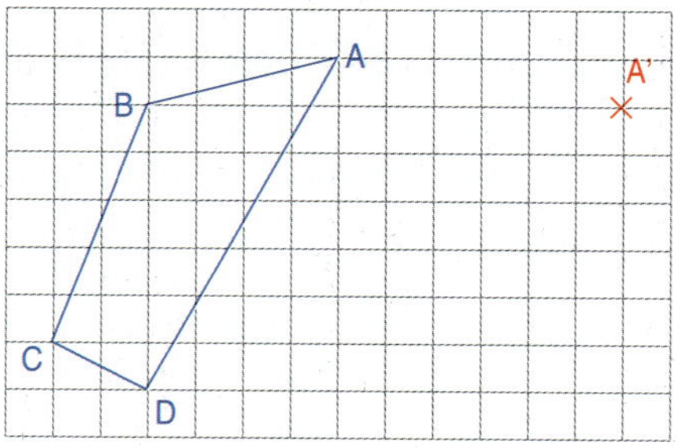

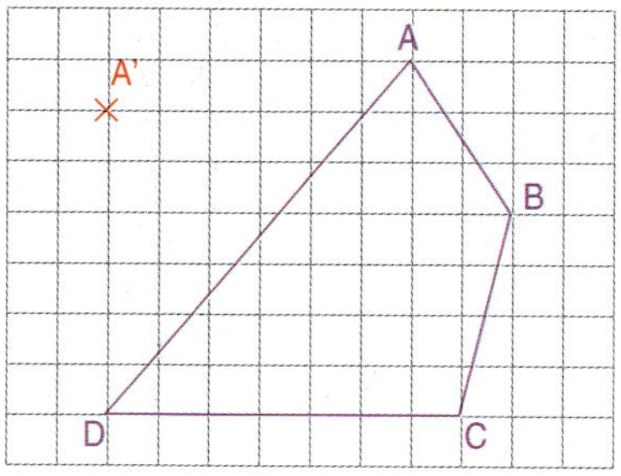

b/ Dans chacun des cas suivants, repérer à vue d'œil s'il existe une translation qui transforme la figure (1) en la figure (2). Si oui, préciser laquelle.

Premier cas

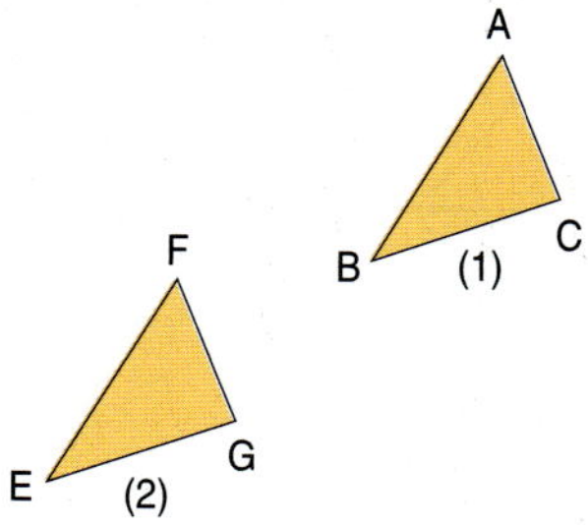

Deuxième cas

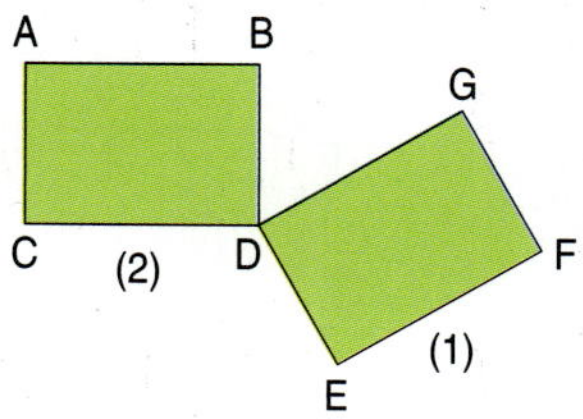

Troisième cas

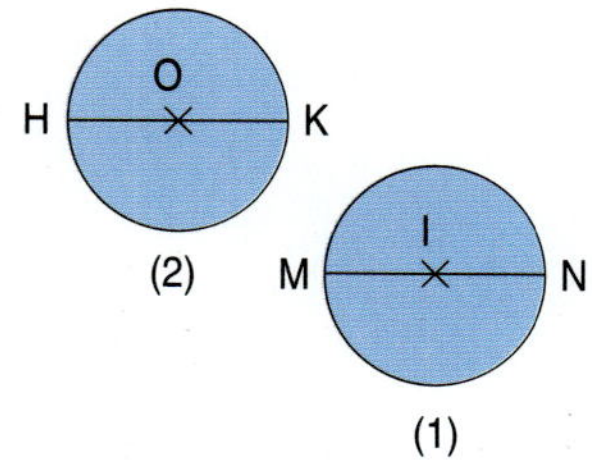

c/ Dans les quatre cas ci-dessous, repérer à vue d'œil si le point B a pour image le point C par la translation qui transforme A en A'.

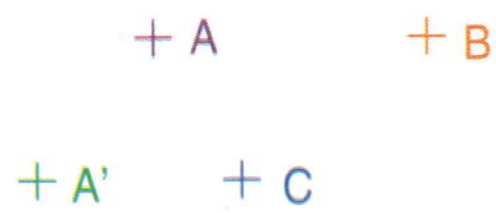

figure 1

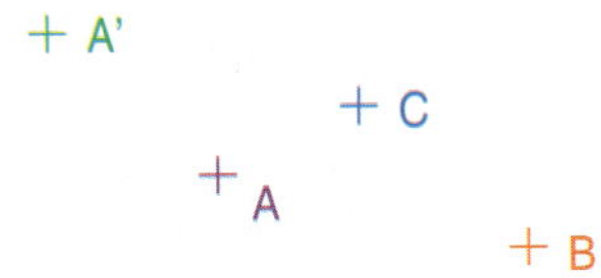

figure 2

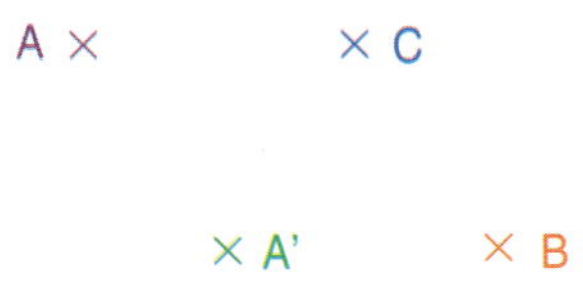

figure 3

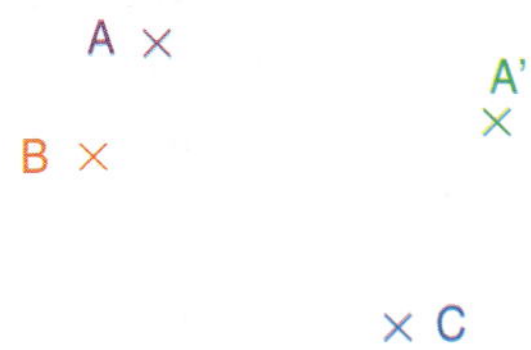

figure 4

3. Vrai ou faux à vue d'œil

➤ *exercices 3 et 4 p. 245*

a/ En observant la figure ci-dessous, repérer à vue d'œil si les phrases suivantes sont vraies ou fausses.

(1) Par la translation qui transforme G en B, l'image de F est E.

(2) Par la translation qui transforme C en B, D a pour image E.

(3) Par la translation qui transforme E en B, D est l'image de C.

(4) La translation qui transforme G en F transforme B en C.

b/ En observant la même figure, compléter les phrases suivantes.

(1) Par la translation qui transforme B en ..., l'image de ... est F.

(2) La translation qui transforme D en ... transforme ... en G.

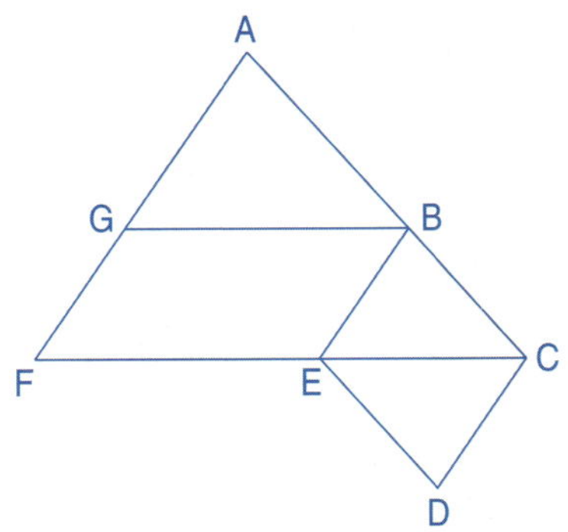

Construction d'images par une translation

4. Quelques images

Dans chacun des cas suivants, construire les images des figures par la translation qui transforme A en A'. Ce déplacement est représenté par une flèche qui part de A pour arriver à A'.

a/

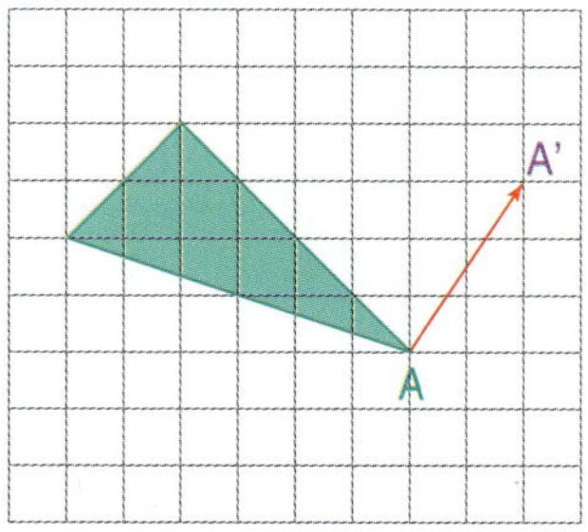

b/

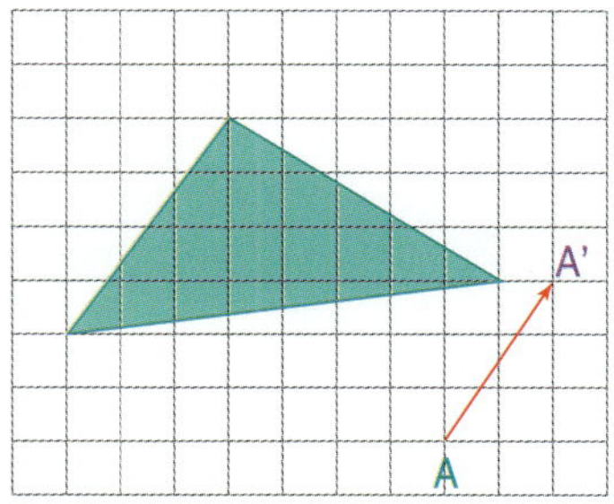

c/

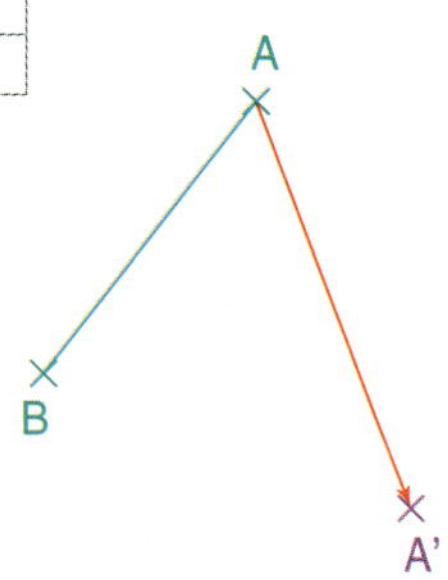

5. Image de points

➤ exercice 5 p. 245

Placer les points A, B, C, D et E comme ci-dessous :

Placer les points F, G, H et K tels que :
– F est l'image de A par la translation qui transforme C en B ;
– G est l'image de A par la translation qui transforme D en B ;
– H est l'image de E par la translation qui transforme A en D ;
– K est l'image de C par la translation qui transforme A en B.

6. Image d'une figure

➤ exercices 6 à 9 p. 245

Dans chacun des cas suivants, construire les images des figures par la translation qui transforme A en A'.

a/

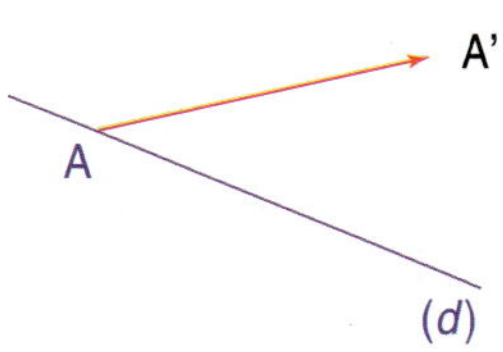

b/

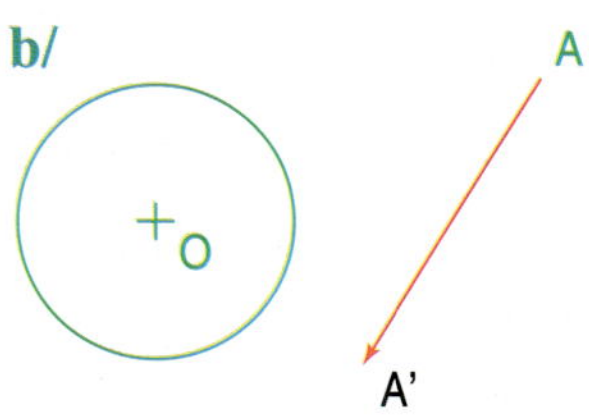

c/

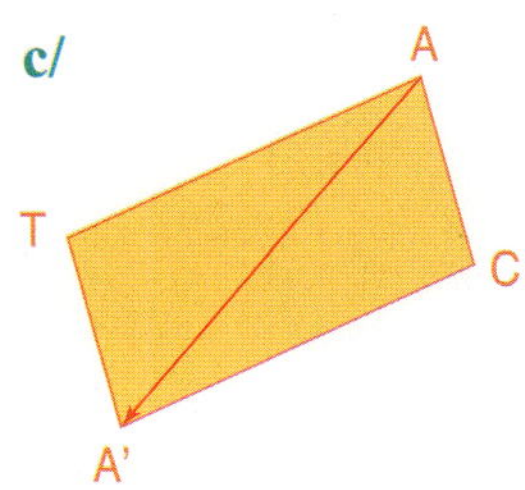

Translation et symétries

7. Reconnaissance

➤ *exercices 10 et 11 p. 246*

Dans chacun des cas suivants, repérer à vue d'œil si l'on passe de la figure (1) à la figure (2) par une translation, une symétrie centrale ou une symétrie axiale. Il peut y avoir plusieurs possibilités.

a/

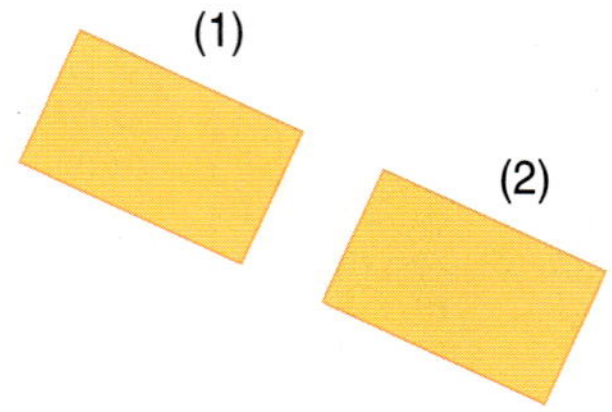

b/

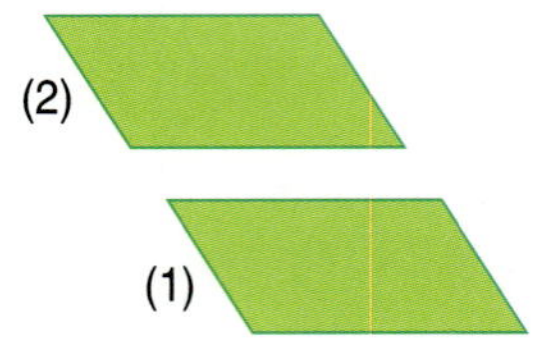

c/

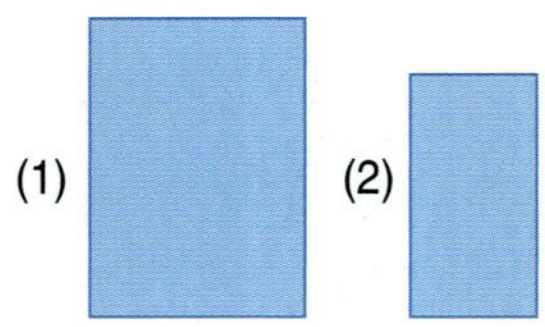

d/

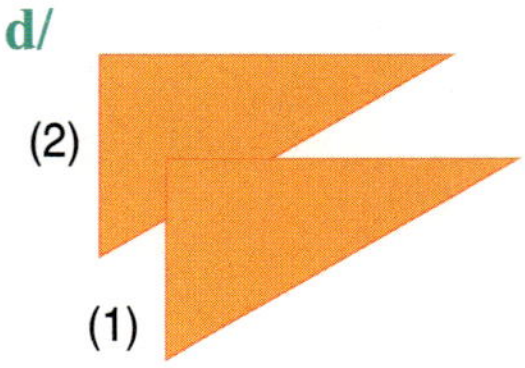

Résoudre des problèmes

8. Constructions

➤ *exercice 12 p. 246*

a/ Reproduire le pentagone ABCDE ci-contre.

b/ Tracer en rouge l'image de ABCDE par la translation qui transforme A en E.

c/ Tracer en vert le symétrique de ABCDE par rapport au point B.

d/ Tracer en bleu le symétrique de ABCDE par rapport à la droite (AE).

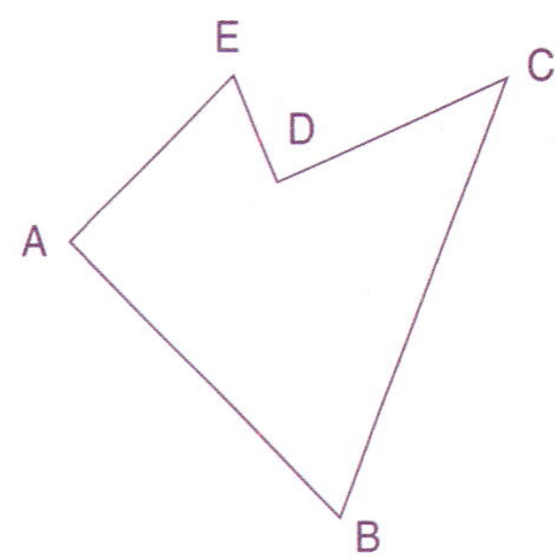

9. Démonstration

➤ *exercice 13 p. 246*

Une translation transforme A en A' et B en B'. Démontrer que [A'B] et [AB'] ont le même milieu.

10. Translation et angles

Une translation transforme le triangle ABC en un triangle A'B'C'. En utilisant les informations données sur la figure ci-contre faite à main levée et le fait que $\widehat{B'A'C'} = 50°$, trouver la mesure de $\widehat{B'C'A'}$. Justifier la réponse.

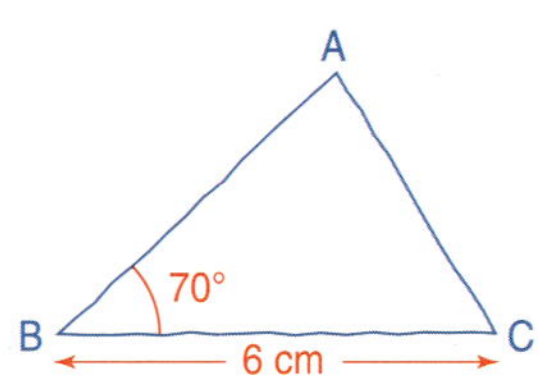

1 Vocabulaire et translation

Déplacer une figure par translation, c'est faire glisser cette figure sans la faire tourner.

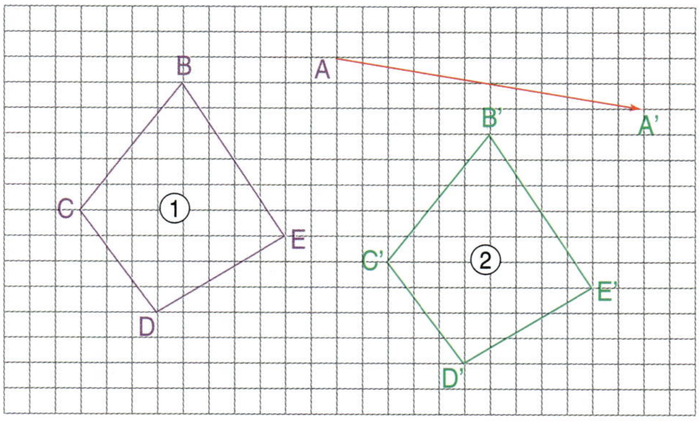

On passe de la figure ① à la figure ② par la translation qui transforme A en A'.

On peut représenter la translation par une flèche qui part de A pour arriver en A'.

Si M a pour image M' par la translation qui transforme A en A' alors AA'M'M est un parallélogramme.

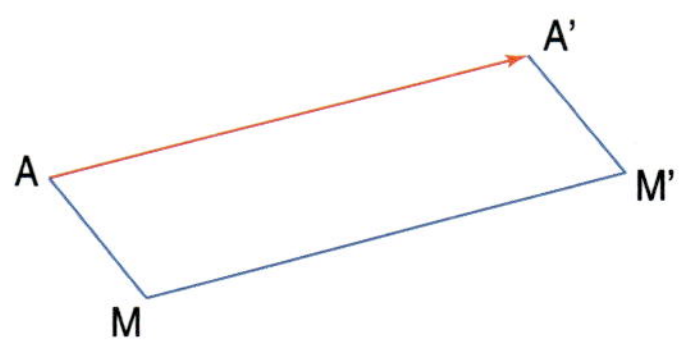

Remarque. Si M appartient à la droite (AA'), alors son image M' appartient aussi à la droite (AA') et MM' = AA'.

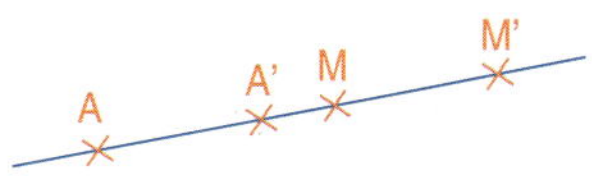

Si le quadrilatère AA'M'M est un parallélogramme, alors M a pour image M' par la translation qui transforme A en A'.

2 Propriétés de la translation

On admet les trois propriétés suivantes :

Par une translation,
- **l'image d'une droite est une droite parallèle ;**
- **l'image d'un segment est un segment de même longueur ;**
- **l'image d'un angle est un angle de même mesure.**

Méthodes

Tracer l'image d'une figure par translation

Méthode 1 ▸▸ **Tracer l'image de chaque point de la figure et relier ces points**

Exemple. Tracer l'image de BCDE par la translation qui transforme A en A'.

TraçÉ

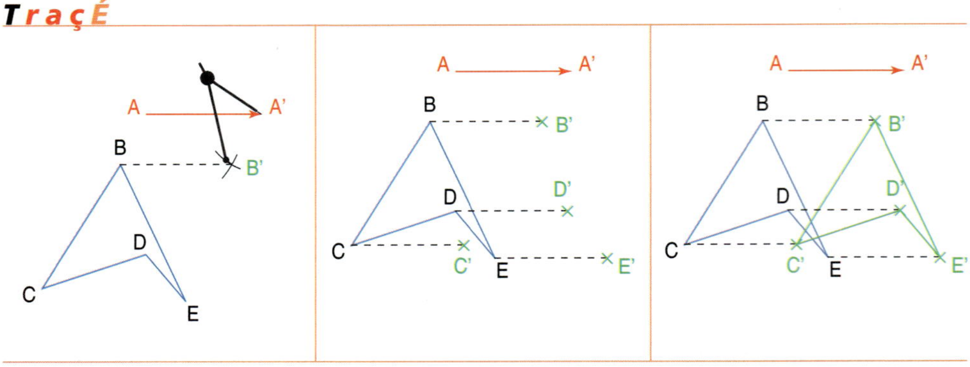

(1) On obtient B', l'image de B, en construisant le parallélogramme AA'B'B.

(2) Ensuite, on trace les images C', D' et E' par la translation donnée de la même manière que pour le point B'.

(3) On relie les points B', C', D' et E' dans le même ordre que B, C, D et E.

Méthode 2 ▸▸ **Utiliser les propriétés de la translation**

Exemple. Sachant que [A'B'] est l'image de [AB] par une translation, compléter le tracé de A'B'C', image de ABC.

TraçÉ

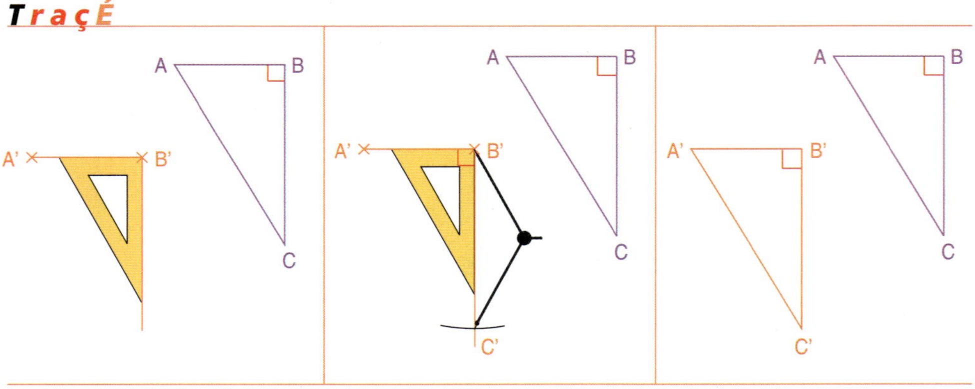

(1) L'angle $\widehat{B}$ étant un angle droit, l'angle $\widehat{B'}$ est droit : on peut donc tracer la demi-droite [B'C').

(2) Les longueurs B'C' et BC sont égales : on peut donc placer le point C'.

(3) On relie les points A' et C'. L'image de ABC est A'B'C'.

Reconnaître une translation

1. À vue d'œil, dans quel(s) cas les deux figures sont-elles images l'une de l'autre par une translation ?

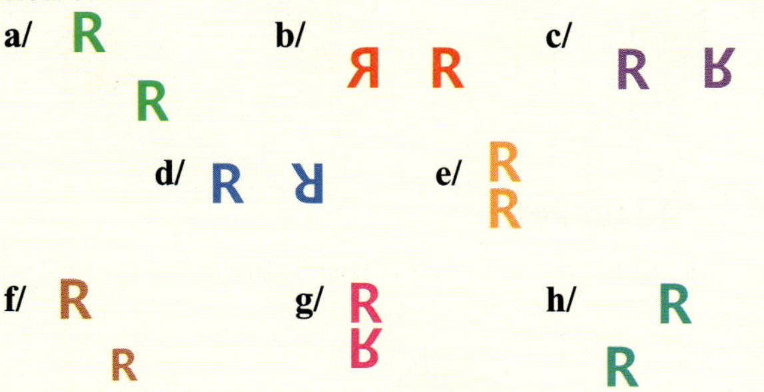

2. Dans les deux cas ci-dessous repérer quelle est l'image de A par la translation qui transforme la figure ① en la figure ②.

a/ **b/**

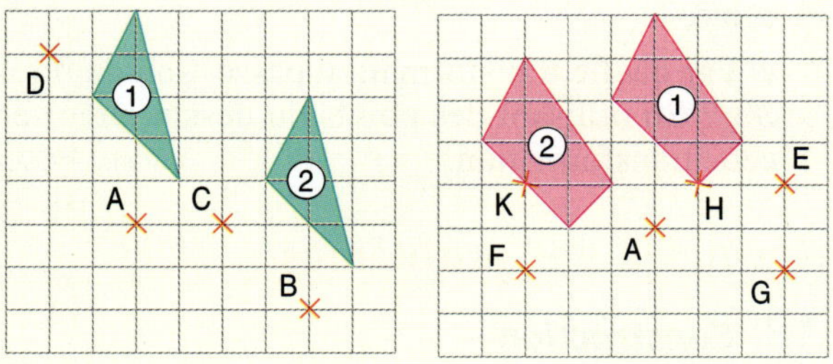

3. ***Maîtriser le vocabulaire***

En observant les figures ci-dessous, recopier et compléter les phrases suivantes.

a/ Par la translation qui transforme ... en ..., l'image de EFGH est ABCD.

b/ Par la translation qui transforme C en G, F est l'image de ....

c/ Par la translation qui transforme L en P, l'image de J est ....

d/ Par la translation qui transforme ... en ..., l'image de P est L.

e/ Par la translation qui transforme J en L, [JK] a pour image ....

f/ Par la translation qui transforme M en J, ... a pour image [JK].

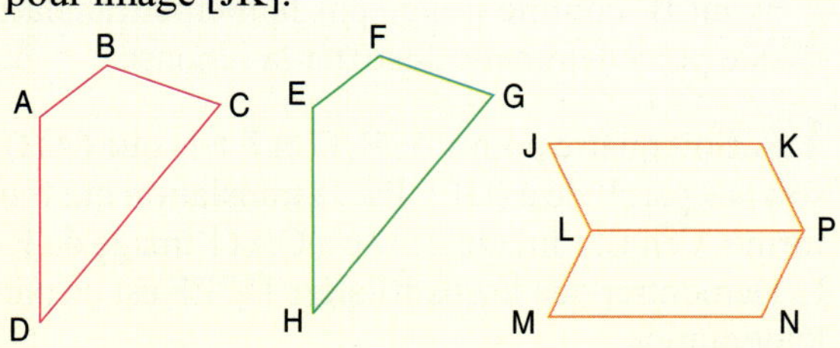

4. ***Vrai ou faux ?***

À l'aide du dessin ci-dessous, repérer à vue d'œil si les phases suivantes sont vraies ou fausses.

a/ La translation qui transforme A en B transforme C en D.

b/ La translation qui transforme A en B transforme E en F.

c/ La translation qui transforme A en C transforme D en B.

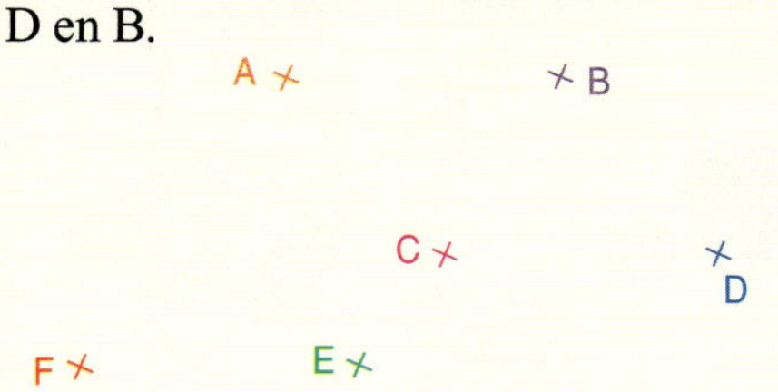

Construction d'images par une translation

5. Reproduire les points A, B, C et D et construire les points E, F, G, H et J tels que :

– E est l'image du point A par la translation qui transforme B en C ;

– F est l'image du point A par la translation qui transforme C en B ;

– G est l'image du point D par la translation qui transforme A en B ;

– H est l'image du point D par la translation qui transforme C en D ;

– J est l'image du point A par la translation qui transforme D en B.

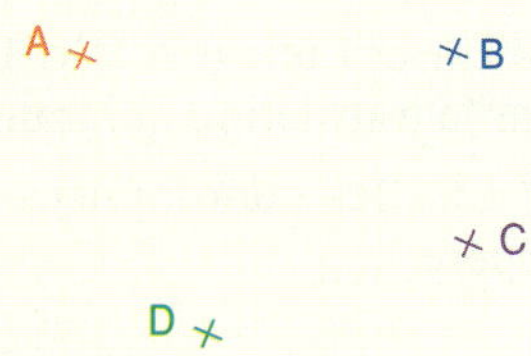

6. Reproduire les figures et tracer dans chaque cas l'image de la figure donnée par la translation qui transforme A en A'.

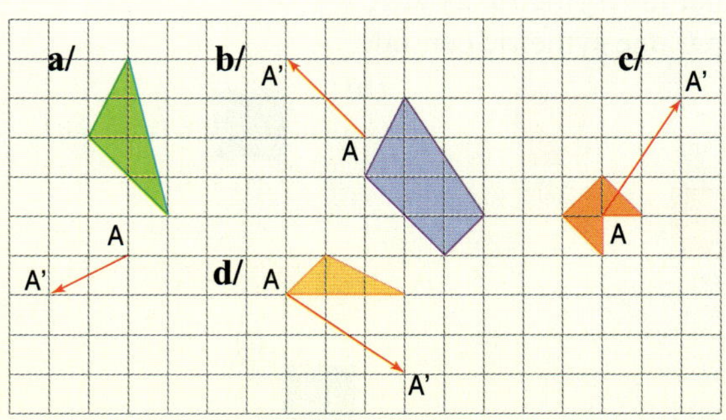

Exercices fondamentaux

7. Reproduire les figures ci-dessous et tracer dans chaque cas l'image de la figure donnée par la translation qui transforme A en A'.

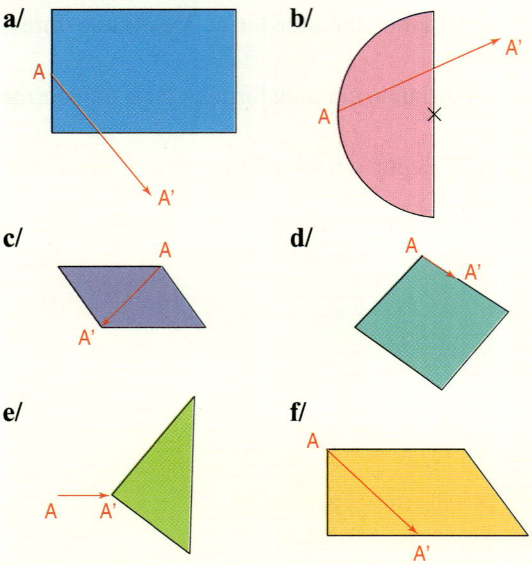

8. **a/** Dans un repère, placer les points A(1 ; 3), B(1 ; 1), C(3 ; 1), D(4 ; 3), E(2 ; 5) et A'(– 1 ; – 3).

b/ Tracer l'image A'B'C'D'E' du pentagone ABCDE par la translation qui transforme A en A'.

c/ Lire les coordonnées de B', C', D' et E' sur le repère.

9. Tracer un rectangle MNRS tel que MN = 5 cm et NR = 3 cm.
Construire l'image de MNRS par la translation qui transforme M en R.

Translation et symétries

10. Parmi les figures (2) suivantes, repérer à vue d'œil celles qui se déduisent des figures (1) :
– par une translation ;
– par une symétrie axiale ;
– par une symétrie centrale.

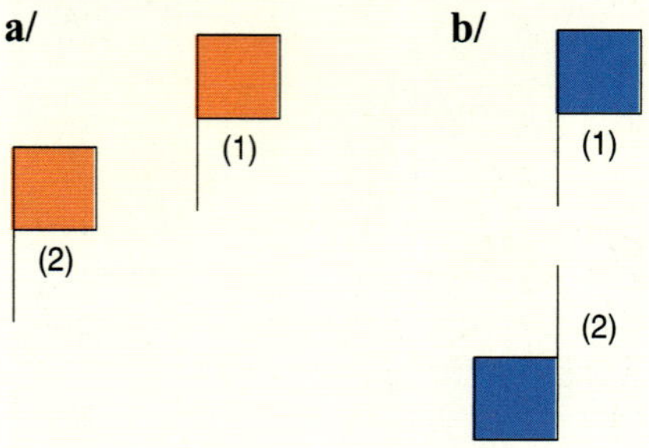

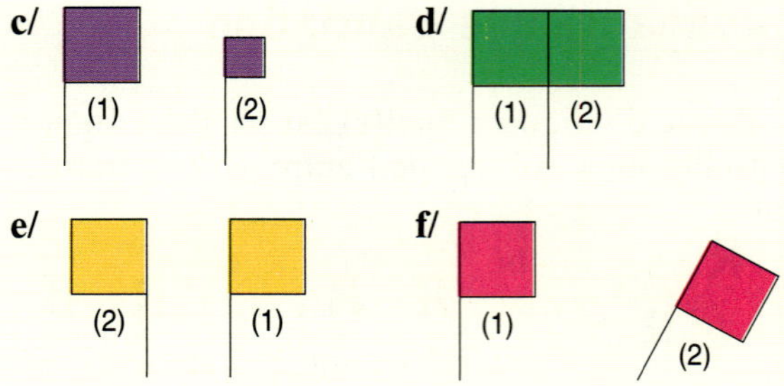

11. ***Au brevet***

La figure $\mathscr{F}_1$ est tracée ci-dessous.

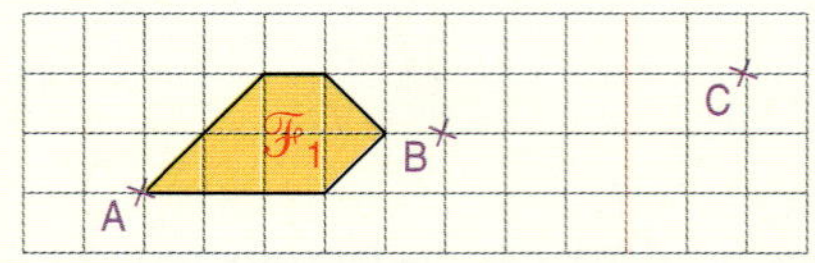

a/ Tracer l'image $\mathscr{F}_2$ de $\mathscr{F}_1$ par la symétrie de centre B ; préciser l'image de A par cette symétrie.

b/ Tracer l'image $\mathscr{F}_3$ de $\mathscr{F}_2$ par la symétrie de centre C.

c/ Par quelle transformation passe-t-on de $\mathscr{F}_1$ à $\mathscr{F}_3$? En utilisant des points du dessin, préciser cette transformation. (Paris, 1997.)

Résoudre des problèmes

12. ***Construction***

Le polygone M'N'R'S'T' est l'image du polygone MNRST par une translation.

a/ Décrire une construction, n'utilisant que le compas, de l'image A' de A par cette même translation. Justifier la réponse.

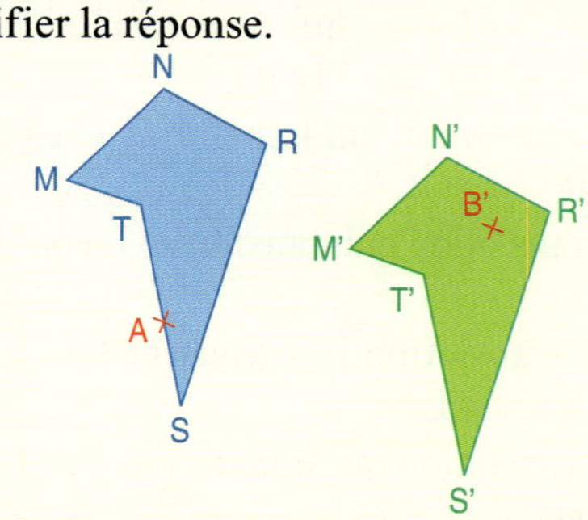

b/ Décrire une construction, n'utilisant qu'une règle non graduée et un rapporteur, du point B ayant B' comme image par la même translation que précédemment. Justifier la réponse.

13. Soit quatre points A, B, D et F tels que (AB) ne soit pas parallèle à (DF). Par la translation qui transforme A en B, l'image de D est C, et l'image de F est E. Démontrer que le quadrilatère DCEF est un parallélogramme.

Faire le point à mi-parcours

Savez-vous...

14. ... reconnaître une translation ?

a/ Parmi les figures ci-dessous, repérer à vue d'œil celles qui se déduisent de la figure bleue par une translation.

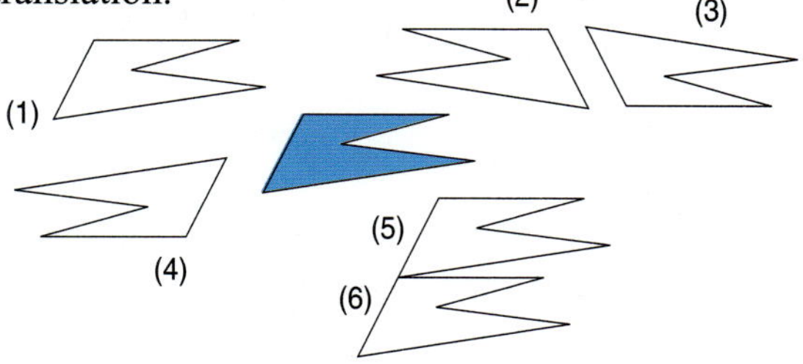

b/ À vue d'œil, dire si les phrases suivantes sont vraies ou fausses.

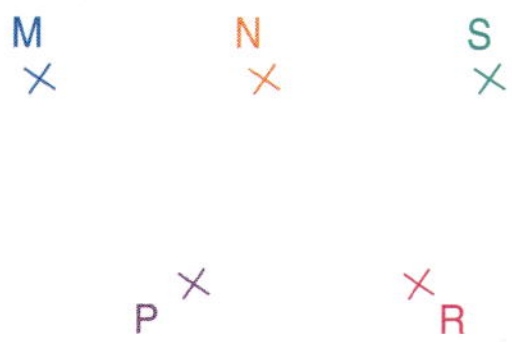

(1) Par la translation qui transforme M en N, l'image de N est S.
(2) Par la translation qui transforme M en N, l'image de S est N.
(3) Par la translation qui transforme M en N, P a pour image R.
(4) Par la translation qui transforme P en M, R a pour image S.

15. ... construire l'image d'une figure par une translation ?

a/ Reproduire les dessins et tracer l'image de chaque figure par la translation qui transforme A en A'.

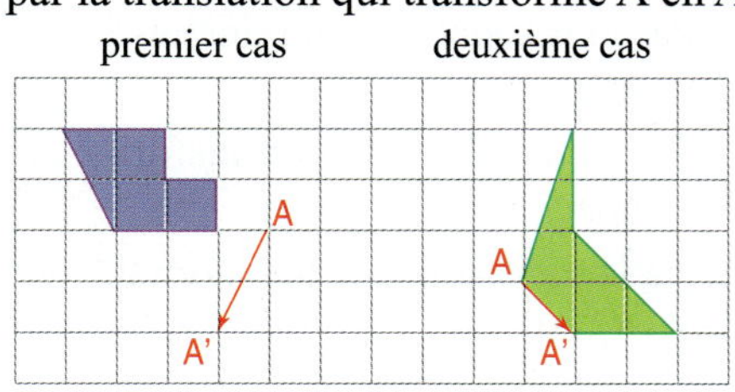

b/ Tracer le triangle EFG tel que :
EF = 5 cm, FG = 4 cm et EG = 6 cm.
Construire l'image E'F'G' de EFG par la translation qui transforme E en F.

16. ... reconnaître une transformation ?

Sur le pavage ci-dessous, par quelle(s) transformation(s) passe-t-on :

a/ de la figure ① à la figure ② ?

b/ de la figure ③ à la figure ① ?

c/ de la figure ①à la figure ④ ?

d/ de la figure ⑤ à la figure ⑥ ?

17. ... résoudre des problèmes ?

a/ Le triangle A'B'C' est l'image du triangle ABC par la translation qui transforme A en A'. Sachant que (AH) est la hauteur issue de A dans ABC, trouver une méthode pour construire la hauteur (A'H') dans A'B'C' en n'utilisant que le compas et une règle non graduée.
Justifier la construction.

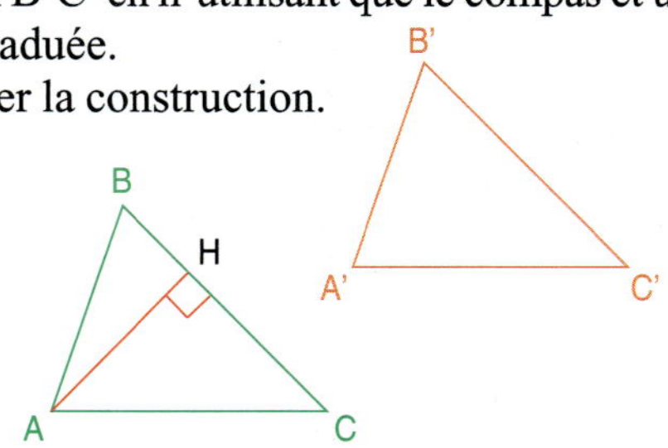

b/ Soit quatre points E, F, G et H. On sait que O est le milieu de [EF] et de [GH].
Démontrer que l'image de G par la translation qui transforme E en H est le point F.

Exercices complémentaires

S'ÉCHAUFFER

18. Construire le symétrique des deux figures ci-dessous par rapport à (*d*).

a/

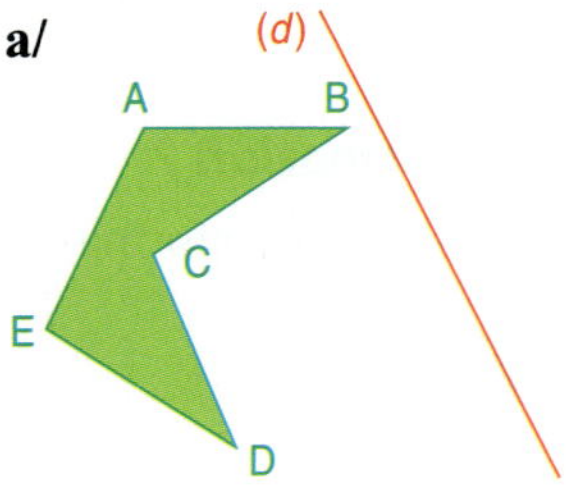

b/

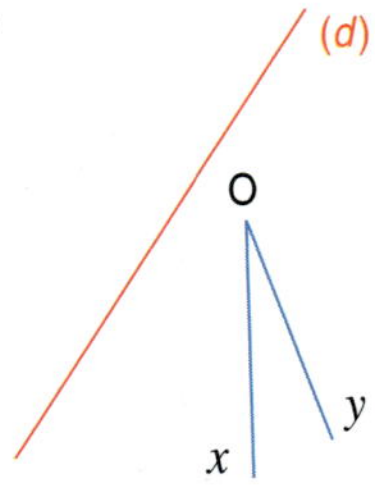

19. Construire le symétrique des deux figures ci-dessous par rapport au point O.

a/

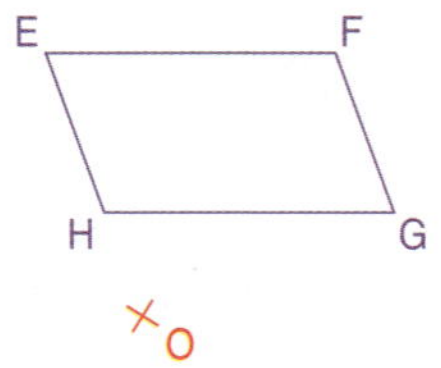

b/

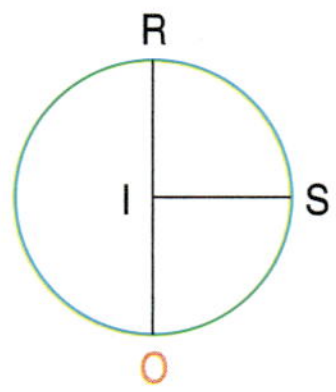

20. Calculer l'aire du triangle A'B'C' symétrique du triangle ABC par rapport à O, sachant que : AH = 3 cm et BC = 7 cm.

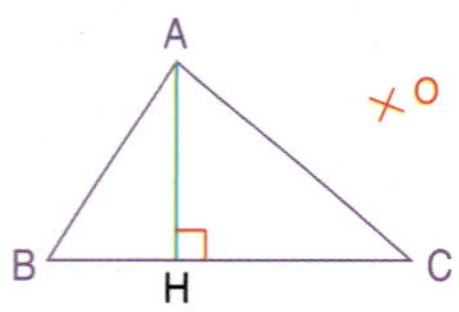

S'ENTRAÎNER

Reconnaître une translation

21. **a/** Choisir à vue d'œil la flèche représentant la translation transformant la figure ① en la figure ②.

b/ Même question pour transformer la figure ② en la figure ①.

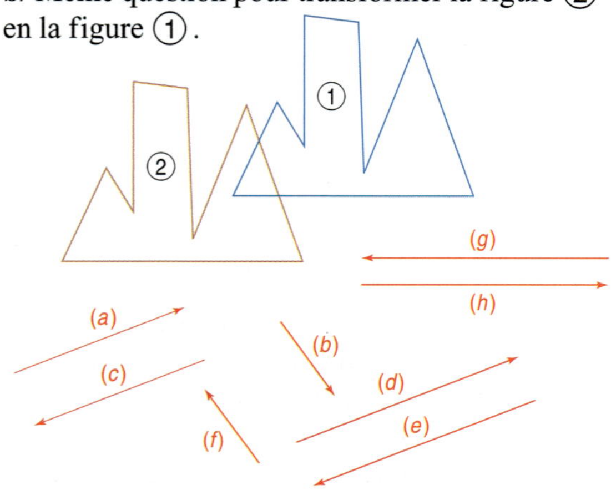

22. Quelles sont les figures qui se déduisent de la figure rose par une translation ?

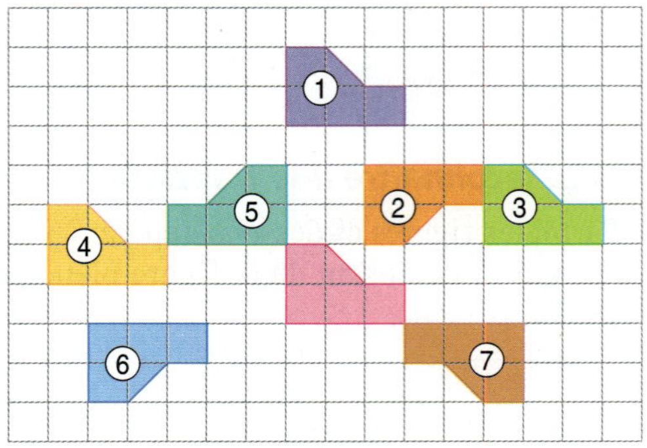

23. Quelles sont les figures qui se déduisent de la figure verte par une translation ?

24. ***Maîtriser le vocabulaire***

En observant la figure ci-dessous, compléter les phrases suivantes :

a/ Par la translation qui transforme B en E, l'image de A est ....

b/ Par la translation qui transforme ... en F, l'image de A est C.

c/ Par la translation qui transforme ... en ..., E a pour image F.

d/ Par la translation qui transforme A en D, ... a pour image F.

e/ Par la translation qui transforme A en D, l'image de ABC est ....

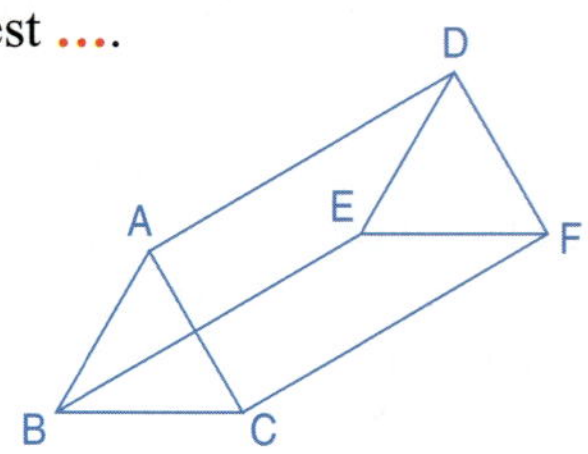

25. Dans un repère d'origine O, placer les points A (2 ; 4) ; B (–3 ; 3) ; C (4 ; 7) ; D (–2 ; –4) et A' (5 ; –3).
Par la translation qui transforme A en A', quels sont les coordonnées des points suivants ?
– B' image de B ;
– C' image de C ;
– D' image de D ;
– E tel que D soit l'image de E ;
– F tel que B soit l'image de F.

Construction d'images par une translation

26. Tracer un triangle IJK rectangle en J tel que IJ = 4 cm et JK = 6 cm.
Construire l'image I'J'K' de IJK par la translation qui transforme I en K.

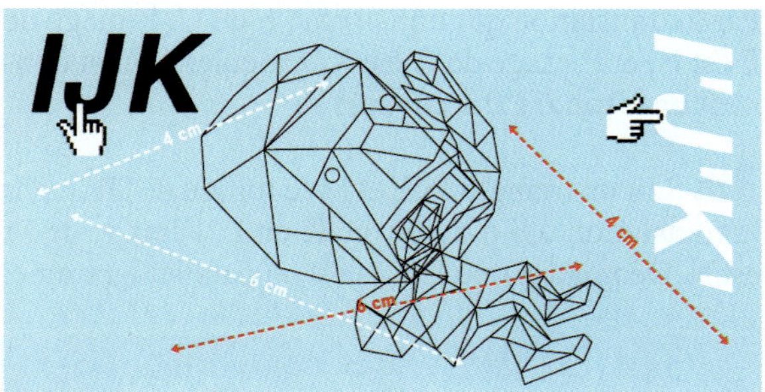

27. Tracer un carré XYZT de centre O et de côté 4 cm.
Construire l'image de XYZT par la translation qui transforme O en Y.

Translation et symétries

28. **a/** Reproduire la figure ci-dessous.

b/ Construire en rouge l'image de ABCDE par la translation qui transforme D en B.

c/ Construire en vert l'image de ABCDE par la symétrie par rapport à (AE).

d/ Construire en bleu l'image de ABCDE par la symétrie par rapport à E.

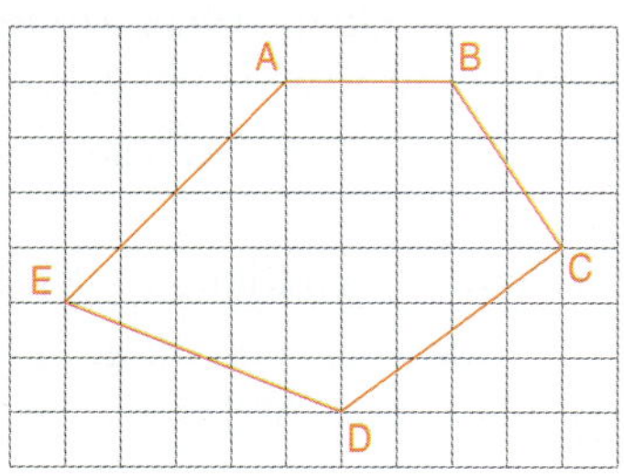

29. Une fenêtre a la forme d'un parallélogramme.

a/ Reproduire une figure analogue. Les volets ABEF et BCDE sont fermés. Les représenter lorsqu'ils sont ouverts.

b/ Quelle transformation permet de passer d'un volet fermé au même volet ouvert ?

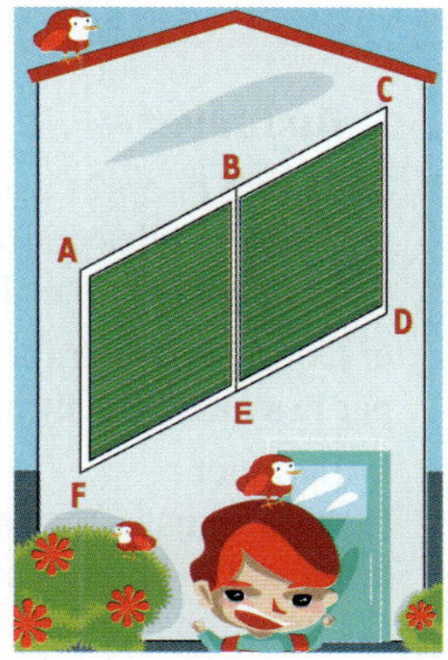

DEVENIR UN CHAMPION

Construction d'images par une translation

30. En utilisant uniquement une règle graduée, tracer l'image du triangle MNP par la translation qui transforme M en R. Justifier la construction.

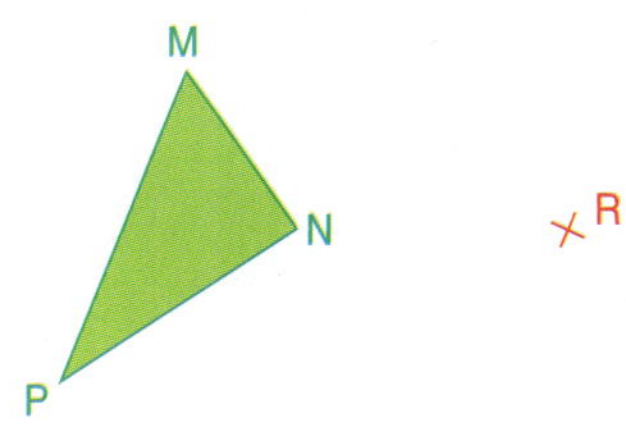

31. Tracer l'image de l'arc de cercle par la translation qui transforme A en A'.

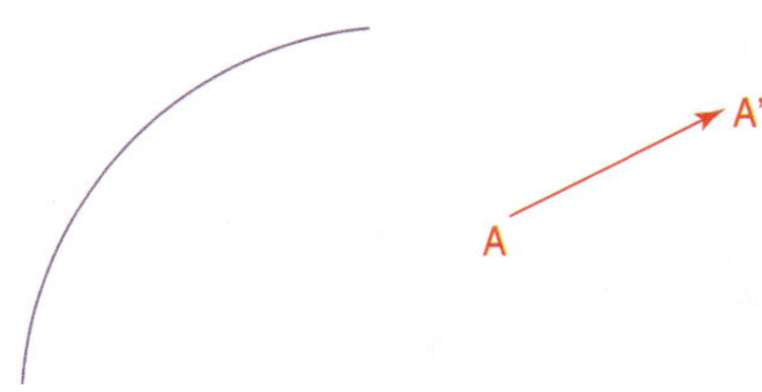

32. Tracer un parallélogramme ABCD. Construire l'image de ABCD par la translation qui transforme A en B, puis l'image de la figure obtenue par la translation qui transforme B en C. Quelle transformation permet de passer de ABCD à cette dernière figure ?

Exercices complémentaires

Résoudre des problèmes

33. ***Au brevet***

La figure ci-après présente un carrelage du plan par des triangles équilatéraux. On y a schématisé deux drapeaux notés D_1 et D_2.

a/ Construire le drapeau Δ_2 image du drapeau D_2 par la symétrie centrale de centre O.

b/ Indiquer :
(1) une transformation permettant de passer du drapeau D_1 au drapeau D_2 ;
(2) une transformation permettant de passer du drapeau D_1 au drapeau Δ_2.
(On précisera les éléments caractéristiques de ces deux transformations à l'aide de points déjà nommés sur la figure.)

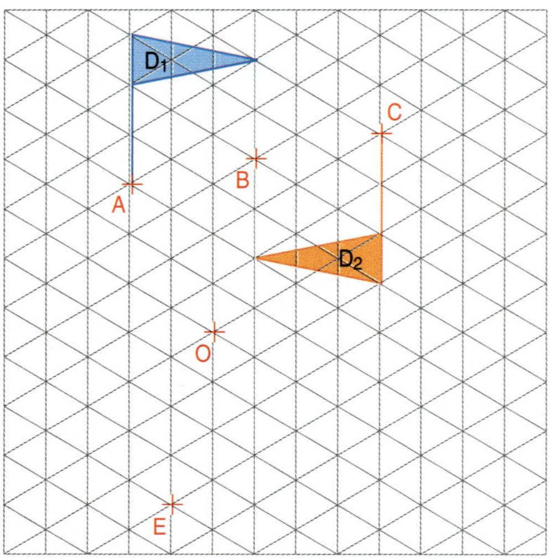

(Orléans-Tours, juin 2000.)

34. Placer trois points A, B, C non alignés.

a/ Construire le point D image de A par la translation qui transforme B en C.

b/ Les droites (AC) et (BD) se coupent en I. Démontrer que I est le milieu de [AC].

35. On sait que les deux quadrilatères ACBD et A'C'B'D' ci-dessous se correspondent par translation. Reproduire ces figures et les compléter.

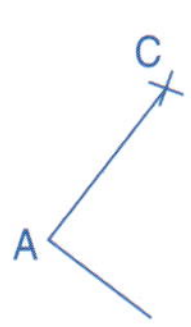

figure 1

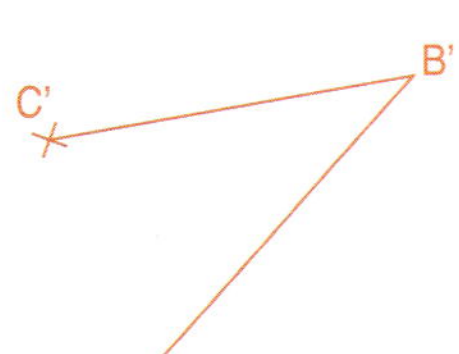

figure 2

36. ***Calcul littéral***

a/ Dans un repère, placer les points F(1 ; – 1), A(3 ; – 1), R(2 ; – 2), C(2 ; – 3), E(1 ; – 3) et A'(– 2 ; 1). Tracer le polygone FARCE.

b/ Tracer l'image F'A'R'C'E' de FARCE par la translation qui transforme A en A'.

c/ Soit M(x ; y). Déterminer en fonction de x et de y les coordonnées de M', image de M par la translation qui transforme A en A'.

37. Soit un triangle ABC rectangle en A. La médiane issue de A coupe [BC] en I. Par la translation qui transforme A en I, l'image de B est B'. Démontrer que BB'I est un triangle isocèle.

38. Soit EFG un triangle rectangle en F tel que : EF = 3 cm et EG = 6 cm.
Par la translation qui transforme E en G, l'image de F est H, et l'image de G est K. Calculer HK en donnant un arrondi à 0,1 cm près.

39. Soit un triangle JKL et M le milieu de [JK]. Par la translation qui transforme K en L, l'image de M est N. Démontrer que JNLM est un parallélogramme.

Problème de synthèse

40. **a/** Tracer un triangle ABC tel que :
AB = 8 cm, BC = 6 cm et AC = 10 cm.

b/ Quelle est la nature du triangle ABC ? Justifier la réponse.

c/ Calculer la mesure de l'angle $\widehat{BCA}$. Donner la mesure arrondie au degré près.

d/ Placer le point D sur le segment [AC] tel que $AD = \dfrac{2}{5}AC$. Tracer la perpendiculaire à la droite (BC) qui passe par D. Elle coupe (BC) en E.

e/ Calculer CE puis DE.

f/ Tracer l'image L de B par la translation qui transforme C en A. Quelle est la nature du quadrilatère CBLA ? Justifier la réponse.

g/ Démontrer que (AL) et (AB) sont perpendiculaires.

h/ Calculer l'aire du quadrilatère CBLA.

i/ Tracer la droite perpendiculaire à (AC) qui passe par B ; elle coupe [AC] en K. Calculer BK.

Exercices corrigés

Chapitre 1 Multiplication et division des nombres relatifs

Faire le point à mi-parcours

29. $A = 24$; $B = -11$; $C = -60$; $D = 4$; $E = -3$; $F = -6$; $G = -40$; $H = -11$.

30. $A = -8 - 3 \times (+4) = -8 - 12 = -20$

$B = 6 \times (-4) + 9 = -24 + 9 = -15$

$C = -6 \div 2 - 8 \times (-5) = -3 + 40 = 37$

$D = -5 \times (-4 + 7) = -5 \times (+3) = -15$.

31. **a/**

• $a + bc$:
$-3 + 5 \times (-2) = -3 - 10 = -13$.

• $ab - c$:
$-3 \times 5 - (-2) = -15 + 2 = -13$.

• $a(b + c)$:
$-3(5 + (-2)) = -3 \times 3 = -9$.

b/ $(-4)^2 - 2 \times (-4) + 3 = 16 + 8 + 3 = 27$.

c/ $-3 \times 3^2 + 4 \times 3 - 5 = -3 \times 9 + 4 \times 3 - 5 = -27 + 12 - 5 = -20$.

32. **a/** $+4$; -5 ; $+8$; $+5$.

b/ Si x est le nombre de fautes et N la note, l'expression littérale est :
$N = 20 - 2x$.

Ses notes sont $+14$; -4 ; -10 ; $+4$; sa moyenne est 1.

c/ • à 50 km/h : 41 m ; • à 90 km/h : 96,84 m ; • à 130 km/h : 173,16 m.

Exercices complémentaires

46. **a/** -5 ; **b/** -8 ; **c/** $+6$; **d/** -4 ; **e/** $+7$; **f/** $+2$; **g/** -6 ; **h/** -3 ; **i/** $+$; **j/** $\times$; **k/** $-$ ou $\times$.

51. Les réponses **b, c, d, g, h, j** sont justes. Elle a 6/10.

59. **a/** Pour $a = -2$ on a $A = B = 14$.

b/ Pour $x = 3$ on a $C = D = 32$.

c/ Non, contre-exemple :
pour $a = 0$, $A = 4$ et $B = 22$.
Non, contre-exemple : pour $x = 0$, $C = 5$ et $D = 35$.

66. **a/** vrai ; **b/** vrai ; **c/** vrai ; **d/** fausse.

68. On a utilisé la formule $3x + 5$.

Chapitre 2 Écritures fractionnaires

Faire le point à mi-parcours

41 **a/** $\dfrac{45}{77} \approx 0{,}6$; **b/** $\dfrac{1}{13} \approx 0{,}07$.

42. **a/** $\dfrac{-56}{35} = -\dfrac{8}{5}$; $\dfrac{12}{-8} = -\dfrac{3}{2}$;
$\dfrac{-121}{-12} = \dfrac{121}{12}$; $\dfrac{6 \times (-4) \times 7}{(-7) \times 8 \times 5} = \dfrac{3}{5}$.

b/ $x = -63$.

43. **a/** $\dfrac{-13}{14} < \dfrac{-6}{7} < -0{,}85 < 1{,}14 < \dfrac{4}{3{,}5} < \dfrac{9}{7}$.

b/ $\dfrac{456}{67} \neq \dfrac{34}{5}$; $\dfrac{-4{,}5}{7{,}8} = \dfrac{15}{-26}$.

44. $A = -\dfrac{1}{6}$; $B = -\dfrac{29}{24}$; $C = -\dfrac{1}{6}$; $D = 2$; $E = \dfrac{17}{30}$; $F = -\dfrac{21}{26}$; $G = \dfrac{18}{5}$; $H = -\dfrac{1}{25}$; $I = -\dfrac{9}{4}$.

45. $A = \dfrac{74}{15}$; $B = -\dfrac{19}{35}$; $C = -\dfrac{11}{25}$; $D = \dfrac{5}{11}$.

46. **a/** $\dfrac{5}{12}$ des voitures ne sont ni rouges, ni blanches : $1 - \dfrac{1}{3} - \dfrac{1}{4} = \dfrac{5}{12}$.

b/ Marie a consacré $\dfrac{3}{5}$ de son temps de connexion à la recherche sur les impressionnistes $\left(\dfrac{3}{4} \times \dfrac{4}{5} = \dfrac{3}{5}\right)$.

c/ La largeur du rectangle est de $\dfrac{17}{3}$ cm :
$\dfrac{153}{4} \div \dfrac{27}{4} = \dfrac{153}{27} = \dfrac{17}{3}$.

Exercices complémentaires

59. **a/** $\dfrac{34}{12} = \dfrac{17}{6}$; $\dfrac{55}{-33} = -\dfrac{5}{3}$;

$-\frac{16}{20}=-\frac{4}{5}$; $\frac{9}{18}=\frac{1}{2}$; $\frac{-56}{-8}=7$.

b/ $\frac{3\times 5}{4\times 5}=\frac{3}{4}$; $\frac{-7\times 3}{3\times 5}=-\frac{7}{5}$;
$\frac{-3\times 4\times 2}{3\times(-8)\times(-5)}=-\frac{1}{5}$.

61. $\frac{45}{27}=\frac{5}{3}$; $\frac{17}{56}\neq\frac{3}{10}$; $\frac{2\,345}{1\,456}\neq\frac{1\,611}{1\,000}$.

67.

a	$\frac{-2}{3}$	$\frac{5}{12}$	$\frac{7}{8}$	$\frac{-5}{16}$	-5
b	$\frac{2}{3}$	$-\frac{18}{24}$	$\frac{1}{4}$	$-\frac{3}{12}$	$\frac{7}{3}$
$a+b$	0	$-\frac{1}{3}$	$\frac{9}{8}$	$-\frac{9}{16}$	$-\frac{8}{3}$
$a-b$	$-\frac{4}{3}$	$\frac{7}{6}$	$\frac{5}{8}$	$-\frac{1}{16}$	$-\frac{22}{3}$

71. **a/** $-\frac{12}{5}$; **b /** $-\frac{3}{2}$; **c/** $\frac{21}{2}$.

72. $1\div\frac{5}{4}=\frac{4}{5}$; $1\div\frac{-2}{5}=\frac{-5}{2}$; $1\div 7=\frac{1}{7}$;
$1\div\frac{1}{7}=7$; $\frac{1}{\frac{5}{4}}=\frac{4}{5}$; $\frac{1}{\frac{6}{5}}=\frac{5}{6}$.

76. $M=\frac{1}{3}\times\left(\frac{5}{18}-\frac{7}{12}\right)$ soit $M=-\frac{11}{108}$.
$N=\frac{1}{3}\div\frac{5}{18}-\frac{7}{12}\div\frac{5}{18}$ soit $N=-\frac{9}{10}$.
$R=\left(\frac{1}{3}\right)^2+\frac{5}{18}$ soit $R=\frac{7}{18}$.

$S=\frac{18}{5}-\frac{12}{7}$ soit $S=\frac{66}{35}$.

77. **a/** Elle n'aura pas assez de 24 bouteilles.

b/ Les calculs (2), (3) et (4) donnent le nombre de bouteilles (qui est égal à 32).

83. **a/** 4,487 a pour arrondi au dixième 4,5 et pour troncature au centième 4,48.

b/ 4,561 a pour arrondi au dixième 4,6 et pour arrondi au centième 4,56.

86. $\frac{24}{17}<\frac{816}{577}<\frac{17}{12}$.

91. $A=\frac{15}{28}$; $B=\frac{19}{48}$; $C=-\frac{181}{400}$; $D=\frac{7}{6}$;
$E=-\frac{1}{3}$.

101. **a/** $\frac{5}{4}$; **b/** $\frac{8}{5}$; **c/** $\frac{1}{4}$.

Chapitre 3
Proportionnalité

Faire le point à mi-parcours

23. **a/** Non, il n'y a pas proportionnalité entre le prix et le nombre de pages car si le prix pour 1 000 pages est 30 €, il devrait être 2,5 fois plus grand pour 2 500 pages, donc il devrait être 75 € (30 × 2,5), et non pas 76 €.

b/ (1) Non il n'y a pas proportionnalité car la droite représentant les données ne passe pas par l'origine du repère.
(2) Au bout de 3 h le volume est d'environ 22 000 L.
(3) Au bout de 5 h environ le bassin contient 30 000 L.

24. 18 km/h = 18 000 m/h = 5 m/s.

25. **a/** La vitesse du bateau est d'environ 27,7 km/h :
$(12\div 26)\times 60\approx 27{,}7$.

b/ Distance parcourue par le lièvre : 4,65 km.
1re méthode :
4 min 30 s = 4,5 min
62 km/h ≈ 1,033 333 km/min
1,033 333 × 4,5 ≈ 4,65.
2e méthode : 4 min 30 s = 270 s.

Distance (en km)	62	4,65
Durée (en s)	3 600	270

$(62\div 3\,600)\times 270=4{,}65$.

c/ Le piéton met 24 min :
1,6 ÷ 4 = 0,4 et 0,4 h = 24 min.

26. Le pourcentage de baisse est 17,5 %.
1re méthode
baisse : 3,50 € (20 – 16,50 = 3,50)
pourcentage : 17,5 % (3,50 ÷ 20 = 0,175).
2e méthode
16,50 ÷ 20 = 0,825
1 – 0,825 = 0,175
donc pourcentage de 17,5 %.

27. **a/** L'automobiliste a fait 80 km à la vitesse de 70 km/h, donc il a mis environ 68,57 min :
$(80\div 70)\times 60\approx 68{,}57$.
Temps total : 88,57 min (68,57 + 20 ≈ 88,57).
La vitesse moyenne est d'environ 64,35 km/h :
$(95\div 88{,}57)\times 60\approx 64{,}35$.

b/ (1) Le pourcentage de réduction est 25 % :
150 ÷ 200 = 0,75 et 1 – 0,75 = 0,25.

(2) Le prix payé est 142,50 €.
Il y a baisse de 5 % donc on multiplie le prix par 0,95 : $1 - 0{,}05 = 0{,}95$.
$150 \times 0{,}95 = 142{,}5$.

Exercices complémentaires

39. **a/** Si $h = 5$ cm, l'aire est de 20 cm^2.
Si $h = 3$ cm, l'aire est de 12 cm^2.
Si $h = 7$ cm, l'aire est de 28 cm^2.

b/ $A = 4h$. Il y a proportionnalité entre l'aire A du triangle et la hauteur h.

c/

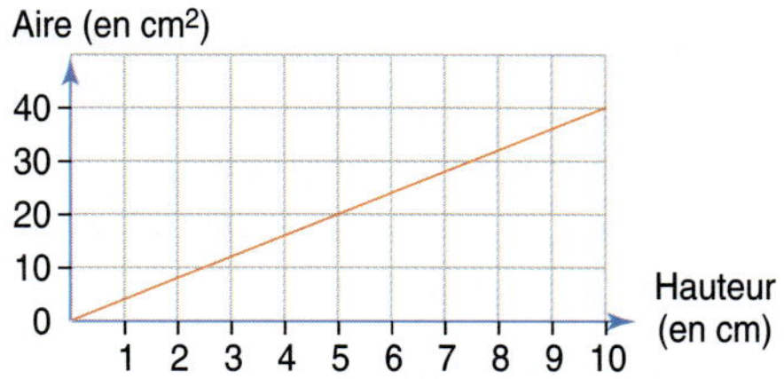

d/ et **e/** (1) Si $h = 10$ cm, $A = 40$ cm^2.
(2) Si $A = 6$ cm^2, $h = 1{,}5$ cm.
(3) Si $A = 38$ cm^2, $h = 9{,}5$ cm

40. On met 31,5 s pour effectuer ce parcours :
$1{,}4 \div 160 = 0{,}008\,75$ h $= 31{,}5$ s.

42. Temps mis pour aller à New York :
– en 1930 : 23 h 12 min $(5\,800 \div 250 = 23{,}2)$;
– en 1950 : 9 h 42 min $(5\,800 \div 600 \approx 9{,}7)$;
– en Airbus : 5 h 59 min $(5\,800 \div 970 \approx 5{,}98)$;
– en Concorde : 2 h 28 min $(5\,800 \div 2\,350 \approx 2{,}47)$.

45. **a/** Ce nombre est 404 : $464{,}6 \div 1{,}15 = 404$.
b/ Ce nombre est 20 : $15 \div 0{,}75 = 20$.

46. **a/** La nouvelle longueur est 7,2 cm : $6 \times 1{,}20 = 7{,}2$.
La nouvelle largeur est 3,2 cm : $4 \times 0{,}80 = 3{,}2$.
La nouvelle aire est 23,04 cm^2.
b/ L'aire a diminué de 0,96 cm^2 (aire de départ : 24 cm^2). Le pourcentage de diminution est :
4 % $(0{,}96 \div 24 = 0{,}04)$.

48. 24 sportifs boiront 120 caisses de bouteilles d'eau en 30 jours.

1re méthode. Nombre de caisses de bouteilles d'eau par sportif et par jour : $\dfrac{12}{8 \times 9}$.
Nombre de caisses de bouteilles bues par 24 sportifs en 30 jours : $\left(\dfrac{12}{8 \times 9}\right) \times 24 \times 30 = 120$.

2e méthode :

Sportifs	Caisses d'eau	Jours
9	12	8
3	4	8
24	32	8
24	4	1
24	120	30

(÷ 3 ; × 8 ; ÷ 8 ; × 30)

56. Longueur du tunnel : 895 m.
En 27 s la distance parcourue par le train est de 1,02 km car $(136 \times 27) \div 3\,600 = 1{,}02$. À cette distance, il faut enlever la longueur du train pour trouver la longueur du tunnel, soit $1{,}02 - 0{,}125 = 0{,}895$.

Chapitre 4
Puissances

Faire le point à mi-parcours

41. **a/** 9 ; 125 ; 1 789 ; 1 ; 0,04 ; 0,125.
b/ 5^6 ; 20^3 ; 3^5 ; 7^0 ; 5^5 ; 3^{-4}.
c/ $A = 314\,000$.

42. $A = 22$; $B = -25$; $C = 1\,110$.

43. **a/** 10 000 ; 0,001 ; 5 320 ; 0,0425.
b/ $5{,}3 \times 10^4$; $4{,}5 \times 10^{-4}$; $3{,}6 \times 10^6$; $7{,}3 \times 10^4$.

44. **a/** 3 400 000 cm soit 34 km.
b/ (1) 8 façons ; (2) 32 façons ; (3) 2^n façons.

Exercices complémentaires

51. **a/** 5^5 ; 3^{10} ; 4^4 ; 2^{12}. **b/** 6^5 ; 5^2 ; 9^4 ; 4^4.
c/ 15^3 ; 15^5 ; 42^2.

54. Le rectangle a pour largeur 25 cm :
$5^8 \div 5^6 = 5^2 = 25$.

56. $A = 31$; $B = 32$; $C = 8$; $D = 200$; $E = 750$.

58. **c/** Quel que soit n, on trouve le même résultat en calculant $n^2 + n$ ou en calculant $n(n + 1)$, grâce à la distributivité.

60. **a/** 4^{-3} ; 7^{-5} ; 5^2 ; 3^{-5}. **b/** 4^{-2} ; 10^{-2} ; 3^{-6}.

61. **a/** 10^2 ; 10^{-6} ; 10^6. **b/** 10^2 ; 10^{-2} ; 10^2 ; 10^{-5}.
c/ 10^{12} ; 10^{30} ; 10^{20}. **d/** 10^5 ; 10^{13} ; 10^1.

68. **a/** 10^3 cm ; **b/** 10^4 cm.

79. **a/** Pour l'écriture des nombres de 1 à 19 on utilise la formule avec $c = 2$ (car 19 a 2 chiffres) et $n = 19$: $2(19 + 1) - (10^2 - 1) \div 9 = 40 - 11 = 29$.

b/ Pour écrire tous les nombres de 1 à 272 on utilise la formule avec $c = 3$ (car 272 a trois chiffres) et $n = 272$:

$3(272 + 1) - (10^3 - 1) \div 9 = 708$.

Il faut donc 708 chiffres.

c/ $4(9\ 999 + 1) - (10^4 - 1) \div 9 = 40\ 000 - 1\ 111 = 38\ 889$.

Chapitre 5 Statistiques

Faire le point à mi-parcours

17. Les bénéfices de l'entreprise A sont en forte croissance, alors que ceux de l'entreprise B stagnent. L'entreprise B aurait dû graduer son axe vertical jusqu'à 400 milliers d'euros pour mieux mettre en valeur l'évolution de son bénéfice.

18. **a/** Il y a 25 enfants dans le club.

b/ et **c/**

Âge (en années)	13	14	15	16
Effectif	3	8	12	2
Effectif cumulé croissant	3	11	23	25
Fréquence cumulée croissante	12 %	44 %	92 %	100 %

d/ Il y a 44 % d'enfants ayant 14 ans ou moins de 14 ans dans le club.

19. **a/** Moyenne des âges : environ 23,7 ans.
Moyenne des poids : 93,4 kg.

b/ La moyenne des 5 nombres est 13,4 :

$$\frac{2 \times 11 + 3 \times 15}{5} = 13{,}4.$$

20. **a/**

Argent (en €)	[0 ; 5[	[5 ; 10[	[10 ; 15[	[15 ; 20[	[20 ; 25[	Total
Effectif	30	65	75	18	12	200
Centre de la classe	2,5	7,5	12,5	17,5	22,5	
Produit	75	487,5	937,5	315	270	2 085

Le montant mensuel moyen de l'argent de poche est d'environ 10,43 € :

$$\frac{2\ 085}{200} = 10{,}425.$$

b/ 95 adolescents reçoivent moins de 10 €.

c/ 30 adolescents reçoivent 15 € ou plus de 15 €.

d/ 47,5 % des adolescents reçoivent moins de 10 €.
15 % des adolescents reçoivent 15 € ou plus de 15 €.

Exercices complémentaires

24. **a/**

Nombre de livres	1	2	3	4	5	6
Effectif	10	20	60	5	4	1
Effectif cumulé croissant	10	30	90	95	99	100

b/ 100 personnes sont inscrites à cette bibliothèque.

c/ 95 personnes lisent 4 livres ou moins de 4 livres.

d/ 60 % (« 60 » lu sur la ligne des effectifs et à diviser par 100 puisqu'il y a 100 personnes).

e/ 90 % (« 90 » lu sur la ligne des effectifs cumulés croissants et à diviser par 100).

27. La température du dernier jour est 17 °C.
Le total des températures des six premiers jours est 88 °C :
$12 + 14 + 16 + 15 + 17 + 14 = 88$
Total des températures des 7 jours :
105 °C $(15 \times 7 = 105)$.
Température du dernier jour : 17 °C $(105 - 88 = 17)$.

32. **a/** Aurélie a réussi son examen car elle a une moyenne de 10,2.

Moyenne : $$\frac{12 \times 5 + 10 \times 3 + 6 \times 2}{5 + 3 + 2} = 10{,}2.$$

b/ Quentin doit avoir 13 en mathématiques. Pour avoir 10 de moyenne, Quentin doit avoir un total de notes de 100 (10 multiplié par la somme des coefficients).
Soit x sa note de mathématiques.
$10 \times 5 + 8 \times 3 + 2x = 100$, donc $50 + 24 + 2x = 100$.
$74 + 2x = 100$, donc $2x = 100 - 74$, c'est-à-dire $2x = 26$, soit $x = 13$.

34. **a/** La moyenne de tous les retraits est d'environ 62,67 €. On ajoute les 30 sommes ; on obtient 1 880 et on divise par 30.

b/ et **c/**

Retrait (en €)	Effectifs	Centre de la classe	Produit
[0 ; 50[	14	25	350
[50 ; 100[	9	75	675
[100 ; 150[	7	125	875
Total	30		1 900

La valeur approchée de la moyenne est 63,33 € :

$$\frac{1\ 900}{30} = 63{,}33.$$

d/ Les deux résultats sont légèrement différents car la moyenne de chaque classe ne correspond pas forcément à la moyenne effectuée avec le centre de la classe.

Chapitre 6
Initiation à la démonstration

Faire le point à mi-parcours

14. **a/** On sait que ABCD est un parallélogramme.
Si un quadrilatère est un parallélogramme alors ses côtés opposés sont parallèles deux à deux.
Donc les droites (AB) et (DC) sont parallèles.

• On sait de plus que les droites (EF) et (AB) sont parallèles.
Si deux droites sont parallèles à une même troisième alors elles sont parallèles entre elles.
Donc les droites (EF) et (DC) sont parallèles.

b/

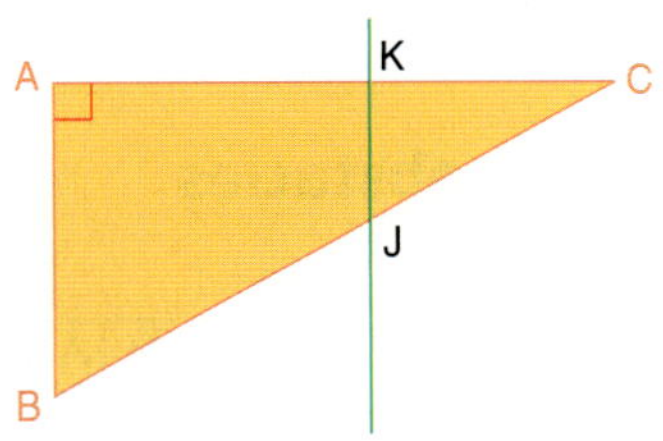

On sait que : (AB) ⊥ (AC) (car ABC triangle rectangle en A) et (KJ) // (AB) (*donnée*).
Si deux droites sont parallèles et qu'une troisième est perpendiculaire à l'une alors elle est perpendiculaire à l'autre. Donc (KJ) est perpendiculaire à (AC).

c/ On sait que KLMN est un parallélogramme.
Si un quadrilatère est un parallélogramme alors ses côtés opposés sont parallèles deux à deux.
Donc (KL) est parallèle à (NM), donc (KL) est parallèle à (MP).

• De plus (KM) est parallèle à (LP) (*donnée*).
Si un quadrilatère a des côtés opposés parallèles deux à deux alors c'est un parallélogramme.
Donc KLPM est un parallélogramme.

15. Julien ne cite pas la propriété qui permet de démontrer que KLPM est un parallélogramme, de plus il ne démontre pas que (KL) est parallèle à (MP).
Paulo ne démontre pas que (KL) est parallèle à (MP).
Aurélie se trompe de propriété dans le premier chaînon de sa démonstration. C'est la propriété « Si un quadrilatère est un parallélogramme alors ses côtés opposés sont parallèles deux à deux » qui permet d'affirmer que deux droites sont parallèles.

16. On trouve toujours 1. Démontrons-le.
Soit a le nombre choisi au départ. Le résultat final est $(a + 5) \times 2 - 2a - 9$.
Simplifions cette expression :
$(a + 5) \times 2 - 2a - 9 = 2a + 10 - 2a - 9$.
Donc $(a + 5) \times 2 - 2a - 9 = 1$. Ce qui démontre que, quel que soit le nombre choisi au départ, on obtient toujours exactement 1 comme résultat final.

Exercices complémentaires

41. (d) ⊥ (BC), car (d) est la hauteur issue de A, et (BC) ⊥ (d'), car (d') est la médiatrice de [BC].
Si deux droites sont perpendiculaires à une même troisième, alors elles sont parallèles entre elles.
Donc (d) et (d') sont parallèles.

44.

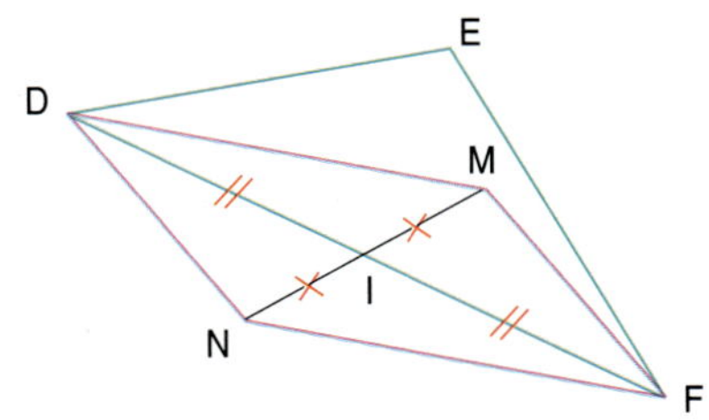

On sait que I est le milieu de [DF] (*donnée*) et le milieu de [MN] (*définition* du symétrique d'un point par rapport à un point).
Si un quadrilatère a des diagonales qui ont le même milieu alors c'est un parallélogramme.
Donc MFND est un parallélogramme.

47.

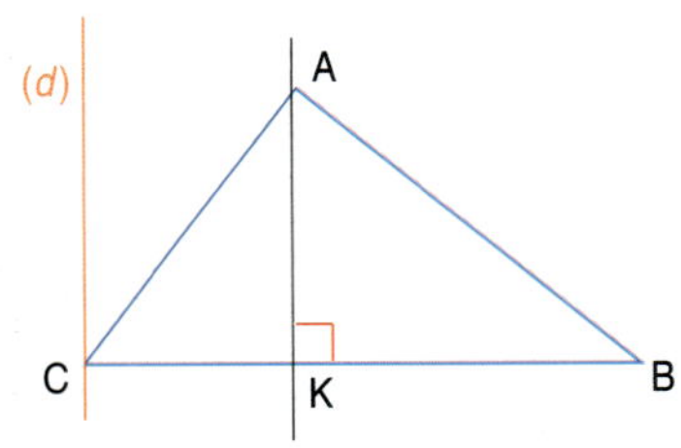

(AK) et (BC) sont perpendiculaires (*définition* de la hauteur d'un triangle).
(d) est parallèle à (AK) (*donnée*).
Si deux droites sont parallèles et qu'une troisième est perpendiculaire à l'une alors elle est perpendiculaire à l'autre.
Donc : (d) ⊥ (BC).

49. Soit x le nombre choisi.
Le résultat final est $(x + 7) \times 3 - 2x - 20 = x + 1$.
On obtient toujours le nombre choisi augmenté de 1.

54. On sait que : (EF) ⊥ (AC) et (AB) ⊥ (AC) (*donnée*).
Si deux droites sont perpendiculaires à une même troisième alors elles sont parallèles entre elles.
Donc : (EF) // (AB).

• On sait que ABCD est un parallélogramme (*donnée*).
Si un quadrilatère est un parallélogramme alors ses côtés opposés sont parallèles deux à deux.
Donc : (BC) // (AD) d'où (BE) // (AF).

• On sait que : (EF) // (AB) et (BE) // (AF).
Si un quadrilatère a des côtés opposés parallèles deux à deux alors c'est un parallélogramme.
Donc EBAF est un parallélogramme.

Chapitre 7
Calcul littéral

Faire le point à mi-parcours

29. $A = -9x$; B ne peut être réduite ; $C = -2a$; $D = 15x$; $E = 8x^2$; $F = -35x$; $G = -4x^2$; $H = -21x^2$; $I = -4x + 3$; $J = 4x^2$; $K = 2x^2 - 2x + 8$.

30. $A = -12x^2 + 6x + 30$; $B = -8a^2 + 30a - 18$; $C = 2x + 4$; $D = 13 - 8b$; $E = -4x^2 + 7x - 10$.

31. **a/** $3^2 + 2 \times 3 + 1 = 16$ et $(3+1)^2 = 16$ } Pour $x = 3$, on trouve le même résultat

La somme du carré, du double et de 1 est $x^2 + 2x + 1$.
Le nombre augmenté de 1 puis le résultat élevé au carré donne $(x+1)^2 = (x+1)(x+1) = x^2 + 2x + 1$.
On trouve la même expression pour les deux calculs.

b/ $\widehat{TCL} = 180 - (20 + x + 70 - x)$.
$\widehat{TCL} = 180 - 90$ donc $\widehat{TCL} = 90°$.

Exercices complémentaires

47. $A = -3x - 2$; $B = -5x + 1$;
$C = x - 15$; $D = -5x - 3$;
$E = -11x + 17$; $F = -x^2 + 3x + 3$;
$G = -9x^2 - 11x + 1$.

48. $A = 20x^2 + 23x + 6$; $B = 18x^2 + 36x + 10$;
$C = -12x^2 + 22x - 8$; $D = -6x^2 + 26x - 24$;
$E = -12x^2 - 18x + 12$; $F = 6x^2 - 22x + 20$;
$G = 21x^2 - 47x + 20$; $H = 42x^2 - 92x + 48$.

53. $\widehat{CAO} = 180 - (90 + x) = 90 - x$;
$\widehat{COA} = 180 - 2(90 - x) = 2x$.

59. **a/** objet 1 : $4 \times 5x \times 1{,}5x = 30x^2$;
objet 2 : $3x \times 5x \times 2 = 30x^2$.
b/ objet 1 : $\pi r^2 \times 4h = 4\pi r^2 h$;
objet 2 : $\pi \times (2r)^2 \times h = 4\pi r^2 h$.

60. **a/** $(5x+4)(3x+3) - (3x+2)(2x+1) = 9x^2 + 20x + 10$.
b/ Pour ABCD, la longueur est de 14 cm, la largeur est de 9 cm.
Pour EFGH, la longueur est de 8 cm, la largeur est de 5 cm.
L'aire colorée en bleu est donc, en cm^2 :
$14 \times 9 - 8 \times 5 = 86$.
c/ $9 \times 2^2 + 20 \times 2 + 10 = 86$.

64. $\widehat{BAC} = 180 - (\widehat{ABC} + \widehat{BCA})$
$\widehat{BAC} = 180 - (2x + 2y)$
$\widehat{BAC} = 180 - 2(x + y)$
$\widehat{BAC} = 180 - 2(180 - 135)$
$\widehat{BAC} = 180 - 360 + 270$ soit $\widehat{BAC} = 90°$.
L'angle $\widehat{BAC}$ est égal à un angle droit. Il ne dépend pas de x et y.

Chapitre 8
Équations, inégalités

Franchir les obstacles

12. **c/** Appeler x le nombre d'années qui doit s'écouler pour que l'âge de la mère soit le double de la fille et remplir le tableau ci-contre.

	Âge de la mère	Âge de la fille
Actuellement		
Dans x années		

Exercices fondamentaux

28. Appliquer une méthode analogue à celle employée dans l'activité **12.c/** de *Franchir les obstacles.*

Faire le point à mi-parcours

29. Égalités vraies : **a**, **b** et **c**.
a/ On a ajouté 3 aux deux membres de l'équation de départ.
b/ On a retranché 5 aux deux membres de l'équation de départ.
c/ On a retranché $2x$ aux deux membres de l'équation de départ.
d/ On a divisé par 2 le second membre de l'équation de départ, mais pas la totalité du premier membre.

30. **a/** 1 est solution de l'équation (3).
b/ – 2 est solution de l'équation (1).

31. **a/** La solution est 12.

b/ Les équations suivantes ont les mêmes solutions :

$4(R-7)-(2R+7)=5-(R-15)$

$4R-28-2R-7=5-R+15$

$2R-35=20-R$

$2R+R=20+35$

$3R=55$

$R=\dfrac{55}{3}$ donc $\dfrac{55}{3}$ est la solution de l'équation.

c/ Les équations suivantes ont les mêmes solutions :

$3a-11=2a-5+a$

$3a-11=3a-5$

$0a=6$. Il n'y a pas de solution.

d/ Les équations suivantes ont les mêmes solutions :

$9x-63=x-63$

$8x=0$

$x=0$, donc 0 est la solution de l'équation.

32. **a/** $3x<3y$; **b/** $x-5<y-5$;
c/ $3y+7>3x+7$; **d/** $-2x>-2y$;
e/ $4x+15<4y+15$; **f/** $2x+10<2y+12$.

33. **a/** Soit x la durée en minutes de la première émission.

La durée de la deuxième émission est : $x+30$.

La durée de la troisième émission est : $2(x+30)$.

La durée totale des trois émissions est :

$x+x+30+2(x+30)=240$ car 4 h $=240$ min.

Les équations suivantes ont les mêmes solutions :

$2x+30+2x+60=240$

$4x+90=240$

$4x=240-90$

$4x=150$ soit $x=37,5$

La première émission dure 37,5 min soit 37 min et 30 s. La deuxième émission dure 67 min et 30 s (1 h 07 min 30 s) ; et la troisième dure 135 min (2 h 15 min).

b/ Périmètre du carré : $4x$.

Périmètre du triangle équilatéral :
$3(10-x)=30-3x$.

Les périmètres sont égaux : $4x=30-3x$.

Les équations suivantes ont les mêmes solutions :

$4x+3x=30$

$7x=30$ donc $x=\dfrac{30}{7}$.

c/ Soit x le nombre de bonbons par sachet.

Nombre de bonbons donnés à Estelle : $3x+25$.

Nombre de bonbons donnés à Sophie : $2x+45$.

Donc $3x+25=2x+45$ puisqu'elles ont le même nombre de bonbons.

Donc $x=20$. Il y a 20 bonbons par sachet.

d/ Soit x le prix d'un disque. Prix de 4 disques : $4x$.

Prix des disques qui coûtent 5 € de moins : $x-5$.

Prix des 6 disques : $6\times(x-5)$.

Donc $4x=6\times(x-5)$ donc $x=15$.

Donc un disque coûte 15 €.

Exercices complémentaires

41. 0 est la solution de l'équation **c.**

49. Le premier touchera 180 €, le deuxième 110 € et le troisième 30 €.

Soit x la somme que le deuxième touchera.

Donc $x+70+x+x-80=320$.

Donc $x=110$.

56. Laurent a 275 cartes.
Soit x le nombre de cartes de Laurent.
Traduisons l'énoncé : $2x-125=150+x$.
Donc $x=275$.

58. **a/** La solution est $\dfrac{19}{7}$. **b/** La solution est -4.

c/ La solution est $\dfrac{7}{11}$. **d/** Il n'y a pas de solution.

e/ La solution est $\dfrac{36}{5}$.

70. Soit x le nombre de grands cars.

Nombre de petits cars : $x-4$.

Nombre d'élèves transportés dans les grands cars : $56x$.

Nombre d'élèves transportés dans les petits cars : $44(x-4)$.

Nombre total d'élèves : $56x+44(x-4)=624$.

Les équations ci-dessous ont les mêmes solutions :

$56x+44x-44\times 4=624$

$100x=800.$

$x=8.$

Il y a donc 8 grands cars et $8-4=4$ petits cars.

72. Trois camarades participent finalement au cadeau.

Soit x le nombre de camarades qui participent finalement au cadeau.

Au départ il y en avait donc : $x+2$.

Prix du cadeau : $3(x+2)$.

Finalement ils paient 5 € chacun : $3+2=5$.

Prix du cadeau : $5x$.

Donc $3(x+2)=5x$.

Les équations ci-dessous ont les mêmes solutions :

$3x+6=5x$

$6=2x$ soit $x=3$.

Chapitre 9
Théorème de Pythagore

Faire le point à mi-parcours

28. **a/** On sait que ABC est un triangle rectangle en B. Si un triangle est rectangle alors le carré de la longueur de l'hypoténuse est égal à la somme des carrés des longueurs des deux autres côtés (*théorème de Pythagore*).

$AC^2 = AB^2 + BC^2$ donc $AC^2 = 7{,}5^2 + 10^2$;

$AC^2 = 156{,}25$ donc $AC = 12{,}5$ cm.

b/ On sait que RFT est un triangle rectangle en R. D'après le *théorème de Pythagore*, dans ce triangle, $FT^2 = RT^2 + RF^2$.

$14{,}6^2 = RT^2 + 11^2$ donc $RT^2 = 14{,}6^2 - 11^2$.

$RT^2 = 92{,}16$ donc $RT = 9{,}6$ cm.

c/ On ne peut pas calculer FG dans le triangle DFG car ce triangle n'est pas rectangle.

d/ On sait que MNP est un triangle rectangle en M. D'après le *théorème de Pythagore*, dans ce triangle, $NP^2 = MN^2 + MP^2$.

$NP^2 = 8^2 + 12^2$ donc $NP^2 = 64 + 144$.

$NP^2 = 208$ donc $NP \approx 14{,}4$ cm.

29. **a/** On sait que AB = 720 m ; AC = 724 m ; BC = 76 m.

[AC] est le plus grand côté du triangle ABC.

$AB^2 + BC^2 = 720^2 + 76^2$ soit $AB^2 + BC^2 = 524\,176$.

$AC^2 = 724^2$ soit $AC^2 = 524\,176$.

Donc $AC^2 = AB^2 + BC^2$.

Si, dans un triangle, le carré de la longueur du plus grand côté est égal à la somme des carrés des longueurs des deux autres côtés alors ce triangle est rectangle et l'angle droit est l'angle opposé au plus grand côté (*réciproque du théorème de Pythagore*).

Donc le triangle ABC est rectangle en B. Son hypoténuse est le segment [AC].

b/ On sait que AB = 12 cm ; AC = 12 cm ;
BC = 17 cm.

[BC] est le plus grand côté du triangle ABC.

$AB^2 + AC^2 = 12^2 + 12^2$ soit $AB^2 + AC^2 = 288$.

$BC^2 = 17^2$, soit $BC^2 = 289$.

Donc $BC^2 \neq AB^2 + AC^2$.

Si le carré de la longueur du plus grand côté d'un triangle n'est pas égal à la somme des carrés des longueurs des deux autres côtés alors ce triangle n'est pas rectangle.

Donc le triangle ABC n'est pas rectangle.

c/ On sait que AB = 8,9 mm ; AC = 8 mm ;
BC = 3,9 mm.

$AC^2 + BC^2 = 8^2 + 3{,}9^2$ soit $AC^2 + BC^2 = 79{,}21$.

$AB^2 = 8{,}9^2$ soit $AB^2 = 79{,}21$.

Donc $AB^2 = AC^2 + BC^2$.

D'après la *réciproque du théorème de Pythagore*, le triangle ABC est rectangle en C. Son hypoténuse est le segment [AB].

30. ABC est un triangle rectangle en A.
AB = 17 m et AC = 26,4 m.

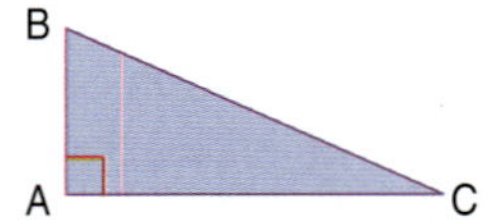

Si un triangle est rectangle alors le carré de la longueur de l'hypoténuse est égal à la somme des carrés des longueurs des deux autres côtés (*théorème de Pythagore*).

Donc $BC^2 = 26{,}4^2 + 17^2$.

$BC^2 = 696{,}96 + 289$

$BC^2 = 985{,}96$ donc $BC = 31{,}4$ m.

Le plan incliné mesure 31,4 m. En un tour de roue, Jojo parcourt 1,57 m ($2 \times 3{,}14 \times 0{,}25 = 1{,}57$). Au total, il fera donc 20 tours de roue ($31{,}4 \div 1{,}57 = 20$).

b/ • On sait que le triangle ABC est rectangle en B. D'après le *théorème de Pythagore*, dans ce triangle,

$AC^2 = AB^2 + CB^2$.

$AC^2 = 12^2 + 16^2$ donc $AC^2 = 144 + 256$.

$AC^2 = 400$ donc $AC = 20$ mm.

• On sait que le triangle DCA est rectangle en C. D'après le *théorème de Pythagore*, dans ce triangle,

$AD^2 = DC^2 + CA^2$.

$AD^2 = 21^2 + 20^2$ donc $AD^2 = 441 + 400$.

$AD^2 = 841$ donc $AD = 29$ mm.

c/ • On sait que ADBM et ABCD sont des parallélogrammes.

Si un quadrilatère et un parallélogramme alors ses côtés opposés sont parallèles deux à deux et de même longueur.

Donc AM = DB ; MB = AD = BC ; AB = DC.

• On sait que AM = 6,8 cm ; AD = 3,2 cm ;
AB = 6 cm.

Donc DC = 6 cm ; BC = 3,2 cm ; DB = 6,8 cm.

$CB^2 + CD^2 = 3{,}2^2 + 6^2$	$DB^2 = AM^2$
$CB^2 + CD^2 = 10{,}24 + 36$	$DB^2 = 6{,}8^2$
$CB^2 + CD^2 = 46{,}24$	$DB^2 = 46{,}24$

Donc $DB^2 = CB^2 + CD^2$.

D'après la *réciproque du théorème de Pythagore,* le triangle CBD est rectangle en C et les droites (CD) et (CB) sont perpendiculaires. (ABCD est donc un rectangle.)

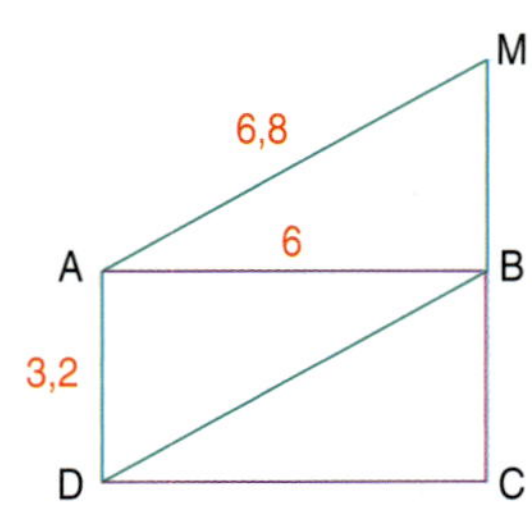

Exercices complémentaires

43.

	a/	b/	c/	d/	e/
AB	61	3	25	85	113
AC	11	2,8	20	84	112
BC	60	1	15	13	15

44. L'ordre de la démonstration est le suivant : **c/** ; **f/** ; **a/** ; **e/** ; **g/** ; **b/** ; **d/** ; **h/.**

49.

	Aire	Périmètre
Losange ABCD	9,80 cm^2	20 cm
Rectangle HKLG	27,11 cm^2	21,75 cm
Triangle RTV	12,5 cm^2	≈ 17,07 cm

53. La diagonale du rectangle mesure 8,81 cm.
La largeur du rectangle est 3,69 cm :
$29{,}52 \div 8 = 3{,}69$.
La diagonale est donc l'hypoténuse d'un triangle rectangle dont les côtés de l'angle droit mesurent 8 cm et 3,69 cm.
Sa longueur d est donnée par le *théorème de Pythagore* dans ce triangle : $d^2 = 3{,}69^2 + 8^2$.
Donc $d^2 = 77{,}616\,1$ soit $d = 8{,}81$ cm.

57. Le périmètre de ZER est 252 mm.

62. • On sait que ABC est un triangle tel que : AB = 5,4 cm, AC = 7,2 cm et BC = 9 cm.
$AB^2 + AC^2 = 5{,}4^2 + 7{,}2^2$ soit $AB^2 + AC^2 = 81$
$BC^2 = 9^2$ soit $BC^2 = 81$.
Donc $AB^2 + AC^2 = BC^2$.
Si, dans un triangle, le carré de la longueur du plus grand côté est égal à la somme des carrés des longueurs des deux autres côtés alors ce triangle est rectangle et l'angle droit est l'angle opposé au plus grand côté (*réciproque du théorème de Pythagore*).
Donc le triangle ABC est rectangle en A et (AC) et (AB) sont perpendiculaires.

• On sait que B' est le symétrique de B par rapport à A.
Donc A est le milieu de [BB'].
La droite (AC) passe par le milieu de [BB'] et est perpendiculaire à (BB').
Si une droite est perpendiculaire à un segment et passe par son milieu alors c'est la médiatrice de ce segment.
(AC) est donc la médiatrice de [BB'].

• Si un point est sur la médiatrice d'un segment alors il est équidistant des extrémités de ce segment.
Donc B'C = BC.

63. **a/** Calculer l'aire du triangle ABD et CBD.
b/ Calculer AE et FC. **c/** Calculer DE et FB, puis conclure.

Chapitre 10
Triangle rectangle et cercle

Faire le point à mi-parcours

29. **a/** • On sait que [CO] est un diamètre du cercle ($\mathscr{C}$') et que E est un point de ($\mathscr{C}$').
Si, dans un cercle, un triangle a pour sommets les extrémités d'un diamètre et un point de ce cercle alors le triangle est rectangle en ce point.
Donc le triangle CEO est rectangle en E, donc (OE) est perpendiculaire à (CE) donc à (CA).

• On sait que [CD] est un diamètre du cercle ($\mathscr{C}$) et que A est un point de cercle.
Donc, d'après la même propriété, le triangle CAD est rectangle en A, donc (AD) est perpendiculaire à (CA).

• Si deux droites sont perpendiculaires à une même troisième alors elles sont parallèles entre elles.
Donc (EO) et (AD) sont parallèles.

b/ *1re méthode*

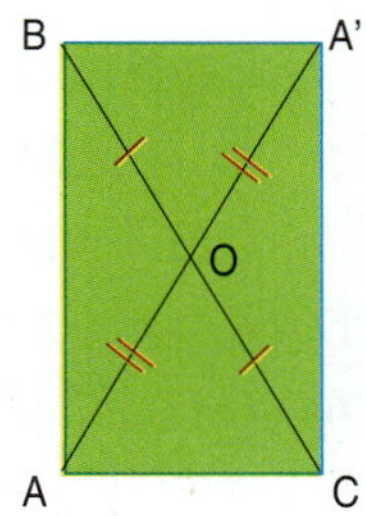

• On sait que ABC est un triangle rectangle et que (AO) est la médiane issue de A dans ABC.
Si un triangle est rectangle alors la longueur de la médiane issue du sommet de l'angle droit est égale à la moitié de la longueur de l'hypoténuse.
Donc OA = OB = OC (= OA') donc AA' = BC.

• Si un quadrilatère a ses diagonales qui ont le même milieu et sont de même longueur alors c'est un rectangle.
Donc ABA'C est un rectangle.

2e méthode

• On sait que O est le milieu de [AA'] (*symétrie*) ; et que O est le milieu de [BC] (*donnée*).
Si un quadrilatère a ses diagonales qui ont le même milieu alors c'est un parallélogramme.
Donc ABA'C est un parallélogramme.

• On sait que ABC est un triangle rectangle et que ABA'C est un parallélogramme.
Si un parallélogramme a un angle droit alors c'est un rectangle. Donc ABA'C est un rectangle.

30. FH < FK car, sur la droite (EH), le point le plus proche de F est le point H tel que (FH) est perpendiculaire à (EH).

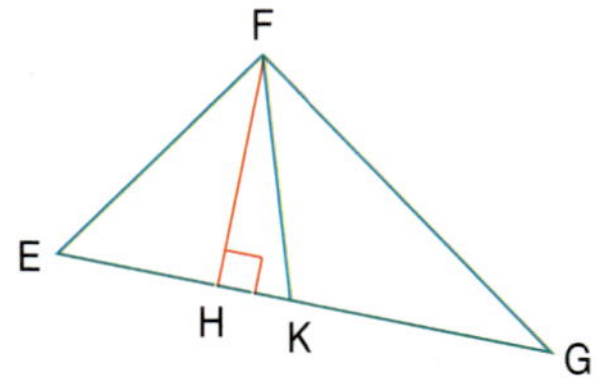

31. On sait que (d) est tangente en A au cercle ; donc (d) est perpendiculaire à (AB). De même, on sait que (d') est tangente en B au cercle ; donc (d') est perpendiculaire à (AB).

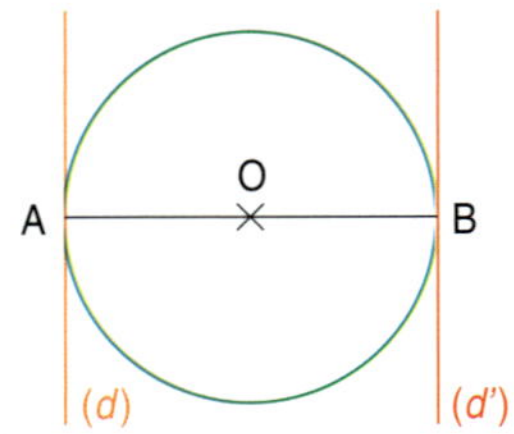

Si deux droites sont perpendiculaires à une même troisième alors elles sont parallèles entre elles.

Donc (d) et (d') sont parallèles.

32. **a/** • On sait que AM = MB = MC = 2 cm et que M est le milieu de [BC] (*données*).

Donc $AM = \frac{1}{2} BC$.

Si, dans un triangle, la médiane issue d'un sommet a une longueur égale à la moitié de la longueur du côté opposé alors le triangle est rectangle en ce sommet.
Donc le triangle ABC est rectangle en A.

• Dans le triangle ABC rectangle en A, on sait que BC = 4 cm et AB = 3 cm.

On peut donc appliquer le *théorème de Pythagore* et :

$$BC^2 = AB^2 + AC^2$$

$$4^2 = 3^2 + AC^2$$

$$AC^2 = 16 - 9 \quad \text{soit} \quad AC^2 = 7.$$

Donc $AC \approx 2{,}6$ cm.

b/ • On sait que [BC] est un diamètre d'un cercle et que A est un point de ce cercle.

Si dans un cercle, un triangle a pour sommets les extrémités d'un diamètre et un point de ce cercle alors le triangle est rectangle en ce point.

Donc le triangle ABC est rectangle en A ; donc (AB) et (AC) sont perpendiculaires.

• On sait que : $(d) \,//\, (AC)$ et $(AB) \perp (AC)$.

Si deux droites sont parallèles et si une troisième est perpendiculaire à l'une alors elle est perpendiculaire à l'autre.

Donc (d) est perpendiculaire à (AB).

• On sait que OA = OB (rayons du cercle) donc O est équidistant de A et B.

Si une droite passe par un point équidistant des extrémités d'un segment et est perpendiculaire à ce segment alors c'est la médiatrice de ce segment.

Donc (d) est la médiatrice de [AB].

Exercices complémentaires

40. Dans un triangle, la somme des angles est égale à 180° : $\widehat{AOB} = 180 - (40 + 50) = 90°$.
Donc le triangle AOB est rectangle en O.
Si un triangle est rectangle alors la longueur de la médiane issue du sommet de l'angle droit est égale à la moitié de la longueur de l'hypoténuse.

Donc $OM = \frac{AB}{2}$ donc OM = 5 cm.

49. On sait que (d) est tangente au cercle en B donc (MB) est perpendiculaire à (BC) ; donc le triangle CMB est rectangle en B. la somme des angles étant de 180°,
$\widehat{CMB} = 180 - (90 + 30)$
$= 60°$.

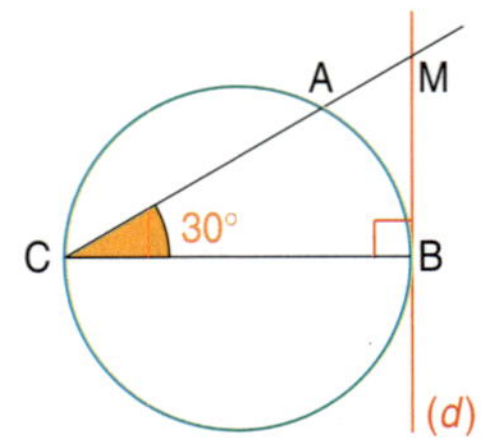

• On sait que [CB] est un diamètre du cercle et A un point du cercle.

Si, dans un cercle, un triangle a pour sommets les extrémités d'un diamètre et un point du cercle alors ce triangle est rectangle en ce point.
Donc le triangle ACB est rectangle en A et le triangle AMB est rectangle en A.

• Dans le triangle AMB, on sait que $\widehat{AMB} = 60°$ et $\widehat{MAB} = 90°$ donc $\widehat{ABM} = 30°$. (Remarque : on peut aussi calculer $\widehat{CBA}$ puis $\widehat{ABM}$.)

55. **a/** On sait que [DE] est un diamètre et B un point du cercle.
Si, dans un cercle, un triangle a pour sommets les extrémités d'un diamètre et un point du cercle alors ce triangle est rectangle en ce point.
Donc le triangle BDE est rectangle en B.

b/ On sait que ABOD est un losange.
Si un quadrilatère est un losange alors ses diagonales sont perpendiculaires.
Donc (OA) et (BD) sont perpendiculaires.

c/ On sait que : $(EB) \perp (BD)$ et $(OA) \perp (BD)$.
Si deux droites sont perpendiculaires à une même troisième droite alors elles sont parallèles entre elles.
Donc (EB) et (OA) sont parallèles.

61. **a/** • On sait que le triangle OBA est rectangle en B (*définition* de la tangente) et que E est le milieu de [OA] (*donnée*).
Si un triangle est rectangle alors la longueur de la médiane issue du sommet de l'angle droit est égale à la moitié de la longueur de l'hypoténuse.

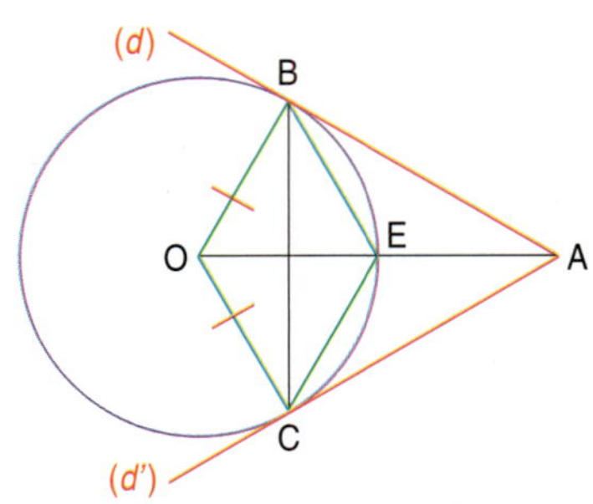

Donc, $EB = \frac{1}{2}$ OA d'où $EB = EO = EA = R$.

• De même, dans le triangle rectangle OAC :

$EC = \frac{OA}{2}$ donc $EC = EO = EA = R$.

• On sait que OB = OC et EB = EC.

Si une droite passe par deux points équidistants des extrémités d'un segment alors c'est la médiatrice de ce segment.

Donc (OE) est la médiatrice de [BC]. A est un point de (OE).

Si un point est sur la médiatrice d'un segment alors il est équidistant des extrémités de ce segment.

Donc AB = AC, donc le triangle ABC est isocèle en A.

• On sait que $OE = OC = EC = R$; donc le triangle OCE est équilatéral.

Donc $\widehat{COE} = 60°$ donc $\widehat{CAO} = 30°$ et de même $\widehat{EAB} = 30°$.

Donc $\widehat{CAB} = 30° + 30° = 60°$.

Si un triangle isocèle a un angle de 60° alors il est équilatéral.

Donc ABC est équilatéral.

b/ $\widehat{BOC} = 2 \times 60$ soit $\widehat{BOC} = 120°$.

64. • On sait que le triangle MNP est rectangle en M et que si on appelle x la mesure de $\widehat{N}$, alors la mesure de $\widehat{P}$ est $2x$.

$2x + x = 90$ donc $x = 30$.

Donc $\widehat{N} = 30°$ et $\widehat{P} = 60°$.

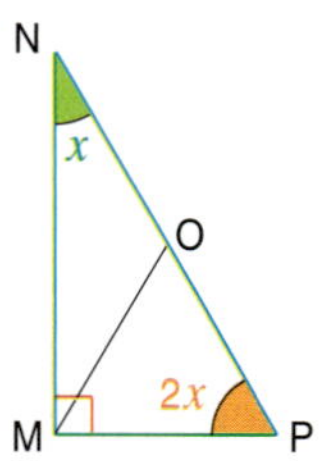

• On sait que NMP est rectangle en M. Soit O le milieu de [PN].

Si un triangle est rectangle alors la longueur de la médiane issue du sommet de l'angle droit est égale à la moitié de la longueur de l'hypoténuse.

Donc $OM = \frac{1}{2}$ NP, donc OM = ON = OP.

• Le triangle OMP est isocèle et a un angle de 60°.

Si un triangle isocèle a un angle de 60° alors il est équilatéral. Donc le triangle OMP est équilatéral.

Donc MP = OP = OM. Donc $MP = \frac{NP}{2}$ ou NP = 2MP.

Chapitre 11
Droites remarquables du triangle

Faire le point à mi-parcours

26. **a/** On sait que IA = AB (I milieu de [AB]) et OA = OB (O centre du cercle). Si une droite passe par deux points équidistants des extrémités d'un segment alors c'est la médiatrice de ce segment.

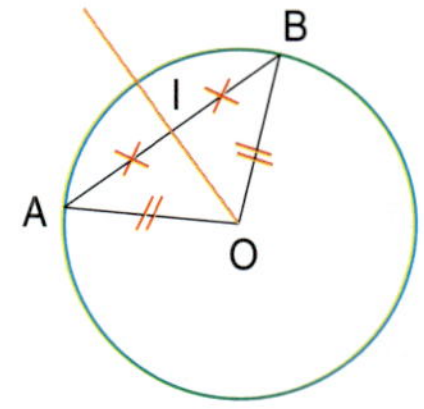

Donc (OI) est la médiatrice de [AB].

b/ On sait que M est un point du cercle de diamètre [AC].

Si, dans un cercle, un triangle a pour sommets les extrémités d'un diamètre et un point du cercle alors ce triangle est rectangle en ce point.

Donc le triangle AMC est rectangle en M et (CM) est perpendiculaire à (AB).

On a MA = MB (*donnée*).

Si une droite est perpendiculaire à un segment et passe par son milieu alors c'est la médiatrice de ce segment. Donc (MC) est la médiatrice de [AB].

27. **a/** Le dessin a été réalisé à l'échelle 1/4. On pourra vérifier que les points A, B, C sont alignés.

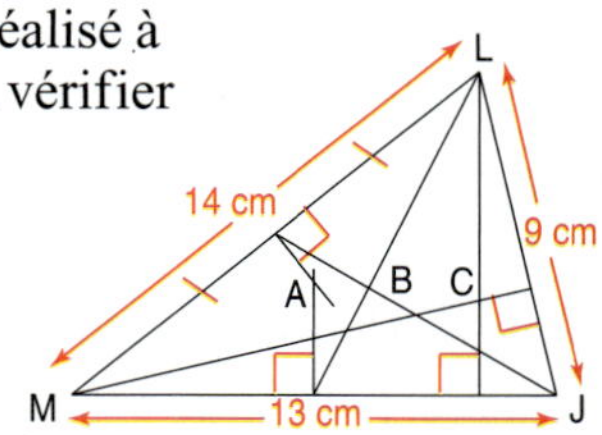

b/

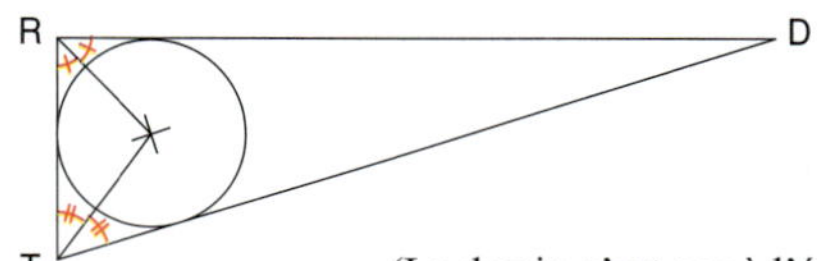

(Le dessin n'est pas à l'échelle)

c/ • (ST) est perpendiculaire à (UM) et (VT) est perpendiculaire à (SU) donc Z est l'orthocentre du triangle SUT.

• (ST) est perpendiculaire à (UM) et (SU) est perpendiculaire à (SM) donc S est l'orthocentre du triangle SUM.

• (MV) et (UR) sont deux médianes du triangle SUM. L est donc le centre de gravité du triangle SUM.

28. **a/** • R est un point du cercle de diamètre [AB]. Si, dans un cercle, un triangle a pour sommets les extrémités d'un diamètre et un point du cercle alors ce triangle est rectangle en ce point.

Donc le triangle BRA est rectangle en R. Les droites (BR) et (AR) sont donc perpendiculaires.

• Les droites (SL) et (AB) sont perpendiculaires.

Les droites (BR) et (SL) sont donc deux hauteurs du triangle ABS : elles se coupent en L.

Les hauteurs d'un triangle sont concourantes.

L est donc l'orthocentre du triangle ABS.

Si une droite passe par un sommet et l'orthocentre d'un triangle alors c'est une hauteur, elle est perpendiculaire au côté opposé à ce sommet.

Donc la droite (AL) est perpendiculaire à la droite (BS).

b/ • Dans le triangle ABC, I et le milieu de [BC], L est le milieu de [AC].
Donc les droites (AI) et (BL) sont les médianes du triangle ABC.
O est leur point d'intersection.
Si un point est le point d'intersection de deux médianes d'un triangle alors il est situé aux deux tiers de chaque médiane à partir du sommet.

Donc $AO = \frac{2}{3}$ AI et $BO = \frac{2}{3}$ BL.

Nous avons AI = 3,6 cm et BL = 4,8 cm (*données*).

Donc $AO = \frac{2}{3} \times 3{,}6$ d'où AO = 2,4 cm.

De même $BO = \frac{2}{3} \times 4{,}8$, donc BO = 3,2 cm.

• Le triangle AOB est rectangle en O.
D'après le *théorème de Pythagore*, dans ce triangle,

$AB^2 = AO^2 + OB^2$

$AB^2 = 2{,}4^2 + 3{,}2^2 = 16$

d'où AB = 4 cm.

Exercices complémentaires

36. I est le centre de gravité de ABC sur la figure **b**.
I est l'orthocentre de ABC sur la figure **d**.
I est le centre du cercle circonscrit à ABC sur la figure **a**.
I est le centre du cercle inscrit dans ABC sur la figure **c**.

40. **a/** I est le milieu de [AB] et J est le milieu de [AC]. Les droites (BJ) et (CI) sont donc les médianes du triangle ABC. Elles se coupent en K, donc K est le centre de gravité du triangle.
Si un point est le point d'intersection de deux médianes d'un triangle alors il est situé aux deux tiers de chaque médiane à partir du sommet.

Donc $BK = \frac{2}{3}$ BJ et donc $KJ = \frac{1}{3}$ BJ.

b/ La droite (AK) coupe [BC] en M.
Si une droite passe par un sommet et le centre de gravité d'un triangle alors c'est une médiane, elle coupe le côté opposé à ce sommet en son milieu.
Donc M est le milieu de [BC].

41. **a/** $AC^2 = 8{,}9^2 = 79{,}21$

$AB^2 + BC^2 = 3{,}9^2 + 8^2$

$AB^2 + BC^2 = 79{,}21$

$AB^2 + BC^2 = AC^2$

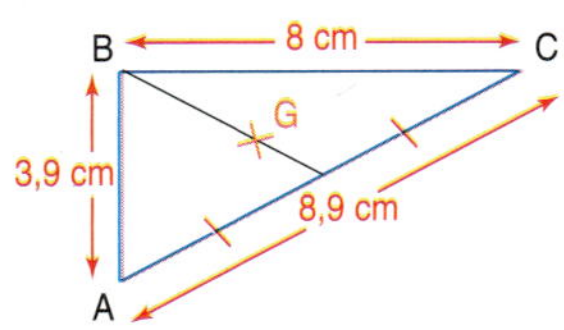

D'après la réciproque du *théorème de Pythagore*, le triangle ABC est rectangle en B.
b/ (AB) est la hauteur issue de A et (BC) est la hauteur issue de C. Les deux hauteurs se coupent en B. Donc B est l'orthocentre du triangle ABC.

50. **a/** CL = 12,6 cm. **b/** 40,32 cm^2.
c/ AH ≈ 6,2 cm ; BH ≈ 1,6 cm.

Chapitre 12
Triangles et droites parallèles

Franchir les obstacles

7. **d/** Tracer la diagonale [AC], puis démontrer que les droites (IJ) et (KL) sont parallèles.
Tracer la diagonale [BD], puis démontrer que les droites (IL) et (KJ) sont parallèles.

Faire le point à mi-parcours

25. **a/** On sait que [AC] est un diamètre du cercle ($\mathscr{C}$) de centre O ; donc O est le milieu de [AC].
On sait que [AB] est un diamètre du cercle ($\mathscr{C}$') de centre O', donc O' est le milieu de [AB].
Dans le triangle ABC, la droite (OO') passe par les milieux de deux côtés.
Si une droite passe par les milieux de deux côtés d'un triangle alors elle est parallèle au troisième côté du triangle.
Donc les droites (OO') et (BC) sont parallèles.

b/ • On sait que la médiatrice de [BC] coupe [BC] en R.
Si une droite est la médiatrice d'un segment alors elle est perpendiculaire à ce segment et passe par son milieu.
Donc R est le milieu de [BC].

• On sait que la médiane issue de B coupe [AC] en T ; donc T est le milieu de [AC].
Si un segment joint les milieux de deux côtés d'un triangle alors sa longueur est égale à la moitié de la longueur du troisième côté du triangle.

Donc, dans le triangle ABC, $TR = \frac{AB}{2}$; TR = 5 cm.

c/ On sait que U est le symétrique de T par rapport à D donc D est le milieu de [TU]. Dans le triangle RUT, la droite parallèle à (RT) passe par le milieu de [TU].

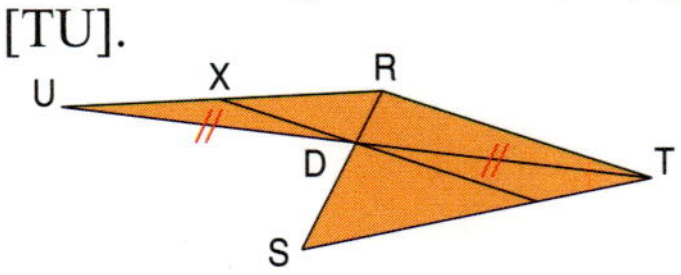

Si une droite passe par le milieu d'un côté d'un triangle et est parallèle à un deuxième côté alors cette droite passe par le milieu du troisième côté du triangle.
Donc X est le milieu de [UR].

26. • On sait que, dans le triangle ADE, les droites (BC) et (DE) sont parallèles.
D'après la *propriété de proportionnalité des longueurs dans un triangle* :

$\frac{AC}{AE} = \frac{AB}{AD} = \frac{BC}{DE}$ c'est-à-dire $\frac{3}{7} = \frac{4}{AD} = \frac{BC}{6}$.

• $BC = \frac{3 \times 6}{7}$ soit $BC = \frac{18}{7}$ cm

Donc $BC \approx 2,6$ cm.

• $AD = \frac{4 \times 7}{3}$ donc $AD = \frac{28}{3}$ cm.

$BD = AD - AB$ soit $BD = \frac{28}{3} - 4 = \frac{16}{3}$.

Donc $BD \approx 5,3$ cm.

27.

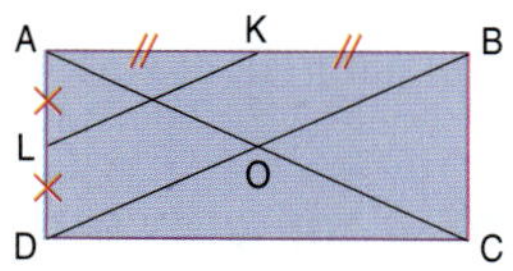

• On sait que ABCD est un rectangle.
Si un quadrilatère est un rectangle alors il a quatre angles droits.
Donc le triangle ABD est rectangle en A.

• On sait que le triangle ABD est rectangle en A.
D'après le *théorème de Pythagore*, dans ce triangle,

$$AB^2 + AD^2 = BD^2$$
$$8^2 + 3,9^2 = BD^2$$

$BD^2 = 64 + 15,21$

$BD^2 = 79,21$ soit $BD = 8,9$ cm.

• On sait que K, milieu de [AB], et L milieu de [AD].
Si un segment joint les milieux de 2 côtés d'un triangle alors sa longueur est égale à la moitié de la longueur du troisième côté.

Donc $KL = \frac{BD}{2} = \frac{8,9}{2} = 4,45$ cm.

b/ On sait que ABCD est un parallélogramme.
Si un quadrilatère est un parallélogramme alors ses côtés opposés sont parallèles deux à deux et de même longueur.

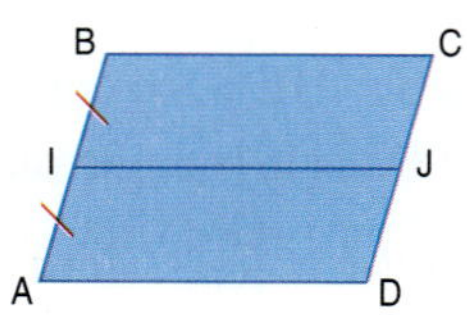

Donc (AB) et (CD) sont parallèles et AB = DC.

I est le milieu de [AB] donc $IB = \frac{AB}{2}$. La droite (IB) est la droite (AB).

J est un point de [DC]. La droite (JC) est la droite (CD).

Les droites (IB) et (JC) sont parallèles. On sait aussi que les droites (IJ) et (BC) sont parallèles.
Si un quadrilatère a ses côtés parallèles deux à deux alors c'est un parallélogramme.

Donc IBCJ est un parallélogramme et IB = JC donc

$JC = \frac{AB}{2}$. Comme AB = DC, $JC = \frac{DC}{2}$.

J est donc le milieu de [DC].

Exercices complémentaires

36. • Les points O, A, B sont alignés. [OA] est un rayon du cercle ($\mathscr{C}$). [OB] est un rayon du cercle ($\mathscr{C}$'). OA = 2,5 cm et OB = 5 cm. Donc A est le milieu de [OB].

• De même A' est le milieu de [OB'].
Dans le triangle OBB', A et A' sont les milieux de deux côtés.
Si une droite passe par les milieux de deux côtés d'un triangle alors elle est parallèle au troisième côté du triangle.
Donc les droites (AA') et (BB') sont parallèles.

43. GF = 10 cm ; FE = 2,5 cm ; DE = 8 cm.

• On sait que dans les triangles AGF et AFE, les droites (BD) et (GE) sont parallèles.

D'après *la propriété de proportionnalité des longueurs dans un triangle,* $\frac{AB}{AG} = \frac{BC}{GF} = \frac{AC}{AF}$ et $\frac{AC}{AF} = \frac{AD}{AE} = \frac{CD}{FE}$.

• On sait que $\frac{AB}{AG} = \frac{1}{5}$; BC = 2 ; CD = 0,5 ; AD = 2, donc $\frac{1}{5} = \frac{2}{GF}$ et GF = 10 cm.

$\frac{0,5}{FE} = \frac{1}{5}$ et FE = 2,5 cm.

• AE = AD + DE, donc $\frac{2}{2 + DE} = \frac{1}{5}$

10 = 2 + DE, donc DE = 8 cm.

44.

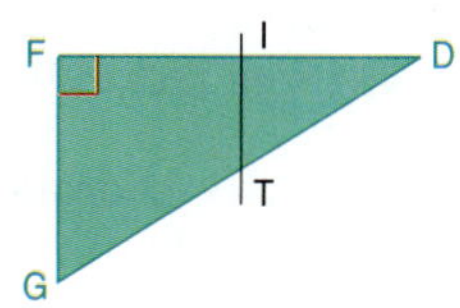

• Soit I, le point d'intersection de [DF] et de sa médiatrice.
Si une droite est la médiatrice d'un segment alors elle est perpendiculaire à ce segment et passe par son milieu.
Donc I est le milieu de [DF] et les droites (IT) et (DF) sont perpendiculaires.

• On sait que FDG est un triangle rectangle en F.
Donc les droites (FG) et (DF) sont perpendiculaires.
Si deux droites sont perpendiculaires à une même troisième alors elles sont parallèles entre elles.
Donc les droites (FG) et (IT) sont parallèles.

• Dans le triangle FDG, la droite (IT) passe par le milieu d'un côté et elle est parallèle à un autre côté.
Si une droite passe par le milieu d'un côté d'un triangle et est parallèle à un deuxième côté alors cette droite passe par le milieu du troisième côté du triangle. Donc T est le milieu de [DG].

49. • On sait que les droites (AM) et (OB) sont perpendiculaires ainsi que les droites (BN) et (OB).

Si deux droites sont perpendiculaires à une même troisième alors elles sont parallèles entre elles.

Donc, les droites (AM) et (BN) sont parallèles.

D'après la *propriété de proportionnalité des longueurs* dans le triangle OBN : $\frac{OA}{OB} = \frac{AM}{BN}$.

• On sait que A est le milieu de [OB] donc $\frac{OA}{OB} = \frac{1}{2}$.

Donc $\frac{AM}{BN} = \frac{1}{2}$ d'où $BN = 2AM$.

• On sait que $AM = OA$, donc $BN = 2OA$, donc $BN = OB$.
Le triangle OBN est donc un triangle isocèle en B.

55. Le périmètre du trapèze ORCD vaut 18 cm.
L'aire du trapèze ORCD vaut 18 cm^2.

56. **a/**

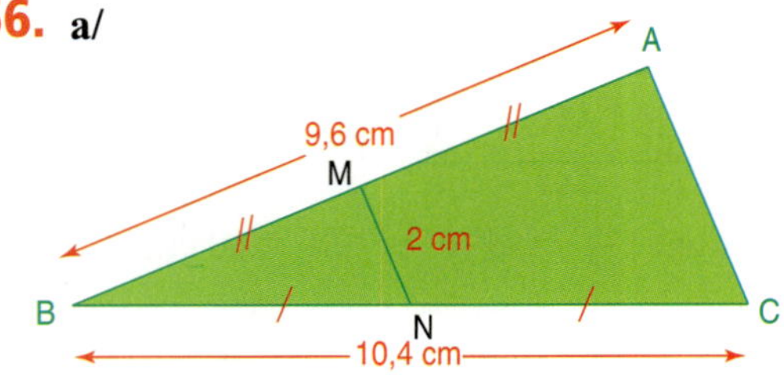

b/ Le périmètre du triangle ABC vaut 24 cm. Son aire vaut 19,2 cm^2. Le périmètre du triangle BNM vaut 12 cm. Son aire vaut 4,8 cm^2.
(Pour calculer les aires, il faut démontrer que les triangles ABC et BNM sont rectangles.)

60. Dans le triangle AIB, la droite (PM) est parallèle à la droite (AB). Dans le triangle AIC, la droite (PN) est parallèle à la droite (AC).

D'après *la propriété de proportionnalité des longueurs dans un triangle*, $\frac{IM}{IB} = \frac{IP}{IA}$ et $\frac{IP}{IA} = \frac{IN}{IC}$.

On a donc $\frac{IM}{IB} = \frac{IN}{IC}$ donc $\frac{IM}{IN} = \frac{IB}{IC}$.

I est le milieu de [BC], donc IB = IC. Par conséquent IM = IN.

Les points I, M, et N sont alignés ; donc I est le milieu de [MN].

Chapitre 13
Cosinus d'un angle aigu

Franchir les obstacles

13. **b/** • Tracer la hauteur issue de A dans le triangle ABC, elle coupe [BC] en H.
• Calculer BH dans le triangle ABH.
• Calculer CH dans le triangle AHC.

14. • Calculer NH. • Calculer HP et HM, puis MP.

Faire le point à mi-parcours

23. **a/** $x = 35$; **b/** $x = 1{,}5$; **c/** $x = \frac{45}{11}$.

24. **a/** $\cos \widehat{ABE} = \frac{AB}{BE}$; **b/** $\cos \widehat{ACD} = \frac{AC}{DC}$;

c/ $\cos \widehat{ADC} = \frac{AD}{DC}$; **d/** $\cos \widehat{ACE} = \frac{AC}{CE}$;

e/ $\cos \widehat{ADF} = \frac{AD}{DC}$.

25. **a/** $\cos 12° \approx 0{,}978$; $\cos 56° \approx 0{,}559$; $\cos 17° \approx 0{,}956$.

b/ (1) impossible ; (2) $x \approx 9{,}9°$; (3) $x \approx 55{,}9°$.

26. **a/** Dans le triangle rectangle ABC on a :
$\cos \widehat{C} = \frac{AC}{BC}$ donc $\cos \widehat{C} = \frac{5}{6}$ donc $\widehat{C} = 33{,}5°$.

b/ Dans le triangle rectangle DEF on a $\cos \widehat{D} = \frac{DE}{DF}$
donc $\cos 62° = \frac{DE}{6{,}5}$ donc $DE = 6{,}5 \times \cos 62°$
donc $DE \approx 3{,}0$ cm.

c/ Dans le triangle rectangle HGM on a :
$\cos \widehat{M} = \frac{GM}{HM}$ donc $\cos 22° = \frac{4}{HM}$
donc $HM = \frac{4}{\cos 22°}$
donc $HM \approx 4{,}3$ cm.

27. **a/** $AE \approx 6{,}9$ cm.
On va tout d'abord calculer AC : dans le triangle rectangle ABC on a $\widehat{CAB} = 180° - (90° + 30°) = 60°$.

$\cos \widehat{CAB} = \frac{AC}{AB}$ donc $AC = AB \times \cos \widehat{CAB}$,
donc AC = 3 cm. Donc $AD = 2 \times 3$ soit AD = 6 cm.

Dans le triangle rectangle EAD on a $\cos \widehat{EAD} = \frac{AD}{AE}$.
Or $\widehat{EAD} = 90° - 60° = 30°$.
Donc $\cos 30° = \frac{6}{AE}$ donc $AE = \frac{6}{\cos 30°}$ donc $AE \approx 6{,}9$ cm.

b/ $\widehat{BOH'} \approx 36{,}9°$.

On va déterminer la mesure de l'angle $\widehat{BOH'}$ en utilisant le cosinus dans le triangle rectangle BOH'. Pour cela il faut calculer OH' et OB.

OH' = 2 cm puisque c'est le rayon du cercle.

OB = BF – OF ; or OF est le rayon du cercle, donc OB = 4,5 – 2 = 2,5 cm.

Dans le triangle rectangle OH'B on a $\cos \widehat{BOH'} = \frac{OH'}{OB}$ donc $\cos \widehat{BOH'} = \frac{2}{2{,}5}$ donc $\widehat{BOH'} \approx 36{,}9°$.

Exercices complémentaires

33. **a/** CD ≈ 0,45 ; **b/** CD = 0,96 ; **c/** CD = 6 ; **d/** CD ≈ 9,16.

39. **a/** et **b/**.

40.

x (en degrés)	5	28,955	78	45,170	59,202
cos x	0,996	0,875	0,207	0,705	0,512

53. Dans cet exercice, garder 3 décimales pour les calculs intermédiaires.

• Dans le triangle rectangle PKN on a :

$\cos 20° = \frac{PN}{KN}$ donc $\cos 20° = \frac{PN}{6}$

donc PN = 6 × cos 20° ≈ 5,6 cm.

• Dans le triangle rectangle KPN on a, d'après le théorème de Pythagore, $KN^2 = PK^2 + PN^2$ donc : $6^2 = PK^2 + 5{,}64^2$ donc PK ≈ 2,0 cm. (On peut également calculer PK en utilisant le cosinus de l'angle $\widehat{K}$ dans le triangle KPN.)

• Dans le triangle rectangle KPL on a $\cos 40° = \frac{PK}{KL}$, donc $KL = \frac{PK}{\cos 40°}$ donc KL ≈ 2,6 cm.

• Dans le triangle rectangle KPL on a $KL^2 = KP^2 + LP^2$ donc $LP^2 = KL^2 - PK^2$ donc LP ≈ 1,7 cm. (On peut également calculer LP en utilisant le cosinus de l'angle $\widehat{L}$ dans le triangle KLP.)

• LN = LP + PN donc LN ≈ 7,3 cm.

61. Il a donné environ 22 coups de rames.

Calculons AB : dans le triangle rectangle ABC, $\cos 20° = \frac{AC}{AB}$ donc $AB = \frac{100}{\cos 20°}$.

Donc AB ≈ 106,4 m.

Nombre de coups de rame : $\frac{106{,}4}{5} \approx 21{,}3$. Il donne donc environ 22 coups de rame.

63. RV ≈ 362 m.

• Calculons RB : dans le triangle rectangle ABR on a $\cos \widehat{ABR} = \frac{AB}{RB}$ donc $\cos 50° = \frac{380}{RB}$ donc $RB = \frac{380}{\cos 50°}$ donc RB ≈ 591,18 m.

• Calculons AR : $\widehat{ARB} = 90° - 50° = 40°$. Dans le triangle rectangle ABR on a $\cos \widehat{ARB} = \frac{AR}{RB}$ donc $\cos 40° = \frac{AR}{RB}$ donc AR = RB × cos 40° donc AR ≈ 452,87 m.

• Calculons BV : dans le triangle rectangle ABV, on a $\cos \widehat{ABV} = \frac{AB}{BV}$ donc $\cos 65° = \frac{380}{BV}$ donc $BV = \frac{380}{\cos 65°}$ donc BV ≈ 899,16 m.

• Calculons AV : $\widehat{AVB} = 90° - 65° = 25°$. Dans le triangle rectangle ABV on a $\cos (\widehat{AVB}) = \frac{AV}{BV}$ donc $\cos 25° = \frac{AV}{BV}$ donc AV = BV × cos 25°.

Donc AV ≈ 814,9 m.

Or RV = AV – AR donc RV ≈ 362 m.

Chapitre 14
Pyramides et cônes

Remarque. Les calculs ont été faits avec une valeur de π donnée par une calculatrice.

Franchir les obstacles

9. **b/** Calculer *r*.

10. **a/** Tracer à l'échelle 1 le triangle BCD et placer les points I et H. Justifier la position de ces deux derniers points.

• Calculer IH.

• Tracer à l'échelle 1 le triangle AIH. Calculer AI.

• En déduire le volume de cette pyramide.

b/ Calculer IB et SI.

Faire le point à mi-parcours

21.

Solide	Nature	Nature des faces	Nombre de faces	Nombre de sommets	Nombre d'arêtes
a/ BEFG	Tétraèdre	Triangles	4	4	6
b/ ABCDH	Pyramide	Quadrilatère et triangles	5	5	8
c/ ABCEFG	Prisme à base triangulaire	Triangles et rectangles	5	6	9

22. **a/** Déterminons le périmètre des trois quarts de cercle (le rayon du cercle correspondant est de 1 cm) :

$1 \times 2 \times \pi \times \dfrac{3}{4} = \dfrac{6\pi}{4} = 1{,}5\ \pi.$

Périmètre du cercle de base : $0{,}6 \times 2 \times \pi = 1{,}2\pi$. Il n'y a pas d'égalité entre ces deux périmètres donc (1) n'est pas le patron d'un cône.

b/ (2) est le patron d'une pyramide.

23. **a/** En cm^3, $V = 5 \times 5 \times \dfrac{9}{3} = 75$.

b/ Volume du cylindre en m^3 : $3 \times 3 \times \pi \times 10 = 90\pi$.

Volume du cône en m^3 : $3 \times 3 \times \pi \times \dfrac{5}{3} = 15\pi$.

Volume du moulin en m^3 : $90\pi + 15\pi = 105\pi$, donc le volume est d'environ 330 m^3.

24. **a/** IF $\approx$ 5,7 cm.

Calculons IB^2. Dans le triangle isocèle AIB on a, d'après le *théorème de Pythagore*, $IB^2 + IA^2 = AB^2$ donc $2 \times IB^2 = 16$ donc $IB^2 = 8$. Il est inutile ici de calculer IB puisqu'on va l'élever au carré pour calculer IF.

Dans le triangle rectangle IBF, on a, d'après le *théorème de Pythagore,* $IB^2 + BF^2 = IF^2$ donc :

$8 + 25 = IF^2$.

Donc $IF^2 = 33$ donc $IF \approx 5{,}7$ cm.

b/ Volume : environ 129,2 m^3.

• Calculons IB. Dans le triangle OSA on sait que (IB) est parallèle à (OA). On peut donc appliquer la *propriété de la proportionnalité des longueurs dans un triangle* :

$\dfrac{SI}{SO} = \dfrac{IB}{OA}$.

Or $SI = SO - OI = 10 - 5{,}4 = 4{,}6$.

Donc $\dfrac{4{,}6}{10} = \dfrac{IB}{6}$ donc $IB = 6 \times \dfrac{4{,}6}{10} = 2{,}76$.

• Donc le volume de l'habitacle est d'environ 129,2 m^3 :

$2{,}76 \times 2{,}76 \times \pi \times 5{,}4 \approx 129{,}2$.

Exercices complémentaires

40. Les phrases vraies sont **a, b** et **d.**

43. **a/** Le dessin est le patron d'un cône.

Périmètre du cercle de base : $2 \times 1 \times \pi = 2\pi$.

Périmètre du quart de cercle : $2 \times 4 \times \dfrac{\pi}{4} = 2\pi$.

Les longueurs sont égales donc ce dessin est le patron d'un cône.

b/ Le dessin n'est pas le patron d'un cône.

Périmètre du cercle de base : $2 \times 1{,}5 \times \pi = 3\pi$.

Périmètre de l'arc de cercle :

Mesure de l'angle (en degrés)	360	120
Longueur de l'arc (en cm)	$2 \times 6 \times \pi$	?

L'arc mesure donc 4π. Donc ce dessin n'est pas le patron d'un cône.

47. **a/** Volume de KLMJF en cm^3 : $3 \times 3 \times \dfrac{3}{3} = 9$.

La base de cette pyramide est KLMJ, et la hauteur FJ.

b/ Volume de KLHGJ : 9 cm^3, car elle a une base qui a une aire identique à la pyramide précédente et une hauteur de même longueur.

c/ Volume de KMJF ; 4,5 cm^3. Cette pyramide a même hauteur que les pyramides précédentes et une base dont l'aire est la moitié de l'aire des bases des pyramides précédentes, donc son volume est moitié.

d/ Volume de IMNJ : 2,25 cm^3. Cette pyramide a même hauteur que la pyramide KMJF et une base dont l'aire est la moitié de l'aire des bases de la pyramide KMJF, donc son volume est moitié.

52.

Aire de la base	Hauteur	Volume
351 000 cm^2	150 cm	17 550 000 cm^3
282 000 dm^2	250 dm	23 500 m^3
45 720 cm^2	3 600 cm	54 864 L

53. Le nombre de cônes est d'environ 15.

Volume de glace : 1 800 cm^3 $(20 \times 10 \times 12 \times \dfrac{3}{4})$.

Volume du cône environ 113,11 cm^3 $(3 \times 3 \times \pi \times \dfrac{12}{3})$.

Nombre de cônes : $1\ 800 \div 113{,}1 \approx 15{,}9$ donc 15 cônes.

58. La surface latérale du cône est un arc de cercle de rayon OB. Déterminons OB.

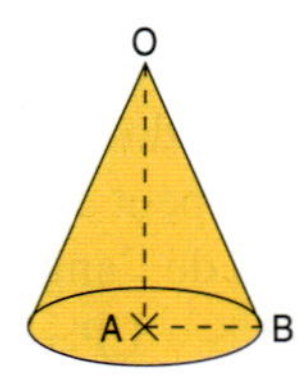

Dans le triangle rectangle AOB on a :

$OB^2 = OA^2 + AB^2$, donc

$OB^2 = 4^2 + 2^2$, donc $OB^2 = 20$,

donc $OB \approx 4{,}47$ cm.

Le périmètre du cercle de base doit être égal au périmètre de l'arc de cercle de la surface latérale.

Périmètre du cercle de base : $2 \times 2 \times \pi = 4\pi$.

L'angle au centre de l'arc est proportionnel au périmètre de l'arc de cercle :

Mesure de l'angle (en degrés)	360	x
Longueur de l'arc (en cm)	$2 \times 4{,}47 \times \pi$	4π

Donc $x \approx 161°$.

60. Calculer successivement IJ, SJ, IC et SC.

62. La hauteur minimale est d'environ 86,6 cm.

Soit O le centre du bureau. Le triangle ABC est un triangle isocèle en A. Calculons AB. OA est la hauteur de ce triangle isocèle, c'est donc aussi la médiatrice et la bissectrice, donc $\widehat{OAB} = 30°$.

Donc $\widehat{OBA} = 90° - 30° = 60°$

et $OB = \dfrac{100}{2} = 50$ cm.

Dans le triangle rectangle AOB on a :

$\cos(\widehat{OBA}) = \dfrac{OB}{AB}$.

Donc $\cos 60° = \dfrac{50}{AB}$ soit $AB = \dfrac{50}{\cos 60°} = 100$.

D'après le *théorème de Pythagore* dans le triangle AOB :

$$AB^2 = AO^2 + OB^2$$
$$AO^2 = AB^2 - OB^2$$

donc $AO = h \approx 86,6$.

Chapitre 15 Translation

Faire le point à mi-parcours

14. **a/** Les figures (1), (5) et (6) se déduisent de la figure bleue par translation.

b/ (1) vraie ; (2) fausse ; (3) vraie ; (4) fausse.

15. **a/** premier cas deuxième cas

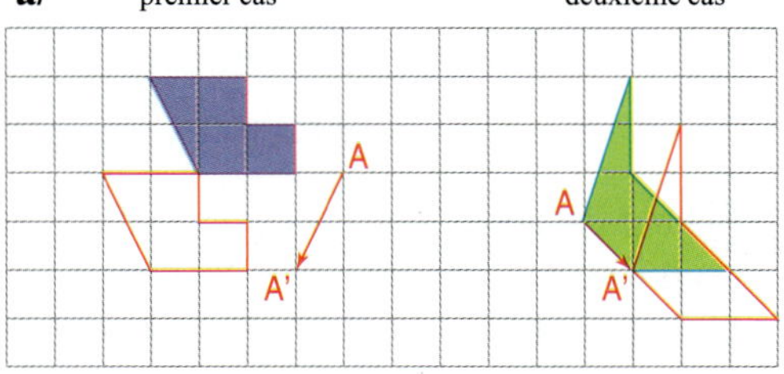

b/ Échelle 1/3 :

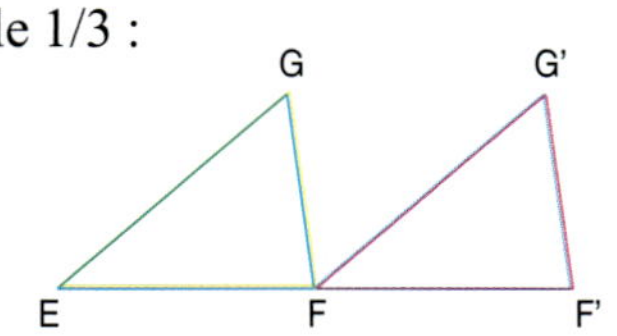

16. **a/** et **b/** Par translation ou par symétrie centrale.

c/ et **d/** Par symétrie axiale.

17. **a/** On sait que la translation conserve l'alignement, les angles et les longueurs ; donc H' est sur [B'C']. On peut reporter avec le compas les mesures AH ou BH ou CH.

b/ • On sait que O est le milieu de [EF] et de [GH].

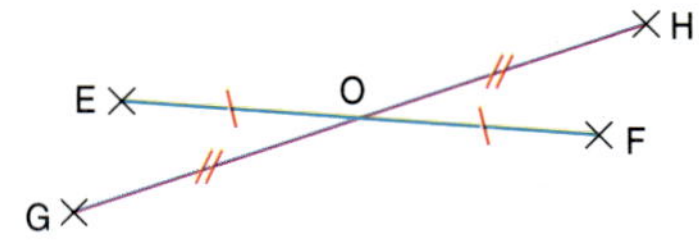

Si un quadrilatère a ses diagonales qui ont le même milieu alors c'est un parallélogramme.

Donc EHFG est un parallélogramme.

• Si un quadrilatère EHFG est un parallélogramme alors la translation qui transforme E en H est la même que celle qui transforme G en F. Donc l'image de G par la translation qui transforme E en H est le point F.

Exercices complémentaires

21. **a/** Flèche (*c*). **b/** Flèche (*a*).

23. Les figures ① et ④ se déduisent de la figure verte par une translation.

26. Échelle 1/4 :

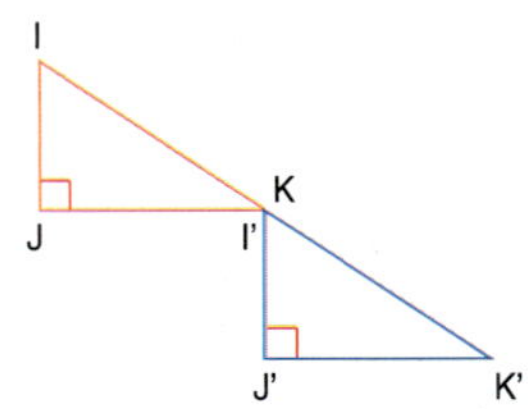

28.

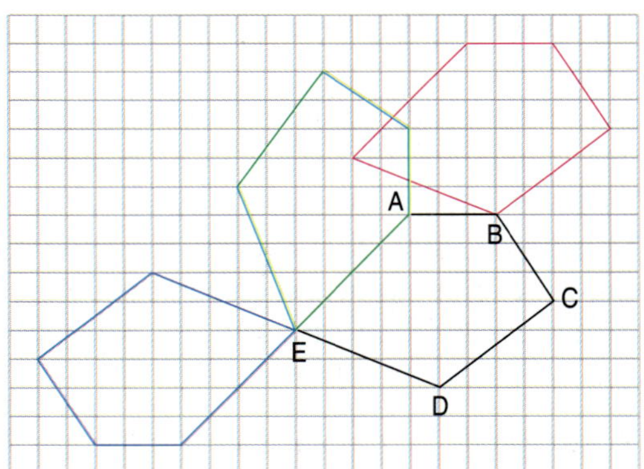

30. On utilise la propriété des diagonales du parallélogramme.

• Tracer [NR] et marquer le milieu O du segment. Placer N' tel que ON' = MO.

• Tracer [PR] et marquer le milieu I du segment. Placer P' tel que IP' = MI.

• L'image de MNP sera le triangle RN'P'.

36. **c/** Quel que soit le point M $(x ; y)$, il a pour image le point M' $(x - 5 ; y + 2)$.

Propriétés de géométrie

En plus des propriétés ci-dessous, il faut bien évidemment connaître les définitions qui ne sont pas citées ici : par exemple la définition d'un triangle isocèle, d'une hauteur, d'une médiane... (voir formulaire).

Les numéros des propriétés étudiés en classe de 4e sont indiqués dans un carré.

Droites

D1 Si deux droites sont parallèles à une même troisième alors elles sont parallèles entre elles.

D2 Si deux droites sont perpendiculaires à une même troisième alors elles sont parallèles entre elles.

D3 Si deux droites sont parallèles et si une troisième est perpendiculaire à l'une alors elle est perpendiculaire à l'autre.

Médiatrice

M1 Si une droite est perpendiculaire à un segment et passe par son milieu alors c'est la médiatrice de ce segment.

M2 Si une droite est la médiatrice d'un segment alors elle est perpendiculaire à ce segment et passe par son milieu.

M3 Si un point est sur la médiatrice d'un segment alors il est équidistant des extrémités de ce segment.

M4 Si un point est équidistant des extrémités d'un segment alors il est sur la médiatrice de ce segment.

M5 Si une droite passe par deux points équidistants des extrémités d'un segment alors c'est la médiatrice de ce segment.

M6 Si une droite passe par un point équidistant des extrémités d'un segment et est perpendiculaire à ce segment alors c'est la médiatrice de ce segment.

Triangle

T1 Si un triangle est rectangle alors le carré de la longueur de l'hypoténuse est égal à la somme des carrés des longueurs des deux autres côtés (*théorème de Pythagore*).

T2 Si dans un triangle, le carré de la longueur du plus grand côté n'est pas égal à la somme des carrés des longueurs des deux autres côtés alors ce triangle n'est pas rectangle.

T3 Si dans un triangle, le carré de la longueur du plus grand côté est égal à la somme des carrés des longueurs des autres côtés alors ce triangle est rectangle et l'angle droit est l'angle opposé au plus grand côté (*réciproque du théorème de Pythagore*).

T4 Si un triangle est rectangle alors la longueur de la médiane issue de l'angle droit est égale à la moitié de la longueur de l'hypoténuse.

T5 Si un triangle est rectangle alors son hypoténuse est un diamètre du cercle circonscrit à ce triangle (donc le milieu de l'hypoténuse est le centre du cercle).

T6 Si, dans un triangle, la médiane issue d'un sommet a une longueur égale à la moitié de la longueur du côté opposé alors le triangle est rectangle en ce sommet.

T7 Si une droite passe par les milieux de deux côtés d'un triangle alors elle est parallèle au troisième côté du triangle.

T8 Si un segment joint les milieux de deux côtés d'un triangle alors sa longueur est égale à la moitié de la longueur du troisième côté du triangle.

T9 Si une droite passe par le milieu d'un côté d'un triangle et est parallèle à un deuxième côté alors cette droite passe par le milieu du troisième côté du triangle.

T10 Dans un triangle ABC, si M est un point du côté [AB] et N un point du côté [AC] et si les droites (MN) et (BC) sont parallèles alors :
$\frac{AM}{AB} = \frac{AN}{AC} = \frac{MN}{BC}$ (*propriété de la proportionnalité des longueurs dans un triangle*)

T11 Si un point appartient à la médiane d'un triangle et qu'il est situé aux deux tiers par rapport au sommet alors c'est le centre de gravité du triangle.

T12 Si une droite passe par un sommet et le centre de gravité d'un triangle alors c'est une médiane, elle coupe le côté opposé à ce sommet en son milieu.

T13 Si un point est le point d'intersection de deux médianes d'un triangle alors il est situé aux deux tiers de chaque médiane à partir des sommets.

T14 Si une droite passe par un sommet et l'orthocentre d'un triangle alors c'est une hauteur, elle est perpendiculaire au côté du triangle opposé à ce sommet.

T15 Si une droite passe par un sommet et l'intersection de deux bissectrices d'un triangle alors c'est une bissectrice de ce triangle.

Parallélogramme

P1 Si un quadrilatère a ses côtés opposés parallèles deux à deux alors c'est un parallélogramme.

P2 Si un quadrilatère est un parallélogramme alors ses côtés opposés sont parallèles deux à deux.

P3 Si un quadrilatère a ses diagonales qui ont le même milieu alors c'est un parallélogramme.

P4 Si un quadrilatère est un parallélogramme alors ses diagonales ont le même milieu.

P5 Si un quadrilatère est un parallélogramme alors ses côtés opposés sont de même longueur.

P6 Si un quadrilatère (non croisé) a deux côtés opposés parallèles et de même longueur alors c'est un parallélogramme.

P7 Si M a pour image M' par la translation qui transforme A en A' alors AA'M'M est un parallélogramme.

P8 Si le quadrilatère AA'M'M est un parallélogramme alors M a pour image M' par la translation qui transforme A en A'.

Losange

L1 Si un quadrilatère a ses quatre côtés de même longueur alors c'est un losange.

L2 Si un quadrilatère est un losange alors ses côtés opposés sont parallèles deux à deux et ses quatre côtés sont de même longueur.

L3 Si un quadrilatère a ses diagonales qui ont le même milieu et sont perpendiculaires alors c'est un losange.

L4 Si un quadrilatère est un losange alors ses diagonales ont le même milieu et sont perpendiculaires.

L5 Si un parallélogramme a deux côtés consécutifs de même longueur alors c'est un losange.

L6 Si un parallélogramme a ses diagonales perpendiculaires alors c'est un losange.

Rectangle

R1 Si un quadrilatère a trois angles droits alors c'est un rectangle.

R2 Si un quadrilatère est un rectangle alors ses côtés opposés sont parallèles deux à deux, de même longueur et ses quatre angles sont droits.

R3 Si un quadrilatère a ses diagonales de même milieu et de même longueur alors c'est un rectangle.

R4 Si un quadrilatère est un rectangle alors ses diagonales ont le même milieu et sont de même longueur.

R5 Si un parallélogramme a un angle droit alors c'est un rectangle.

R6 Si un parallélogramme a ses diagonales de même longueur alors c'est un rectangle.

Carré

C1 Si un quadrilatère a quatre côtés de même longueur et un angle droit alors c'est un carré.

C2 Si un quadrilatère est un carré alors il a quatre côtés de même longueur, quatre angles droits et ses côtés opposés sont parallèles deux à deux.

C3 Si un quadrilatère a ses diagonales de même milieu, de même longueur et perpendiculaires alors c'est un carré.

C4 Si un quadrilatère est un carré alors ses diagonales ont le même milieu, sont perpendiculaires et sont de même longueur.

C5 Si un losange a un angle droit alors c'est un carré.

C6 Si un losange a deux diagonales de même longueur alors c'est un carré.

C7 Si un rectangle a deux côtés consécutifs de même longueur alors c'est un carré.

Cercle

C'1 Si deux points sont sur un cercle alors le centre de ce cercle est équidistant de ces deux points.

C'2 Si, dans un cercle, un triangle a pour sommets les extrémités d'un diamètre et un point du cercle alors ce triangle est rectangle en ce point.

Angles

A1 Dans un triangle, la somme des mesures des trois angles est égale à 180°.

A2 Si deux angles sont alternes internes alors ils ont même mesure.

A3 Si deux angles sont correspondants alors ils ont même mesure.

A4 Si deux angles sont opposés par le sommet alors ils ont même mesure.

Transformations

T'1 Par une symétrie axiale, par une symétrie centrale, par une translation :
- l'image d'une droite est une droite ;
- l'image d'un segment est un segment de même longueur ;
- l'image d'un angle est un angle de même mesure.

T'2 Par une symétrie centrale, par une translation, l'image d'une droite est une droite parallèle.

Fiches méthodes

Les fiches méthodes correspondent aux problèmes cibles étudiés en classe de 4e.
Les numéros renvoient aux propriétés répertoriées pages 268 et 269 ou au formulaire.

1 Démontrer que deux droites sont parallèles

Méthodes ▸▸ **Utiliser**

a/ La propriété des droites parallèles à une même troisième D1

b/ La propriété des droites perpendiculaires à une même troisième D2

c/ La propriété des côtés opposés d'un parallélogramme, d'un rectangle, d'un losange, d'un carré P2 R2 L2 C2

d/ La propriété de la droite qui passe par le milieu de deux côtés d'un triangle T7

e/ La propriété de la symétrie centrale et de la translation . . . . T'2

2 Démontrer que deux droites sont perpendiculaires

Méthodes ▸▸ **Utiliser**

a/ La propriété des deux droites parallèles et de la droite perpendiculaire à l'une des deux D3

b/ La propriété de la médiatrice d'un segment M2

c/ Les propriétés des diagonales d'un losange, d'un carré L4 C4

d/ Les propriétés des côtés consécutifs d'un rectangle, d'un carré (angles droits) R2 C2

e/ La propriété de l'orthocentre d'un triangle T14

f/ Le fait que les droites forment un angle droit

g/ Les propriétés permettant de démontrer qu'un triangle est rectangle, c'est-à-dire :

- la réciproque du théorème de Pythagore T3
- la propriété du triangle inscrit dans un cercle dont un côté est un diamètre . . . . C'2
- la propriété du triangle dans lequel la longueur d'une médiane est égale à la moitié de la longueur du côté opposé . T6

3 Démontrer qu'un point est le milieu d'un segment

Méthodes ▸▸ **Utiliser**

a/ La définition (le point est sur le segment et le partage en deux segments de même longueur)

b/ La propriété de la droite parallèle à un côté d'un triangle et qui passe par le milieu d'un autre côté T9

c/ La propriété des diagonales d'un parallélogramme, d'un rectangle, d'un losange, d'un carré P4 R4 L4 C4

d/ La propriété de la médiatrice d'un segment M2

e/ La propriété du centre de gravité d'un triangle T12

4 Calculer la longueur d'un segment

Méthodes ▶▶ **Utiliser**

a/ Le théorème de Pythagore T1

b/ La propriété de la proportionnalité des longueurs dans un triangle T10

c/ La propriété du centre de gravité d'un triangle T13

d/ La propriété d'une médiane d'un triangle rectangle.. T4

e/ La propriété du segment qui joint les milieux de deux côtés T8

f/ Les formules de calcul de périmètres, d'aires, de volumes .... (voir formulaire)

g/ Le cosinus d'un angle aigu dans un triangle rectangle

h/ L'égalité avec une longueur connue à l'aide de la propriété :

- des longueurs des côtés d'un triangle isocèle, d'un triangle équilatéral P5 R2 L2 C2
- des longueurs des côtés d'un parallélogramme, d'un losange, d'un rectangle, d'un carré R4 C4
- des longueurs des diagonales d'un rectangle, d'un carré..
- du milieu d'un segment
- d'égalité des rayons d'un même cercle M3
- de la médiatrice.. T'1
- de la translation et des symétries ....

5 Calculer la mesure d'un angle

Méthodes ▶▶ **Utiliser** A1

a/ La propriété de la somme des angles d'un triangle..

b/ Les propriétés des angles adjacents, supplémentaires, complémentaires

c/ Le cosinus d'un angle aigu dans un triangle rectangle

d/ L'égalité avec un angle connu à l'aide de la propriété :

- des angles d'un triangle isocèle, d'un triangle équilatéral
- des bissectrices A2 A3 A4
- des angles alternes internes, correspondants, opposés par le sommet .... T'1
- de la translation et des symétries ....

Index des mots-clés

Achevé d'imprimé en Italie par Grafica Editoriale Printing
Dépôt légal n°23935 - juin 2005

Formulaire

AIRES

Carré

Aire : c^2

Rectangle

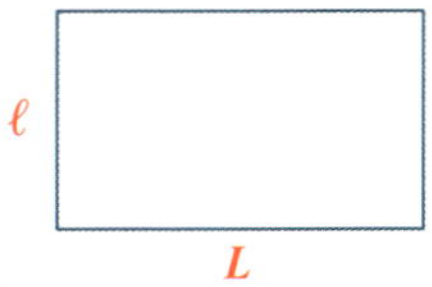

Aire : $L \times \ell$

Trapèze

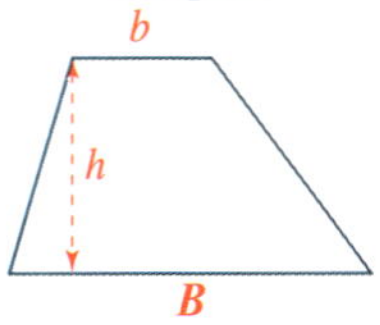

Aire : $\frac{B+b}{2} \times h$

Parallélogramme

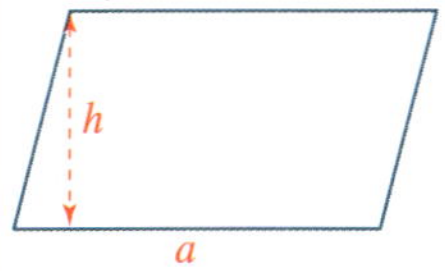

Aire : $a \times h$

Losange

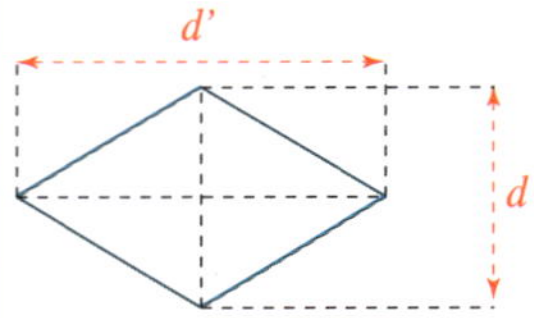

Aire : $\frac{d \times d'}{2}$

Triangles

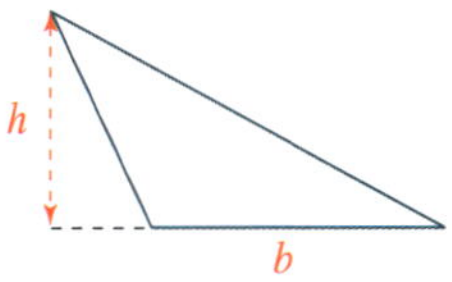

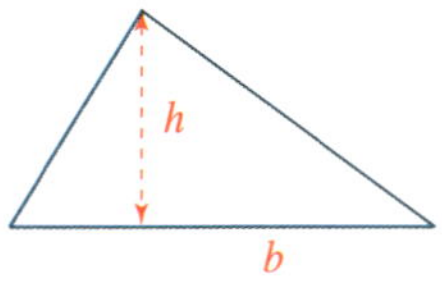

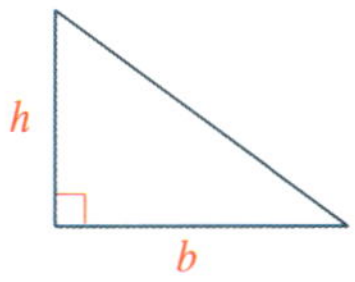

Aire : $\frac{b \times h}{2}$

Cercle et disque

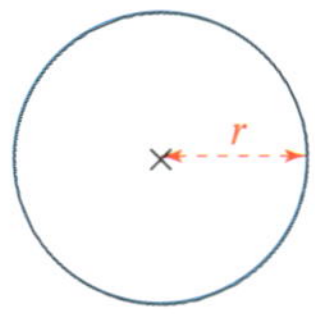

Aire du disque : $\pi \times r^2$
Périmètre du cercle : $2\pi \times r$

VOLUMES

Cube

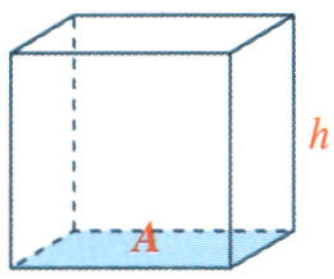

Volume : h^3

Parallélépipède rectangle

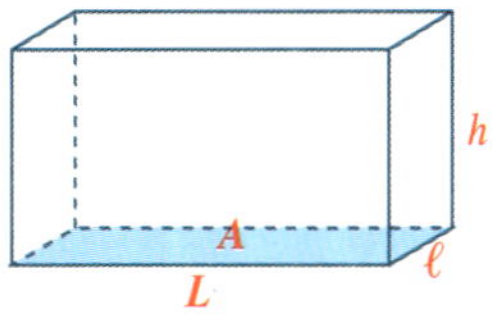

Volume : $L \times \ell \times h$

Cylindre

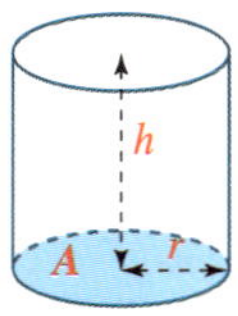

Volume : $\pi \times r^2 \times h$

Prisme droit

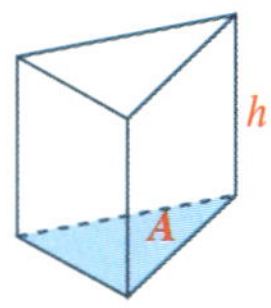

Volume : $A \times h$

Volume : $A \times h$
A : aire de la base

CÔNE ET PYRAMIDE

Cône de révolution

Volume : $\frac{\pi \times r^2 \times h}{3}$

Pyramide

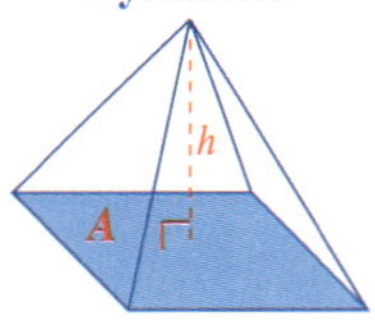

Volume : $\frac{A \times h}{3}$

Volume : $\frac{A \times h}{3}$
A : aire de la base

CONVERSIONS

1 m = 10dm 1 m = 100 cm 1 km = 1 000 m	1 m^2 = 100 dm^2 1 ha = 10 000 m^2	1 m^3 = 1 000 dm^3 1 L = 100 cL 1 dm^3 = 1 L